润滑脂性质及应用

何 燕 向 硕◎主 编

中国石化出版社

·北京·

内 容 提 要

　　本书是作者根据长期从事润滑油脂科研和教学的经验,在《润滑脂性能及应用》基础上编修而成,主要介绍了润滑脂的特点、组成、结构、生产、性能、品种及应用,论述了润滑脂的性能、性能的影响因素及其评定方法,阐述了润滑脂性能与使用之间的关系,系统地介绍了润滑脂的品种及发展。书中既重视对润滑脂基础理论的介绍,也注意融合作者在润滑脂研究方面的经验,注重知识的系统性,并力求做到重点突出、内容精练。

　　本书可作为油品应用专业学生的教材,亦可供从事润滑脂研究、生产、销售和应用的技术人员和管理人员参考。

图书在版编目(CIP)数据

润滑脂性质及应用 / 何燕,向硕主编 . —北京:
中国石化出版社,2023.12
ISBN 978-7-5114-7357-8

Ⅰ. ①润… Ⅱ. ①何… ②向… Ⅲ. ①润滑脂-研究
Ⅳ. ①TE626.4

中国国家版本馆 CIP 数据核字(2023)第 240190 号

中国石化出版社出版发行
地址:北京市东城区安定门外大街 58 号
邮编:100011 电话:(010)57512500
发行部电话:(010)57512575
http://www.sinopec-press.com
E-mail:press@sinopec.com
北京科信印刷有限公司印刷
全国各地新华书店经销

*

710 毫米×1000 毫米 16 开本 22.5 印张 371 千字
2024 年 5 月第 1 版　2024 年 5 月第 1 次印刷
定价:88.00 元

前　言

《润滑脂性能及应用》自 2010 年 4 月出版以来，一直作为陆军勤务学院应用化学和石油产品应用工程专业的教材。近年来，润滑脂在品种、生产、性能评定和应用方面都有了新发展，在《润滑脂性能及应用》的基础上，作者根据教学感悟和润滑脂的发展情况，并采纳读者朋友的意见，编修成《润滑脂性质及应用》一书。

本书保持了原书的基本框架结构，全书分为七章：第 1 章介绍润滑脂的基本概念、作用、特点及发展；第 2 章介绍润滑脂的组成与结构；第 3 章介绍润滑脂的生产原料、生产工艺与生产设备；第 4 章介绍润滑脂的性能及评定方法；第 5 章介绍润滑脂品种及特性；第 6 章介绍润滑脂的应用；第 7 章介绍润滑脂质量管理及分析。修订时主要增加了近年来润滑脂新品种、润滑脂性能评定新方法和润滑脂应用新技术，尽量展示润滑脂的新发展，希望对读者有所裨益。

本书由何燕、向硕等编写，编写中参阅了大量文献，主要参考资料列在书后，对参考文献的作者表示感谢，对遗漏的文献作者表示歉意。由于编者水平所限，书中内容可能存在局限性或不妥之处，敬请读者指正。

编　者
2023 年 10 月

目　　录

第1章 绪 论

润滑脂是一种应用十分广泛的半固体或半流体润滑剂，在机械设备和军事装备中广泛应用，对国民经济发展具有重要意义。本章介绍润滑脂的作用、特点、分类及发展。

1.1 润滑脂的作用和特点

1.1.1 润滑脂的定义

润滑脂是一种应用广泛的润滑材料，用于减少相对运动机械表面之间的摩擦和磨损，也可用于金属的防护和液体、气体介质的密封。润滑脂是由基础油、稠化剂及添加剂组成的呈半固体至半流体状态的塑性润滑剂。

1.1.2 润滑脂的作用

润滑脂应用范围广泛，具有多方面的作用，主要作用为减摩、防护和密封。

润滑脂具有独特的流变性能，它在常温和静止状态下呈半固体状态，能保持自己的形状而不流动，能黏附在金属表面而不滑落；而在高温下或受到超过一定限度的外力时，它又像液体一样能流动。润滑脂在机械中受到运动部件的剪切作用时，能流动并进行润滑，降低运动表面间的摩擦和磨损；当剪切作用停止后，它又能恢复一定的稠度。润滑脂的这种独特的流变性决定它可以在不适于用润滑油的部位进行润滑，润滑脂的密封作用和防护作用也比润滑油好。

大多数润滑脂的主要作用是润滑，称为减摩润滑脂，减摩润滑脂主要起降低机械摩擦、减少机械磨损的作用，同时还兼起防护作用及密封防尘作用。例如通用锂基润滑脂、2号坦克脂和931高温航空润滑脂等。

有一些润滑脂主要用来防止金属生锈或腐蚀，称为防护润滑脂。例如工业凡士林、枪炮防护脂、防锈脂等。

还有一些润滑脂作密封用，称为密封润滑脂，例如螺纹密封脂、7903耐油密封脂、7805耐化学介质密封脂等。

1.1.3 润滑脂的特点

润滑脂与润滑油虽然都是润滑剂，但由于其状态不同，具有不同的性能特点，适用于不同的机械部位。润滑脂具有以下优缺点：

1. 润滑脂的优点

① 润滑脂的使用寿命长，供油次数少，不需经常添加。在难以经常加油的摩擦部位，使用润滑脂较为有利。有些密封轴承可以在装配时填充适量的润滑脂，一直用到轴承寿命终结为止。

② 润滑脂通常适用于重负荷、低速、高低温、极压以及有冲击负荷的苛刻条件，也适用于在间歇或往复运动的部件上进行润滑。

③ 润滑脂在摩擦表面上保持能力强，密封性好。有些机械密封不严，使用润滑脂可以防止水分、尘土和其他机械杂质进入摩擦表面。润滑脂对于潮湿和多尘环境下操作的机械摩擦部位也适用。

④ 润滑脂润滑的机器，可以防止滴油和溅油污损产品，可以在垂直位置正常运转而不产生漏油。

⑤ 润滑脂在金属表面上黏附力强，防护性好，可以保护金属较长期不锈蚀，有些润滑脂还可保护在水中的金属部件不受腐蚀。

⑥ 润滑脂的使用温度范围比较宽。

⑦ 脂润滑时不需要复杂的密封装置和供油系统，可以简化机械结构。

2. 润滑脂的缺点

① 冷却散热性较差，不适合高转速设备。

② 流动性较差，脂润滑的设备启动时摩擦力矩较大。

③ 润滑脂的更换比较麻烦。

1.2 润滑脂的重要性及应用

摩擦学是研究相对运动的物体表面的摩擦、磨损与润滑现象和机制的学科。这门边缘学科自 20 世纪 60 年代出现以来，受到全世界有关方面的重视，因而发展非常迅速。据统计，全世界开发的能源约有三分之一消耗在摩擦过程中。摩擦、磨损是能量消耗和材料损失的重要原因。在为人类的未来保存资源的斗争中，节约能源和材料的重要性日益突出。润滑是降低摩擦和减少磨损的主要手段。在摩擦学中，润滑剂是摩擦工程系统的四个要素之一（做相对运动的机械两个表面、润滑剂、周围介质）。

润滑剂是加入两个相对运动的接触表面之间，以降低其摩擦和磨损的物质。

润滑剂按其聚集状态分为气体、液体、半固体及固体四类。润滑脂是润滑剂中的一类，它在常温时多为油膏状（通常为半固体），也有少数呈半流体状态。润滑脂的定义是："将稠化剂分散在液体润滑剂内形成的半固体至半流体产品；另外还可加入其他组分，使之具有特殊的性质。"润滑脂含有一种（或几种）基础油。润滑脂的添加物包括各种添加剂和填料，它们可以改善润滑脂的性能。润滑脂和其他润滑剂一样，有其优点和局限性，但对于分散的或简单的摩擦副，如操纵关节、电机滚动轴承等，利用润滑脂润滑具有简单方便的优点。

润滑脂工业是一个正在发展中的工业。润滑脂与润滑油一样都是用来减少摩擦磨损的，但在某些情况下必须使用润滑脂或用润滑脂比用润滑油好，如运转设备要求润滑剂有密封作用，以阻止杂质进入；或运转设备要求润滑剂能保持在润滑部位，则要求用脂润滑。而如果设备转速很高（DN 值大于 350000），则须用油润滑。

据统计，全世界润滑脂的年产量约 110 万吨，其数量虽远不及润滑油，但润滑脂应用范围之广和品种之多，都不亚于润滑油。从精密仪表的微型轴承到重型机械都有采用脂润滑的。机械上最广泛使用脂润滑的典型零部件是滚动轴承，约有 80% 以上的滚动轴承是以脂润滑的。齿轮虽然大多数以油润滑，但某些情况下用半流体脂润滑能达到更好的效果。使用脂润滑不仅解决了设备漏油和环境污染问题，而且减少了润滑剂消耗量，从而使经济效益更好。

从润滑脂的应用领域来看，各种机械设备都离不开润滑脂。工业上，不仅采矿、冶金、机械制造等许多重工业的机械设备需要使用润滑脂，而且轻工业如纺织、造纸、印染、食品、信息通讯等的机械设备也需要使用润滑脂。农业上，拖拉机和其他许多农业机械需要润滑脂。在交通运输和国防方面，汽车、铁路机车、飞机、舰船等各种交通工具以及坦克、导弹等都需要润滑脂。总之，润滑脂的应用范围十分广泛，是不可缺少的一类润滑材料。

1.3　润滑脂分类

润滑脂的品种很多，分类方法各异，主要有按组成、作用、应用和性能等分类方法。目前，我国润滑脂分类的标准（GB 7631.8—1990）采用了国际标准化组织（ISO）的分类方法（ISO 6743-9：1987）。

1.3.1　润滑脂按组成分类

润滑脂按照基础油的种类可分为矿物油润滑脂和合成油润滑脂。矿物油润滑脂是通常情况下用得最多的润滑脂，可满足一般情况下各种机械设备的润滑要求；合成油润滑脂主要用于一些特殊情况下的润滑，如航空航天、精密仪器仪表等的润滑。

通常，我国更习惯于按照润滑脂稠化剂的种类来对润滑脂进行分类，因为不同类型的稠化剂的润滑脂有不同的性能，可满足不同的润滑要求，常见的润滑脂稠化剂类型见表1-1。

表1-1   润滑脂稠化剂的类型

皂基	单皂	钙皂、钠皂、锂皂、铝皂、钡皂、铅皂等
	混合皂	钙-钠皂、锂-钙皂
	复合皂	复合钙皂、复合钠皂、复合铝皂、复合锂皂
非皂基	有机稠化剂	聚脲、酰胺、阴丹士林、酞菁铜、聚四氟乙烯
	无机稠化剂	膨润土、硅胶
	烃基稠化剂	石蜡、地蜡、石油脂

1.3.2   润滑脂按作用分类

润滑脂可按主要作用分为：减摩润滑脂、防护润滑脂和密封润滑脂。

1.3.3   润滑脂按应用分类

润滑脂也可按适用范围分为通用润滑脂、专用润滑脂和多效润滑脂；按适用的部件分为滚动轴承润滑脂、齿轮润滑脂、阀门润滑脂、螺纹润滑脂等；按适用温度范围分为低温润滑脂、高温润滑脂和宽温润滑脂；按应用领域分为汽车润滑脂、航空润滑脂、船用润滑脂、钢铁工业用润滑脂、食品机械用润滑脂等；按承受负荷的能力分为普通润滑脂和极压润滑脂。

我国曾经试图参照日本润滑脂的分类方法，即按润滑脂的应用将润滑脂分为七大类(见表1-2)，但这样的分类方法不便于组织生产，所以未正式发布执行。

表1-2   润滑脂按应用分类

类别	种类	使用温度/℃	适用举例
一般用脂	1	-10~60	一般机械低负荷的各种轴承和滑动部件的润滑，抗水
	2	-10~80	一般机械中等负荷的各种轴承和滑动部件的润滑，中等抗水
	3	-10~100	一般机械中等负荷的各种轴承和滑动部件的润滑，不抗水
滚动轴承脂	1	-55~90	低温用，轻负荷仪表机械轴承
	2	-20~120	工业通用
	3	-40~150	宽温度范围，工业用
	4	-40~180	冶金、机械等高温轴承

类别	种类	使用温度/℃	适用举例
汽车脂	1	−10~60	汽车轮毂轴承、底盘、水泵
	2	−45~100	寒区汽车通用
	3	−30~120	汽车通用
	4	−10~150	盘式刹车汽车通用
集中供脂	1	−20~100	集中润滑，低、中负荷
	2	−10~120	集中润滑，高负荷
	3	−10~150	集中润滑，中负荷
	4	−10~150	集中润滑，高负荷
高负荷用脂	1	−10~60	一般温度，冲击负荷
	2	−10~120	冲击负荷
	3	−10~120	高负荷，冲击负荷
	4	−10~150	高温高负荷，冲击负荷
防护密封脂	1	−30~50	用于钢丝绳的封存
	2	−30~40	用于钢丝绳麻芯的浸渍
	3	—	用于软化鞍挽具、皮革零件及皮革制品金属部件防护
	4	−10~40	用于飞机发动机系统和润滑系统的开关及螺纹结合处密封
	5	−40~80	用于密封甘油、乙醇、水和空气导管系统的结合处的密封帽、螺纹及开关
专用脂	1	−10~65	用于船舶机械
	2	−40~80	适用于铁路机械制动缸润滑
	3	−10~100	食品机械润滑
	4	−10~120	砖脂，用于铁路机车大轴及高压低速摩擦界面润滑

1.3.4 润滑脂按使用性能分类

我国于 1990 年等效采用 ISO 6743-9：1987，制订了国家标准 GB/T 7631.8—1990 润滑剂和有关产品（L 类）的分类 第 8 部分：X 组（润滑脂）。该标准是按照润滑脂的使用性能来分类的，使用性能包括：最低使用温度、最高使用温度、抗水和防锈水平、极压性能和稠度级号。这样，润滑脂代号可表示为：

L-（字母 1）（字母 2）（字母 3）（字母 4）（字母 5）（稠度等级号）

代号中字母的意义见表 1-3 和表 1-4。

表 1-3　润滑脂按使用性能的分类代号（GB/T 7631.8—1990）

字母1	使用要求									标记	备注
	操作温度范围				水污染③	字母4	负荷EP	字母5	稠度		
	最低温度①/℃	字母2	最高温度②/℃	字母3							
X	0 -20 -30 -40 <-40	A B C D E	60 90 120 140 160 180 >180	A B C D E F G′	在水污染的条件下，润滑脂的润滑性、抗水性和防锈性	A B C D E F G H I	在高负荷或低负荷下，表示润滑脂的润滑性和极压性，用A表示非极压型脂；用B表示极压型脂	A B	000 00 0 1 2 3 4 5 6	由代号字母X与其他4个字母及稠度等级号联系在一起来标记的	包含在这个分类体系范围里的所有润滑脂彼此相容是不可能的。而由于缺乏相容性，可能导致润滑脂性能水平的剧烈降低，因此，在允许不同的润滑脂相接触之前，应和产销部门协商

①设备启动或运转时，或者泵送润滑脂时，所经历的最低温度。

②在使用时，被润滑的部件的最高温度。

③见表 1-4。

表 1-4　水污染（抗水性和防锈性）代号的确定（GB/T 7631.8—1990）

环境条件①	防锈性②	字母4
L	L	A
L	M	B
L	H	C
M	L	D
M	M	E
M	H	F
H	L	G
H	M	H
H	H	I

①L 表示干燥环境；M 表示静态潮湿环境；H 表示水洗。

②L 表示不防锈；M 表示淡水存在下的防锈性；H 表示盐水存在下的防锈性。

举例：

一种润滑脂，使用在下述操作条件下：

最低操作温度：-20℃；

最高操作温度：160℃；

环境条件：经受水洗；

防锈性：不需要防锈；

负荷条件：高负荷；

稠度等级：3。

这种润滑脂的代号应为 L-XBEGB 3。

此分类法适用于各种设备、机械部件、车辆等的润滑和防护，可用于所有种类的润滑脂。但不适用于接触食品、抗辐射、高真空用的特种润滑脂。

1.4　润滑脂现状及发展

1.4.1　润滑脂的历史

公元前 1066 年～公元前 771 年，古人使用动植物油脂作为车轴的润滑剂，这是人类用以减少摩擦的第一代润滑剂。

随着农业、手工业工具及马拉车的发展，对润滑部位的要求逐渐提高，单纯使用动植物油脂很容易从摩擦面流失，由此人们找到向动植物油脂中加入石灰来制备润滑剂的方法，加入石灰的结果是部分油脂与石灰反应生成了稠化剂，其余部分油脂作为分散介质，这就是最原始的润滑脂。

18 世纪末蒸汽机的出现、纺织工业的兴起及 19 世纪初蒸汽机车的发明，一些机械润滑部位的负荷、转速、温度提高，迫使人们改变原有润滑剂的配方，以提高耐高温性能，于是出现了向动植物油脂中加入苛性钠水溶液来制备润滑剂的方法，这就是早期的高温润滑脂——钠基润滑脂。

19 世纪 60 年代，随着煤加工业的兴起，植物油脂开始部分被煤焦油和页岩油所代替；随着石油工业的发展，自 19 世纪后期开始主要以矿物润滑油作为分散介质，这才使润滑脂得到迅速发展。19 世纪 70 年代出现真正的钙基润滑脂；20 世纪初分别出现钠基润滑脂、铝基润滑脂、钡基润滑脂；20 世纪 30 年代，开始将极压添加剂用于润滑脂生产极压润滑脂产品，并开发了四球试验机等润滑性能评价设备，研制了高温性能更好的复合钙基润滑脂产品。20 世纪 40 年代锂基润滑脂的出现使润滑脂的发展进入一个新阶段，因为锂基润滑脂是一个多效、长寿命的多用途润滑脂，美国实施了 SPEC ANG3AY 锂基润滑脂规格，德国也制订了 DTD577 锂基润滑脂规格，时至今日锂基润滑脂仍是润滑脂的主要品种。

随着机械工业的飞速发展，自"二战"以来，机械设备的润滑条件逐步提高，向着高温或低温、高负荷、高转速、长寿命方向发展，所以陆续出现了复合铝基润滑脂、复合锂基润滑脂、复合钠基润滑脂等复合皂基润滑脂，以及聚脲、酞菁、阴丹士林等有机润滑脂和膨润土、硅胶等无机润滑脂;特别是飞机等航空航天器的出现,要求润滑脂有良好的高低温性能及长寿命,所以又出现了合成油作为分散介质(基础油)的合成油润滑脂。

1.4.2　润滑脂的现状

我国的润滑脂工业从无到有,从少到多,逐渐发展到今天与世界基本同步。20世纪50年代,除了研究当时所需的润滑脂产品工艺外,还注意研究了新型润滑脂(如复合皂、非皂基润滑脂)和润滑脂的基础理论(如润滑脂的结构和流变性等)。20世纪60年代以来,润滑脂的品种和质量都已基本适应了国民经济各部门发展的需要,并有少量产品进入国际市场。合成油润滑脂是"二战"以来随着军事工业和尖端技术的发展而发展起来的,具有矿物油润滑脂所不及的特性,能满足一些特殊的使用要求。我国从20世纪50年代末开始合成油润滑脂的研究,现在已形成系列产品,不仅满足国防尖端技术的需要,而且逐渐向民用工业推广,一些耐高低温、抗极压、抗辐射、耐化学介质的润滑脂满足了钢铁、化纤、陶瓷、石油等工业设备的特殊需要,改善了设备的润滑和密封。

在生产技术方面,20世纪50年代,我国润滑脂采用大锅直火加热熬煮的生产方式,生产的润滑脂品种只有钙基润滑脂和钠基润滑脂。20世纪60~70年代,我国发展了管式炉连续生产、热载体循环加热、螺旋输送冷却器等生产技术和设备,还开发了复合钙基润滑脂产品;采用了胶体磨、均化器、脱气罐等新设备,发展了循环剪切制脂工艺及压力釜、接触器等生产设备,研发了合成油润滑脂及酰钠、酞菁、膨润土等润滑脂产品,并制订了润滑脂产品标准和试验方法标准。20世纪80~90年代,我国润滑脂得到迅速发展,一是技术创新,引进国外润滑脂生产设备和技术,自主研发润滑脂生产单元设备,大力发展锂基润滑脂,并研发了复合锂、复合铝、膨润土、聚脲、复合磺酸钙等新产品。二是技术改造,国内各润滑脂生产厂都进行了技术改造,在提高生产效率、降低能耗、提高产品质量、优化品种结构等方面取得了卓有成效的进步,缩短了与国际先进水平的差距。近年来,中国的润滑脂年产量已占据世界第一位,成为世界润滑脂生产大国(近年世界主要地区/国家润滑脂年产量见表1-5)。

表1-5　近年世界主要地区/国家润滑脂年产量　　　　　　　　　　　　　　t

地区/国家	2022年	2021年	2020年	2019年
北美	176396.590	169645.118	162992.195	207782.685
欧洲	215023.375	217626.066	213012.640	221355.194
加勒比和中南美洲	44374.027	36587.791	31541.439	36252.915

地区/国家	2022 年	2021 年	2020 年	2019 年
非洲及中东	39977.113	52599.696	53820.114	53700.988
日本	80380.502	80560.839	68821.216	78266.414
印度及次大陆	69979.344	95058.033	86181.824	100067.887
太平洋和东南亚	87478.033	83103.428	73247.058	76615.999
中国	439115.450	451219.782	423725.460	432680.286
合计	1152724.434	1186400.753	1113341.946	1206722.368

近年来我国润滑脂的包装材料、包装容器也取得了较大的发展，改变了原来包装材料低劣、包装容器形式单一、外观简陋的状况，采取了大、中、小包装形式结合，基本满足市场需要。但应注意发展散装，并注意包装的外观设计和商标设计，提高市场竞争力。

虽然我国润滑脂工业自改革开放以来得到了很大的发展，但与先进国家比还是存在一些不足，主要表现在：一是我润滑脂生产厂的规模偏小，造成润滑脂生产能耗高、成本高，质量难以保证，市场竞争力不足；二是高性能润滑脂品种所占的比例偏低，世界各地区（国家）润滑脂品种构成及高滴点润滑脂所占比例见表 1-6 和表 1-7，从表中数据可见，北美和欧洲地区的高滴点润滑脂所占比例较高，尤其是美国；三是自主研发的润滑脂评定方法和设备少，评定方法中性能评定所占比例小，制约了润滑脂新产品的开发和产品质量的提高；四是润滑脂生产设备的质量偏低，润滑脂包装容器的质量偏低，以及润滑脂的生产原料——基础油、添加剂的质量难以保证。

表 1-6 2022 年世界主要地区/国家润滑脂品种构成 　　　%

地区/国家	全球	北美	欧洲	日本	中国	印度及次大陆	加勒比和中南美洲	非洲及中东	太平洋和东南亚
铝基润滑脂	0.21	0	0.04	0.26	0.39	0.55	0	0	0
水化钙基润滑脂	4.59	0.55	1.55	3.03	5.58	4.84	13.68	4.32	12.03
无水钙基润滑脂	10.54	2.38	4.42	0.05	24.08	1.23	0.12	1.26	0.69
锂基润滑脂（滴点小于 200℃）	43.09	19.33	50.73	58.19	37.27	60.18	73.4	74.00	44.35
钠基润滑脂（包含钙钠基润滑脂）	0.36	0.15	0.13	0.01	0	4.04	0.92	1.02	0
其他金属盐皂基润滑脂	1.51	1.00	0.72	0.20	0.89	12.80	0.10	2.50	0.01
其他非皂基润滑脂（除膨润土外）	1.70	2.67	1.50	5.29	1.51	0.03	0.01	0	0.83

表 1-7 2022 年世界主要地区/国家高滴点润滑脂所占比例   %

地区/国家	全球	北美	欧洲	日本	中国	印度及次大陆	加勒比和中南美洲	非洲及中东	太平洋和东南亚
复合铝	3.94	12.48	5.24	0.65	1.59	0.12	0.26	0.38	4.87
复合磺酸钙	4.84	9.78	7.52	0	3.99	1.68	0.64	2.19	2.87
复合钙	1.06	0.43	2.67	1.21	0.96	0.72	0.06	0	0.01
复合锂	18.97	41.25	17.56	3.76	14.72	11.55	10.02	13.24	25.88
聚脲	7.33	6.92	5.53	26.90	7.31	0.06	0.04	0	7.49
膨润土	1.87	3.06	2.39	0.46	1.71	2.21	0.75	1.10	0.97

1.4.3 润滑脂的发展

现代润滑脂的发展是与机械的发展和节能的要求相联系的。过去，由于航空业和军事工业的要求促进了润滑脂的发展。现在，由于现代机械向高温、重负荷、高速、小型化等方面发展，需要人们研究新型润滑脂。例如，研究新型稠化剂；发展多效通用润滑脂以简化品种；开展基础理论研究，为关键性的技术突破提供理论指导。

① 未来一段时间内，锂基润滑脂仍是主要品种，它能满足大多数机械设备、动力装备的润滑要求，只是中国的锂基润滑脂生产要通过提高原材料质量、改进生产工艺和设备、添加各种添加剂来提高产品质量。

② 发展复合锂、复合磺酸钙、聚脲等高滴点多效润滑脂，提高高性能润滑脂所占的比例。

③ 在润滑脂产品评价中，更多注重性能指标的评价，研究润滑脂性能评价的方法和仪器。

④ 注重发展多种形式的包装，推广合理润滑技术，注意润滑脂的节约。

⑤ 注重环境保护，发展具有生物降解功能的环境友好型润滑脂。

⑥ 注重开展润滑脂的基础理论研究，如润滑脂的流变性能、润滑脂的弹流润滑理论、复合皂结构与性能的关系、新材料在润滑脂中的应用等。

第2章 润滑脂的组成与结构

润滑脂是由基础油、稠化剂和添加剂(包括固体添加剂)组成的。基础油是液体润滑剂,可用矿物油或合成油。稠化剂是一些有稠化作用的固体物质,有皂基稠化剂和非皂基稠化剂。添加剂可以改进或增加润滑脂的某些性能。润滑脂的性能主要取决于润滑脂的组成和结构,不同组成的润滑脂其结构和性能不同。因此,要掌握各类润滑脂的性能,就需要了解润滑脂各组分的特性及润滑脂结构,并根据使用要求,选择合适的组分来研制新的润滑脂产品。

2.1 润滑脂基础油

2.1.1 润滑脂基础油的作用及影响

基础油在润滑脂胶体分散体系中起分散介质的作用,分散稠化剂和添加剂,基础油具有润滑作用,并对润滑脂的许多性能有重要影响。

基础油是润滑脂不可缺少的液体组分,其含量为 70% ~ 90%,有些高达95%。基础油是润滑脂胶体分散体系中的分散介质,被固定在结构骨架中而失去了流动性,所以润滑脂整个体系在常温下呈半固体状态。

基础油本身是液体润滑剂,基础油的种类和性质主要决定或在不同程度影响润滑脂的某些性能。例如,润滑脂的蒸发性和对橡胶密封材料的相容性几乎完全取决于基础油。润滑脂的低温性能在很大程度上受基础油的黏度、凝点和黏温性的影响,因而低温润滑脂要求用低温黏度小、凝点低和黏温性好的基础油。润滑脂的高温性能受基础油的氧化安定性、热分解温度和蒸发性的影响,所以,高温润滑脂要求用能耐高温的稠化剂且基础油的热安定性好、氧化安定性好、蒸发损失小。

润滑脂的相似黏度和泵送性受基础油黏度的影响。润滑脂的胶体安定性与基础油的种类和黏度有关,基础油的黏度越小,润滑脂越易分油。增大基础油的黏度会减小润滑脂的分油和蒸发损失、改善润滑脂的黏附性等,但增大基础油的黏度对润滑脂的低温性和泵送性有不利影响。

对制备润滑脂来讲,基础油最重要的性质是黏度、热安定性、氧化安定性、蒸发性和润滑性。对于低温润滑脂和宽温度范围润滑脂,其基础油的黏温性、低温黏度、凝点也很重要。对于某些特殊条件下使用的润滑脂，其基础油还要求具有一些特殊性能，如抗辐射、耐化学介质等。

由于润滑脂的应用领域不断扩大，现代机械对润滑脂的性能要求也不断提高，因此开发了各种不同类型的基础油以满足不同的使用要求。

2.1.2 基础油的种类

润滑脂的基础油分成两大类：矿物油和合成油。

1. 矿物基础油

矿物油是润滑脂生产中用量最多、使用最广、价格较便宜的基础油。

矿物油作润滑脂基础油的优点：润滑性能好、黏度范围宽，不同黏度的基础油适合制备不同用途的润滑脂。例如，低黏度、低凝点的矿物油可制备低温脂；高黏度的矿物油可制备高温、高负荷用的润滑脂。矿物油制备的润滑脂在一定的温度范围内可满足使用要求，且成本较低，是润滑脂制造中用得最多的基础油。矿物油作为润滑脂基础油的主要缺点是对高温和低温性能不能同时兼顾，适于低温用的基础油，高温时易蒸发和氧化，相反适于高温使用的基础油，低温流动性差。

矿物油按原油的烃族组成分为石蜡基（SN）、环烷基（DN）和中间基（ZN）基础油。基础油还按黏度指数分为超高黏度指数（VHVI）、高黏度指数（HVI）、中黏度指数（MVI）和低黏度指数（LVI）基础油。基础油还分为馏分中性油和光亮油（BS）。馏分中性油以 40℃ 赛氏黏度划分牌号：75、100、150、200、300、350、400、500、600、750、900、1200。光亮油以 100℃ 赛氏黏度划分牌号：90、120、125/140、150、200/220。

在润滑脂生产中，基础油的选择非常重要。在润滑脂制造中用得较多的是环烷基油，也有用石蜡基油或中间基油的。脂肪酸金属皂在环烷基油中的稠化能力比在石蜡基油中强，但石蜡基油的黏温性好、黏度指数高，制备的润滑脂的黏温性也好。不同来源的矿物油由于在化学组成上的差异，对不同稠化剂的稠化能力和润滑脂的性能都有影响，所以，研制新产品时应先考察稠化剂与基础油的配伍性。在润滑脂的制备中可以使用一种基础油，也可以将几种基础油调和后使用。润滑脂基础油的选择主要根据润滑脂的使用要求而定。

在低温、轻负荷、高速轴承上使用的润滑脂，应选用黏度低、凝点低、黏温性好的基础油；用于中负荷、中速和温度不太高的机械的润滑脂，则应选用中等黏度的基础油；在高温、重负荷、低速下使用的润滑脂，则应选用高黏度的基础油。

作为润滑脂基础油的矿物油，除采用一般矿物基础油外，还有专为生产润滑脂用的基础油，如新疆克拉玛依炼油厂生产的锂料，还可选用某些含添加剂较少的成品润滑油作为生产润滑脂的基础油。详细的论述见第 3 章。

2. 合成基础油

现在，合成油作为润滑脂基础油还用得较少，主要是因为合成油的价格比矿物油贵，但随着机械的发展，合成油的使用会越来越多。作为润滑脂基础油的合成油主要有：聚 α-烯烃油、烷基苯、酯类油、硅油、含氟油、聚醚等。

（1）聚 α-烯烃油

聚 α-烯烃油的原料为直链 α-烯烃，工业生产主要采用石蜡裂解法或乙烯聚合法。

石蜡裂解法是以石蜡为原料，经热裂解得到 α-烯烃，然后在催化剂存在下聚合得到聚 α-烯烃，经蒸馏得到不同黏度的馏分油，再经加氢精制得到聚 α-烯烃油。

乙烯聚合法是以乙烯为原料聚合成聚 α-烯烃，再经加氢精制得到聚 α-烯烃油。选择适当的催化剂并控制聚合度可得到不同黏度的聚 α-烯烃油。乙烯聚合法比石蜡裂解法得到的聚 α-烯烃油产品质量高。

聚 α-烯烃油是合成油中发展最快的，已经广泛用作合成油润滑脂的基础油，这是因为聚 α-烯烃油具有很多优良特性：①黏度范围宽，黏温性好；②凝点低，低温流动性好；③热氧化安定性好；④润滑性好；⑤与矿物油和其他合成油的相容性好；⑥抗水性好；⑦对添加剂感受性好。现在，聚 α-烯烃油作为润滑脂基础油主要用于生产低温润滑脂和通用润滑脂。

（2）烷基苯

烷基苯属于合成烃的一类，常用的是重烷基苯。重烷基苯的主要特点是凝点低、黏温性好，主要用于制备寒区润滑脂。几种重烷基苯的性质见表 2-1。

表 2-1　几种重烷基苯的性质

项目	质量指标			
	A	B	C	D
黏度/（mm²/s）				
−45℃	13874	39200	3410	21917
−40℃	6830	18484	1730	—
−34℃	3605	9341	943	—
−18℃	735	1700	214	—
37.8℃	32.8	58.5	13.5	—
98.9℃	6.3	10.2	3.5	5.15
黏度指数	165	171	156	114

项目	质量指标			
	A	B	C	D
倾点/℃	−53	−48	−62	−54
闪点/℃	220	210	163	185

（3）酯类油

酯类油是目前合成油润滑脂中使用较多的一类基础油，它具有良好的润滑性能和高低温性能，对添加剂具有良好的感受性、凝点低、黏温性好。作为润滑脂基础油使用的酯类油有双酯和新戊基多元醇酯。

双酯的凝点低、黏温性好，但热安定性不太好，受热分解成酸和烯烃，生成的酸会腐蚀金属，生成的烯烃易氧化产生淤渣。在双酯中加入抗氧剂后可改善其氧化安定性。

新戊基多元醇酯的热安定性比双酯好。在合成油润滑脂中使用的新戊基多元醇酯有：三羟甲基丙烷酯、季戊四醇酯、双季戊四醇酯。

（4）硅油

硅油又称硅酮，是一类液体聚硅氧烷，分子主链为 $-\overset{|}{\underset{|}{Si}}-O-\overset{|}{\underset{|}{Si}}-$。

硅油的主要优点是：①极好的黏温特性；②良好的低温性，凝点很低；③高温性好、蒸发性小、热安定性好、氧化安定性较好；④绝缘性能好；⑤剪切安定性好；⑥无毒、无腐蚀、憎水、抗燃。

硅油的主要缺点是：①边界润滑性能差，对润滑性添加剂的感受性差；②甲基硅油与矿物油的混溶性较差；③硅油在高温下也能被氧化。

硅油的种类很多，有甲基硅油、乙基硅油、甲基苯基硅油、甲基氯苯基硅油、烷基甲基硅油、氟硅油等。

① 甲基硅油。甲基硅油的主要特点是：黏温性好、凝点低、闪点高，使用温度可达200℃。主要缺点是：润滑性差，对添加剂感受性差，与矿物油混溶性较差。甲基硅油通常用作真空硅脂和专用阻尼脂的基础油。

② 乙基硅油。乙基硅油的主要特点是：比甲基硅油的润滑性好，与矿物油的混溶性较好，凝点低，但氧化安定性、黏温性比甲基硅油差。乙基硅油通常用作仪表脂、特殊高温润滑脂的基础油。

③ 甲基苯基硅油。甲基苯基硅油根据其苯含量分为低苯基(苯含量<10%)甲基硅油、中苯基(苯含量10%~30%)甲基硅油、高苯基(苯含量>30%)甲基硅油。随着苯含量增加，甲基苯基硅油的热安定性和氧化安定性提高，但黏温性有所降低。

低苯基甲基硅油常用作低温脂的基础油；中苯基甲基硅油常用作高低温脂、高温脂的基础油；高苯基甲基硅油的抗辐射性好，可作抗辐射润滑脂的基础油。

④ 甲基氯苯基硅油。为了改善甲基硅油或甲基苯基硅油的润滑性，可在硅油的取代基中引入氯原子，称为甲基氯苯基硅油（简称氯苯基硅油）。甲基氯苯基硅油的润滑性能优于甲基硅油或甲基苯基硅油，但黏温性次于甲基硅油，高温性次于甲基苯基硅油。

⑤ 烷基甲基硅油。由于烷基甲基硅油中含有长链烷基，其润滑性比甲基硅油或甲基苯基硅油好得多。用芳基脲稠化烷基甲基硅油并加入抗氧剂，可制成长寿命的高负荷轴承润滑脂，能在 $-62 \sim 204℃$ 范围内使用。

⑥ 氟硅油。三氟丙基甲基硅油是一种新型的硅油，它的分子中以三氟丙基取代了部分甲基。氟硅油的主要特点：它的边界润滑性比甲基硅油和甲基苯基硅油好，着火点高，密度高，抗化学溶剂。所以，氟硅油可用来制备抗化学溶剂的润滑脂，这类润滑脂可以抗各种化学溶剂、酸、腐蚀性气体以及导弹火箭用的燃料和氧化剂。例如，以全氟乙丙共聚物稠化氟硅油制备的抗磨极压润滑脂，其作用温度范围为 $-73 \sim 232℃$，符合 MIL-G-83261 规格要求。

（5）含氟油

含氟油分为全氟碳油、氟氯碳油和全氟烷基聚醚。

① 全氟碳油。全氟碳油的化学式为 C_nF_{2n+2}，为无色液体，凝点较高，它具有特殊的化学惰性和高的热安定性，与酸、碱、过氧化氢等在 $100℃$ 以下不起反应。在空气中不燃烧，对氧有非常高的安定性，具有良好的润滑性及较好的介电性。全氟碳油不溶于水和常见的有机溶剂（如醇、苯、四氯化碳等），可溶于氟里昂。全氟碳油在 $150℃$ 保持 $250h$，对钢、铜、铝等金属没有腐蚀，对橡胶几乎没有作用。全氟碳油的缺点是黏温性差、低温性不好、凝点高。

② 氟氯碳油。氟氯碳油的化学式为 $R(CF_2-CFCl)_nR'$，氟氯碳油的黏温性优于全氟碳油，但比烃类油还是差得多。氟氯碳油的边界润滑性比全氟碳油或烃类油好。氟氯碳油也具有特殊的化学惰性和高的热安定性。氟氯碳油可作为抗化学密封脂的基础油。

③ 全氟烷基聚醚。全氟烷基聚醚（PAFE）是一类新型含氟油，为无色液体。具有以下特点：化学惰性；优良的热安定性，热分解温度在 $470℃$ 左右；抗燃；良好的润滑性；良好的抗辐射性；良好的介电性；不溶于含氟溶剂以外的其他大多数溶剂；与密封材料的相容性好；黏温性好、倾点低；良好的氧化安定性。

全氟烷基聚醚可被二氧化硅、氮化硼、三聚氰酸二酰胺、酞菁、聚四氟乙烯等稠化成脂。全氟烷基聚醚可用作航天润滑脂、真空润滑脂、抗化学介质润滑脂的基础油。

用乙丙共聚物或聚四氟乙烯稠化全氟烷基聚醚可制成在 $-55 \sim 315℃$ 范围内使

用的润滑脂。

（6）聚醚

聚醚(烷撑聚醚)是由环氧乙烷(或环氧丙烷)聚合而成的。聚醚的主要优点是：①黏温性好、凝点低；②剪切安定性好；③对橡胶、塑料的侵蚀性小；④润滑性好。聚醚的主要缺点是：氧化安定性、热安定性差，与矿物油的混溶性差。

聚苯醚是一类较新的高温润滑液，可作为润滑脂的基础油，但价格贵。聚苯醚的突出优点是抗辐射性好，但黏温性差、低温性差、凝点高。

各种润滑脂基础油的性能比较见表2-2。

表2-2　各种润滑脂基础油的性能比较

性能　　种类	矿物油	聚α-烯烃油	双酯	新戊基多元醇酯
黏温性	一般到良	优	优	优
高温性	一般	良	一般到良	良
低温流动性	一般到良	优	优	优
氧化安定性	一般	良	良	良
润滑性	优	优	优	优
抗辐射性	一般	差	差	差
抗燃性	差	差	差	差

2.2　润滑脂稠化剂

2.2.1　稠化剂的作用及要求

稠化剂是润滑脂中不可缺少的固体组分，其含量占润滑脂质量的5%~30%。稠化剂能在基础油中分散并形成结构骨架，使基础油被吸附和固定在结构骨架之中，形成半固体状的润滑脂，稠化剂粒子或纤维是胶体结构分散体系中的分散相。

作为润滑脂的稠化剂必须满足以下基本要求：①表面亲油，在基础油中能够均匀地分散并达到适当的分散程度，长时间内不相互聚集成大颗粒，保持细的粒度；②具有一定的稳定性，在润滑脂使用条件下不因热熔化或发生化学反应而变质；③稠化剂本身及变质后的产物不腐蚀磨损金属。

2.2.2　稠化剂的种类

稠化剂的种类很多，大体可分为四大类：皂基、烃基、有机和无机稠化剂。

润滑脂的性能很大程度上取决于稠化剂的种类。

1. 皂基稠化剂

皂基稠化剂是目前制备润滑脂用得最多的一类稠化剂，它是高级脂肪酸的各种金属盐，即金属皂，其结构式可用（RCOO）$_n$M 表示。皂分子一端是极性的羧基，另一端是非极性的烃基。在适当条件下，皂分子在基础油中能借助羧基端的离子力和烃基端的范德华力吸引聚结成皂纤维（见图 2-1）。皂分子的羧基端在纤维的内部相互吸引，烃基则指向纤维的表面，因而使纤维表面具有亲油性。皂纤维靠分子力和离子力相互吸引形成交错的网格骨架，使油被固定在结构骨架的空隙中、吸附在皂纤维的表面和膨化到皂纤维的内部，从而形成润滑脂。

图 2-1　皂纤维结构示意图

（1）单皂

金属皂为脂肪酸的各种金属盐，常见的金属皂有：锂皂、钙皂、钠皂、铝皂、钡皂等，不同种类的金属皂，制成的润滑脂的性能有很大的差异。

① 锂皂。锂皂在矿物油和合成油中都有很好的稠化能力，制成的锂基润滑脂具有各种优良性能，属于多效润滑脂。锂基润滑脂已占我国润滑脂总量的70% 以上，且呈逐年上升之势。锂皂在矿物油中的稠化能力与基础油的黏度和种类都有关系。一般来说，锂皂在环烷基油中的稠化能力较强。用同一类型不同黏度的基础油制备同一稠度的润滑脂时，随着基础油黏度增大，所需皂用量减少。

② 钙皂。钙皂曾是润滑脂工业中使用最早且用量最大的稠化剂，但近年来已逐渐被锂皂取代，在金属皂中成为用量占第二位的稠化剂，且有进一步减少的趋势。

由钙皂稠化矿物油制得的钙基润滑脂分为普通钙基润滑脂和无水钙基润滑脂。普通钙基润滑脂一般由天然油脂或合成脂肪酸皂化而得，它必须含有 1.5% ～3.5%水作稳定剂才能形成润滑脂，失去水分则会皂油分离而不能成脂。普通钙基润滑脂具有原料来源广、成本低、抗水性好的优点，但滴点低（75～95℃）、使用温度低（55～65℃）。

无水钙基润滑脂是由 12-羟基硬脂酸钙皂稠化矿物油或合成油而成，不需要水作稳定剂，无水钙基润滑脂的滴点可达 140℃，使用性能比普通钙基润滑脂好。可作为航空润滑脂、食品机械润滑脂、寒区汽车脂等。

③ 铝皂。铝皂是高级脂肪酸的铝盐，根据铝原子上联结的酸根数分为单铝皂 RCOOAl（OH）$_2$、双铝皂（RCOO）$_2$AlOH 和三铝皂（RCOO）$_3$Al。铝基润滑脂具

有透明光滑的外观，抗水性很好，但滴点低，使用温度低。铝基润滑脂在70~80℃发生相转变成为凝胶状而失去润滑作用。

④ 钠皂。钠皂是由天然油脂或脂肪酸皂化而得，钠基润滑脂具有较高的滴点(140~200℃)，但抗水性差，所以，不能用于潮湿或与水接触的条件下，随着复合皂等高温稠化剂的出现，将逐渐被淘汰。

（2）混合皂

由两种以上的不同金属皂作稠化剂的润滑脂称为混合皂基润滑脂，如钙-钠基润滑脂、锂-钙基润滑脂等。混合皂基润滑脂中如果两种皂的比例适当，将具有各自单一皂的优点，如钙-钠基润滑脂比钠基润滑脂的抗水性好，锂-钙基润滑脂比钙基润滑脂的滴点高。

（3）复合皂

关于复合皂的结构和形成机理都尚未完全清楚，复合皂的概念曾有不同说法。有人认为，复合皂是指不同的酸连接在同一金属上形成的皂，但这一概念对一价金属形成的复合皂不适用。美国润滑脂协会对复合皂的定义是："在这种皂中，皂的晶体或纤维是由两种或多种化合物共结晶而形成的。这些化合物包括普通皂和复合剂，由复合引起润滑脂特性的改变，通常可表现为滴点的显著增加。"常见的复合皂有：复合钙皂、复合铝皂、复合锂皂等。

① 复合钙皂。复合钙皂是指高分子酸(如硬脂酸、12-羟基硬脂酸)钙盐与低分子酸(如醋酸、硼酸等)钙盐形成的复合物，可用来稠化矿物油或合成油制成复合钙基润滑脂。复合钙基润滑脂具有滴点高、抗水性好、极压性好、胶体安定性好、在高温也能保持适宜的稠度，以及价廉等优点，但复合钙基润滑脂在贮存和加热时会出现表面硬化。

② 复合铝皂。复合铝皂是由高级脂肪酸与苯甲酸等的铝盐复合而成的，复合铝皂的皂纤维较小，稠化能力强，可以稠化矿物油或合成油。制备2号稠度的复合铝基润滑脂皂含量只需5%~8%。复合铝基润滑脂具有高滴点及优良的抗水性，良好的胶体安定性、机械安定性、氧化安定性，良好的泵送性及独特的热可逆性，特别适合集中润滑系统使用。

③ 复合锂皂。复合锂皂是由12-羟基硬脂酸锂与二元酸(如壬二酸、癸二酸)或其他低分子酸(如硼酸)锂盐复合形成的，是20世纪70年代以后才开发的润滑脂新产品。复合锂基润滑脂具有良好的多效性能，也是未来最有发展前途的润滑脂之一，近年，复合锂基润滑脂的用量呈逐年上升之势。

2. 烃基稠化剂

烃基稠化剂主要是地蜡、石蜡及石油脂。

地蜡为黄色针状晶体，按熔点高低分为67号、75号和80号三种。它主要由异构烷烃和固体环状烃所组成，分子量500~700，分子较石蜡大，化学结构复杂，有较多的分支和环，地蜡的晶体较石蜡小。地蜡是制烃基润滑脂的良好原料，制成的润滑脂不易分油。

石蜡为白色片状晶体，熔点为 52~70℃。它主要由正构烷烃组成，也有少量的异构烷烃和环烷烃，分子量 300~500，分子较地蜡小，分子结构也较简单，分支较少。石蜡与润滑油混合容易分层，制成的润滑脂也较易分油，因此一般不单独用石蜡作稠化剂，而需要加入一定量的地蜡，以解决蜡油分层的问题。

石油脂是黄色至褐色软膏，是地蜡、石蜡和高黏度润滑油的混合物，是生产地蜡时的副产品，来源于离心分离及脱蜡的滤下油，要求滴点不低于 55℃，闪点不低于 250℃，石油脂也可用来作润滑脂的稠化剂。

固体烃在温度高时能溶于润滑油中，在温度低时能形成结晶析出，析出的晶体能形成交错网格，使润滑油失去流动性而形成润滑脂。烃基润滑脂常作防护和密封润滑脂，它的滴点低、使用温度低。

3. 有机稠化剂

有机稠化剂是相对于金属皂和无机稠化剂来说的，它是一些有机化合物或聚合物，常见的有聚脲、酰胺、酞菁、阴丹士林、聚四氟乙烯等，现在发展最快的是脲基稠化剂。

（1）脲基稠化剂

脲基稠化剂是分子中含有一个或多个脲基—NH—CO—NH—的化合物，可稠化矿物油和合成油，大多稠化合成油生产高档润滑脂。脲基润滑脂具有很好的高低温性能，良好的热安定性和氧化安定性，良好的胶体安定性、机械安定性、抗水性，也是未来最有发展前途的高温多效润滑脂之一。

聚脲稠化剂在发展过程中，还出现了聚脲与皂基的复合稠化剂，如聚脲-醋酸钙、聚脲-醋酸钙-碳酸钙复合稠化剂。聚脲-醋酸钙复合稠化剂是在制成聚脲后再加入氢氧化钙和醋酸反应，生成醋酸钙。以聚脲-醋酸钙复合稠化剂生产 2号稠度的润滑脂只需 4%~6%的聚脲和 12%~15%的醋酸钙，可以降低生产成本。聚脲-醋酸钙复合润滑脂滴点可达 245℃，且在不加抗磨剂的情况下具有良好的抗磨极压性。聚脲-醋酸钙复合润滑脂在低剪切速率下发生软化，而在高剪切速率下恢复至原来的稠度，这个特性既使润滑脂在低剪切速率下在集中润滑系统中易于泵送，又使润滑脂在高剪切速率下恢复至原来的稠度。

聚脲-醋酸钙-碳酸钙复合稠化剂中的碳酸钙是由氢氧化钙与二氧化碳作用生成的。这种复合稠化剂能抵抗剪切软化和高剪切硬化现象，且制备的复合润滑脂具有良好的低温性能。

聚脲复合稠化剂能够稠化各种矿物油和合成油，但不适合酯类油。聚脲复合润滑脂属于多效润滑脂，这种润滑脂能在极压锂基润滑脂不能适用的条件下进行润滑，并能延长润滑周期。锂基润滑脂和几种聚脲复合润滑脂的性能见表 2-3。

表 2-3　锂基润滑脂和几种聚脲复合润滑脂的性能

试验项目	锂基润滑脂	聚脲复合润滑脂			
	矿物油	矿物油	矿物油	矿物油+α-烯烃	α-烯烃
工作锥入度/0.1mm	280	280	280	320	320
10 万次剪切/0.1mm	—	—	290	—	—
滴点/℃	188	245	250	245	236
极压性能 OK 值(梯姆肯法)/N	441	58	490	441	—
四球试验					
烧结负荷/N	2452	4658	3920	3236	4756
磨损指数	40	75	56	56	64
磨损值/mm	0.45	0.40	0.40	0.50	
相似黏度(20s^{-1})/Pa·s	583	432	185	803	
分油(24h, 25℃)/%	4.0	1.0	1.0	1.6	5.0
轴承寿命/h	240	320	260	230	—

（2）酰胺

酰胺稠化剂指 N-烷基对苯二甲酸单酰胺的碱金属盐，如钠盐或锂盐。

酰胺润滑脂具有良好的高低温性能、机械安定性、抗水性、抗辐射性等。

（3）酞菁

酞菁是一种有机染料，酞菁铜的分子式为 $C_{32}H_{16}N_8Cu$，结构式如图 2-2。

酞菁稠化剂的特点：①酞菁可以制成很小的粒子，且表面具有亲油性，可稠化各种基础油制成润滑脂，但酞菁在硅油中较难分散。酞菁的稠化能力不如皂基稠化剂，制备同样稠度的润滑脂需要的稠化剂用量较多。②由酞菁制备的润滑脂滴点高、高温性好、胶体安定性好、氧化安定性好、抗水性好。③酞菁可用于制备抗辐射润滑脂。

（4）阴丹士林

阴丹士林是一种染料，其结构式如图 2-3。

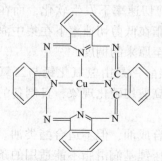

图 2-2　酞菁铜的结构式　　　　图 2-3　阴丹士林的结构式

20

阴丹士林也是一种有希望成为高温多效润滑脂的稠化剂,它在空气中分解温度高(469~482℃),本身不易氧化。制成的润滑脂具有良好的高温性能、抗辐射性能,可适用于-70~300℃使用温度范围。

(5)氟碳稠化剂

氟碳稠化剂是一种新型稠化剂,这类稠化剂具有很好的化学稳定性,所以适用于抗化学介质润滑脂,这类稠化剂包括:聚四氟乙烯(PTFE)、全氟乙烯丙烯共聚物(FEP)、全氟聚苯。

PTFE和FEP本身是固体润滑剂,具有良好的摩擦特性,它们在低速下的摩擦系数为0.04~0.06,比石墨(0.09)和二硫化钼(0.12)都低,适用于高真空润滑脂。PTFE和FEP具有良好的化学惰性和良好的热安定性:与火箭液体燃料和酸碱等不反应,几乎与所有的溶剂和油品不起作用,PTFE在380℃才开始分解,所以,PTFE和FEP是制备航空、航天及核工业设备用润滑脂的良好稠化剂。用PTFE制备的润滑脂还具有良好的低温性能。由于这种稠化剂价格较贵,所以主要用于稠化合成油制备极端苛刻条件下使用的润滑脂。

据研究,可作稠化剂用的PTFE的分子量为1000~50000,粒度小于30μm。PTFE制备的润滑脂具有突出的低温性能。PTFE在润滑脂中不仅起稠化作用,还有抗磨极压作用。PTFE是一种非常有前途的稠化剂,目前因价格太贵还仅限于极端苛刻条件下使用。

FEP稠化高黏度全氟烷基聚醚制成的润滑脂,在高真空条件下,140℃时的轴承寿命达7500h以上。FEP稠化氟硅油制成的润滑脂能满足MIL-G-83261的要求,是一种能在-73~232℃宽温度范围内工作的抗磨极压润滑脂。

全氟聚苯是近期才研究出的新化合物,为浅黄色固体粉末,熔点高于360℃,具有良好的热安定性、化学安定性和抗辐射性,可作为高温、抗化学介质、抗辐射润滑脂的稠化剂。

4. 无机稠化剂

(1)膨润土

膨润土是以蒙脱石(也称微晶高岭石)为主要成分的黏土岩——蒙脱石黏土岩。膨润土的外观与陶土相似,呈蜡状、土状或油脂状光泽。膨润土有各种不同颜色(白、浅灰、浅红、淡绿黄、砖红、黑色等)。膨润土能吸附8~15倍的水分,吸湿后膨胀,膨胀倍数从几倍到三十多倍。膨润土的成分主要是二氧化硅、三氧化二铝和水,氧化镁和氧化铁含量有时也较高,此外,还含有钙、钠、钾等。蒙脱石为含水的层状铝硅酸盐矿,理论化学成分 SiO_2 66.7%, Al_2O_3 25.3%, H_2O 5%。分子式为 $(OH)_4Si_8Al_4O_{20}$。蒙脱石的单位晶层(晶胞)是由两层顶角朝里的硅氧四面体和一层铝氧八面体所组成(见图2-4和图2-5)。

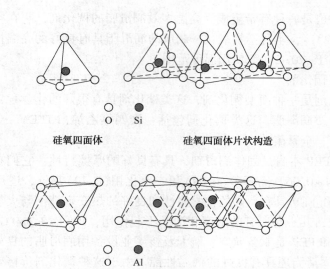

硅氧四面体　　　　　　　硅氧四面体片状构造

O　Si

铝氧八面体　　　　　　　铝氧八面体片状构造

O　Al

图 2-4　硅氧四面体、铝氧八面体及它们的片状构造

八面体可以看作氢氧铝石$[Al_2(OH)_6]$层，其中(OH)每三个被 Si—O 组成的假六方网格顶点的氧代替。四面体和八面体靠共用的氧原子连接。蒙脱石的晶胞呈平行叠置，晶胞之间靠氧层相连。蒙脱石八面体中的 Al^{3+} 和四面体中的 Si^{4+} 往往部分（或全部）被其他阳离子置换，形成一些蒙脱石的变种，如锂-蒙脱石。蒙脱石晶格中由于异价离子（如 Mg^{2+}）置换而产生负电荷（单位晶层电荷数 0.66），晶层底面具有吸附阳离子和极性有机分子的能力，所吸附的阳离子与晶格内负电荷相平衡。

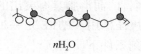

$n\mathrm{H_2O}$

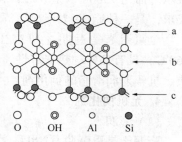

O　OH　Al　Si

图 2-5　蒙脱石晶体结构

例如，钠-蒙脱石中，铝氧八面体中的 Al^{3+} 部分被 Mg^{2+} 置换而吸附有 Na^+，蒙脱石晶层间可能存在的阳离子有 Mg^{2+}、Ca^{2+}、Na^+、K^+、H^+、Li^+ 等，这些阳离子在一定条件下可以相互取代。它们的交换规律一般是：蒙脱石的悬浮液中，浓度高的阳离子可以交换浓度低的阳离子。在离子浓度相等的情况下，离子键强的阳离子排挤取代离子键弱的阳离子，它们的大致交换顺序是：

$$Li^+ < Na^+ < K^+ < Mg^{2+} < Ca^{2+} < Sr^{2+} < Ba^{2+}$$

蒙脱石（膨润土）的属性常根据所交换阳离子的种类和含量而定。如果某一交换性阳离子占蒙脱石阳离子交换容量的 50% 以上时，即以此阳离子来命名。

钠型膨润土较钙型或镁型膨润土的性质优越。例如，吸水速度慢，但吸水率和膨胀倍数大；阳离子交换量可达 75～100meq/100g（钙型膨润土一般在 60meq/100g 左右，meq 为毫克当量）；在水介质中分散性好，钠-蒙脱石可分离成单个晶胞等。

我国有丰富的膨润土资源，辽宁黑山和法库属钙型膨润土，浙江有钠型、钙型膨润土，均可作润滑脂的原料。

作为润滑脂稠化剂用的膨润土要求阳离子交换量为 60～100meq/100g，蒙脱石含量大于 85%，在水中易于分散形成稳定的胶体，不含或少含非黏土矿物，粒度小于 2μm 的要占 50% 以上。钠型膨润土最好，某些优质钙型膨润土亦可。在制备膨润土稠化剂时，须先将原土粉碎，在水中分散并除去杂质，再经过表面改型，将其他类型膨润土改为钠型，然后将钠型膨润土的亲水表面用覆盖剂使其变为憎水亲油，才能在非极性介质中形成稳定的分散体系。例如，用大量季铵阳离子与膨润土表面的无机离子进行交换，于是在表面上覆盖一层有机层，从而使表面具有亲油性。

一般膨润土常用的覆盖剂有酰胺基胺和季铵盐等，如二甲基十八烷基苄基氯化铵。

亲油的膨润土稠化剂能与矿物油、合成油制成高温润滑脂。膨润土润滑脂的特点是没有滴点，具有良好的高温性、抗水性、极压性、胶体安定性和良好的温稠关系。

（2）炭黑

炭黑是有机物不完全燃烧或热分解的粉状产物，主要成分是碳。炭黑是由 9～600nm 的粒子组成。用电子显微镜观察发现，它是由多数颗粒所结成的无规则的链枝状或团状结构。

炭黑用作稠化剂时，其稠化能力与分散程度和颗粒结构有关。炭黑的粒子越小、比表面积越大，稠化能力越强。乙炔黑的稠化能力强，制备相同稠度的润滑脂只需用皂基稠化剂的 1/3～1/2。乙炔黑可稠化矿物油或硅油。炭黑制成的润滑脂耐热性好、胶体安定性好、抗水性好，稠度随温度的变化小。

（3）硅胶

硅胶的主要成分是二氧化硅，根据制法不同分为沉淀硅胶、气凝胶硅胶和发烟硅胶。沉淀硅胶和气凝胶硅胶的固相是以酸中和硅酸钠溶液产生二氧化硅凝胶，洗去钠盐后烘干制成。发烟硅胶又称白炭黑，可通过在氧气中燃烧四氯硅烷或用气相法水解四氯硅烷制成。硅胶的粒度小于 1μm，具有较大的比表面积，能稠化润滑油制成润滑脂。硅胶本身不熔化，所制成的润滑脂无滴点，但抗水性差、机械安定性差，老化硬化及受热失去润滑作用。这些缺点可以通过硅胶的表面改质得到解决，硅胶表面改质覆盖剂有硅氧烷低聚体、六甲基二硅氧烷、氟醇、丁醇、季戊四醇和二苯基硅二醇等。

（4）氮化硼

氮化硼$(BN)_n$是一种新型固体润滑剂，可作高温润滑脂的稠化剂，用粒度为$15\sim75nm$、比表面积为$150\sim650m^2/g$的氮化硼为稠化剂。氮化硼不溶于水，所制得的润滑脂具有良好的抗水性。氮化硼具有高的熔点和分解温度，所制得的润滑脂具有高滴点和高温下的长寿命。氮化硼具有广泛的用途，适合制备高温航空润滑脂，应用于导弹和火箭等。

2.3 润滑脂添加剂及填料

2.3.1 添加剂

润滑脂添加剂是添加到润滑脂中以改进其使用性能的物质，它可以改进润滑脂本身的性质或增加其原来不具有的性质。润滑脂添加剂的种类和原理与润滑油添加剂基本一致，但由于一般的润滑脂是弱碱性并含有各种稠化剂，对添加剂的感受性与润滑油有所不同，对润滑油有效的添加剂可能对润滑脂无效，这都需要试验来确定。有些添加剂是极性化合物，对润滑脂的胶体结构可能产生影响，因此，应注意添加剂可能对润滑脂的性质产生影响，尽量选用合适的添加剂。润滑脂添加剂的种类见表2-4。

表2-4 润滑脂添加剂种类

种类	化合物举例	用量/%
抗氧剂	苯基-α-萘胺	$0.1\sim1.0$
	二苯胺	$0.1\sim1.0$
	2,6-二叔丁基对甲酚	$0.05\sim1.0$
	二丁基二硫代氨基甲酸锌	$0.11\sim1.0$
	二芳基硒	$2.0\sim5.0$
防腐剂	磺酸钠	$0.2\sim3.0$
	山梨糖醇单油酸酯	1.0
防锈剂	牛脂脂肪胺	$0.01\sim6.0$
金属钝化剂	巯基苯并噻唑	$0.01\sim0.05$
极压剂	氯化石蜡	$2.0\sim15.0$
	二硫代磷酸锌	—
	二苄基二硫化物	—
颜色安定剂	对苯酚衍生物	$0.01\sim0.1$
	呋喃吖嗪	$0.01\sim0.1$

种类	化合物举例	用量/%
增黏剂	聚异丁烯	0.02~1.0
染料	油溶性红或绿	0.01~1.0
结构改善剂	丙烯乙二醇	0.1~1.0
	甘油	0.1~1.0

1. 胶体结构稳定剂(结构改善剂或胶溶剂)

稳定剂是在润滑脂中起稳定润滑脂胶体结构的添加剂。它在润滑脂中的含量很少,但作用很大。有些润滑脂不含适量的稳定剂,就不能形成较稳定的胶体结构,基础油和稠化剂就会分离,稳定剂含量过多或过少都会影响润滑脂的结构和性能。

稳定剂是一些极性较强的化合物,如有机酸、甘油、醇、胺等,水也是一种稳定剂。在通常的皂基润滑脂中,如果以脂肪作皂化原料,则皂化反应生成的甘油起稳定剂的作用。

除了水和甘油以外,工业上也使用其他的稳定剂,少量的其他金属皂或其他酸的金属盐也可作为稳定剂。

稳定剂的作用如示意图2-6所示。在皂-油体系中,稳定剂由于含有极性基团(如—COOH、—NH₂、—OH等),能吸附在皂分子极性端间,使皂分子在皂纤维中的排列距离增大,使基础油膨化到皂纤维内的量增大。此外,皂纤维内外表面积增大,皂油间的吸附也就增大,从而使皂和基础油形成较稳定的胶体结构。

图2-6 稳定剂作用示意图

稳定剂的种类随稠化剂和基础油而定,合适的稳定剂及其用量都是通过试验来确定的。试验发现:稳定剂用量过少,则皂的聚集程度较大,膨化和吸附的油量较少,皂-油体系不稳定;稳定剂用量过多,皂纤维本身的硬度下降,润滑脂的稠度下降。所以,稳定剂的用量要适当。

2. 抗氧剂

润滑脂氧化的机理与润滑油基本一致,但含有金属皂的润滑脂比基础油容易氧化,所以,金属皂基润滑脂必须加抗氧剂。润滑脂中抗氧剂的作用就是阻碍基础油、脂肪酸碳链和甘油的氧化。润滑脂抗氧剂的种类见表2-5,常见的有胺类和酚类抗氧剂,胺类抗氧剂有二苯胺、苯基-α-萘胺、苯基-β-萘胺、苯二胺等,可使用到150℃上。酚类抗氧剂有2,6-二叔丁基对甲酚、α-萘酚、β-萘酚、二异丁基对甲酚、2,4,6-三甲基苯酚等，2,6-二叔丁基对甲酚高温挥发性较大，只能在100℃以下使用。一般来讲，胺类抗氧剂适用于中性或弱碱性润滑脂，酚类抗氧剂适用于含游离酸的润滑脂。

表2-5　润滑脂抗氧剂

化合物类型	用量/%	备注
二苯胺	0.1～1.0	—
苯基-α-萘胺	0.1～1.0	—
乙二胺四乙酸四苄基酰胺	2.0～10.0	175℃以下有效
2,4-二氨基二苯基醚	0.01～5.0	适用于锂基润滑脂
1-(烷基苄基)-3-苯基脲	0.1～5.0	适用于酯类油的皂基润滑脂
2,6-二叔丁基对甲酚	0.05～1.0	
二烷基二硫代氨基甲酸锌或铅	0.1～3.0	
吩噻嗪	0.1～1.0	适用于高温
烷基酚亚磷酸酯	0.1～0.5	
双十二烷基硒	0.1～0.5	适用于高温
二芳基硒	2.0～5.0	—
磷酸三钠	0.5～1.0	适用于钠基润滑脂

3. 金属钝化剂

金属钝化剂本身并不抗氧化，但能消除和润滑脂接触的金属对氧化过程的催化作用。防止金属催化氧化的添加剂分为两类：一类是金属减活剂，它本身和金属皂离子反应生成催化不活泼的化合物，如双水杨酸叉乙二酸、草酸酰亚胺、某些金属皂的油酸盐等，用量0.001%～0.5%；另一类是金属钝化剂，它能在金属表面形成阻止金属和润滑脂接触的膜，常用的钝化剂有硫化物和磷化物，如巯基苯并噻唑、三芳(烷)基磷酸酯等。

4. 防锈剂

防锈剂是一些有机极性化合物，如金属皂、有机酸、酯、胺等。这些化合物由于极性基可吸附在金属表面或是与金属发生化学反应而生成盐，它们在金属表面形成致密而稳定的薄膜使金属表面与水分和空气相隔离而具有防锈作用。

防锈剂主要有：磺酸钡、环烷酸钡、环烷酸铅、山梨糖醇单油酸酯、三乙醇胺、氧化石油脂等。

5. 防腐剂

防腐剂是指保护有色金属如铜、银、锡、镁、铝及其合金等免遭腐蚀的化合物(见表2-6)。防腐剂除能抑制氧化中酸性物质的生成外，或者吸附在轴承及其表面形成一层保护膜，或者在金属表面生成化学膜，从而减少了对油品的催化氧化作用。有的防腐剂主要是起着消除金属对油氧化的催化作用，铜对烃类氧化的催化作用较大，有机铜盐对油的氧化催化作用也较大，所以，铜钝化剂是一种重要的腐蚀抑制剂，苯并三氮唑及其衍生物是常用的铜腐蚀抑制剂。

表 2-6　润滑脂防腐剂

化合物类型	用量/%	备注
环烷酸铅	1.0	适用于复合皂基润滑脂
环烷酸镁或锌	0.5~2.0	适用于锂基润滑脂
环烷酸钡和磺酸钡混合物	1.0~5.0	—
磺酸钠	0.2~3.0	—
油酸镁	1.0~5.0	适用于锂基润滑脂、膨润土润滑脂
酰胺	0.1~5.0	适用于锂基润滑脂
烯基-双丁二酰亚胺	0.1~3.0	适用膨润土润滑脂
碱金属、碱土金属的铬酸盐	0.01~5.0	适用于硅油润滑脂
亚硝酸钠	0.25~3.0	适用于膨润土润滑脂和其他润滑脂
山梨糖醇单油酸酯	1.0	—

6. 拉丝性添加剂

拉丝性添加剂是用来提高润滑脂黏附性能的添加剂，常用的有聚异丁烯、聚甲基丙烯酸酯、聚正丁基乙烯基醚和天然橡胶等。

7. 抗磨极压添加剂

两个被润滑的相对运动金属表面承受的负荷较轻时，它们被一层弹性流体动力油膜分开。随着所受负荷的增加，油膜厚度逐渐减小。当油膜厚度接近表面粗糙度时，油膜就将被粗糙表面的微凸体所穿透。在这个区域内，抗磨剂的作用是提高油膜强度，减少金属间的接触，防止磨损。当负荷进一步增加时，整体油膜崩溃，抗磨剂就不足以保护金属表面。在这个区域内，极压添加剂就发生作用。极压添加剂与金属表面发生化学反应生成一层薄膜，这层薄膜的抗剪切强度比基础金属要低，因此当油膜破裂时，防止了金属表面烧结。

一般含磷化合物、含硫化合物与含氯化合物的极压性较好。二烷基二硫代氨基甲酸盐(包括钼、锑、铅、锌盐)是润滑脂的多效添加剂，兼有抗氧、抗磨等作用。

2.3.2　润滑脂填料(固体润滑剂)

填料是润滑脂中的固体添加物，大多是一些有润滑作用和增稠效果的无机粉末。大多数填料本身是固体润滑剂，加入润滑脂中可提高润滑脂的润滑能力。因为在润滑脂的润滑膜遭受短暂的冲击负荷或高热的情况下，固体润滑剂可起到补强作用。填料加入润滑脂后可使润滑脂增稠，以提高对流失的抵抗力，增强密封性和防护性。

常用的填料有石墨、二硫化钼、氮化硼、聚四氟乙烯及一些微纳米粉体。

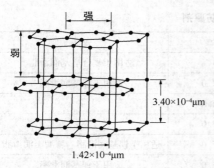

图 2-7 石墨的晶体结构

1. 石墨

石墨是碳的同素异形体，具有良好的化学稳定性、抗辐射性，抗强酸和强碱。石墨的热安定性很好，在空气中于 550℃ 下安定，在真空中可达 3500℃。石墨本身是一种固体润滑剂，具有良好的抗磨极压性能。

石墨的晶体结构如图 2-7 所示。它的晶体中，碳原子以闭合的六碳多环状态形成层状结构。在层内相邻的碳原子间的距离短，并且以共价键相连接，故结合力强；在层与层之间的距离长，而且是以范德华力相连，故结合力弱。当沿石墨晶体施加外力时，层与层之间容易分开，单层本身却不易碎裂。当石墨作为润滑剂用于两摩擦面时，这种晶体的层结构的排列方向平行于摩擦力的方向，层与层之间较易分开，使它表现出良好的润滑性和抗磨性。

在润滑脂中加入石墨后，由于石墨晶体对于粗糙不平的金属表面有填平作用，因而提高了润滑脂的耐压强度。在润滑脂中使用的石墨可以是天然的或人造的，应为鳞片状或胶体石墨。无定形石墨有腐蚀性，不能在润滑脂中使用。

石墨的润滑作用和抗擦伤性能明显不如二硫化钼。它只在有氧气和水蒸气的情况下才具有润滑性。因此，石墨在真空中和在稀有气体中是无效的。

2. 二硫化钼

二硫化钼是一种鳞片状晶体，呈层状结构（如图 2-8 所示）。

二硫化钼的晶体由很多的二硫化钼分子组成，每一个二硫化钼分子层又分为三层，中间一层为钼原子层，上下两层为硫原子层，硫原子层暴露在分子层的表面。

二硫化钼本身是一种固体润滑剂，它具有低的摩擦系数（一般为 0.03~0.15）和良好的润滑性能。它的润滑作用是由它的晶体结构决定的，因为每个分子层内硫原子与钼原子之间结合力很强，而相邻两分子层的硫原子和硫原子之间的结合力很弱，所以沿着分子层很容易断裂，产生滑移面。当摩擦表面有二硫化钼时，就使原来相对滑动的两金属表面的直接摩擦转变为二硫化钼分子层的相对滑移，从而降低摩擦、减少磨损。二硫化钼对高负荷、高转速的机械有优异的润滑效果，是因为它的摩擦系数还有随负荷和转速增加而减少的特点。

二硫化钼在金属表面结合力相当强，对金属的粗糙表面有填平作用，能提高耐压强度，能明显改善滑动摩擦，特别是高速滑动和高负荷下的抗擦伤性能较好。二硫化钼在润滑脂中的用量为3%～10%。

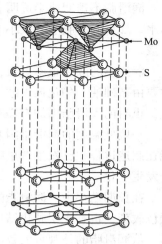

图2-8　二硫化钼的晶体结构

二硫化钼在空气中350～400℃下安定，在-60～400℃能保持良好的润滑性能。在真空、无水和辐射条件下能保持润滑性。在有水、油和表面活性剂的情况下，润滑作用略有降低。二硫化钼在400℃左右逐渐氧化，540℃后氧化速度急剧增加，氧化后生成SO_2和MoO_3。由于三氧化钼具有较大的摩擦系数（0.5～0.6），故二硫化钼在400～600℃其摩擦系数随温度上升而增大。

3. 氮化硼

氮化硼（BN）是一种新型润滑材料，为白色粉末，莫氏硬度为2。氮化硼结构与石墨类似，也是一种六角形网、平面重叠的层状结构，但每层与每层间的氮与硼是交错的重叠。氮化硼层间的结合力比层内的结合力弱得多，当受外力作用时，很容易产生层间滑移，运动阻力非常小，所以表现出良好的润滑性。

氮化硼和石墨相比，不仅具有石墨的一些优点，而且在高温时还具有无法比拟的优越性能，如耐腐蚀性、传热性、绝缘性和良好的润滑性。

4. 其他超细粉体

作为润滑脂填料使用的超细粉体还有碳酸钙、层状硅酸盐、氧化钛、金属粉（铜、锡、锌、铝）等。

2.4　润滑脂的外观

外观是润滑脂规格中要求检查的项目之一。所用的检查方法是直接观察润滑脂样品，或将润滑脂放在玻璃片上涂成薄层对光观察，看它是否均匀无皂块。润滑脂的规格中对润滑脂的颜色、状态、透明度、均匀度等作了定性的要求，对验收润滑脂有所帮助。

润滑脂大多数呈半流体至半固体油膏状。

根据外观可以大致鉴别不同类型的润滑脂：一般锂基润滑脂和钙基润滑脂呈光滑、透明或半透明油膏状。钠基润滑脂呈短纤维、长纤维或海绵状。铝基润滑脂光亮透明，但也有不透明的。凡士林具有明显的拉丝性。

润滑脂不透明或半透明表明稠化剂粒子长度大于光的波长或润滑脂中含有游离水。如果润滑脂中有大小不均的颗粒或皂块存在，则说明制造时稠化剂未充分分散。

润滑脂的颜色很不一致，大多呈淡黄至浅褐色，也有颜色很深或很浅的，这主要由基础油、稠化剂、添加剂决定。有的润滑脂因加有石墨或二硫化钼而呈黑色，也有的润滑脂因加有染料而呈特殊的颜色。

一般低温用的润滑脂因基础油馏分较轻而颜色较浅，如发现颜色很深，则可能在制造过程中已发生严重的氧化。有的润滑脂加有某些抗氧剂，见光后颜色也会发生变化。

在长期贮存中，润滑脂的暴露表面可能因氧化而颜色加深，或因吸水而发生颜色改变，也有表层硬化结皮或裂开现象，还常见分油现象。

从润滑脂的外观可大致区分润滑脂的类型，了解润滑脂是否分散均匀或发生某些变质，但外观不能代替其他评定项目。

2.5　润滑脂的结构概述

润滑脂的结构是指稠化剂、添加剂在液体润滑剂中的物理排列，正是这种排列的特性和稳定性决定着润滑脂的外观和性质。

润滑脂是由稠化剂在一定条件下稠化基础油构成的分散体系。分散相质点在润滑脂中存在的形态——形状、大小及其分布，是关系润滑脂的胶体安定性、机械安定性以及流变性能的重要因素。电子显微镜自1941年首次用于观察月桂酸钠凝胶纤维以来，在润滑脂结构研究上获得了广泛应用，如利用电子显微镜研究各类润滑脂的结构，研究组成、配方、工艺和润滑脂结构、性能之间的关系，研究润滑脂在贮存、使用中结构、性能的变化等。

利用电子显微镜可以观察到不同形态的稠化剂骨架及不同大小的纤维或颗粒。例如，12-羟基硬脂酸锂皂、12-羟基硬脂酸钙皂为长绞拧状纤维，水合钙皂为绞拧状纤维，钠皂为细长纤维，铝基润滑脂可见到特细纤维团，烃基润滑脂可见到不规则片状。大体说来，皂基润滑脂主要为带状、针状、绳状纤维；非皂基润滑脂主要为针状、棒状、片状、粒状纤维。组成配方及制备工艺不同的润滑脂结构形态和纤维、粒子大小不同，复合钡皂和长纤维钠皂的纤维长，复合铝皂的纤维小。单个皂纤维的长度和直径决定着润滑脂最后的结构特征，单位体积的纤维表面积决定着胶凝能力，皂纤维越细小，胶凝能力就越强。表2-7列出了几种皂纤维的平均尺寸。

表 2-7　几种皂纤维的平均尺寸

皂纤维类型	直径/μm	长度/μm
复合钡皂	1.0	~100
长纤维钠皂	1.0	~100
锂皂	0.2	2.0~2.5
复合钙皂	0.1	1.5
复合铝皂	0.1	≥1.0

2.6　皂基润滑脂的结构

2.6.1　皂基润滑脂结构的近代概念

使用电子显微镜、X射线衍射及热分析技术，证明了在润滑脂中有皂晶体存在，而且有不同大小、形状的皂纤维组成的网状结构骨架。因此，对于皂基润滑脂的结构，公认是一个胶体结构分散体系，分散介质为液体润滑剂，分散相为皂纤维。由皂纤维形成网状结构骨架，将基础油保持在其中，从而形成半固体状的润滑脂。

金属皂大多具有晶体性质，金属皂加热时在基础油中分散，冷却过程中发生晶化，形成皂纤维，并由皂纤维组成三维结构骨架，使润滑油被保持在皂纤维的骨架之中，形成润滑脂。据X射线衍射分析，一种皂无论是在晶体状态或皂纤维状态，它的晶胞都是相同的。

皂纤维中的皂分子是以羧基对羧基互相衔接的双分子层（如图2-9所示），烃基向外，而且皂分子的长碳链大致地沿皂纤维薄的横断面平行地排列，而不是垂直于它。这说明沿皂纤维轴线有劈开的趋势。皂分子与纤维轴不一定呈直角，不同皂对轴线的偏离角 β 也不相同，这可以根据两个串联皂分子的计算长度和用X射线测定的长间距计算出来。

皂分子之间存在两种不同的力——离子力和范德华力。皂分子羧基端中带负电的氧与邻近分子带正电的金属离子互相吸引，这种力属于离子力，它的大小与带电离子间距离的平方成反比。属于同一行皂分子的氧和金属离子间的距离较短，属于相邻行间皂分子中的氧和金属离子间的距

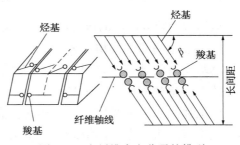

图 2-9　皂纤维中皂分子的排列

离较长，因而同一行存在的离子力较大，相邻行间存在的离子力较小。所以皂分子间有两种大小不同的离子力存在，较强的离子力作用于同一行相邻分子之间，使许多皂分子聚结成皂晶体。较弱的离子力作用于相邻分子之间垂直的方向。

皂分子的烃基端，相邻的甲基及亚甲基之间存在的力属于范德华力。范德华力比离子力小得多，它与距离的六次方成反比。例如，硬脂酸锂在同一行内相邻皂分子间的总吸引力为 $30 \times 4.184kJ/mol$，是垂直于该行的力 $3 \times 4.184kJ/mol$ 的 10 倍，是烃基末端甲基间的力 $0.3 \times 4.184kJ/mol$ 的 100 倍。

由于在不同方向上作用力大小不同，因此皂分子形成纤维状的聚结体。

由皂纤维形成结构骨架时，仍然是离子力和范德华力的作用。根据皂纤维接触状态不同（如图 2-10 所示），接触点之间所受力的大小不同，两根皂纤维如果是烃基端相接触（a），则烃基与烃基间作用力为范德华力；如果皂纤维烃基端表面对侧面（b），则范德华力和离子力都起作用，且以范德华力为主；如果皂纤维是侧面对侧面（c），则作用力为离子力和范德华力，且以离子力为主。

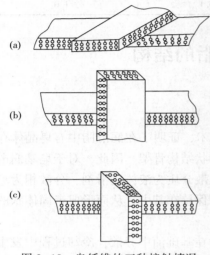

图 2-10　皂纤维的三种接触情况

基础油中的皂在晶化过程中，形成皂纤维的大小、形状和数目，皂纤维本身的强度以及皂纤维接触点的强度，都影响润滑脂结构骨架的强度。润滑脂的性能是不同组分和加工方法所获得的润滑脂结构的反映。

总之，润滑脂的结构是个很复杂的问题，它不仅与皂的种类和浓度、基础油的性质、极性化合物的存在有关，而且受生产工艺的影响很大。

2.6.2　皂油凝胶粒分散体的概念

皂油凝胶粒分散体的概念由陈绍澧提出，其主要内容如下。

1. 皂基润滑脂的结构和分散相

皂基润滑脂是一个以油为分散介质、以皂油凝胶粒子为分散相的二相结构分散体系。皂油凝胶粒子本身也是一个以油为分散介质、以皂晶体为分散相的结构分散体系。皂油凝胶粒分散体的概念是从宏观和微观角度来看润滑脂的结构，从宏观上讲，皂基润滑脂是一个由分散相和分散介质组成的二相结构分散体系；从微观上讲，皂基润滑脂的分散相本身仍是一个由皂晶体和油组成的二相结构分散体系。

2. 皂基润滑脂中的基础油

按照皂油凝胶粒分散体的概念，基础油在润滑脂中有三种不同的存在形式：膨化油、吸附油和游离油。处于皂纤维内部的油称膨化油，这部分油由于受皂分子羧基端离子力的影响，被维系在晶格内很难被挤出；处于皂分子二聚体二维排列之间的油，因主要处于皂分子烃链末端之间的范德华力场之下，被维系在结构内的力就比较弱。但是皂分子二聚体的二维排列层之间具有类似毛细管的作用，这部分油所受到的维系力与处于皂纤维表面的油有所不同。因此，前者称为毛细管吸附油，后者称为游离油。游离油处于皂纤维的外部，所受维系力较小，较易从体系中分出。例如，在重力作用下游离油首先析出，当施加足够外力时毛细管吸附油也可析出。

其实，三种形式的基础油是很难区分的，它们虽有不同，如所受维系力不同，从润滑脂中析出的难易程度不同，但又互有联系，且在一定条件下可相互转化。例如，在皂油凝胶粒子发生显著的相转变时，膨化油、毛细管吸附油脱离粒子成为游离油。当体系受到机械作用后，皂油凝胶粒子受到破坏，可能产生两种结果：一是皂纤维数目增加和比表面积增大；二是分出游离油。如果在机械作用后，体系的分散相总比表面积的增大足以在重力下维持所增加的游离油量时，对体系的贮存分油不会有很大的变化，甚至还可能减少，但是在加压下分油量就大得多，说明分出了游离油。游离油的来源首先是机械作用使维系力较弱的毛细管吸附油分出，然后在高剪切应力作用下羧基端拆开释放出膨化油。由此可以认为：皂油凝胶粒子内部的油和游离油既有联系又有区别，并可相互转移，然而转移的因素不完全是一个纯机械过程，而与皂油凝胶粒子本身的相状态有密切的关系。

3. 皂油体系的相状态

一般认为，在不同温度下皂油体系可划分为以下四个相状态：

（1）溶胶

溶胶即胶体溶液，粒子直径 $1 \sim 100nm$ 的颗粒分散在油中形成的分散体系，皂分子高度分散在油中，形成比油黏度稍大的单相体系。

（2）凝胶

是一个均匀的有弹性的体系，皂分子主要由其极性端带负电的羧基与带正电的金属离子间互相吸引而形成皂分子的聚结体，但此时皂聚结程度不是太大，油和皂形成单相体系。

（3）伪凝胶

是一种二相分散体系，其中皂为不连续相，油为连续相，皂晶体形成疏松的空间结构骨架，而将在体积和重量上都超过它本身好几倍的油包含在内。

（4）悬浮体

是由皂晶体和油组成的二相分散体系，即完全是晶态的皂悬浮于油中，皂的聚结程度大，皂分子排列最紧密，油只吸附在皂晶体的表面。

润滑脂在通常温度下处于什么相状态尚无定论，一般认为是伪凝胶，也有人认为是悬浮体。由于组成、制备工艺及受热、机械作用，润滑脂在常温下不一定只是一个相状态，根据皂油凝胶粒分散体的概念，认为润滑脂的分散相内含有皂和油，而且存在几个相混合的状态。

4. 皂在油中的聚结过程

皂基润滑脂的制造过程实质上是皂在油中的分散和聚结过程。在温度不太高时，皂在油中的溶解度很小，几乎处于悬浮体状态。但在温度高时，皂分子可以高度分散在油中形成溶胶，溶胶状态的皂-油体系在温度降低时，随着皂分子热运动的减慢其极性端的引力使皂分子在一定程度上形成定向排列，形成皂纤维和结构骨架，但因皂纤维中皂分子间距还较大，油可以全部膨化到皂纤维内部，分不清哪是分散相，哪是分散介质，整个体系只有一个相，叫凝胶。凝胶是一种半固体状的物质，具有弹性和可塑性。当温度再降低时，皂分子聚结程度加大，并在整个体系中形成结构骨架的主体，基础油被保持在结构骨架之中，吸附在皂纤维的表面或膨化至皂纤维的内部，体系成为伪凝胶。伪凝胶是一个二相分散体系，皂为分散相，油为分散介质。润滑脂在常温下多呈伪凝胶状态。在常温下，皂的聚结仍可缓慢进行，这时皂分子排列得更紧密，皂纤维聚结程度增大成为悬浮体。皂纤维本身因重力作用而沉降，产生动力聚沉现象。

5. 应用皂油凝胶粒分散体概念解释润滑脂的性能

用皂油凝胶粒分散体的概念可以解释润滑脂的一些性质，如分油、稠度、机械安定性等，还可以解释一些用近代概念难以解释的现象，如：①由显微镜观察到的皂晶体骨架的孔隙很大，且骨架表面积不大，当润滑脂受到机械破坏后，仍不致产生皂油大量分离的现象。如果用近代概念显然不易解释，但用皂油凝胶粒分散体的概念就能解释，因为在显微镜制样时一般要用溶剂处理，不但抽出了分散相内部的油，而且溶剂使皂晶体骨架受到破坏，以致所见到的皂晶体不是分散相在油中的真实形状。②皂纤维的大小和润滑脂的稠度有关。当润滑脂受到机械长时间作用后稠度下降是因为皂纤维断裂，但在有的情况下发现稠度显著下降，而从电子显微镜观察皂纤维大小基本不变，这用近代概念无法解释，而用皂油凝胶粒分散体的概念就可以解释，因为机械作用后，体系中一部分膨化油或毛细管吸附油被释放出来，因而稠度下降，但皂纤维大小、形状基本不变。

2.7　复合皂基润滑脂的结构

2.7.1　复合钙基润滑脂的结构

关于复合钙基润滑脂的结构，最初认为复合钙皂是由不同酸根（如硬脂酸根和醋酸根）与钙原子结合而成，即 $C_{17}H_{35}COO—Ca—OOCCH_3$，但后来有人认为，复合钙皂不是硬脂酸根与醋酸根同时与钙原子结合，而是当皂和醋酸盐体系加热时，皂部分熔化，形成细小悬浮体吸附在醋酸盐颗粒的表面，这种缔合物的吸附力极强，以致难以分辨是吸附还是生成了化合物。

为了验证复合钙皂究竟是化学结合还是物理吸附，郑克淑对复合钙基润滑脂的结构进行了一些考察：一方面，以正丙酸、正丁酸、正戊酸、正己酸代替醋酸，采用不同的摩尔比与硬脂酸在同一矿物油中与氢氧化钙反应，均未制备出润滑脂，后在脱水后130~170℃出现分油现象，这难以用硬脂酸钙与醋酸钙化学结合来解释。另一方面，将硬脂酸、醋酸摩尔比为1：5制备的复合钙基润滑脂进行分离，用石油醚抽提除去复合钙基润滑脂中的基础油，将残余物干燥得白色块状物（Ⅰ）。再将此块状物以水回流萃取，得到不溶于水的褐色蜡状物（Ⅱ）和溶于水的白色粉状物（Ⅲ），将（Ⅱ）和（Ⅲ）进行元素分析（见表2-8）和红外光谱分析（见图2-11~图2-14），证明两组分是硬脂酸钙和醋酸钙。由此证明，复合钙皂中硬脂酸根和醋酸根不是与同一个钙原子结合，而是硬脂酸钙与醋酸钙的物理吸附。

表 2-8　元素分析结果与对应化合物的比较

元素含量	（Ⅱ）褐色蜡状物	$Ca(St)_2 \cdot H_2O$	$St-Ca-Ac \cdot H_2O$	（Ⅲ）白色粉状物	$Ca(Ac)_2$
C/%	68.18	69.2	60.0	28.29	28.74
H/%	11.3	11.5	10.0	4.17	4.19

说明：表中 St 为 $C_{17}H_{35}COO—$，Ac 为 $CH_3COO—$。

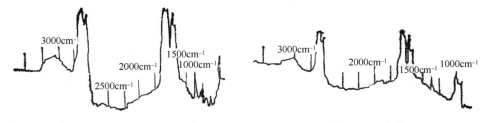

图 2-11　褐色蜡状物（Ⅱ）的红外光谱　　　图 2-12　硬脂酸钙的红外光谱

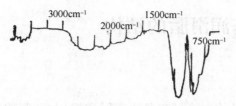

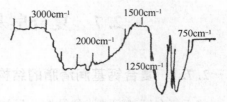

图 2-13 白色粉状物（Ⅲ）的红外光谱　　　　图 2-14 醋酸钙的红外光谱

2.7.2 复合铝基润滑脂的结构

复合铝皂分子的结构一般认为是由硬脂酸（或其他高分子酸）、苯甲酸及羟基与铝原子结合而成，苯甲酸-硬脂酸复合铝分子中有一条—Al—O—的长链，氢氧化铝基团中氧原子与相邻的铝原子配位，而每一个铝原子便与不同的酸根相连。复合铝皂纤维结构如图 2-15 所示。

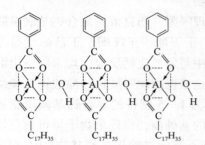

图 2-15 复合铝皂纤维结构

2.7.3 复合锂基润滑脂的结构

李辉在研究二元酸 12-羟基硬脂酸复合锂时，发现 12-羟基硬脂酸锂基润滑脂高温烘烤时变色，而它与癸二酸锂基润滑脂的混合物高温烘烤时也变色，但 12-羟基硬脂酸-癸二酸复合锂基润滑脂在相同条件下烘烤却不变色。复合锂皂与混合锂皂的红外光谱基本相同（见图 2-16），而差热分析结果却明显不同（见图 2-17）。

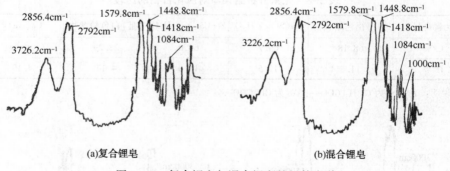

(a)复合锂皂　　　　　　　　　(b)混合锂皂

图 2-16 复合锂皂与混合锂皂的红外光谱

作者根据上述试验结果推测复合锂基润滑脂中 12-羟基硬脂酸的羟基受到了保护，如图 2-18 所示。

这可以解释含羟基的脂肪酸形成复合锂皂的结构，但无法解释不含羟基的脂肪酸形成复合锂皂的结构。

36

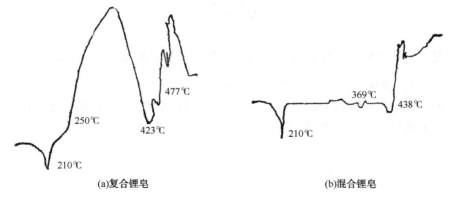

(a)复合锂皂　　　　　　　　　　　　　(b)混合锂皂

图 2-17　复合锂皂与混合锂皂的差热分析

　　总之，关于复合皂基润滑脂的形成和结构有各种见解，有待进一步研究验证。

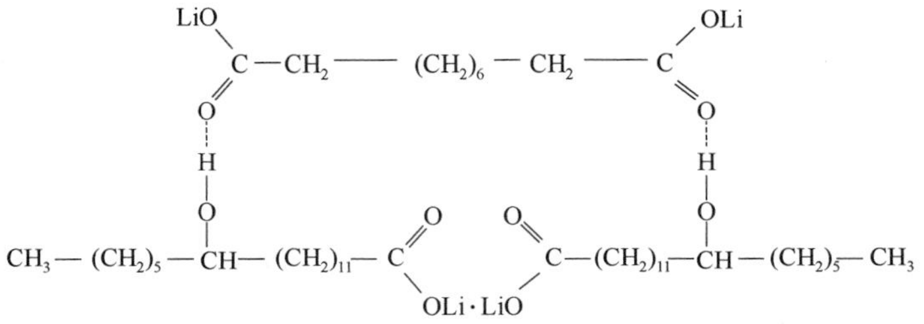

图 2-18　12-羟基硬脂酸–癸二酸复合锂皂的结构

2.8　非皂基润滑脂的结构

　　用电子显微镜观察非皂基润滑脂的结构，其稠化剂的形态各异。例如，钛菁铜润滑脂中稠化剂呈棒状；聚四氟乙烯润滑脂中稠化剂由许多颗粒聚结成块状，稠化剂颗粒直径在 $1\sim100\mu m$；芳基脲的稠化剂像一簇簇葡萄，也有网状和线状颗粒；膨润土润滑脂的稠化剂为片状或长带状；硅胶润滑脂的稠化剂呈球状颗粒。

　　由上述可见，各种非皂基润滑脂的稠化剂的形态各不相同。

　　1964 年，Martinek 和 Corsi 提出无机润滑脂结构的静电斥力理论，认为稠化剂粒子间存在静电斥力，静电斥力的大小遵守库仑定律，与粒子间距离的平方成反比。由于静电斥力防止稠化剂粒子的聚集，从而形成润滑脂结构。

　　对于理想体系，粒子是大小均匀、无孔隙的小球，呈面心立方或六方密堆积排列。粒子间距 Y 与粒子直径 D 和分散相体积分数 φ 有如下关系：

$$Y = D\left(\frac{0.9065}{\sqrt[3]{\varphi}} - 1\right)$$

对于无孔隙粒子，粒子直径 D 由表面积 A 和粒子密度 d 决定：$D = \dfrac{6}{Ad}$

对于有孔隙粒子，粒子直径由显微镜或沉降速率测定。

实际上，稠化剂粒子除了球形，还可能呈棒状、针状、片状、不规则形状。这样，上述理论计算可能与实际情况有差距。

第3章 润滑脂生产

传统的润滑脂生产更多的像是一门技艺，生产工艺的掌握主要依靠经验，所以不同的人掌握程度不同。但现代润滑脂生产工艺、生产技术、生产设备、产品包装及产品的评定等都要求科学。

3.1 润滑脂生产原料

在润滑脂的制造过程中，对各种原料的选择十分重要，因为各种原料都具有不同的性质，而这些性质将直接影响润滑脂的性能，因此，合理地选择原料是保证润滑脂质量的基础。我们知道，润滑脂是由基础油、稠化剂和添加剂组成，在润滑脂的组成中已进行了介绍，这里主要介绍制造润滑脂稠化剂的原料，特别是制造皂基稠化剂的原料。制造皂基润滑脂的基本原料是基础油、动植物油脂、脂肪酸、皂化剂和添加剂。

3.1.1 基础油

由于润滑脂中基础油是主要成分(占润滑脂总量的70%~95%)，所以直接影响润滑脂产品的性质和特点，在润滑脂制备中正确合理选择基础油是十分重要的。制备润滑脂主要用矿物油，某些情况下也采用合成油。

1. 矿物油

按照饱和烃含量和黏度指数不同，中国石油天然气集团有限公司(简称中国石油)将通用润滑油基础油分为三类共七个品种。其中Ⅰ类分为MVI、HVI、HVIS、HVIW四个品种；Ⅱ类分为HVIH、HVIP两个品种；Ⅲ类只设VHVI一个品种。中国石油通用润滑油基础油分类见表3-1，通用润滑油基础油黏度牌号见表3-2。MVI表示中黏度指数Ⅰ类基础油；HVI表示高黏度指数Ⅰ类基础油；HVIS表示高黏度指数深度精制Ⅰ类基础油；HVIW表示高黏度指数低凝Ⅰ类基础油；HVIH表示高黏度指数加氢Ⅱ类基础油；HVIP表示高黏度指数优质加氢Ⅱ类基础油；VHVI表示很高黏度指数加氢Ⅲ类基础油；BS表示光亮油。

表 3-1　中国石油通用润滑油基础油分类（Q/SY 44—2009）

项目	I		II		III
	MVI	HVI HVIS HVIW	HVIH	HVIP	VHVI
饱和烃含量/%	<90	<90	≥90	≥90	≥90
黏度指数（VI）	80≤VI<95	95≤VI<120	80≤VI<110	110≤VI<120	≥120

表 3-2　中国石油通用润滑油基础油黏度牌号（Q/SY 44—2009）

黏度等级	I 类基础油黏度牌号										
	150	200	300	400	500	600	650	750	90BS	120BS	150BS
运动黏度（40℃）/ （mm²/s）	28.0~ <34.0	35.0~ <42.0	50.0~ <62.0	74.0~ <90.0	90.0~ <110.0	110.0~ <120.0	120.0~ <135.0	135.0~ <160.0	—		
运动黏度（100℃）/ （mm²/s）						—			17.0~ <22.0	22.0~ <28.0	28.0~ <34.0

黏度等级	II、III 类基础油黏度牌号										
	2	4	5	6	8	10	12	14	16	20	26	30
运动黏度（100℃）/ （mm²/s）	1.50~ <2.50	3.50~ <4.50	4.50~ <5.50	5.50~ <6.50	7.50~ <9.00	9.00~ <11.0	11.0~ <13.0	13.0~ <15.0	15.0~ <17.0	17.0~ <22.0	22.0~ <28.0	28.0~ <34.0

为了适应国内润滑油基础油加工工艺和高档润滑油品种发展的需要，中国石油化工集团有限公司（简称中国石化）于 2018 年颁布了润滑油基础油新的分类标准，见表 3-3。

表 3-3　中国石化润滑油基础油分类（Q/SH PRD0731—2018）

项目	类　　别							
	0	I			II		III	
	MVI	HVI I a	HVI I b	HVI I c	HVI II	HVI II⁺	HVI III	HVI III⁺
饱和烃含量/%	<90 和/ 或≥0.03	<90 和/ 或≥0.03	<90 和/ 或≥0.03	<90 和/ 或≥0.03	≥90	≥96	≥98	≥98
硫含量/%					<0.03	<0.03	<0.03	<0.03
黏度指数	≥60	≥80	≥90	≥95	90~<110①	≥110	≥120	≥125

① 2 号不要求。

0 类 MVI、I 类 HVI I a、I 类 HVI I b、I 类 HVI I c、II 类 HVI II、II 类 HVI II⁺、III 类 HVI III、III 类 HVI III⁺ 八种基础油的技术要求见表 3-4~表 3-11。

表 3-4　0 类 MVI 基础油技术要求和试验方法（Q/SH PRD07031—2018）

项　目		MVI		试验方法
牌号①		150	500	
外观		透明无絮状物		目测②
运动黏度/（mm²/s）	40℃	28.0~<34.0	90.0~<110	GB/T 265③
	100℃	报告		
色度/号	不大于	1.5	4.0	GB/T 6540
饱和烃含量/%		报告		SH/T 0753
硫含量/%		报告		SH/T 0689④
黏度指数	不小于	75	60	GB/T 1995⑤
闪点（开口）/℃	不低于	170	215	GB/T 3536
倾点/℃	不高于	−9	−5	GB/T 3535
酸值/（mgKOH/g）	不大于	0.05	报告	GB/T 7304⑥
残炭值/%	不大于	—	0.15	GB/T 17144⑦
密度（20℃）/（kg/m³）		报告		SH/T 0604⑧
碱性氮含量/（μg/g）		报告		SH/T 0162
水分/%	不大于	痕迹		目测⑨
机械杂质		无		目测⑩
氧化安定性旋转氧弹⑪（150℃）/min	不小于	180	130	SH/T 0193

① 150、500 为 40℃赛氏黏度整数值。

② 将油品注入 100mL 洁净量筒中，油品应均匀透明无絮状物，如有争议，将油温控制在 15℃±2℃下，应均匀透明无絮状物。

③ 也可以采用 GB/T 30515 方法，有争议时，以 GB/T 265 为仲裁方法。

④ 也可以采用 GB/T 387、GB/T 17040、GB/T 11140、SH/T 0253 方法。

⑤ 也可以采用 GB/T 2541 方法，有争议时，以 GB/T 1995 为仲裁方法。

⑥ 也可以采用 GB/T 4945 方法，有争议时，以 GB/T 7304 为仲裁方法。

⑦ 也可以采用 GB/T 268 方法，有争议时，以 GB/T 17144 为仲裁方法。

⑧ 也可以采用 GB/T 1884 和 GB/T 1885 方法。

⑨ 将试样注入 100mL 玻璃量筒中观察，应当透明，没有悬浮和沉降的水分。在有异议时，以 GB/T 260 方法为准。

⑩ 将试样注入 100mL 玻璃量筒中观察，应当透明，没有悬浮和沉降的机械杂质。在有异议时，以 GB/T 511 方法为准。

⑪试验补充规定：a. 加入 0.8%抗氧剂 T501（2，6-二叔丁基对甲酚）。采用精度为千分之一的天平，称取 0.88g T501 于 250mL 烧杯中，继续加入待测油样，至总重为 110g（供平行试验用）。将油样均匀加热至 50~60℃，搅拌 15min，冷却后装入玻璃瓶备用。b. 试验用铜丝最好使用一次即更换。c. 建议抗氧剂 2，6-二叔丁基对甲酚（T501）采用一级品。

表3-5 Ⅰ类HVI Ⅰa基础油技术要求和试验方法（Q/SH PRD07031—2018）

项目①	牌号		75	150	350	400	500	650	750	900	120BS	150BS	试验方法
外观			透明无絮状物										目测②
运动黏度/(mm²/s)	40℃		12.0~<16.0	28.0~<34.0	62.0~<74.0	74.0~<90.0	90.0~<110.0	120~<135	135~<160	160~<180	22~<28	28~<34	GB/T 265③
	100℃		报告										
色度号	不大于		0.5	1.5	3.0	3.5	4.0		5.0		5.5	6.0	GB/T 6540
饱和烃含量/%	不小于		报告										SH/T 0753
硫含量/%			报告										SH/T 0689④
黏度指数	不小于		85					80					GB/T 1995⑤
闪点(开口)/℃	不低于		175	200	220	225	235		255		275	290	GB/T 3536
倾点/℃	不高于		−12	−9				−5					GB/T 3535
浊点/℃				—				报告					GB/T 6896
酸值/(mgKOH/g)	不大于		0.02	0.05		0.10	0.15		0.30	0.50	0.60	0.70	NB/SH/T 0836⑥ GB/T 7304⑦
残炭值/%	不大于				报告								GB/T 17144⑧
蒸发损失率(Noack法)(250℃,1h)/%	不大于			—									NB/SH/T 0059⑨
密度(20℃)/(kg/m³)							报告						SH/T 0604⑩
苯胺点/℃							报告						GB/T 262
碱性氮含量/(μg/g)							报告						SH/T 0162

42

项 目①	牌号①										试验方法
	75	150	350	400	500	650	750	900	120BS	150BS	
水分/% 不大于	痕迹										目测⑪
机械杂质	无										目测⑫
氧化安定性旋转氧弹⑬(150℃)/min 不小于	180					130			110		SH/T 0193
泡沫性(泡沫倾向/泡沫稳定)/(mL/mL)	报告										GB/T 12579

①75~900 为 40℃赛氏黏度整数数值，120BS~150BS 为 100℃赛氏黏度整数数值。
②将油品注入 100mL 洁净量筒中，油品应均匀透明无絮状物，如有争议，将油温控制在 15℃±2℃ 下，应均匀透明无絮状物。
③也可以采用 GB/T 30515 方法，有争议时，以 GB/T 265 方法为仲裁方法。
④也可以采用 GB/T 387、GB/T 17040、GB/T 11140、SH/T 0253 方法。
⑤也可以采用 GB/T 2541 方法，有争议时，以 GB/T 1995 为仲裁方法。
⑥675 号采用该方法。
⑦75 号以上牌号也可以采用 GB/T 4945 方法，有争议时，以 GB/T 7304 为仲裁方法。
⑧也可以采用 GB/T 268 方法，有争议时，以 GB/T 17144 为仲裁方法。
⑨也可以采用 SH/T 0731 方法。
⑩也可以采用 GB/T 1884 和 GB/T 1885 方法。
⑪将油试样注入 100mL 玻璃量筒中观察，应当透明，没有悬浮和沉降的水分。在有异议时，以 GB/T 260 方法为准。
⑫将油试样注入 100mL 玻璃量筒中观察，应当透明，没有悬浮和沉降的机械杂质。采用精度为千分之一的天平。在有异议时，以 GB/T 511 方法为准。
⑬试验补充规定：a. 加入 0.8%抗氧剂 T501(2,6-二叔丁基对甲酚)。将油样均匀加热至 50~60℃，搅拌 15min，冷却后装入玻璃瓶备用。b. 试验用铜丝最好使用一次即更换。c. 建议抗氧剂 2,6-二叔丁基对甲酚(T501)采用一级品。称取 0.88g T501 于 250mL 烧杯中，继续加入待测油样，至总重量为 110g(供平行试验用)。

表3-6 I类HVI I b基础油技术要求和试验方法（Q/SH PRD07031—2018）

牌号栏均属 HVI I b。

项目	75	150	350	400	500	650	750	900	120BS	150BS	试验方法
外观	透明无絮状物										目测②
运动黏度（mm²/s）40℃	12.0~<16.0	28.0~<34.0	62.0~<74.0	74.0~<90.0	90.0~<110.0	120~<135	135~<160	160~<180	22~<28	28~<34	GB/T 265③
运动黏度（mm²/s）100℃	报告										GB/T 265③
色度/号　不大于	0.5	1.5	3.0	3.5	4.0		5.0		5.5	6.0	GB/T 6540
饱和烃含量/%　不小于	报告										SH/T 0753
硫含量/%	报告										SH/T 0689④
黏度指数　不小于	90										GB/T 1995⑤
闪点（开口）/℃　不低于	175	200	220	225	235		255		275	290	GB/T 3536
倾点/℃　不高于	−12	−9				−5					GB/T 3535
浊点/℃　不大于			—	报告							GB/T 6896
酸值（mgKOH/g）　不大于	0.02	0.03		0.10	0.15		0.30	0.50	0.60	0.70	NB/SH/T 0836⑥ GB/T 7304⑦
残炭值/%　不大于	—	报告									GB/T 17144⑧
蒸发损失率（Noack法）（质量分数）（250℃,1h）/%　不大于	—	23	报告								NB/SH/T 0059⑨
空气释放值（50℃）/min	报告									—	SH/T 0308
密度（20℃）/（kg/m³）	报告										SH/T 0604⑩
苯胺点/℃	报告										GB/T 262

44

项目 牌号①	HVI I b										试验方法
	75	150	350	400	500	650	750	900	120BS	150BS	
氮含量/%					报告						NB/SH/T 0704①
碱性氮含量/(μg/g)					报告						SH/T 0162
水分离性[54(40-40-0)]/min	10			15			—				GB/T 7305②
水分/%　不大于					痕迹						目测⑫
机械杂质					无						目测⑬
氧化安定性旋转氧弹⑭(150℃)/min　不小于	200					180			150		SH/T 0193
泡沫性(泡沫倾向/泡沫稳定)/(mL/mL)					报告						GB/T 12579

① 75~900 为 40℃赛氏黏度整数数值，120BS~150BS 为 100℃赛氏黏度整数数值。

② 将油品注入 100mL 洁净量筒中，油品应均匀应呈透明无絮状物，如有争议时，将油温控制在 15℃±2℃下，应均匀透明无絮状物。

③ 也可以采用 GB/T 30515 方法，有争议时，以 GB/T 265 方法为准。

④ 也可以采用 GB/T 387、GB/T 17040、SH/T 0253 方法。

⑤ 也可以采用 GB/T 2541 方法，有争议时，以 GB/T 1995 为仲裁方法。

⑥ 75 号采用该方法。

⑦ 75 号以上牌号也可以采用 GB/T 4945 方法，有争议时，以 GB/T 7304 为仲裁方法。

⑧ 也可以采用 GB/T 268 方法，有争议时，以 GB/T 17144 为仲裁方法。

⑨ 也可以采用 SH/T 0731 方法，有争议时，以 NB/SH/T 0059 为仲裁方法。

⑩ 也可以采用 GB/T 1884 和 GB/T 1885 方法。

⑪ 试验方法也可以采用 GB/T 9170、SH/T 0657。

⑫ 将试样注入 100mL 玻璃量筒中观察，应当透明，没有悬浮和沉降的水分。在有异议时，以 GB/T 260 方法为准。

⑬ 将试样注入 100mL 玻璃量筒中观察，应当透明，没有悬浮和沉降的机械杂质。在有异议时，以 GB/T 511 方法为准。

⑭ 试验补充规定：a. 加入 0.8%抗氧剂 T501(2,6-二叔丁基对甲酚)，称取 0.88g T501 于 250mL 烧杯中，继续加入待测油样，采用精度为千分之一的天平，冷却后装入玻璃瓶备用。至总重量为 110g(供平行试验用)。将油样均匀加热至 50~60℃，搅拌 15min，冷却后装入玻璃瓶备用。b. 试验用铜丝最好使用一次即更换。c. 建议抗氧剂 2,6-二叔丁基对甲酚(T501)采用一级品。

表3-7　Ⅰ类HVI Ⅰc基础油技术要求和试验方法（Q/SH PRD07031—2018）

项　目	牌号① 75	150	350	400	500	650	750	900	120BS	150BS	试验方法
外观	透明无絮状物										目测②
运动黏度/（mm²/s）　40℃	12.0~<16.0	28.0~<34.0	62.0~<74.0	74.0~<90.0	90.0~<110.0	120~<135	135~<160	160~<180	报告		GB/T 265③
运动黏度/（mm²/s）　100℃	报告								22~<28	28~<34	GB/T 265③
色度/号　不大于	0.5	1.5	3.0	3.5	4.0		5.0		5.5	6.0	GB/T 6540
饱和烃含量/%　不小于	报告										SH/T 0753
硫含量/%　不大于	报告										SH/T 0689④
黏度指数　不小于	95										GB/T 1995⑤
闪点（开口）/℃　不低于	175	200	220	225	235		255		275	290	GB/T 3536
倾点/℃　不高于	-21	-15	-12				-5				GB/T 3535
浊点/℃	—				报告				—		GB/T 6896
酸值/（mgKOH/g）　不大于	0.01	0.03	0.05								NB/SH/T 0836⑥　GB/T 7304⑦
残炭值/%　不大于	—		0.10		0.15		0.30		0.60	0.70	GB/T 17144⑧
蒸发损失率（Noack法）（250℃，1h）/%　不大于	—	17	—								NB/SH/T 0059⑨
空气释放值（50℃）/min	报告										SH/T 0308
密度（20℃）/（kg/m³）	报告										SH/T 0604⑩
苯胺点/℃	报告										GB/T 262

项 目	牌号①										试验方法
					HVI I c						
	75	150	350	400	500	650	750	900	120BS	150BS	
氮含量/%					报告						NB/SH/T 0704①
碱性氮含量/(μg/g)					报告						SH/T 0162
水分离性[54(40-40-0)]/min		10		15				—			GB/T 7305③
水分/% 不大于					痕迹						目测⑫
机械杂质					无						目测⑬
氧化安定性旋转氧弹⑭(150℃)/min 不小于			200			180			150		SH/T 0193
泡沫性(泡沫倾向/泡沫稳定)/(mL/mL)					报告						GB/T 12579

①75~900 为40℃赛氏黏度数值,120BS~150BS 为100℃赛氏黏度整数值。

②将油品注入100mL洁净量筒中,油品应均匀透明无絮状物,如有争议,将温度控制在15℃±2℃下,应均匀透明无絮状物。

③也可以采用GB/T 30515方法,有争议时,以GB/T 265方法为准。

④也可以采用GB/T 387、GB/T 17040、GB/T 11140、SH/T 0253方法。

⑤也可以采用GB/T 2541方法,有争议时,以GB/T 1995方法为仲裁方法。

⑥75号采用该方法。

⑦75号以上牌号也可以采用GB/T 4945方法,有争议时,以GB/T 7304为仲裁方法。

⑧也可以采用GB/T 268方法,有争议时,以GB/T 17144为仲裁方法。

⑨也可以采用SH/T 0731方法,有争议时,以NB/SH/T 0059为仲裁方法。

⑩也可以采用GB/T 1884和GB/T 1885方法。

⑪试验方法也可以采用GB/T 9170、SH/T 0657。

⑫将试样注入100mL玻璃量筒中观察,应当透明,没有悬浮和沉降的水分。在有异议时,以GB/T 260方法为准。

⑬将试样注入100mL玻璃量筒中观察,应当透明,没有悬浮和沉降的机械杂质。在有异议时,以GB/T 511方法为准。

⑭试验补充规定:a.加入0.8%抗氧剂T501(2,6-二叔丁基对甲酚)。将油样均匀加热至50~60℃,搅拌15min,称取0.88g T501于250mL烧杯中,继续加入待测油样,至总重量为110g(供平行试验用)。b.试验用铜丝最好使用一次即更换,冷却后装入玻璃瓶备用。c.建议抗氧剂2,6-二叔丁基对甲酚(T501)采用一级品。

表3-8 Ⅱ类HVI Ⅱ基础油技术要求和试验方法（Q/SH PRD07031—2018）

项目①		2	4	6	8	10	12	20 / 90BS	26 / 120BS	30 / 150BS	试验方法
外观		透明无絮状物									目测②
运动黏度/（mm²/s） 40℃		报告									GB/T 265③
100℃		1.50~<2.50	3.50~<4.50	5.50~<6.50	7.50~<9.00	9.00~<11.0	11.0~<13.0	17.0~<22.0	22.0~<28.0	28.0~<34.0	GB/T 265③
色度号	不大于	0.5							1.5		GB/T 6540
饱和烃含量/%	不小于				92				90		SH/T 0753
硫含量/%	小于	0.005				0.03					SH/T 0689④
黏度指数	不小于	—		100		95			90		GB/T 1995⑤
闪点（开口）/℃	不低于	—	185	200	220	230		265	270	275	GB/T 3536
闪点（闭口）/℃	不低于	145									GB/T 261
倾点/℃	不高于	-25			-12				-9		GB/T 3535
浊点/℃								报告			GB/T 6896
酸值（mgKOH/g）	不大于	0.005			0.01				0.02		NB/SH/T 0836⑥ GB/T 7304⑦
残炭值/%	不大于					0.05			0.15		GB/T 17144⑧
蒸发损失率（Noack 法）（250℃，1h）/%	不大于	—	18	13		报告		—			NB/SH/T 0059⑨
密度（20℃）/（kg/m³）	不大于	报告									SH/T 0604⑩
水分/%	不大于	痕迹									目测⑪

项目①	牌号①										试验方法
	2	4	6	8	10	12	20 90BS	26 120BS	30 150BS	
机械杂质	无										目测②
氧化安定性旋转氧弹⑬(150℃)/min 不小于	一		280				250				SH/T 0193
泡沫性(泡沫倾向/泡沫稳定)/(mL/mL)	报告										GB/T 12579

① 2～30 为40℃赛氏黏度整数数值，90BS～150BS为100℃赛氏黏度整数数值。

② 将油注入100mL洁净量筒中，油品应均匀透明无絮状物，如有争议，将油温控制在15℃±2℃下，应均匀透明无絮状物。

③ 也可以采用GB/T 30515方法，有争议时，以GB/T 265方法为仲裁方法。

④ 也可以采用GB/T 387、GB/T 17040、GB/T 11140、SH/T 0253方法。

⑤ 也可以采用GB/T 2541方法，有争议时，以GB/T 1995方法为仲裁方法。

⑥ 2号酸值测定采用该方法。

⑦ 4～30号也可以采用GB/T 4945方法，有争议时，以GB/T 7304为仲裁方法。

⑧ 也可以采用GB/T 268方法，有争议时，以GB/T 17144为仲裁方法。

⑨ 也可以采用SH/T 0731方法，有争议时，以NB/SH/T 0059为仲裁方法。

⑩ 也可以采用GB/T 1884和GB/T 1885方法。

⑪ 将试样注入100mL玻璃量筒中观察，应当透明，没有悬浮和沉降的水分。在有异议时，以GB/T 260方法为准。

⑫ 将试样注入100mL玻璃量筒中观察，应当透明，没有悬浮和沉降的机械杂质。在有异议时，以GB/T 511方法为准。

⑬ 试验补充规定：a. 加入0.8%抗氧剂T501(2,6-二叔丁基对甲酚)，称取0.88g T501于250mL烧杯中，继续加入待测油样，至油总重为110g(供平行试验用)。将油样均匀加热至50℃~60℃，搅拌15min，冷却后装入玻璃瓶备用。b. 试验用铜丝卷最好使用一次即更换。c. 建议抗氧剂2,6-二叔丁基对甲酚(T501)采用一级品。采用精度为千分之一的天平，以GB/T 511方法为准。

表 3-9 Ⅱ类 HVI Ⅱ+基础油技术要求和试验方法(Q/SH PRD07031—2018)

项 目		HVI Ⅱ+					试验方法
牌号①		4	6	8	10	12	
外观		透明无絮状物					目测②
运动黏度/(mm²/s)	40℃	报告					GB/T 265③
	100℃	3.50~ <4.50	5.50~ <6.50	7.50~ <9.00	9.00~ <11.0	11.0~ <13.0	
色度/号	不大于	0.5					GB/T 6540
饱和烃含量/%	不小于	96					SH/T 0753
硫含量/%	小于	0.03					SH/T 0689④
黏度指数	不小于	110					GB/T 1995⑤
闪点(开口)/℃	不低于	185	200	220	230		GB/T 3536
倾点/℃	不高于	−15					GB/T 3535
浊点/℃		—			报告		GB/T 6896
酸值/(mgKOH/g)	不大于	0.01					GB/T 7304⑥
残炭值/%	不大于	—			0.05		GB/T 17144⑦
蒸发损失率(Noack 法)(250℃,1h)/%		17	13	—			NB/SH/T
不大于							0059⑧
密度(20℃)/(kg/m³)		报告					SH/T 0604⑨
水分/%	不大于	痕迹					目测⑩
机械杂质		无					目测⑪
氧化安定性旋转氧弹⑫(150℃)/min 不小于		280					SH/T 0193
泡沫性(泡沫倾向/泡沫稳定)/(mL/mL)		报告					GB/T 12579

①4~12 为 100℃赛氏黏度整数值。

②将油品注入 100mL 洁净量筒中,油品应均匀透明无絮状物,如有争议,将油温控制在 15℃±2℃下,应均匀透明无絮状物。

③也可以采用 GB/T 30515 方法,有争议时,以 GB/T 265 为仲裁方法。

④也可以采用 GB/T 387、GB/T 17040、GB/T 11140、SH/T 0253 方法。

⑤也可以采用 GB/T 2541 方法,有争议时,以 GB/T 1995 为仲裁方法。

⑥也可以采用 GB/T 4945 方法,有争议时,以 GB/T 7304 为仲裁方法。

⑦也可以采用 GB/T 268 方法,有争议时,以 GB/T 17144 为仲裁方法。

⑧也可以采用 SH/T 0731 方法,有争议时,以 NB/SH/T 0059 为仲裁方法。

⑨也可以采用 GB/T 1884 和 GB/T 1885 方法。

⑩将试样注入 100mL 玻璃量筒中观察,应当透明,没有悬浮和沉降的水分。在有异议时,以 GB/T 260 方法为准。

⑪将试样注入 100mL 玻璃量筒中观察,应当透明,没有悬浮和沉降的机械杂质。在有异议时,以 GB/T 511 方法为准。

⑫试验补充规定:a. 加入 0.8%抗氧剂 T501(2,6-二叔丁基对甲酚)。采用精度为千分之一的天平,称取 0.88g T501 于 250mL 烧杯中,继续加入待测油样,至总重为 110g(供平行试验用)。将油样均匀加热至 50~60℃,搅拌 15min,冷却后装入玻璃瓶备用。b. 试验用铜丝最好使用一次即更换。c. 建议抗氧剂 2,6-二叔丁基对甲酚(T501)采用一级品。

表 3-10 Ⅲ类 HVI Ⅲ基础油技术要求和试验方法 (Q/SH PRD07031—2018)

项目		HVI Ⅲ				试验方法
牌号①		4	6	8	10	
外观		透明无絮状物				目测②
运动黏度/(mm²/s)	40℃	报告				GB/T 265③
	100℃	3.50~ <4.50	5.50~ <6.50	7.50~ <9.00	9.00~ <11.0	
色度/号	不大于	0.5				GB/T 6540
饱和烃含量/%	不小于	98				SH/T 0753
硫含量/%	小于	0.03				SH/T 0689④
黏度指数	不小于	130				GB/T 1995⑤
闪点(开口)/℃	不低于	185	200	220	230	GB/T 3536
倾点/℃	不高于	-18		-15		GB/T 3535
浊点/℃		—			报告	GB/T 6896
酸值/(mgKOH/g)	不大于	0.01				GB/T 7304⑥
残炭值/%	不大于	—		0.05		GB/T 17144⑦
蒸发损失率(Noack 法)(250℃,1h)/%	不大于	15	11	—		NB/SH/T 0059⑧
密度(20℃)/(kg/m³)		报告				SH/T 0604⑨
水分/%	不大于	痕迹				目测⑩
机械杂质		无				目测⑪
氧化安定性旋转氧弹⑫(150℃)/min 不小于		300				SH/T 0193
泡沫性(泡沫倾向/泡沫稳定)/(mL/mL)		报告				GB/T 12579

①4~10 为 100℃赛氏黏度整数值。

②将油品注入 100mL 洁净量筒中,油品应均匀透明无絮状物,如有争议,将油温控制在 15℃±2℃下,应均匀透明无絮状物。

③也可以采用 GB/T 30515 方法,有争议时,以 GB/T 265 为仲裁方法。

④也可以采用 GB/T 387、GB/T 17040、GB/T 11140、SH/T 0253 方法。

⑤也可以采用 GB/T 2541 方法,有争议时,以 GB/T 1995 为仲裁方法。

⑥也可以采用 GB/T 4945 方法,有争议时,以 GB/T 7304 为仲裁方法。

⑦也可以采用 GB/T 268 方法,有争议时,以 GB/T 17144 为仲裁方法。

⑧也可以采用 SH/T 0731 方法,有争议时,以 NB/SH/T 0059 为仲裁方法。

⑨也可以采用 GB/T 1884 和 GB/T 1885 方法。

⑩将试样注入 100mL 玻璃量筒中观察,应当透明,没有悬浮和沉降的水分。在有异议时,以 GB/T 260 方法为准。

⑪将试样注入 100mL 玻璃量筒中观察,应当透明,没有悬浮和沉降的机械杂质。在有异议时,以 GB/T 511 方法为准。

⑫试验补充规定:a. 加入 0.8%抗氧剂 T501(2,6-二叔丁基对甲酚)。采用精度为千分之一的天平,称取 0.88g T501 于 250mL 烧杯中,继续加入待测油样,至总重为 110g(供平行试验用)。将油样均匀加热至 50~60℃,搅拌 15min,冷却后装入玻璃瓶备用。b. 试验用铜丝最好使用一次即更换。c. 建议抗氧剂 2,6-二叔丁基对甲酚(T501)采用一级品。

表 3-11　Ⅲ类 HVI Ⅲ⁺基础油技术要求和试验方法（Q/SH PRD07031—2018）

项　　目		HVI Ⅲ⁺				试验方法
牌号①		4	6	8	10	
外观		透明无絮状物				目测②
运动黏度/(mm²/s)	40℃	报告				GB/T 265③
	100℃	3.50~ <4.50	5.50~ <6.50	7.50~ <9.00	9.00~ <11.0	
色度/号	不大于	0.5				GB/T 6540
饱和烃含量/%	不小于	98				SH/T 0753
硫含量/%	小于	0.03				SH/T 0689④
黏度指数	不小于	130				GB/T 1995⑤
闪点(开口)/℃	不低于	185	200	220	230	GB/T 3536
倾点/℃	不高于	−18		−15		GB/T 3535
浊点/℃					报告	GB/T 6896
酸值/(mgKOH/g)	不大于	0.01				GB/T 7304⑥
残炭值/%	不大于	—		0.05		GB/T 17144⑦
蒸发损失率(Noack 法)(250℃，1h)/%　　不大于		14	9	—		NB/SH/T 0059⑧
密度(20℃)/(kg/m³)		报告				SH/T 0604⑨
水分/%	不大于	痕迹				目测⑩
机械杂质		无				目测⑪
氧化安定性旋转氧弹⑫(150℃)/min 不小于		300				SH/T 0193
泡沫性(泡沫倾向/泡沫稳定)/(mL/mL)		报告				GB/T 12579

①4~10 为 100℃赛氏黏度整数值。

②将油品注入 100mL 洁净量筒中，油品应均匀透明无絮状物，如有争议，将油温控制在 15℃±2℃下，应均匀透明无絮状物。

③也可以采用 GB/T 30515 方法，有争议时，以 GB/T 265 为仲裁方法。

④也可以采用 GB/T 387、GB/T 17040、GB/T 11140、SH/T 0253 方法。

⑤也可以采用 GB/T 2541 方法，有争议时，以 GB/T 1995 为仲裁方法。

⑥也可以采用 GB/T 4945 方法，有争议时，以 GB/T 7304 为仲裁方法。

⑦也可以采用 GB/T 268 方法，有争议时，以 GB/T 17144 为仲裁方法。

⑧也可以采用 SH/T 0731 方法，有争议时，以 NB/SH/T 0059 为仲裁方法。

⑨也可以采用 GB/T 1884 和 GB/T 1885 方法。

⑩将试样注入 100mL 玻璃量筒中观察，应当透明，没有悬浮和沉降的水分。在有异议时，以 GB/T 260 方法为准。

⑪将试样注入 100mL 玻璃量筒中观察，应当透明，没有悬浮和沉降的机械杂质。在有异议时，以 GB/T 511 方法为准。

⑫试验补充规定：a. 加入 0.8%抗氧剂 T501(2,6-二叔丁基对甲酚)。采用精度为千分之一的天平，称取 0.88g T501 于 250mL 烧杯中，继续加入待测油样，至总重为 110g(供平行试验用)。将油样均匀加热至 50~60℃，搅拌 15min，冷却后装入玻璃瓶备用。b. 试验用铜丝最好使用一次即更换。c. 建议抗氧剂 2,6-二叔丁基对甲酚(T501)采用一级品。

由于润滑脂应用范围很广，所以需要选择不同黏度、不同类型的基础油，生产中可根据实际情况进行调和。润滑脂生产中除了以润滑油基础油来作为基础油，有时也选用一些成品润滑油来作为基础油，这主要是因为：①有些用户已经习惯选用指定的基础油，如4号高温脂、2号低温脂等；②润滑油基础油不能满足某些润滑脂的特殊性能要求，如白色特种润滑脂、食品润滑脂等；③市场上有时买不到需要的润滑油基础油。这些用来作为润滑脂基础油的成品润滑油一般都是含添加剂很少的润滑油产品，如仪表油、锭子油、汽缸油、20号航空润滑油、白油、变压器油等。

2. 合成油

随着现代工业的发展，需要越来越多的润滑脂在极端苛刻条件下使用，如高温、低温、宽温度范围、真空、辐射等，这时矿物油润滑脂已经不能满足要求，需要采用合成油作为润滑脂的基础油。与矿物油比较起来，合成油具有以下特点：①良好的高低温性能，高黏度指数；②较低的挥发性；③抗氧化、抗辐射、耐化学介质，长的使用寿命等。合成油的主要种类有：合成烃、酯类油、聚醚、硅油、磷酸酯、含氟油等，这些合成油的性能特点见第2章。

3.1.2　动植物油脂

动植物油脂是制造皂基润滑脂的最基本的原料，在润滑脂中占10%~30%。动植物油脂在自然界的来源广泛、种类很多，组成各不相同，见表3-12。

表3-12　动植物油脂的组成　　　　　　　　　　%

动植物油脂	C6	C8	C10	C12	C14	C16	C18	C20	油酸	亚油酸	亚麻酸	蓖麻油酸	其他
椰子油	0.8	5.4	8.4	45.4	18.0	10.5	2.3	0.4	7.5	2.5			
蓖麻油							0.3		8.0	3.6		87.8	
棉籽油					1.4	23.4	1.1	1.3	22.9	47.8			
亚麻油						5.0	3.5		5.0	61.5	25.0		
橄榄油					痕量	9.0	2.3	0.2	82.0	6.0			
棕榈油	痕量	3.0	6.0	50.0	15.0	7.5	1.5		16.0	1.0			
花生油						7.0	5.0	4.0	60.0	21.0			
大豆油						6.5	4.2	0.7	33.6	52.6	2.3		
桐油						4.0	1.5		15.0				79.5
马油						28.5	6.8		55.2	6.7	1.7		
牛油					2.0	32.5	14.5		48.3	2.7			
羊油					5.0	24.5	30.0		36.0	3.0			
猪油					1.0	26.0	11.5		58.0	3.5			
鲸鱼油					8.0	11.0	2.5	12.0	34.0	9.0			17.0
硬化油						5.0~8.0	60.5		22.0	26.0			13.0

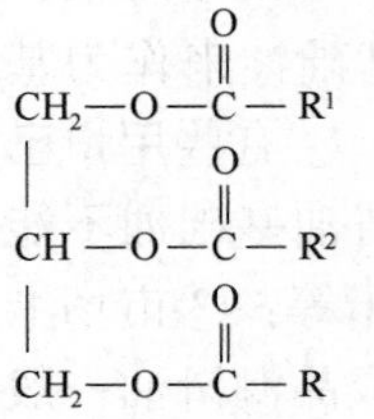

图 3-1　脂肪酸
甘油酯的分子结构

动植物油脂是不同碳原子数脂肪酸甘油酯的混合物，分子结构如图 3-1。

一般来说，不饱和脂肪酸含量较多的甘油酯是液体，称为油。饱和脂肪酸含量较多的称为脂肪。在润滑脂制造中，常用下列指标来控制动植物油脂的质量。

皂化值：1g 油脂完全皂化所需 KOH 毫克数（mgKOH/g）。制备皂基润滑脂时碱的用量根据皂化值来计算。

酸值：中和 1g 油脂中的游离酸所需 KOH 毫克数（mgKOH/g），用来表示油脂中所含游离脂肪酸的量。甘油酯中的脂肪酸越不饱和，就越容易氧化成低分子酸，所以，高酸值油脂尤其是不饱和油脂不是理想的制脂原料。

碘值：100g 油脂吸收碘的克数（gI_2/100g），表示油脂的不饱和度。

标化度：指三酸甘油酯中混合脂肪酸的凝点。标化度比熔点低 1.0~1.5℃。动物脂肪的标化度为 35~50℃，植物油的标化度为 20~40℃。制皂基润滑脂的脂肪原料以标化度在 37~42℃ 为好。

羟值：中和能使 1g 油脂醋酰化的醋酸所用 KOH 毫克数（mgKOH/g）。

醋酰值：中和 1g 醋酰化油脂分解后生成的醋酸所需 KOH 毫克数（mgKOH/g）。羟值和醋酰值都用来表示油脂或脂肪酸所含羟基的多少，醋酰值越大表示油脂中含羟基越多。

表 3-13 列出了几种动植物油脂的理化性质。为了提高植物油的饱和度，可以将植物油加氢制成硬化油，其中蓖麻油加氢后叫氢化蓖麻油，硬化油的质量指标见表 3-14。

表 3-13　几种动植物油脂的理化性质

油脂名称	碘值/ （gI_2/100g）	皂化值/ （mgKOH/g）	标化度/ ℃	酸值/ （mgKOH/g）	醋酰值/ （mgKOH/g）
羊脂	17~29	82~130	40	0.3~10.0	22~24
牛脂	40~55	193~200	41~45	0.25~3.0	≥11
猪脂	71.0~74.5	192~198	31.0~34.5	1.5~2.0	2.0~2.5
马脂	75~86	195~200	37.7	0~2.4	—
鲸脂	110~135	187~194	23~24	0.2~16.5	11~23
椰子油	6.2~10.0	253~262	21.2~25.2	2.5~10.0	3.5~6.9
棕榈油	10.5~17.5	243~255	20.0~25.5	5~22	7.6
橄榄油	79~88	185~196	16.3~25.4	0.3~1.0	10.5
蓖麻油	84	175~183	13.0	0.12~0.8	146~150
花生油	88~98	186~194	30.5~39.0	0.8	3.5
棉籽油	103~111	194~196	32~35	0.6~0.9	21~25

油脂名称	碘值/ (gI$_2$/100g)	皂化值/ (mgKOH/g)	标化度/ ℃	酸值/ (mgKOH/g)	醋酰值/ (mgKOH/g)
大豆油	122~134	189~193	24	0.3~1.8	4.9
氢化蓖麻油	8.4	180	68.2	1.1	113

表 3-14　硬化油质量指标

项目	皂化值/(mgKOH/g)	酸值/(mgKOH/g)	碘值/(gI$_2$/100g)	熔点/℃	水分/%
质量指标	≥212	≯2	≯70	46~55	≯0.5

3.1.3　脂肪酸

脂肪酸是制备皂基润滑脂的重要原料。使用脂肪酸作原料时，可以更好地控制皂的组成，使润滑脂产品质量均一，制造时容易皂化完全，缩短皂化时间。有的润滑脂如要求氧化安定性很高，则必须以脂肪酸代替脂肪作原料，以免皂化时产生甘油。作为润滑脂原料的脂肪酸主要是硬脂酸和12-羟基硬脂酸。

硬脂酸是工业中常用的重要原料，是用某些油脂加氢后得到的硬化油水解而成的。制取硬脂酸的程序：①脂肪的皂化；②脂肪酸皂的酸解；③脂肪酸的水洗及脱水；④混合脂肪酸静置冷却，使其再结晶；⑤用压榨机分离成型。工业硬脂酸的规格指标见表 3-15。

表 3-15　工业硬脂酸的规格指标

项　　目	级　　别			
	一级	二级	三级	四级
凝点/℃	54~57	≥54	≥52	≥52
酸值/(mgKOH/g)	205~210	203~208	198~218	188~218
皂化值/(mgKOH/g)	206~211	205~220	200~220	190~220
碘值/(gI$_2$/100g)　≯	2	4	8	16

12-羟基硬脂酸主要是以蓖麻油为原料，经催化氢化制成氢化蓖麻油，然后经皂化、酸解、水洗等工艺过程而得。12-羟基硬脂酸的主要理化指标见表 3-16。

表 3-16　12-羟基硬脂酸的主要理化指标

项　目	质量指标	项　目	质量指标
外观	蜡黄色固体	碘值/(gI$_2$/100g)	≤5
酸值/(mgKOH/g)	172~183	熔点/℃	≥72
皂化值/(mgKOH/g)	178~188	水分/%	≤3
羟值/(mgKOH/g)	≥145		

3.1.4 合成脂肪酸

合成脂肪酸由石蜡氧化而成。石蜡在高锰酸钾和碳酸钠存在下氧化,氧化的产物除了各种脂肪酸外,还有醛、酮、醇、羟基酸等,氧化后用皂化法除去第一、第二不皂化物,然后用硫酸洗,所得粗酸用分馏法切割成不同馏分的合成脂肪酸,其中 $C_{10} \sim C_{20}$ 的合成脂肪酸用作肥皂的原料,称为皂用酸。

合成脂肪酸的组成与天然脂肪酸有所不同:①主要是饱和羧酸;②奇、偶碳原子数羧酸约各占一半;③各馏分中含有不同碳原子数的多种酸,其中几种主要羧酸的含量相近;④含有其他带官能团的脂肪酸(羟基酸、羰基酸)、二元酸和不饱和酸;⑤含有其他杂质烃类、酯类等。

合成脂肪酸各馏分含不同碳原子数酸, $C_{10} \sim C_{16}$ 及 $C_{17} \sim C_{20}$ 馏分组成见表3-17。

表3-17　$C_{10} \sim C_{16}$ 及 $C_{17} \sim C_{20}$ 馏分组成　　　　　%

馏分	$C_7 \sim C_9$	C_{10}	C_{11}	C_{12}	C_{13}	C_{14}	C_{15}	C_{16}	C_{17}	C_{18}	C_{19}	C_{20}	C_{21}	C_{22}	C_{23}	C_{24}
$C_{10} \sim C_{16}$	5.7	7.9	10.4	10.1	11.2	12.2	11.4	10.9	9.6	7.0	2.3	1.3	—	—	—	—
$C_{17} \sim C_{20}$	—	0.3	0.7	0.9	2.5	2.5	6.8	8.3	9.9	12.2	11.9	11.8	11.5	9.5	4.7	2.3

实践证明,制备润滑脂对合成脂肪酸的馏分要求与制备肥皂不同,皂用酸的理想馏分是 $C_{14} \sim C_{19}$,不同润滑脂对合成脂肪酸馏分的要求:合成锂基润滑脂要求 $C_{11} \sim C_{14}$ 馏分;合成钙基润滑脂要求 $C_{16} \sim C_{20}$ 馏分;合成复合钙基润滑脂要求 $C_{12} \sim C_{20}$ 馏分。

3.1.5 低分子有机酸和无机酸

制备复合皂基润滑脂时,要用低分子有机酸或无机酸,常用的有:癸二酸、壬二酸、己二酸、水杨酸、苯甲酸、对苯二甲酸及醋酸、硼酸等。

3.1.6 皂化原料对润滑脂的影响

不同脂肪酸的金属皂在油中的溶解度不同,对制造润滑脂的难易和产品性质影响很大。含碳原子数少的脂肪酸皂在矿物油中的溶解度较小,不易很好地分散在油中形成稳定的体系,制成的润滑脂容易分油且稠度低。碳原子数较多的脂肪酸皂在油中的溶解度较大,在油中分散程度增大,较易形成较稳定的分散体系,制成的润滑脂分油较少且稠度较大。但如果脂肪酸碳原子数过多,它在油中的溶解度过大以致不易晶化形成结构,所制成的润滑脂稠度很小,甚至是流体。因此,制备润滑脂时以 $C_{12} \sim C_{18}$ 脂肪酸最好。

脂肪酸的碳链长短与皂、皂-油体系的相转变点有关:碳链越长,皂及皂-油体系的相转变点越低,反之越高。碳原子数少于12的脂肪酸皂的相转变温度相当高，足以使皂–油溶解度降低至不能制成润滑脂。脂肪酸碳原子数过多，则皂在油中的溶解度过大，以致不易在油中晶化形成结构。使用 C_{18} 以上的脂肪酸作皂化原料时，须加大用皂量，才能使润滑脂具有较大的稠度。含碳原子数较少的脂肪酸制成的皂基润滑脂滴点较高，但较易分油；碳原子数较多的脂肪酸制成的皂基润滑脂较软，但胶体安定性好。环烷酸皂在矿物油中的溶解度比脂肪酸皂大，制成的润滑脂较软，但胶体安定性好。当脂肪酸碳链上有双键时，皂在油中的溶解度较大，较易成脂，但与饱和脂肪酸比较，制成的润滑脂滴点较低、稠度较小，但它对油的膨化能力较大。

在制造润滑脂时，动物脂肪一般被认为是良好的皂化原料，因为它含有碳原子数适宜的饱和及不饱和的脂肪酸甘油酯，其皂在油中的溶解度不太大或太小，易成脂且氧化安定性较好。植物油含不饱和成分较多，一般较易成脂，产品的稠度低、氧化安定性差。有的植物油（如椰子油、棕榈油）含月桂酸甘油酯较多，其皂在矿物油中不易形成胶体安定的体系。为了提高植物油的饱和度，可采取加氢的办法，氢化植物油及其水解产物都是制皂的良好原料。

以动植物油脂作原料时，皂化过程中同时生成皂和甘油。如果采用皂化后直接加基础油制润滑脂，则甘油存留在润滑脂中。甘油在钙基、钠基等润滑脂中可起结构改善剂的作用，但在铝基润滑脂中含有甘油易使润滑脂变软。此外，甘油本身易氧化，特别是在高温和有催化剂时更易氧化，氧化生成的低分子酸会腐蚀金属。因此，要制取氧化安定性好的润滑脂最好不含甘油，宜采用脂肪酸原料。

3.1.7 皂化剂及有关产品

在皂基润滑脂的制造中，碱类是必不可少的一个组分。常用的有氢氧化钠、氢氧化锂、氢氧化钙等。如果制铝基润滑脂、锌基润滑脂时，常先制成钠皂，然后再与铝盐、锌盐进行分解反应，因此，尚需硫酸铝、氯化锌等。

1. 氢氧化钠

氢氧化钠又名苛性钠或烧碱，工业品为白色固体，呈块状、片状、粒状等。分子式：NaOH，相对分子质量：40.01，密度：$2.13 g/cm^3$，熔点：$318.4℃$。它易潮解，易在空气中吸收 CO_2 逐渐变成碳酸氢钠和碳酸钠，溶于水时强烈放热。氢氧化钠的质量指标见表 3-18 和表 3-19。

表 3-18 液体氢氧化钠质量指标（GB/T 209—2018）

项 目		水银法	苛化法	隔膜法	
				1 型	2 型
NaOH 含量/%	≥	45.00	42.00	42.00	30.00
Na$_2$CO$_3$/%	≤	0.30	1.50	1.00	1.00
NaCl/%	≤	0.04	1.00	2.00	5.00
Fe$_2$O$_3$/%	≤	0.003	0.03	1.03	0.01

表3-19 固体氢氧化钠质量指标(GB/T 209—2018)

项 目		水银法			苛化法		隔膜法	
		1级	2级	3级	1级	2级	1级	2级
NaOH 含量/%	≥	99.5	99.5	99.0	97.0	96.0	96.0	95.0
Na_2CO_3/%	≤	0.40	0.45	0.90	1.70	2.50	1.40	1.60
NaCl/%	≤	0.06	0.08	0.15	1.20	1.40	2.80	3.20
Fe_2O_3/%	≤	0.003	0.004	0.005	0.01	0.01	0.01	0.02

固体氢氧化钠的纯度较高,但价格较贵,且使用时需调配成一定浓度的水溶液。液体氢氧化钠使用时可免除溶解一步,但产品纯度较低,常含有其他碱类而使稠化能力降低,且运输比较困难。

氢氧化钠是强碱,具有强腐蚀性,使用时必须严格按操作规程执行。因氢氧化钠易潮解,贮存时应将其保存在干燥的库房中,容器要密闭。

2. 氢氧化锂

分子式: $LiOH \cdot H_2O$,相对分子质量: 41.94。氢氧化锂的质量指标见表3-20。

表3-20 氢氧化锂的质量指标(GB/T 8766—2013)

项 目		1级	2级	3级
LiOH 含量/%	≥	56.5	56.5	55.0
(Na+K)/%	≤	0.03	0.20	0.30
Fe_2O_3/%	≤	0.001	0.003	0.005
CaO/%	≤	0.030	0.035	0.040
CO_2/%	≤	0.35	0.50	0.70
SO_4^{2-}/%	≤	0.015	0.030	0.050
Cl^-/%	≤	0.003	0.040	0.060
盐酸不溶物/%	≤	0.005	0.010	0.050

氢氧化锂是白色晶体,是制造锂基润滑脂的主要原料,常以 $LiOH \cdot H_2O$ 形式存在,因而商品氢氧化锂的纯度一般为 54%~56%。纯度越高,制成锂皂的稠化能力越强。对商品氢氧化锂的杂质含量要注意:如果 NaOH、KOH 过多会影响锂基润滑脂的抗水性;氯离子、硫酸根离子含量过多会影响锂基润滑脂的腐蚀性。

3. 氢氧化钙

氢氧化钙又名消石灰、熟石灰,分子式: $Ca(OH)_2$,相对分子质量: 74.10,密度: $2.24g/cm^3$。氢氧化钙为白色粉末,强碱,有腐蚀性,在空气中吸收 CO_2生成碳酸钙。氢氧化钙稍溶于水,在 20℃时 1L 水仅溶解 1.65g 氢氧化钙。由于溶解度小，故在工业生产中往往使用它在水中的悬浮液（即石灰乳）。

在工业生产中可以用生石灰（CaO）水配制石灰乳。生石灰的选择一般是 CaO 含量越高越好，一般应选用 CaO 含量在 85% 以上的生石灰，粒度越细对生产润滑脂越有益。CaO 的质量指标见表 3-21。

表 3-21　CaO 的质量指标

项　　目		质量指标	项　　目		质量指标
CaO/%	≥	85	盐酸不溶物/%	≤	0.1
CaCO$_3$/%	≤	13	粒度（200 目筛）		全部通过
SiO$_2$/%	≤	0.5			

4. 硫酸铝

分子式：$Al_2(SO_4)_3 \cdot xH_2O$，相对分子质量：342.15（以无水硫酸铝计）。常用 Al_2O_3 与 H_2SO_4 反应制备硫酸铝，Al_2O_3 的质量指标见表 3-22。

生产铝基润滑脂时不是用氢氧化铝与脂肪酸皂化，而是先制成钠皂，再用硫酸铝进行复分解反应置换而得铝皂。现在，工业上也用异丙醇铝（或其三聚体）直接与脂肪酸反应制备铝皂。

表 3-22　Al_2O_3 的质量指标

项　　目		质量指标			
		优级	1 级	2 级	3 级
Al_2O_3/%	≥	15.7	15.7	15.7	15.7
Fe_2O_3/%	≤	0.02	0.35	0.50	0.70
H_2SO_4/%	≤	无	无	无	无
水不溶物/%	≤	0.05	0.10	0.20	0.30

3.1.8　非皂基稠化剂

1. 烃基稠化剂

烃基稠化剂的原料有：石蜡、地蜡、石油脂。

2. 有机稠化剂

有机稠化剂的原料有：聚脲、酰胺、有机染料、氟树脂等。

3. 无机稠化剂

无机稠化剂的原料有：膨润土、硅胶等。

3.1.9　添加剂

使用添加剂的目的是改进润滑脂的某些性能或赋予润滑脂某些特殊性能，润滑脂添加剂的种类和作用与润滑油添加剂有相似之处，但有些适用于润滑油的添加剂在润滑脂中不适用，如清净分散剂、降凝剂、消泡剂等；而且即使可用于润滑油和润滑脂中的添加剂，由于润滑脂具有胶体分散体系结构的原因，在添加剂的加入量、加入时机和加入方式等方面与润滑油也有很大的不同。润滑脂中常用的添加剂有：抗氧剂、油性剂、抗磨极压剂、防锈剂、增黏剂、结构稳定剂、染料和固体添加剂。

1. 抗氧剂

为了改善润滑脂的氧化安定性，除了选择氧化安定性好的基础油、脂肪酸外，常需加入抗氧剂，尤其是皂基润滑脂比非皂基润滑脂更易氧化变质。

润滑脂常用的抗氧剂有：二苯胺、β-萘胺、N-苯基-α-萘胺、N-苯基-β-萘胺、N-异丙基-N'-苯基对苯二胺、N-环己基-N'-苯基对苯二胺、N,N'-二仲丁基对苯二胺、2,6-二叔丁基对甲苯酚、β-萘酚、硫代二丙酸二月桂酯、硫代二丙酸双十八酯、十二烷基硒。

2. 油性剂和抗磨极压剂

当润滑脂用于重负荷机械的润滑时需加入油性剂和抗磨极压剂，这类添加剂大多是含硫、磷、氯、硼的化合物和有机金属化合物。常见的有：氯化石蜡、硫化鲸鱼油、硫化棉籽油、硫化烯烃棉籽油、硫化异丁烯、二苄基二硫化物、磷酸三甲酚酯、亚磷酸二正丁酯、磷酸三苯酯、环烷酸铅、硼酸盐。

还有一些有机金属化合物，除具有抗磨极压性外，还具有抗氧、防腐等作用，属于多效添加剂。如二烷基二硫代磷酸锌、二烷基二硫代氨基甲酸盐（钼、锌、锑、铅）和苯三唑十八胺盐。

3. 防锈剂和防腐剂

润滑脂本身可在金属表面形成较厚的油膜，具有一定的防锈性，所以通常情况下润滑脂中不需要加入防锈剂，但润滑脂如果是作为防护脂或用于与腐蚀性较强的介质接触时，就要在润滑脂中加防锈剂和防腐剂。防锈剂大多是一些极性较强的化合物，通过在金属表面形成吸附膜而起到防锈作用。

润滑脂常用的防锈剂有：十二烯基丁二酸、石油磺酸钡、石油磺酸钠、二壬基萘磺酸钡、二壬基萘磺酸锌、重烷基苯磺酸钠、重烷基苯磺酸钡、环烷酸锌、硬脂酸铝、山梨糖醇单油酸酯、氧化石油脂钡皂、羊毛脂镁皂、N-油酰基肌氨酸十八胺盐、2-氨乙基十七烯基咪唑啉十二烯基丁二酸、苯并三氮唑、二巯基苯并噻唑、亚硝酸钠、磷酸三钠和二烷基二硫代磷酸锌等。

4. 拉丝性添加剂（黏附剂）

为了改善润滑脂的拉丝性或黏附性，可在润滑脂中加入一些高分子化合物（大多为增黏剂）。这类物质常见的有：聚甲基丙烯酸酯、聚异丁烯、乙烯-丙烯共聚物、聚丙烯及天然橡胶、沥青等。

5. 结构稳定剂

润滑脂是一种胶体结构分散体系，有些润滑脂的胶体结构稳定性较差，这时需要在润滑脂中加入胶体结构稳定剂(胶溶剂)。

胶体结构稳定剂通常是一些极性较强的化合物，如水、醇、酯、胺、有机酸等。润滑脂胶体结构稳定剂有些是在润滑脂制备过程中加入的，而有些则是在润滑脂制备过程中产生的，如利用动植物油脂制备皂基润滑脂过程中产生的甘油就是一种胶体结构稳定剂。稳定剂稳定胶体结构的机理是：由于稳定剂含有极性基团($-OH$、$-COOH$、$-NH_2$)，能吸附在皂分子的极性端间，使皂分子的排列距离增大，使膨化油和吸附油量增大，从而使皂油体系稳定。

6. 着色剂

润滑脂中一般不需要加入着色剂，但现代润滑脂有时为了美观或区分润滑脂的品种也可加入少量着色剂。常用的着色剂有：汉沙黄、油溶黄、油溶橙、油溶红、酞菁蓝和颜料绿 B 等。

7. 固体添加剂

为了提高润滑脂的抗磨极压性能、抗冲击负荷的能力，可在润滑脂中加入固体添加剂(填料)。常用的固体添加剂是一些具有层状结构的物质，如石墨、二硫化钼、二硫化钨、层状硅酸钠等，也有一些非层状的超细粉体可作为润滑脂的固体添加剂，如碳酸钙、氧化钛、金属粉(铜粉、铝粉)和 MCA(异氰脲酸三聚氰胺盐)等。

3.1.10 原料质量检验

1. 基础油和添加剂的检验

包括黏度、闪点、燃点、凝点、灰分、机械杂质、腐蚀、硫含量、磷含量、氯含量等的检验，按石油产品试验方法国家标准/行业标准进行。

2. 动植物油脂的检验

(1) 植物油脂 透明度、气味、滋味鉴定法(GB/T 5525—2008)

(2) 动植物油脂 水分及挥发物含量测定(GB/T 5528—2008)

(3) 植物油脂检验 杂质测定法(GB/T 5529—1985)

(4) 动植物油脂 酸值和酸度测定(GB/T 5530—2005)

(5) 动植物油脂 碘值的测定(GB/T 5532—2022)

(6) 动植物油脂 皂化值的测定(GB/T 5534—2008)

(7) 动植物油脂 不皂化物测定 第 1 部分：乙醚提取法(GB/T 5535.1—2008)

动植物油脂 不皂化物测定 第 2 部分：己烷提取法(GB/T 5535.2—2008)

(8) 植物油脂检验 熔点测定法(GB/T 5536—1985)

(9) 蓖麻籽油(GB/T 8234—2009)

3. 脂肪酸等的检验

(1) 工业用冰乙酸(GB/T 1628—2020)

（2）工业硬脂酸试验方法——碘值的测定（GB/T 9104—2022）

　　　　　　　　　　　　　　　——皂化值的测定（GB/T 9104—2022）

　　　　　　　　　　　　　　　——酸值的测定（GB/T 9104—2022）

（3）12-羟基硬脂酸——羟值的测定（Q/J 0380—1981）

4. 碱类的检验

（1）化学试剂　氧化钙（GB 1262—1977）

（2）工业用氢氧化钠　氢氧化钠和碳酸钠含量的测定（GB/T 4348.1—2013）

（3）工业用氢氧化钠　氯化钠含量的测定　汞量法（GB/T 4348.2—2014）

（4）碳酸锂、单水氢氧化锂、氯化锂　化学分析方法　第 2 部分：氢氧化锂含量的测定　酸碱滴定法（GB/T 11604.2—2023）

3.2　润滑脂生产设备

　　润滑脂生产设备是实现其工艺过程的物质基础，关系到润滑脂产品的质量与成本。润滑脂生产设备既有一般石油化工设备的通用特点，更有它的一些特殊性，不同品种的润滑脂要求制备的工艺条件有所不同。润滑脂生产设备的发展是与生产工艺和品种的发展相适应的。

　　润滑脂生产设备的开发主要围绕高效（传热传质）、可靠、节能三方面进行。总的来说，大的生产设备对提高效率、降低成本是有利的。

　　润滑脂生产设备的发展过程是与润滑脂品种发展、生产工艺改进相联系的：①直火加热—人工搅拌—大锅熬煮制备钙基润滑脂和钠基润滑脂。②常压开口搅拌釜—直火加热制备钙基润滑脂和钠基润滑脂。③常压搅拌釜或压力搅拌釜—热载体加热制备锂基润滑脂和复合皂基润滑脂，搅拌方式由单重搅拌发展到双重行星搅拌，更进一步发展到三重搅拌。④接触器用于润滑脂的生产更是将传热传质的效率提高到一个新水平。⑤润滑脂其他生产设备如均化器、胶体磨、脱气机、泵、过滤设备等的应用，极大地提高了润滑脂生产技术水平。

　　我国润滑脂生产工艺与设备的大力发展主要是改革开放以后，有自主研发与技术引进两种方式。

　　在自主研发方面，20 世纪 80 年代石油化工科学研究院与成都某单位合作开发了润滑脂生产成套设备，有二重搅拌压力釜、三重搅拌压力釜、接触器等。现在国内润滑脂厂广泛使用二重搅拌压力釜、三重搅拌压力釜、接触器生产润滑脂。

　　在技术引进方面，我国在 20 世纪 80 年代引进了三套日本的润滑脂生产设备：①1981 年天津汉沽石油化学厂引进日本 3m³ 三重搅拌常压釜及加热设备、后处理设备。②1986 年无锡炼油厂引进日本协同的接触器——均化器锂基润滑脂生产装置。③1987 年兰州炼油厂润滑脂分厂引进日本昭和的双重搅拌压力釜——均化器润滑脂生产装置。

润滑脂生产设备主要包括：皂化及调和设备、混合及冷却设备、过滤设备、研磨均化设备、脱气设备、输送设备、包装设备、加热设备。下面按照润滑脂生产的主要工艺过程，介绍我国润滑脂生产中所使用的一些典型单元设备。

3.2.1 皂化及调和设备

皂化和调和是润滑脂生产中的两个主要工艺过程，皂化是脂肪或脂肪酸与碱的中和反应，较高的温度和充分搅拌有利于反应的完全，调和是皂在油中的分散和膨化过程，皂化和调和过程可在一个釜中进行，也可在两个釜中进行。

皂化釜是润滑脂生产的主要设备，理想的皂化釜应能为物料提供良好的热交换、充分的混合，反应加热的周期要短，降低材料、能量消耗。常用的皂化设备有：单重或双重搅拌釜、三重搅拌釜及接触器。

1. 常压釜与调和釜

常压釜的特点是结构简单、成本低、操作容易、便于观察，但皂化的时间长、生产效率低。常压釜的搅拌形式有单重搅拌、双重搅拌和三重搅拌（其结构示意见图 3-2～图 3-4）。常压皂化釜也可作为调和釜。

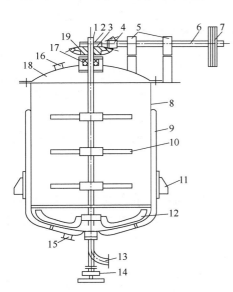

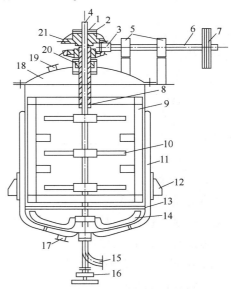

图 3-2　单重搅拌常压釜

1—立轴；2—锁母；3—轴承；4—齿轮；5—轴承架；6—横轴；7—动力传动轴；8—釜体；9—蒸汽夹套；10—桨式搅拌；11—支耳；12—锚式搅拌；13—成品出口；14—节门；15—蒸汽进口；16—原料进口；17—轴承及轴承座；18—釜盖；19—齿轮

图 3-3　双重搅拌常压釜

1—锁母；2—轴承；3—齿轮；4—立轴；5—轴承架；6—横轴；7—动力传动轴；8—套轴；9—框式搅拌；10—桨式搅拌；11—蒸汽夹套；12—支耳；13—釜体；14—锚式搅拌；15—成品出口；16—节门；17—蒸汽进口；18—釜盖；19—原料进口；20—轴承及轴承座；21—齿轮

双重搅拌常压釜的结构：顶部有一台电机，通过一台减速机带动内桨与外框搅拌器以相反方向转动。为了保证良好的传热效果，外框搅拌器上安装有弹簧刮边器。内桨转速为 $40 \sim 60 r/min$，外框转速为 $20 \sim 40 r/min$，若采用变速电机，搅拌速度可在一定范围内任意调整。

釜体一般选用优质碳钢制造，带有夹套。当作为皂化加热用时，夹套内通入压力蒸汽或传热介质加热；当作为冷却调和釜用时，夹套内通冷却水。

一台容积 $4m^3$ 的制脂釜，直径 $1.6m$，换热面积 $10m^2$，减速机功率 $10kW$，每批可生产 $2.5 \sim 3t$ 润滑脂。

三重搅拌常压釜是在双重搅拌常压釜的基础上改进而成，其结构更先进、效率更高，它的搅拌系统由刮边器组合

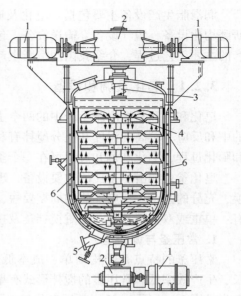

图 3-4　三重搅拌常压釜
1—电动机；2—减速机；3—外搅拌器；
4—内搅拌器；5—脂出口；6—刮边器

件、双向桨臂和一个高速叶轮搅拌器组成，分别由顶部和底部的三台电机驱动。当采用双涡轮减速机时，顶部也可只由一台电机驱动。工作时，三组搅拌器使物料上、下、左、右循环对流，加以釜底部设计为半球形结构，从而使物料在釜内获得了充分的接触与混合，它的传热效率是双重搅拌常压釜的 4 倍，可节省操作时间 $30\% \sim 80\%$。

2. 压力釜

压力釜的特点是：釜内温度和压力高，皂化时间短，生产效率高，但釜的结构比较复杂，操作要求严格。压力釜的搅拌形式亦有三种：单重搅拌、双重搅拌和行星搅拌（其结构示意图见图 3-5～图 3-7）。

3. 接触器（高速对流加压皂化釜）

接触器（Contactor）是目前世界上公认的高效皂化设备，自从 1929 年第一台接触器问世以来，经过 50 多年的发展，接触器在润滑脂生产中获得了日益广泛的应用。据 1982 年统计，全世界已有 21 个国家的润滑脂厂安装了共计 115 套接触器。接触器的生产公司主要是美国的斯特拉夫工程公司（Straford Eng. Corp.）和奥地利的 SGP 工程公司（Simmering-Graz-Pauker Eng. Inc.）。

接触器是一个带夹套的压力容器，内部装有一个双层壁的导流筒，底部装有一个高速推进叶轮。物料沿着导流筒流向底部的推进叶轮，转动的叶轮又迫使物

料向上流动经过容器内壁与导流筒之间的狭缝，再从导流筒内壁流向推进器叶轮，完成循环。接触器构造见图3-8。由于叶轮的剪切作用、物料的高速循环以及比一般皂化釜更大的传热面积，使物料得到了充分的接触、均匀的混合，因而大大缩短了皂化加热时间。

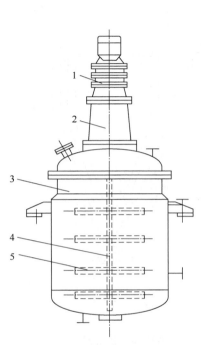

图 3-5　单重搅拌压力釜
1—减速机；2—支座；3—釜体；
4—搅拌器；5—搅拌桨

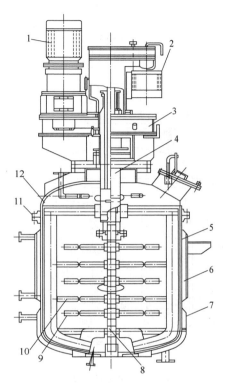

图 3-6　双重搅拌压力釜
1—电机Ⅰ；2—电机Ⅱ；3—齿轮减速机；
4—空心轴；5—刮刀；6—上夹套；7—下夹套；
8—实心轴；9—搅拌器；10—框桨；
11—法兰；12—釜盖

通常一台接触器与三台常压制脂釜联合操作，在接触器内制备浓缩皂基完成加热周期，然后转移到常压釜中去进行之后的加工步骤。这样，就能有效地发挥接触器的作用，缩短润滑脂制备过程，提高设备的利用率。

由于接触器的结构特点和工作特点，相比开口皂化釜有以下优点：加热速度快、反应时间短、增加产率、减少研磨要求、增加生产能力。工厂应用结果表明，与常规皂化制脂釜相比，采用一台2000L接触器，每制备一批1~1.2t皂基，完成皂化、脱水、升温周期由5~5.5h缩短为1.5~2h。

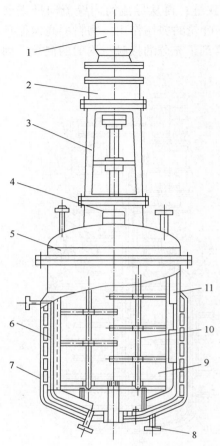

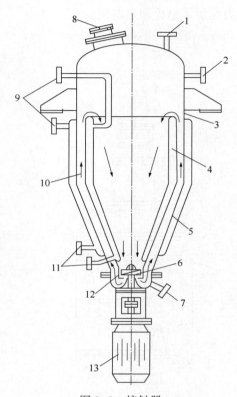

图 3-7　行星搅拌压力釜

1—电机；2—减速机；3—支座；4—密封；
5—釜盖；6—釜体；7—夹套；8—物料出口；
9—搅拌框；10—行星轴；11—刮刀

图 3-8　接触器

1—卸压口；2—进油口；3—釜体；4—内夹套；
5—外夹套；6—叶轮；7—物料出口；8—加料口；
9—导热油出口；10—物料流向；
11—导热油入口；12—导流筒；13—电机

4. 连续式皂化反应管式炉

管式炉在我国于 20 世纪 60 年代开始出现，管式炉具有以下特点：①连续生产，便于自动控制，操作简便，生产能力大。②皂化时间短，物料在管道中只停留 3～8min。③连续生产的能耗低。④管式炉生产润滑脂需配备配料罐、闪蒸脱水设备和甘油回收系统等。

管式反应器的构造如图 3-9。

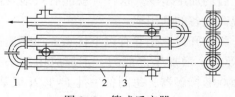

图 3-9　管式反应器

1—回弯头；2—夹套管；3—内管

3.2.2 混合及冷却设备

冷却是润滑脂生产的关键工艺，冷却速度和冷却方式对润滑脂产品的结构和性质有很大的影响，不同的润滑脂所采用的冷却方式不同。冷却可在调和釜中进行，也可在冷却混合设备中进行。常用的冷却设备有以下几种。

1. 夹套式冷却器

夹套式冷却是一种最简单、有效的冷却方式，只需向调和釜的夹套中通入冷却水即可实现冷却，若在冷却时伴以循环剪切，则冷却的效果更好。这种冷却方式常用于钙基润滑脂的生产。

2. 套管式冷却器

套管式冷却器有双套管冷却器和螺旋推进式套管冷却器。双套管冷却器的结构简单，制作容易，但冷却效果不好。螺旋推进式套管冷却器是在双套管冷却器的基础上发展而来的，在物料管内加上螺旋推进器，提高了传热效果。

3. 急冷混合器

急冷混合器是一种结构简单、操作方便、效果好的冷却设备，在锂基润滑脂生产中广泛应用，也可用于其他皂基或复合皂基润滑脂的生产，可控制生产工艺条件。急冷混合器是由壳体和换向折流挡板组成，将处于高温（210~220℃）熔融状态下的皂基与冷油同时泵入，冷、热物料在挡板的折流和换向作用下，物料被分割成若干小股流，经充分分散混合，在很短时间内急冷至约180℃，在此温度范围内皂结晶，由于急冷，可控制晶核形成，制得稠化能力强的产品，这对锂基润滑脂生产很重要。

4. 转鼓式冷却器

转鼓式冷却器由一个电机带动的传鼓和其他配件组成，鼓内通冷水，鼓面有受料槽和刮刀。当鼓转动时，受料槽中的熔融脂液就不断在鼓面上形成薄的脂层，随着鼓的转动而被鼓内冷却水冷却，并不断由刮刀刮下而带出，直至釜内润滑脂放空为止。转鼓式冷却器的冷却效果好，适合小批量润滑脂生产。

5. 薄膜冷却器

薄膜冷却器是外壳带夹套的圆形卧式筒体，圆筒内有转筒，外壳与转筒形成一个环形空间，其间隙一般为10~30mm，在此环隙内润滑脂形成薄膜。润滑脂由送料泵送进，借助压力使冷却的润滑脂沿环隙空间流动，换热后的润滑脂经出口挤出。在转筒上设有刮板，转筒转动时刮板把冷却了的润滑脂刮下来，外夹套和内转筒可同时通冷却水。这种冷却器的冷却效果好。

6. 盘式冷却器

盘式冷却是一种古老的冷却方式，具有造价低、操作简便的优点，适用于小批量润滑脂的生产。它一般采用自然冷却，冷却效果较差，且劳动强度大，易混入杂质。

3.2.3 过滤设备

生产润滑脂的过滤设备包括原料的过滤设备和产品的过滤设备。

1. 用于原料过滤的设备

（1）管道过滤器

管道过滤器有 Y 形、T 形和罐型三种（见图 3-10~图 3-12）。

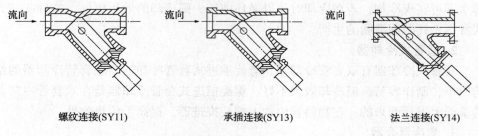

螺纹连接(SY11)　　　　承插连接(SY13)　　　　法兰连接(SY14)

图 3-10　Y 形过滤器

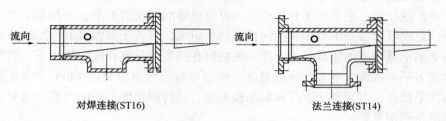

对焊连接(ST16)　　　　　　法兰连接(ST14)

图 3-11　T 形过滤器

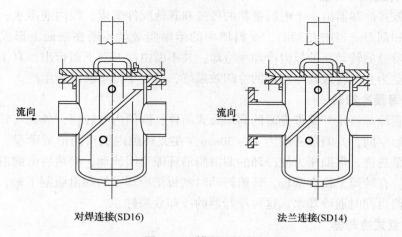

对焊连接(SD16)　　　　　　法兰连接(SD14)

图 3-12　罐型过滤器

68

（2）板框压滤机

板框压滤机的结构简单，操作容易，维修方便，适用于润滑脂生产原料的过滤。有一种带保温夹套的板框压滤机，特别适用于脂肪原料的过滤。

（3）袋式过滤器

袋式过滤器是一种体积小、处理量大、操作方便和效率高的过滤器，由立式筒体和滤袋组成，滤袋可反复清洗使用。

2. 用于产品过滤的设备

（1）套管式过滤器

套管式过滤器的结构简单、操作方便，用于润滑脂半成品和成品的过滤。它由外壳、滤筒和法兰等组成。物料由泵压入，由进口至滤筒外面的滤网进入滤筒里面，经出口压出，杂质留在滤网外和筒体内，打开法兰盖即能拉出滤筒，进行杂质的清除、滤筒的清洗和滤网的更换。

（2）自清式过滤器

自清式过滤器有线隙式滤芯过滤机和叠层式滤芯过滤机两种。

线隙式滤芯过滤机由筒体、线隙式滤芯、减速机和电机等组成。在滤芯的外部有固定的刮刀，滤芯由电机带动旋转。物料由泵送至筒体中，经滤芯过滤后流出，杂质则留在滤芯表面，由刮刀不断清除。

叠层式滤芯过滤机由筒体、叠层式滤芯、减速机和电机等组成。叠层式滤芯是一个由数百片过滤片、定距片和刮刀片在固定杆上按一定排列次序重叠而成的圆形滤筒，定距片的厚度决定圆形过滤片的间隙，间隙形成过滤通道。刮刀片置于过滤片两侧的固定杆上，当滤芯由电机带动旋转时，刮刀片即清理过滤片间的杂质。物料从滤芯筒体外部进入，从滤芯内流出，从而达到不断过滤的目的。

3.2.4 研磨均化设备

研磨均化是润滑脂生产过程中的后处理工序，可使润滑脂更均匀细腻，并对改善润滑脂的胶体安定性、机械安定性有利。常用的研磨均化设备有研磨机、胶体磨、均化器和剪切器等。

1. 研磨机

研磨机有三辊机和五辊机两种，是润滑脂生产中的一种传统均化设备，具有结构简单、操作方便的优点，它既具有研磨均化作用，也有一定的冷却效果，但工人的劳动强度大，易混入杂质。

2. 胶体磨

胶体磨有立式和卧式两种，是化工生产的常用设备，也有部分润滑脂生产厂用于润滑脂的研磨均化。

胶体磨有一对相对高速转动的磨盘，磨盘间的间隙可以调节，当物料通过两磨盘间的间隙时，受到了高速强力的剪切作用而均匀分散。胶体磨由电机、底座和磨头等组成。磨头是齿状的，分定齿与转齿，通过间隙调节套可调节齿间的间隙到 0.03mm 以下，粉碎时可得到小于 5μm 的粒子。

3. 均化器(均质机)

1892 年法国人 Paul Marix 发明了均质的原理，1899 年德国人 Gaulin 设计了最早的加林均化器。均化器大量应用于食品工业、化工和医药等领域，在润滑脂生产中得到广泛应用。均化器是通过高压泵将物料压送通过均化阀中一个可调节的缝隙，高速冲击到一个硬合金环上，然后释放压力，由于强烈的冲击、挤压与喷射作用使物料得到了均化。由于在均化过程中，润滑脂经瞬间高压释放，其中所含的空气以气泡逸出，所以均化器有一定的脱气作用。

润滑脂经均化后，其外观明显改善，机械安定性和胶体安定性有所提高。

4. 孔板剪切器

孔板剪切器是安装在润滑脂调和釜的循环管道上的一种均化器。润滑脂物料在压力下通过孔板时，受到剪切应力的作用，使皂纤维分散而使产品得到均化。可通过更换不同孔径的剪切板改变剪切分散的程度。经过孔板剪切器处理的锂基润滑脂的外观光滑细腻，机械安定性好。

5. 静态剪切器

静态剪切器是一种简易的均化设备，由本体、固定的带孔的座盘、能上下移动的带锥形杆的阀盘、阀杆和手轮等组成。润滑脂物料由泵送进，在一定压力下高速通过座盘上的圆孔，调节阀杆手轮，压力升高则物料流速加快。物料在受到高速挤压和强烈冲击时，达到剪切与均化作用。

3.2.5 脱气设备

润滑脂生产过程中会混入空气，使润滑脂产品的外观不透明，并对润滑脂的胶体安定性、氧化安定性产生不良影响，所以需要进行脱气处理。

1. 简易脱气设备

简易脱气是利用调和釜底的输送泵(齿轮泵、螺杆泵)进行，不需要专门的脱气设备和真空系统，操作简单而连续。

具体脱气方法是：脱气时，打开釜底出料阀，启动釜底出料泵，先使润滑脂经循环管回流到釜中。正常运转后逐步关小出料阀，让输送泵在供料不足的状态下工作，此时在泵的进料口形成真空，导致润滑脂内的小气泡汇集成大气泡，在泵的出口大气泡"爆裂"，达到脱气目的。简易脱气法流程见图 3-13。

2. 罐式真空脱气设备

利用真空罐对脱气罐抽真空，脱气罐为储罐或带搅拌的密闭釜。脱气时，先开真空泵，使罐内真空达到规定要求后，再把润滑脂用输送泵送入脱气罐中。待进料占真空罐容积 1/2~3/5 时停止，使真空泵恢复常压，开始出料，如此反复进行间隙操作。连续操作时边进料边出料，须防止罐满堵塞真空管和抽空物料破坏真空。当润滑脂呈薄片状或细条状流入并在下落罐底的过程中，润滑脂内的空气被脱除。罐式脱气流程见图 3-14。

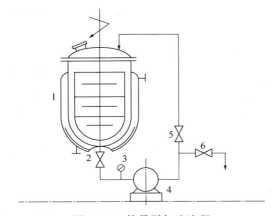

图 3-13 简易脱气法流程

1—调和釜；2—阀；3—真空表；4—泵；5—回流阀；6—出料阀

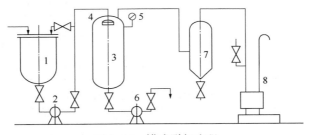

图 3-14 罐式脱气流程

1—调和釜；2—进料泵；3—脱气罐；4—分散器；5—真空表；6—出料泵；7—真空罐；8—真空泵

3. 脱气机组

脱气机组由脱气罐、旋片式真空泵及单螺杆泵等组成。脱气罐顶部设有分散器，使润滑脂均匀地落下。脱气机组采用间歇操作，处理一批物料后出料。操作时注意物料不可装得太满，以使落下来的润滑脂停留时间长一些，脱气效果更好。脱气机组结构见图 3-15。

3.2.6 输送设备

润滑脂生产过程中有原料和成品需要输送、转移、循环等操作，这些操作需要各种泵来完成。泵的选择需考虑介质的种类、介质的特性参数（黏度、密度、

71

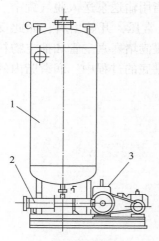

图 3-15　脱气机组

1—脱气罐；2—出料泵；3—真空泵

腐蚀性等)和工艺参数(如流量、扬程等)。

润滑脂生产用泵应结构简单、操作方便、运转可靠、吸入力强、容易维修、价格便宜。

1. 齿轮油泵

齿轮油泵由泵体、机座和电机组成。国内的齿轮油泵有 2CY 系列和 KCB 系列，其规格见表 3-23 和表 3-24。

2. 内齿轮泵

内齿轮泵广泛用于石油化工领域输送各种黏稠或稀薄液体，具有结构紧凑、吸入力强、性能可靠、效率高和适用范围广的特点。

石油化工企业使用的内齿轮泵有 NCB 系列、CN(R) 系列和 YZB 系列内齿轮泵，其规格见表 3-25～表 3-27。

表 3-23　2CY 系列齿轮油泵规格

型　　号	流量/ (m³/h)	压力/ MPa	转速/ (r/min)	功率/ kW	配套电机 型号	口径/ mm
2CY-10/1	10	1.0	960	5.5	Y132M$_2$-6	50(40)
2CY-15/1	15	1.0	1450	7.5	Y132M-4	50(40)
2CY-18/0.36	19	0.360	960	5.5	Y132M$_2$-6	70
2CY-29/0.36	29	0.366	1450	11.0	Y160M-4	70

表 3-24　KCB 系列齿轮油泵规格

型　　号	流量/ (m³/h)	压力/ MPa	转速/ (r/min)	汽蚀余量/ m	泵效率/ %	功率/ kW	口径/ mm
KCB-83.3	5	0.33	1420	5	38	2.2	38
KCB-300	18	0.33	960	5	44	5.5	70
KCB-483.3	29	0.33	1440	5	52	7.5	70
KCB-960	58	0.28	1470	5	40	18.5	100

表 3-25　NCB 系列内齿轮泵规格

型　　号	流量/ (m³/h)	压力/ MPa	吸入真空/ MPa	转速/ (r/min)	功率/ kW	配套电机 型号	口径/ mm
NCB-0.5-4	4	0.5	0.08	400	2.2	Y112M-6	40
NCB-0.5-8	8	0.5	0.08	400	3.0	Y132S-6	40
NCB-0.5-16	16	0.5	0.08	400	5.5	Y132M$_2$-6	50

型 号	流量/ (m³/h)	压力/ MPa	吸入真空/ MPa	转速/ (r/min)	功率/ kW	配套电机 型号	口径/ mm
NCB-0.7-12	12	0.7	0.08	220	7.5	Y160M-6	80
NCB-0.7-18	18	0.7	0.08	310	11.0	Y160L-6	80
NCB-2-12	12	2.0	0.08	200	15.0	Y180L-6	80
NCB-1.5-8	8	1.5	0.08	210	5.5	Y132M$_2$-6	50

表 3-26　CN(R)系列内齿轮泵规格

型 号	流量/(m³/h)	压力/MPa	转速/(r/min)	功率/kW
CN1A-1.0/1.0	1	0.6~1.0	1450	1.1
CN1B-2.0/1.0	2	0.6~1.0	1450	1.5
CN1C-3.0/1.0	3	0.6~1.0	1450	2.2
CN2A-5.0/1.0	5	0.6~1.0	960	3
CN2B-6.5/1.0	6.5	0.6~1.0	960	4
CN2C-10/1.0	10	0.6~1.0	960	7.5
CN21A-12/1.0	12	0.6~1.0	720	7.5
CN21B-14/1.0	14	0.6~1.0	710	7.5
CN21C-16/1.0	16	0.6~1.0	720	7.5
CN3B-18/1.0	18	0.6~1.0	730	11
CN3C-23/1.0	23	0.6~1.0	730	11
CN3D-30/1.0	30	0.6~1.0	730	15
CN21A-5/1.0	5	0.6~1.0	350	3
CN21A-5/1.6	5	1.1~1.6	350	5.5
CN21B-6.5/1.0	6.5	0.6~1.0	350	4
CN21B-6.5/1.6	6.5	1.1~1.6	350	7.5
CN21C-8.0/1.0	8	0.6~1.0	350	5.5
CN21C-8.0/1.6	8	1.1~1.6	350	7.5
CN3B-10/1.0	10	0.6~1.0	400	5.5
CN3B-10/1.6	10	1.1~1.6	400	11
CN3C-12.5/1.0	12.5	0.6~1.0	400	7.5
CN3C-12.5/1.6	12.5	1.1~1.6	400	11
CN3D-15/1.0	15	0.6~1.0	350	11
CN3D-15/1.6	15	1.1~1.6	350	15
CN4A-20/1.0	20	0.6~1.0	400	11

型　　号	流量/(m³/h)	压力/MPa	转速/(r/min)	功率/kW
CN4A-20/1.6	20	1.1~1.6	400	18.5
CN4B-25/1.0	25	0.6~1.0	350	15
CN4B-25/1.6	25	1.1~1.6	350	22
CN4C-30/1.0	30	0.6~1.0	400	18.5
CN4C-30/1.6	30	1.1~1.6	400	30

表 3-27　YZB 系列内齿轮泵规格

型　　号	流量/(m³/h)	压力/MPa	转速/(r/min)	功率/kW
YZB1C-2/0.8	2	0.1~0.8	970	1.1
YZB1C-2/1.6	2	0.8~1.6	970	1.5
YZB2A-3/0.8	3	0.1~0.8	720	2.2
YZB2A-3/1.6	3	0.8~1.6	720	4
YZB2B-5/0.8	5	0.1~0.8	720	3
YZB2B-5/1.6	5	0.8~1.6	720	5.5
YZB2C-8/0.8	8	0.1~0.8	720	7.5
YZB2C-8/1.6	8	0.8~1.6	730	11
YZB2D-10/0.8	10	0.1~0.8	730	7.5
YZB2D-10/1.6	10	0.8~1.6	730	11
YZB21A-12/0.8	12	0.1~0.8	730	7.5
YZB21A-12/1.6	12	0.8~1.6	730	11
YZB21B-14/0.8	14	0.1~0.8	730	7.5
YZB21B-14/1.6	14	0.8~1.6	730	15
YZB21C-16/0.8	16	0.1~0.8	730	11
YZB21C-16/1.6	16	0.8~1.6	730	15
YZB21D-18/0.8	18	0.1~0.8	730	11
YZB21D-18/1.6	18	0.8~1.6	730	18.5
YZB3B-20/0.8	20	0.1~0.8	730	11
YZB3B-20/1.6	20	0.8~1.6	730	18.5
YZB3C-23/0.8	23	0.1~0.8	730	11
YZB3C-23/1.6	23	0.8~1.6	730	18.5
YZB3D-30/0.8	30	0.1~0.8	730	15
YZB3D-30/1.6	30	0.8~1.6	730	22

3. 球形转子泵

球形转子泵是一种容积式泵，应用万向节的工作原理，当组合成球形的转子随着主动轴和被动轴一起旋转时，万向节的中间联体即转子便进行转摆运动，形成空腔有规律地张开与闭合，从而完成输送液体的功能。

球形转子泵的外形如图 3-16 所示。

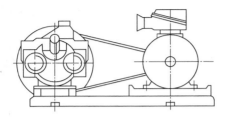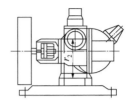

图 3-16　球形转子泵

球形转子泵的规格见表 3-28。

表 3-28　球形转子泵的规格

型　　号	流量/ (m³/h)	压力/ MPa	转速/ (r/min)	功率/ kW	配套电机 型号	口径/ mm
QZB0.6-8	8	0.6	400	4	Y132M$_1$-6	40
QZB0.6-16	16	0.6	400	5.5	Y132M$_2$-6	50
QZB0.6-25	25	0.6	360	15	Y180L-6	80
QZB1.0-38	38	1.0	360	22	Y200L$_2$-6	100

4. 螺杆泵

螺杆泵是一种容积式转子泵，广泛应用于石油化工、轻工等行业，可输送腐蚀性、黏度大的介质。

螺杆泵由泵体、螺杆、齿轮、轴承、密封和安全阀等组成，有单螺杆、双螺杆和三螺杆三种形式。

（1）单螺杆泵的结构见图 3-17，G 系列单螺杆泵的规格见表 3-29。

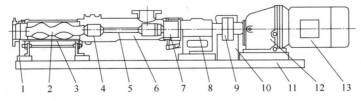

图 3-17　单螺杆泵

1—排出口；2—转子；3—定子；4—联轴节；5—联轴杆；6—吸入室；7—轴封；
8—轴承架；9—联轴器；10—罩；11—底座；12—减速机；13—电机

75

表 3-29　G 系列单螺杆泵的规格

型号	转速/ (r/min)	流量/ (m³/h)	压力/ MPa	功率/ kW	进出口径/ mm	电机型号
G40-1	587	6.8	0.6	1.8	80/65	YCJ71 型(2.2)
	520	5.7		1.61		
	458	4.8		1.43		
	399	4.0		1.21		
	344	3.0		1.05		
G50-1	571	13.4	0.6	3.61	100/80	YCJ80 型(4)
	504	11.5		3.2		
	442	9.5		2.75		
	383	7.5		2.4		
	327	6.0		2.02		
G70-1	545	25.0	0.6	7.04	125/100	YCJ100 型(11)
	479	21.0		6.11		
	417	17.9		5.47		
	360	13.5		4.7		
	305	9.5		3.99		
GN40-1	200~580	2.26~8.15	0.6	0.64~1.8	80/65	Y100L₂-4
GN40-2	160~680	2.0~9.29	0.8	1.0~3.5	80/65	Y132M 型(7.5)
GN50-1	200~680	3.2~17.6	0.6	1.2~4.2	100/80	Y132M 型(7.5)
GN50-2	220~630	4.7~17.2	0.8	1.9~5.5	100/80	Y132M 型(7.5)
GN70-1	220~630	8.1~32.7	0.6	2.62~7.8	125/100	Y160L 型(15)
GN70-2	220~600	10.2~32.5	0.8	5.2~12.0	125/100	Y160L 型(15)

（2）双螺杆泵的结构见图 3-18，2G 系列双螺杆泵的规格见表 3-30。

表 3-30　2G 系列双螺杆泵的规格

型号 (2G)	压力/ MPa	黏度/(mm²/s)							
		75		350		750		1500	
		m³/h	kW	m³/h	kW	m³/h	kW	m³/h	kW
88×2-60 (1450r/min)	0.4	33.5	6.7	34.8	8.5	35.0	9.9	35.0	11.6
	0.6	32.3	9.0	33.9	10.8	34.2	12.2	34.2	13.8
	0.8	31.1	11.3	33.1	13.1	33.5	14.4	33.5	16.1
	1.0	30.1	13.6	32.4	15.3	32.8	16.7	—	—
	1.2	29.2	15.8	31.8	17.6	—	—	—	—

76

型号 (2G)	压力/ MPa	黏度/(mm²/s)							
		75		350		750		1500	
		m³/h	kW	m³/h	kW	m³/h	kW	m³/h	kW
88×2-60 (970r/min)	0.4	21.0	4.2	22.3	5.1	22.5	5.8	22.5	6.7
	0.6	19.7	5.7	21.4	6.0	21.7	7.4	21.7	8.3
	0.8	18.6	7.2	20.6	8.2	20.9	8.0	20.9	9.8
	1.0	17.6	8.8	19.9	9.7	20.3	10.1	20.3	11.3
	1.2	16.6	10.3	19.2	11.2	—	—	—	—

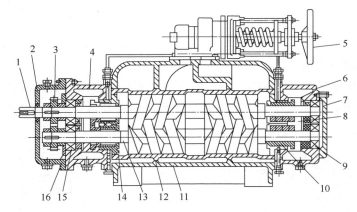

图 3-18 双螺杆泵

1—主动螺杆；2—齿轮箱；3—齿轮；4—左填料箱；5—安全阀；6—右填料箱；7—压盖；8—填料；
9—轴承；10—填料压盖；11—泵体；12—衬套；13—从动螺杆；14—填料函；15—轴承；16—压盖

（3）三螺杆泵的结构见图 3-19，3G 系列三螺杆泵的规格见表 3-31。

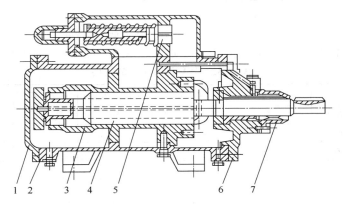

图 3-19 三螺杆泵

1—下盖；2—泵体；3—衬套；4—螺杆；5—安全阀；6—上盖；7—密封盖

表 3-31 3G 系列三螺杆泵的规格

型号	流量/ (m³/h)	压力/ MPa	转速/ (r/min)	功率/ kW	吸上真空 高度/m	进出口径/ mm	泵重/ kg	电机 型号
3G50×2	8.2	0.6	1450	3.0	5	80/50	80	Y100L₂-4
	7.5	1.0	1450	5.5	5	80/50	80	Y132S-4
3G50×4A	8.2	1.6	1450	7.5	5	80/50	90	Y132M-4
	7.5	2.5	1450	11.0	5	80/50	90	Y160M-4
3G70×2	15	0.6	970	5.5	5	100/65	105	Y132M₂-6
	14	1.0	970	7.5	5	100/65	105	Y160M-6
3G70×4	15	1.6	970	11.0	5	*100/65	120	Y160L-6
	14	2.5	970	18.5	5	100/65	120	Y200L₁-6
3GN50×4	3.8	1.0	730	3.0	4	100/65	90	Y132M-8
3GN70×4	11.6	1.6	730	11.0	4	150/80	120	Y180L-8

5. 外环流转子泵

外环流转子泵又叫稠油泵，是一种新型的容积泵，是为输送高黏稠流体而设计的高效油泵。外环流转子泵的结构见图 3-20，外环流转子泵的规格见表 3-32。

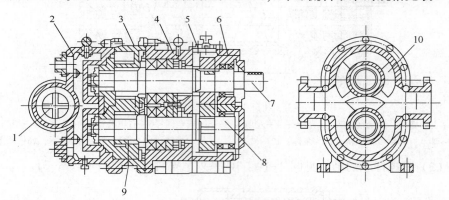

图 3-20 外环流转子泵

1—安全阀；2—安全阀体；3—泵体；4—轴承箱体；5—齿轮；6—轴承；7—主动轴；8—从动轴；9—轴密封；10—转子

表 3-32 外环流转子泵的规格

型　　号	流量/(m³/h)	功率/kW	进出口径/mm	压力/MPa	转速/(r/min)
WZB-5/0.6	5	2.2	50		151
WZB-8/0.6	8	3	65		151
WZB-10/0.6	10	3	80		133
WZB-12.5/0.6	12.5	4	80	0.6	141
WZB-16/0.6	16	5.5	80		151
WZB-20/0.6	20	7.5	100		138
WZB-25/0.6	25	11	100		138

型 号	流量/(m³/h)	功率/kW	进出口径/mm	压力/MPa	转速/(r/min)
WZB-5/1.0	5	3	50		151
WZB-8/1.0	8	4	65		151
WZB-10/1.0	10	5.5	80		133
WZB-12.5/1.0	12.5	5.5	80	1.0	141
WZB-16/1.0	16	7.5	80		151
WZB-20/1.0	20	11	100		138
WZB-25/1.0	25	15	100		138
WZB-5/1.6	5	5.5	50		160
WZB-8/1.6	8	7.5	65		160
WZB-10/1.6	10	7.5	80		141
WZB-12.5/1.6	12.5	11	80	1.0	151
WZB-16/1.6	16	11	80		170
WZB-20/1.6	20	15	100		146
WZB-25/1.6	25	18.5	100		146

6. 离心油泵

离心油泵(热油泵)用于输送不含固体颗粒的石油及其产品，介质温度可达 −20~400℃。根据介质、温度、腐蚀的性质，可采用三种不同类型的材料制造。 热油泵的结构见图 3-21，RY 系列热油泵规格见表 3-33。

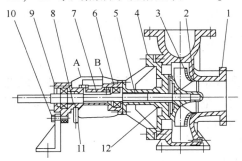

图 3-21　热油泵

1—泵体；2—叶轮螺母；3—叶轮；4—泵盖；5—轴；6—轴承； 7—轴承体；8—导油管；9—轴承压盖；10—支座；11—油封；12—填料

3.2.7　加热设备

在润滑脂生产过程中，皂化阶段需要加热。不同的润滑脂加热温度不同。常用的加热方式(设备)有以下几种。

1. 直火加热

皂化釜或管式反应器可用直火加热，烧的燃料可以是煤、油或气。直火加热的加热速度快，但受热不均匀，物料会因局部过热而结焦影响产品质量，釜底易变形，生产现场的环境差。直火加热方式已经逐渐被淘汰。

表 3-33　RY 系列热油泵规格

型　　号	流量/(m³/h)	扬程/m	转速/(r/min)	功率/kW	效率/%	电机型号
RY40-25-160	10	28		2.2	45	90L
RY50-32-160	12.5	30		3.0	57	100L
RY50-32-200	18	40		5.5	50	132S
RY50-32-250	18	70		11	45	160M
RY65-50-160	20	32	2900	5.5	55	132S
RY65-40-200	30	48		7.5	62	132S
RY65-40-250	25	80		15	53	160M
RY65-40-315	25	125		30	45	200L
RY80-50-200	50	50		15	70	160M
RY80-50-250	60	72		22	60	180M

2. 水蒸气加热

水蒸气加热是润滑脂生产中常用的加热方式，将蒸汽锅炉中的水蒸气通入制脂釜的夹套中，通过阀门控制蒸汽流量来调节温度和升温速度，操作简便，安全经济。

3. 熔盐加热

在温度 350℃ 以上可用熔盐加热，熔盐的组成：$53\%KNO_3+40\%NaNO_2+7\%NaNO_3$，熔点 142℃。熔盐传热系数高，操作压力低。

4. 电加热

电加热常用于小型或中型制脂釜，容易自动控制，但电阻丝易断。远红外电加热已用于润滑脂的生产中，具有加热均匀、温度容易控制、操作简便、容易实现自动控制、设备紧凑和投资较低的特点。

5. 有机载体加热

有机载体有联苯和导热油。

联苯载体一般由 25.6% 联苯和 73.5% 联苯醚混合而成，具有良好的热稳定性。联苯载体加热的优点是在较低压力下可获得较高温度，如压力 0.0682MPa 时，温度可达 280℃。

导热油加热目前在润滑脂生产中应用最广泛，导热油的种类很多，选用时要求热稳定性好、密度高、导热系数高、比热容大、闪点较高和流动性良好。导热油加热的特点是：①在较低压力下可获得较高温度；②闭路循环，节能效果好，比蒸汽锅炉节能35%；③设备结构合理，运行安全可靠；④容易自动控制，运行费用低。

3.2.8　灌装机械和包装容器

包装是润滑脂生产中的最后一道工序，也是企业十分重视的环节。美观、轻便而坚固、适应市场需求的包装，能够传递信息、建立品牌信誉，方便用户使用。包装要有利于对润滑脂产品的保护，使润滑脂在储存和运输过程中不受污染，空气、水、杂质不能进入。现代润滑脂的包装费用已占产品费用的 10% 以上。润滑脂的包装材料和包装形式多样，润滑脂生产企业为适应用户的需要，不断地改进包装形式。从 1991 年开始，我国陆续制订了润滑脂包装容器的标准：GB/T 325—2018 包装容器钢桶、GB/T 13252—2008 包装容器钢提桶、GB/T 15170—2007 包装容器工业用薄钢板圆罐、GB/T 18191—2008 危险品包装用塑料桶和 GB/T 14187—2008 包装容器纸桶。

国内润滑脂的包装容器形式多样，有钢桶、塑料桶、塑料袋等，较少使用罐车。

1. 灌装机械

润滑脂的灌装机械有：润滑脂计量分装机、DFB - Ⅲ 型定量分装机、CT1000型油脂定量充填机、GK 型润滑油脂自动灌装机、DP - 4 润滑脂分装机、GZD 型定量灌装机、GZD - Ⅱ 型润滑脂分装机。

2. 包装容器

润滑脂的包装形式和容器有：散装罐车、钢桶（200L、100L、80L、50L、25L、20L、18L、16L、8L、5L、4L、3.7L、3L、2L、1.5L、1.2L）、塑料桶（25kg、20kg、10kg、5kg、4.5kg、1kg）、纸铁复合罐（2.5～0.5kg）、塑料袋。

3.3　润滑脂生产过程及管理

润滑脂的生产方式按制皂的方式分为：预制皂法和直接皂化法，按生产装置分为：间歇法和连续法。管式炉是我国自行研制的生产设备，具有半连续性质，但对于小批量、多品种的生产不如间歇法灵活，所以，我国的润滑脂生产以间歇法为主。

不同种类的润滑脂采用不同的生产工艺，同种润滑脂在不同的厂家也可采用不同的方法生产。

3.3.1　润滑脂制备的基本方法

润滑脂的结构是一种胶体分散体系，所以润滑脂制备的基本方法与其他胶体体系的制备方法相似，即把稠化剂分散到基础油中形成稳定的二相分散体系。制备润滑脂常用的方法是凝聚法和分散法，还有一种气凝胶法实际上是凝聚法与分散法的结合，气凝胶法只用于极少数特殊润滑脂的制造。

1. 凝聚法

凝聚法是制备润滑脂最普通的方法，广泛用于皂基润滑脂的制备。凝聚法是先将稠化剂在适当高的温度下分散在基础油中，然后冷却，稠化剂在油中凝聚成胶体或微晶体，形成结构骨架，从而制成润滑脂。在常温时，金属皂和固体烃在油中的溶解度较小，加热时它们在油中的溶解度增大，能以分子状态在油中分散形成溶液或溶胶。当体系冷却时，稠化剂分子在油中晶化并形成网状结构骨架，使基础油被维系在结构骨架中从而形成润滑脂。

2. 分散法

分散法是借助于化学力或机械力使稠化剂充分分散到基础油中，从而形成结构体系。稠化剂的粒子必须达到适当的分散程度才能在基础油中形成稳定的胶体体系。通常，表面具有亲油性的和足够分散程度的固体粒子都有可能在油中形成结构体系。如果固体粒子不具有亲油性，它的稠化能力就低，且分散后的体系不稳定，分油较大。

分散法主要用于无机润滑脂和部分有机润滑脂的制备。在制备无机润滑脂时，固体粒子表面如不具有亲油性，则须先进行"亲油化"处理，然后再进行分散。亲油化处理的机理主要是将一种带烃链的极性化合物（如醇、胺等）覆盖于粒子的表面，从而使粒子表面具有亲油性。

分散法制脂的过程是将具有亲油性的稠化剂和少量助分散剂混合，并与所需要量的基础油同时通过胶体磨或均化器，在室温或略高于室温的条件下进行分散。所谓助分散剂是能帮助粒子更易在油中分散和形成溶剂化层的物质，常用的有丙酮、低分子醇等。控制基础油的量及体系在胶体磨中的循环次数，可以获得不同稠度的产品。添加剂可以在分散过程中加入，最后除去助分散剂并经脱气后即得成品润滑脂。

3. 气凝胶法

气凝胶法是先用凝聚法将稠化剂分散在一适当的液体中，并晶化形成所需大小的粒子和结构骨架，然后在加压下用溶剂置换其中的液体，除去溶剂后留下皂纤维的骨架——气凝胶，最后将气凝胶和基础油通过胶体磨便可获得所需的润滑脂。当稠化剂和基础油用凝聚法和分散法均不易得到较稳定的分散体系时，可用气凝胶法，气凝胶法只用于极少数特殊润滑脂的制备。

3.3.2 润滑脂生产过程

皂基润滑脂制造过程的主要工序包括：原料的预处理、制皂、皂在油中的分散及膨化、冷却、研磨均化、脱气及包装。

1. 原料准备

润滑油在使用前，要在贮罐内加温沉淀除掉水分和杂质，经过滤后使用。

脂肪原料先在容器罐内加温到 70～80℃，经静置沉淀后过滤，除去水分杂质。对发酸腐败的脂肪原料则必须进行精制。

各种碱类因性质不同，使用时也不一样：氢氧化锂配成 6%～12% 水溶液；氢氧化钠配成 20%～30% 溶液；氢氧化钙配成 15%～30% 乳液。

上述各原料均需通过规格分析，符合规格要求才能使用。投产前应对设备、管线及阀门等进行系统检查。

2. 制皂

制皂的方法有直接皂化法和复分解法。

（1）直接皂化法

脂肪或脂肪酸直接与碱作用生成所需的金属皂。

$$C_3H_5(COOR)_3 + 3MeOH \longrightarrow 3RCOOMe + C_3H_5(OH)_3$$
$$RCOOH + MeOH \longrightarrow RCOOMe + H_2O$$

（2）复分解法

复分解法是先制成钠皂，然后用其他金属盐溶液与钠皂进行复分解反应。对有些以金属氢氧化物为沉淀的需用此法，如铝皂、钡皂、锌皂的制备。

$$C_{17}H_{35}COOH + NaOH \longrightarrow C_{17}H_{35}COONa + H_2O$$
$$3C_{17}H_{35}COONa + AlCl_3 \longrightarrow (C_{17}H_{35}COO)_3Al + 3NaCl$$

制皂是生产皂基润滑脂的关键工序之一，很多因素影响皂化反应速度和皂化的完全程度：

① 皂化反应物的浓度　脂肪原料和碱类的浓度越大，皂化反应速度越快；搅拌越剧烈反应速度也越快。

② 皂化温度和压力　温度和压力越高，皂化反应速度越快。对于不同的皂化釜其反应速度为：管式反应器>加压釜>开口釜。

③ 不同脂肪(酸)和碱类的反应速度　脂肪酸比脂肪的反应速度快；脂肪酸碳链愈长、饱和程度愈高，反应速度愈慢；碱类的碱性愈强，反应速度愈快。

④ 加快皂化反应速度的经验　添加极少量酸可促进反应速度；制钙基润滑脂时添加极少量氢氧化钠可促进反应速度；使碱稍过量可加快反应速度。

⑤ 对皂化反应完全程度的检验　取釜内黏稠物化验游离酸和游离碱含量看是否符合规定。

3. 皂在油中分散及膨化

采用预制皂法时，将所需皂和全部基础油投入釜中进行搅拌，使皂在油中分散。

采用直接皂化法时，将皂油混合物升温脱水后，加入余油，在一定温度下搅拌一定时间，使皂在油中分散并膨化。

4. 冷却

当加热到最高炼制温度，皂充分分散后，进行降温冷却，使皂在油中晶化形成结构骨架。

冷却晶化是成脂的关键步骤，冷却条件不同，制成脂的结构、性质和外观不同。不同组成的润滑脂对冷却方式的要求不同，须经试验找出最佳冷却条件。

5. 研磨均化

润滑脂冷却形成结构后，还须研磨或均化，使稠化剂分散均匀，使产品达到希望的稠度和分油合格。常用的研磨(均化)设备有：三辊磨、循环剪切器、均化器等。

6. 脱气及包装

润滑脂中如有气泡，一方面是促进氧化，另一方面是润滑脂外观不好，所以，在包装出厂前需要进行脱气。

润滑脂的包装形式有大包装和小包装。包装时须将润滑脂填实刮平，不留凹坑。

3.3.3 皂化中用碱量的计算

1. 用 NaOH 皂化

$$NaOH \text{ 的用量} = \frac{S \times \frac{40}{56} \times W}{1000} \div P\%$$

式中　S——皂化值；

　　　W——油脂用量；

　　　$P\%$——纯度。

2. 用 LiOH · H$_2$O 皂化

$$LiOH \cdot H_2O \text{ 的用量} = \frac{S \times \frac{42}{56} \times W}{1000} \div P\%$$

3. 用 Ca(OH)$_2$ 皂化

$$Ca(OH)_2 \text{ 的用量} = \frac{S \times \frac{74}{2 \times 56} \times W}{1000} \div P\%$$

3.3.4 润滑脂生产的现场管理

润滑脂生产的现场管理是润滑脂生产过程中确保产品质量的重要环节，润滑脂产品的质量不仅取决于组成配方、制脂工艺和设备，而且与生产现场管理有很大的关系。

1. 生产工艺的现场管理

生产工艺的现场管理主要包括：①生产作业指导计划；②原料配方指导书；③生产工艺规程和工艺条件要点；④生产操作原始记录；⑤生产工艺操作曲线图；⑥生产工序控制图；⑦生产中间质量检测项目；⑧产品质量标准和成品预分析；⑨生产设备保养维修要求；⑩成品入库报验单；⑪批次留样；⑫生产现场管理资料整理、编号入档。

生产工艺现场管理的目的主要是保证产品质量稳定，但润滑脂成品入库后还要进行质量检验。对符合规定的产品可签发产品质量合格证，对产品质量不合格的不准签发出厂。

2. 成品的储存与装运

润滑脂成品应入库保管，避免风吹、日晒、雨淋。如果在室外露天储存，应遮盖好，防止混入杂质。润滑脂不应储存在温度变化大的地方。润滑脂的储存和装运应按照 SH 0164 石油产品包装、储运及交货验收规则进行。

润滑脂可通过铁路或汽车装运，包装桶应直立，不能倒立。搬运中应避免过重的碰撞，运输过程中包装密封要严。润滑脂管理中要防止火灾。

3.4　润滑脂生产工艺

润滑脂的生产工艺分为：间歇式和连续式；皂基润滑脂的生产可分为直接皂化法和预制皂法。我国皂基润滑脂的生产大多采用直接皂化法的间歇式生产工艺。不同的润滑脂要采用不同的工艺进行生产。

（1）皂基润滑脂的间歇式（釜式）生产工艺

工艺过程包括：原材料的预处理、皂化、脱水、分散及膨化、高温炼制、冷却、均化、脱气、包装。

（2）管式炉连续式生产工艺

工艺过程包括：原材料混合配料、管式炉中进行皂化反应、闪蒸调和成脂、冷却、研磨均化、过滤、包装、轻质油回收。

（3）皂基润滑脂的间歇式（接触器）生产工艺

用接触器生产皂基润滑脂的生产工艺过程与加压皂化釜法基本一致，只是接触器的效率更高、费时更短、所制的质量更稳定。

（4）预制皂法生产工艺

工艺过程包括：生产预制皂、皂在油中分散及膨化、高温炼制、冷却、研磨或均化、脱气、包装。

预制皂的生产工艺有两种：釜式间歇法和喷雾干燥连续法。

一些常见润滑脂的生产工艺如下：

3.4.1 皂基润滑脂的生产

1. 钙基润滑脂的生产

（1）钙基润滑脂生产工艺概述

钙基润滑脂的生产已基本定型，工艺条件比较成熟，生产经验比较丰富，生产工艺包括开口釜和管式反应器生产（见图3-22和图3-23）。

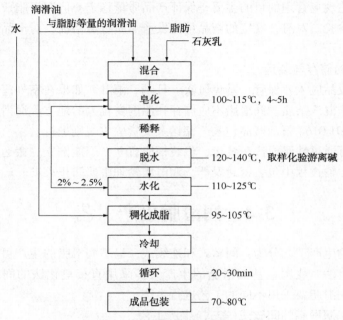

图 3-22　钙基润滑脂开口釜生产工艺

开口釜生产工艺是：将全部脂肪和等量润滑油加入釜内，搅拌混合同时通入蒸汽。将石灰乳经计量后一次加入釜内，升温至100℃左右进行皂化。在皂经反应激烈进行过程中，釜内物泡沫上涨。用水流控制液面在釜高度的3/4以下，不断加入适量润滑油，皂化4~5h，润滑油加入量为总量的1/3以上。此时，釜内物呈稠厚状，取少量钙皂观察，如冷后较硬不粘手，即为皂化基本结束。皂化完毕，停止水流，继续升温至120~140℃，当釜内熔融物变成黏稠拉丝状时，即水分已全部脱出。取样分析游离碱含量，并控制在0.1%~0.2%，如小于或大于此范围，可根据计算用脂肪或碱加以调整，然后转入下道工序。将皂化脱水完毕的釜内物，用齿轮泵打入混合釜，通入冷水降温，并准备进行水化。开始水化温度为110~125℃，加水量2%，加水要缓慢，加水时间20~30min。水化过程中要停地搅拌，釜内温度降至105℃时加入余油。稠化完成后进行冷却，然后过滤装桶。

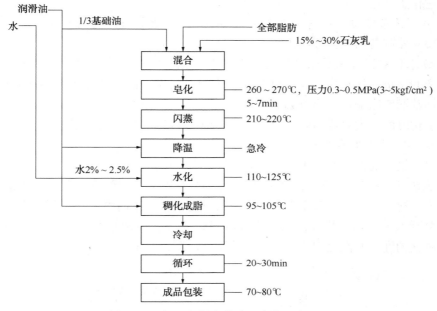

图 3-23　钙基润滑脂管式反应器生产工艺

管式炉生产钙基润滑脂的工艺：将脂肪、石灰乳、1/3 基础油加入混合罐内搅拌，升温至 55～60℃，用比例泵送入管式炉，物料经皂化由反应器出口进入闪蒸罐，闪蒸后罐内温度为 210～220℃，用齿轮泵打入调和釜，降温，水化，过滤，装桶。

（2）钙基润滑脂生产配方举例

【例1】　牛油　　　　9.3%

　　　　　棉籽油　　　6.3%

　　　　　松香　　　　0.2%

　　　　　石灰　　　　1.6%

　　　　　基础油　　　82.6%

【例2】　牛油　　　　8.0%

　　　　　猪油　　　　8.0%

　　　　　石灰　　　　计算量

　　　　　基础油　　　84.0%

（3）钙基润滑脂生产的工艺条件讨论

① 皂化反应的条件。对皂化反应总的要求是皂化要完全、皂化时间尽量短、脂肪用量尽可能少。因此，在皂化过程中需加入适量的基础油，加入的基础油过多或过少都会影响皂化速度。皂化过程中要保持一定的水分。

② 工艺条件对皂化速度的影响。脂肪转化率在开口釜中只有 95% 左右，在

加压皂化釜中可达98.5%，在管式反应器中可达99%。

③工艺条件对钙基润滑脂性能的影响。开口釜制备的钙基润滑脂的滴点比管式反应器制备的低，分油比管式反应器制备的大。

④水化对钙基润滑脂结构的影响。在水化工序中，水的加量直接影响钙基润滑脂的质量。加水量过少，皂在油中不能形成稳定的胶体体系；加水量过多，所得钙基润滑脂偏软，滴点偏低。

水化时的温度对成品脂也有影响，一般为110~120℃能形成满意的结构。

2. 钠基润滑脂的生产

（1）钠基润滑脂生产工艺概述

钠基润滑脂生产工艺如图3-24。将1/3基础油、脂肪及氢氧化钠水溶液投入釜内，搅拌、加热，升温至100~105℃进行皂化，釜内物逐渐变稠，皂化完全后升温至105~140℃脱水，取样化验游离碱含量，并调整合格。脱水完毕加余油，调整稠度，升温至190~220℃，冷却，研磨，装桶。

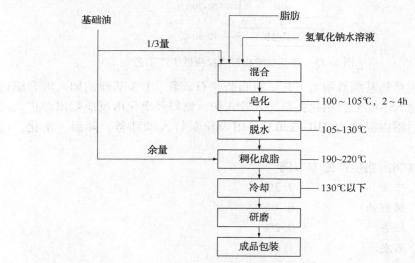

图3-24 钠基润滑脂生产工艺

（2）钠基润滑脂生产配方举例

【例1】　牛油　　　　　　　8.7%

　　　　　猪油　　　　　　　7.8%

　　　　　棉籽油　　　　　　1.9%

　　　　　硬脂酸　　　　　　1.0%

　　　　　氢氧化钠　　　　　2.9%

　　　　　基础油　　　　　　77.7%

【例2】　硬脂酸　　　　　　12.1%

牛油	7.7%
氢氧化钠	3.3%
24 号汽缸油	76.9%

（3）钠基润滑脂生产的工艺条件讨论

① 冷却方式的影响。钠基润滑脂的纤维长短与其在制造过程中升至最高温度后的冷却降温方式有重大关系。若钠基润滑脂慢速冷却时，则成品脂形成的纤维较长，且滴点增高和稠度增大；当搅拌下慢速冷却时，这种变化更加明显，会形成粗大的纤维；若快速冷却时，成品脂的纤维较短，滴点偏低，稠度减小。

② 基础油的影响。基础油性能对钠基润滑脂的纤维状况有很大的影响，如基础油的黏度低，形成的钠皂纤维就短而弱；若使用高黏度基础油，则可获得较长和较强的纤维。

③ 最高温度和后加工方法的影响。一般最高温度偏低时，脂的纤维短，脂偏软；最高温度偏高时，甘油含量降低，产品稠度增大，纤维较长，脂偏硬。

3. 锂基润滑脂的生产

（1）锂基润滑脂生产工艺概述

锂基润滑脂生产工艺如图 3-25。将硬脂酸、氢氧化锂溶液和 1/3 基础油投入炼制釜内，开动搅拌，升温至 105~110℃，进行皂化反应。皂化时间为 2~3h，皂化物料呈沸腾状态。皂化完全后，升温至 130~140℃，脱去釜内皂基中的水分，加入剩余基础油的 1/2，升温至 190~200℃。可抽样化验游离碱含量。加入剩余基础油，使温度降至 150~160℃，充分搅拌，用齿轮泵打入胶体磨研磨，出口温度控制在 115~120℃，即得成品。

（2）锂基润滑脂生产配方举例

【例1】	硬脂酸	11.2%
	氢氧化锂	1.1%
	二苯胺	0.3%
	基础油	87.4%
【例2】	硬脂酸	2.2%
	12-羟基硬脂酸	8.8%
	氢氧化锂	0.9%
	苯基-α-萘胺	0.6%
	基础油	87.5%
【例3】	12-羟基硬脂酸	11.5%
	氢氧化锂	计算量
	苯基-α-萘胺	0.5%
	基础油	88%

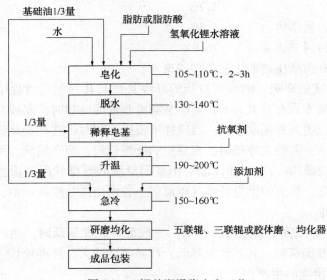

图 3-25 锂基润滑脂生产工艺

（3）锂基润滑脂的工艺条件讨论

① 关于皂化反应。在锂基润滑脂的生产过程中，影响皂化反应的速度的因素很多，如温度、反应物的浓度、反应物间的接触情况、碱的浓度、脂肪或脂肪酸的组成等。

② 关于最高炼制温度。如果说皂化是制造润滑脂最基本的条件，那么稠化就是制备锂基润滑脂的重要条件。一般锂基润滑脂的稠化温度在 155~175℃，釜内混合物即由加热皂化至熔融，虽然经过了几个相转变，但一经熔融后便基本上形成了皂与油的溶胶状态。有些生产厂家在此即加急冷油，用齿轮泵通过剪切阀打循环逐渐冷却。大多数生产厂家是继续升温至 210~220℃，然后循环剪切冷却。

③ 关于冷却方式和冷却条件。除了皂化和稠化之外，冷却方式和冷却条件对成品脂的影响是非常明显的。冷却方式不同，成品脂的纤维结构也不同，锂基润滑脂就有长短纤维之分。润滑脂生产的最终目标是要得到稠化能力强、胶体安定性和机械安定性都好的润滑脂。在固定组成下锂基润滑脂的某些性质取决于皂纤维的长宽比。一般较长纤维的润滑脂具有好的剪切安定性能；较短纤维的脂则具有好的胶体安定性。因此，除非增加皂量，否则要使润滑脂同时具有上述两种性能是有一定矛盾的。实际上，同时含有粗细两种纤维的锂基润滑脂其剪切安定性大体上相当于二者的平均值，关于这个问题已有报道：先分别取两种锂基润滑脂，一种是皂结晶处于安定状态的短纤维（纤维长度 1~10μm，长宽比 17~26）；另一种是皂结晶处于安定状态的微纤维脂（纤维长度小于 1μm，长宽比 5~15）。然后将两者混合，所得产品的剪切安定性优于微纤维脂

90

产品的剪切安定性。上述两种润滑脂在相状态方面的差别用显微镜不易发现，但用热分析法可分辨。

为了制取短纤维锂基润滑脂，可将1/3的基础油与氢化蓖麻油混合，再用当量氢氧化锂皂化并脱水，使皂完全溶解。然后在相转变温度下保持1小时以上，再加入其余2/3量的基础油，同时，慢慢冷却至94~135℃时研磨。

当制取微纤维锂基润滑脂时，将1/3量的基础油与12-羟基硬脂酸混合，以当量氢氧化锂皂化并脱水，当温度升至150℃后再加入余量2/3基础油，升温至205℃，使皂全部溶化，最后快冷至38~65℃，研磨。将两种润滑脂混合后在65~95℃下慢慢搅拌约半小时，再经研磨即得产品。混合产品的性能如表3-34所示。

表3-34　不同纤维状态下锂基润滑脂的性质

项　目	微纤维脂	短纤维脂	混合脂
含皂量/%	7.0	7.0	7.0
研磨次数	2	2	2
纤维的长宽比	12.8	22.1	17.3
滚筒安定性(25℃)	—	—	—
滚前锥入度/0.1mm	265	282	263
滚后锥入度/0.1mm	361	337	297
变化/%	36.2	19.5	12.9
分油/%	—	—	—
钢网法(100℃，24℃)	2.53	3.90	3.41
分油量(压力法)/%	3.0	10.6	4.5
锥入度/0.1mm	—	—	—
未工作	296	301	295
工作60次	296	295	284
工作10000次	378	342	328

由此可见，锂基润滑脂的胶体安定性及机械安定性不仅受皂含量的影响，而且也受皂纤维的形状和大小影响。这种皂纤维形状和大小的生成条件，是受制脂工艺中冷却速度控制的。静置快速冷却，生成的皂纤维较小，比表面积大，因此脂的稠度大、分油少，但机械安定性差。反之，慢冷则生成的皂纤维较大，比表面积小，则脂的稠度小、分油大，而机械安定性较好。所以，要获得胶体安定性和机械安定性都满意的产品，除了调节皂含量外，还应严格控制冷却速度。

④ 关于研磨。研磨是润滑脂制造的最后一步，也是关键步骤。润滑脂，特

别是锂基润滑脂，不经研磨是不能直接使用的。研磨不仅可以改善润滑脂的外观，更主要的是可以将胶体安定性和机械安定性稳定在最适宜程度上，使其具有理想的使用性能。

3.4.2 复合皂基润滑脂的生产

1. 复合钙基润滑脂的生产工艺

（1）复合钙基润滑脂生产工艺概述

复合钙基润滑脂的生产工艺可分为皂化、复合、炼制成脂三个阶段（如图3-26所示）。

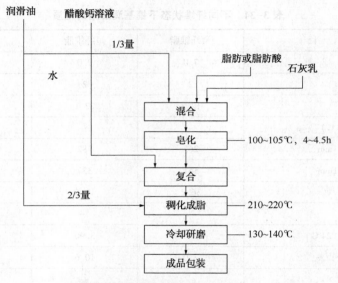

图3-26　复合钙基润滑脂生产工艺

① 皂化。将脂肪或脂肪酸及1/3量的基础油一起投入炼制釜内，加入石灰乳，在搅拌下升温至100~105℃皂化4~4.5h，至皂化完全。

② 复合。皂化完全后升温至110~120℃慢慢加入醋酸钙溶液，进行皂和低分子酸钙的复合，继续升温至170℃，保持约20~30min。

③ 炼制成脂。加入余量润滑油，升温至210~220℃，然后，冷却，研磨即得成品。

目前，复合钙基润滑脂釜式生产法的一种新的工艺流程是：首先制成由氢氧化钙与大部分基础油组成的石灰乳-油悬浮液。在没有外部加热条件下，把冰醋酸加入石灰乳-油的悬浮液中，由于放热反应，温度会上升到80℃左右。然后依次把高分子酸、中分子酸和另一份石灰乳-油悬浮液加入以上的混合物中，加热至150~160℃后再加入醋酸铅，升温至230~235℃。最后冷却至92℃以下，研磨。

高、中低酸的分子比采用如下比例较适宜：

醋酸∶硬脂酸=29∶1

醋酸∶辛酸=15.7∶1

辛酸∶硬脂酸=1.9∶1

釜式生产复合钙基润滑脂的新工艺主要有两个特点：一是直接加冰醋酸进行复合，代替了过去用预制醋酸钙的工艺；二是留少部分的石灰在生产过程的后期加入，使生产过程前期处于酸性状态，这样比较容易控制复合钙基润滑脂的生产工艺条件，容易复合成脂。

（2）复合钙基润滑脂生产工艺条件讨论

① 关于皂化原料。制造复合钙基润滑脂的原料大都是动植物油脂或脂肪酸，使用的低分子酸一般是醋酸钙。用脂肪酸为原料时，皂化反应时间应略长些，皂化完成后釜内物应呈中性至微碱性。皂化时用的消石灰内的碳酸钙含量不允许过高，否则脂肪皂化反应缓慢，延长生产周期。

采用直接加热釜生产复合钙基润滑脂时，要注意把釜内上一次残留的润滑脂清理干净，否则容易造成结粒，使成品脂过滤发生困难。

② 关于复合温度。在复合过程中，加醋酸钙时的温度为 110～130℃，要注意慢慢加入，时间约 1h。在复合反应时，升温要缓慢，防止溢釜，釜内物必须较软并呈微酸性。若温度偏低，钙皂与醋酸钙复合不好；如果温度过高，釜内物脱水快，醋酸钙极易沉入釜底并结晶出来。复合过程稠度较厚时，很易引起结焦，严重影响产品质量。因此，复合过程中要严格控制温度，不可过高或过低。

复合完毕后，继续加热至 160～170℃，恒温约 20min，然后再升温至最高炼制温度使釜内物变稠厚。此时，可向釜内加入适量石灰乳使之呈微碱性，即调整成品脂的游离碱含量达到规格指标的要求。

③ 关于研磨。炼制完毕后，冷却研磨对产品质量也有很大的影响。复合钙基润滑脂本身是比较稳定的，不易分离成为皂和盐类以及其他组分。但是，无论是快冷、慢冷或搅拌冷却，最后都需要用三辊磨研磨至稠度不变为止。如果采用齿轮泵循环剪切，必须剪切至温度为 100℃ 以下，否则，成品脂的机械安定性和胶体安定性较差。

④ 关于炼制温度。合成复合钙基润滑脂采用常压开口釜制造时，炼制温度较高，达 250℃ 以上，而采用管式反应器制造就可在 180～200℃ 稠化成脂。

⑤ 碱性复合改为酸性复合成脂的问题。合成复合钙基润滑脂炼制过程中，采用碱性还是酸性复合，对操作条件及产品性能的影响比较明显。碱性复合时，脂肪酸皂的稠化能力差，操作温度高，炼制温度在 250℃ 以下时，釜内物几乎是液体，当温度达 250～260℃ 时，釜内物很快变稠。所以碱性复合时炼制周期长，轻质油易挥发，产率低，操作不安全，且制成脂的机械安定性差、颜色深、表面

硬化严重。采用酸性复合时，炼制温度可降至$180\sim200℃$。碱性复合成脂与酸性复合成脂在工艺上不同。

⑥ 添加剂。加入添加剂能改善合成复合钙基润滑脂的表面硬化。实践证明，当采用添加剂(如酸性烷基磷酸酯、聚异丁烯、脂肪酸锌皂、锂皂等)以及采用部分高黏度润滑油作为基础油时，可降低复合钙皂纤维之间的结合和增强体系抗水能力，并减缓表面硬化。

⑦ 关于合成脂肪酸分子量。一般来讲，在醋酸钙的复合过程中，若合成脂肪酸平均分子量稍大些就易复合，脂的稠度也大；相反，合成脂肪酸平均分子量小，复合时就困难些，成品脂趋向偏软，有时甚至很稀。如果合成脂肪酸平均分子量小，要达到规格要求，则需提高皂含量。

(3) 复合钙基润滑脂的硬化问题

在长期生产使用过程中发现，复合钙基润滑脂在贮存一段时间后会变硬增稠，即表面硬化。

① 水分的影响。人们认为，复合钙基润滑脂的硬化与贮存过程中表面吸收空气中潮气有密切关系。随着贮存时间的延长，吸收量逐渐增多，硬化会更加明显，并向纵深方向发展。水分的存在，往往会影响到复合钙基润滑脂的稠度、表面硬化等指标。向复合钙基润滑脂中添加不同的水并经混匀后再作硬化试验，结果表明水分对复合钙基润滑脂的稠度和表面硬化有明显影响，如表3-35所示。

表3-35 不同量水分对复合钙基润滑脂的影响

含水量/%		0	0.10	0.20	0.30	0.50	1.0	2.0
锥入度/0.1mm		236	216	209	240	248	320	335
分油量(压力法)/%		4.4	3.4	3.5	4.1	5.6	17.5	—
硬化试验	0h	61	48	49	63	48	80	85
	24h	34	34	30	45	33	67	72
	差值	27	14	19	18	15	13	13

试验表明，当复合钙基润滑脂内不存在水分时，其硬化速度和程度都是最大的。随着少量水的存在，工作锥入度变小，硬化速度也迅速下降。当水的添加量进一步增大时，润滑脂的稠度会明显下降，硬化现象也趋向减轻。

② 低分子有机酸盐和正皂摩尔比的影响。在制造复合钙基润滑脂时，合理选用脂肪原料以及选择好低分子酸盐与正皂的摩尔比甚为重要。在复合钙基润滑脂的组成中使用不饱和的脂肪酸，能减轻表面硬化现象。采用磷酸氢钙来代替部分醋酸钙；用12-羟基硬脂酸和二元酸代替部分硬脂酸；用部分奇碳酸代替部分偶碳酸并加入少量辛酸，这些对解决硬化问题都有一定作用。此外，润滑脂的原料中高、中、低分子酸的比例对于硬化问题也有极其重要的影响。据报道，选用

低分子酸:(硬脂酸+中分子酸)的比例在(0.9:1)~(4:1)较合适。当低分子酸不足时,则稠化剂很难在基础油中分散。如加入大量醋酸钙,则宜采用低温制脂工艺的方法制造。如果中分子酸量不足会引起产品在贮存过程中硬化;过量时,则会引起产品在贮存过程中大量分油。高分子酸的量太少,则润滑脂在贮存过程中要分油;超过了量又会引起贮存过程中锥入度的变化和滴点降低。

③ 添加剂对硬化的影响。为了改善复合钙基润滑脂的硬化,曾试验加入多种添加剂。试验证明,硬脂酸酯、酸性烷基磷酸酯、环烷酸铅、锌皂等都能使润滑脂的硬化有一定改善。

复合钙基润滑脂在贮存过程中的硬化有三种表现:除表面硬化外,还有整体硬化及剪切硬化。复合钙基润滑脂的硬化问题及解决措施仍待进一步研究。

2. 复合铝基润滑脂的生产工艺

(1) 复合铝基润滑脂生产过程概述

复合铝基润滑脂的生产工艺流程如图3-27所示。

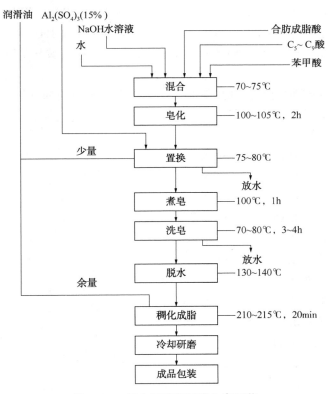

图 3-27　复合铝基润滑脂生产工艺

① 皂化。将苯甲酸、中分子酸、脂肪酸一起加入釜内。加水,升温至80℃,搅拌,加入 NaOH 溶液,在 100~105℃皂化 2h。

② 置换。皂化完毕后，向釜内加入基础油，搅拌均匀，使钠皂溶液的温度降至75~80℃，加入热的硫酸铝溶液，在不断搅拌下进行复分解反应。复分解反应完成后，再加入适当过量的硫酸铝溶液，至釜内物下层呈现清水，pH值为3~4。在100℃煮1h，然后用70~80℃水洗涤铝皂至无硫酸根存在。用离心机或过滤法去掉水分。

③ 稠化成脂。将约铝皂2倍的基础油加入铝皂中，加热搅拌，升温脱水，当釜内温度升至140~150℃时，加入余油。升温至最高炼制温度210~215℃，保持20min。

④ 冷却、研磨

（2）复合铝基润滑脂生产过程中几个问题的讨论

① 原料要求。制备脂肪酸铝皂用复分解法，对所用氢氧化钠和硫酸铝的要求是：氢氧化铝纯度在95%以上，硫酸铝纯度在89%以上。

合成复合铝基润滑脂采用三种脂肪酸制造，即苯甲酸、$C_5 \sim C_9$ 酸、$C_{10} \sim C_{20}$ 酸。对各脂肪酸原料的要求如下：苯甲酸酸值460mgKOH/g，相对分子质量122；$C_5 \sim C_9$ 酸的皂化值380~400mgKOH/g，平均相对分子质量150；$C_{10} \sim C_{20}$ 酸的皂化值230~240mgKOH/g，平均相对分子质量245~250。中碳酸与苯甲酸的摩尔比为1：1为宜。

复合铝基润滑脂的制造对基础油无特殊要求，用不同的基础油都可以制成，主要根据其用途决定，一般多选择高黏度基础油。

② 组成举例：

【例1】
$C_5 \sim C_9$ 酸	6.0%
$C_{10} \sim C_{20}$ 酸	3.8%
苯甲酸	2.2%
氢氧化钠	计算量
硫酸铝	计算量
基础油	88%

【例2】
中碳酸	3.1%
低碳酸	5.0%
苯甲酸	1.9%
氢氧化钠	4.0%
硫酸铝	18.0%
基础油	68%

③ 冷却条件的影响。合成复合铝基润滑脂对冷却条件较为敏感，一般讲，采用快冷时，脂的稠度大、滴点高，但机械安定性差；采用慢冷时，脂在冷却过程中稠度降低，所需皂含量增大，脂的性能也不够理想。

④ 高温的影响。合成复合铝基润滑脂在高温下使用时，易产生凝胶状态，出现这种现象的原因以及如何在生产工艺中采取措施加以解决，有待进一步研究。

⑤ 采用活性铝直接制脂。采用一次制脂法，即用活性铝直接与脂肪酸反应制造复合铝基润滑脂，是一种简化工序、缩短生产周期、降低生产成本的方法。这种脂的组成举例如下：

【例3】 苯甲酸   2.0%
        硬脂酸   4.6%
        三异丙醇铝   3.3%
        水   0.3%
        基础油   89.8%

一次制脂法的工艺过程是：先将硬脂酸和苯甲酸溶于部分基础油中，搅拌，升温至80℃左右，加入三异丙醇铝，加速搅拌，在93~105℃反应半小时，加入少量水，升温至154~166℃保温约1h，冷却、研磨。

3. 复合锂基润滑脂的生产工艺

(1) 复合锂基润滑脂生产工艺概述

复合锂基润滑脂是由脂肪酸锂皂与复合组分复合而成，工艺过程见图3-28。

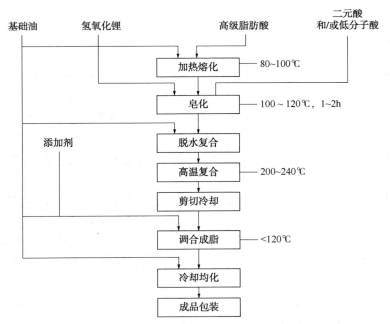

图3-28 复合锂基润滑脂生产工艺

将脂肪酸和1/3基础油投入釜内，搅拌，升温至约100℃，加入氢氧化锂水溶液皂化约1h后，加入二元酸和/或其他低分子酸，进一步反应，取样化验酸碱性，控制产物呈微碱性。升温脱水，复合。加入部分基础油使釜内物经循环冷却至120℃，加入添加剂，调和合成脂，冷却均化，包装。

（2）复合组分的选用

复合锂基润滑脂中复合组分的选用要比复合铝基润滑脂和复合钙基润滑脂复杂。早期曾用过乙酸、丁酸等组分，结果像复合钙基润滑脂一样出现储存硬化等问题。自从采用二元酸作为复合组分后，复合锂基润滑脂的生产取得了迅速发展，而且至今仍是复合锂基润滑脂典型的复合组分。从表3-36可见，在相同制造工艺条件下，选用不同的二元酸等作为组分对制得的复合锂基润滑脂的性质有很大的影响：

表3-36　复合剂组分对复合锂基润滑脂性质的影响

复合剂	滴点/℃	锥入度/0.1mm	相似黏度($0℃$，$10s^{-1}$)/Pa·s	分油/%
己二酸	≮230	280	120	18.0
丁二酸	≮230	230	274	15.3
戊二酸	≮230	215	294	14.0
壬二酸	≮230	170	580	9.0
癸二酸	≮230	210	375	10.2
对苯二甲酸	≮230	230	290	11.0
硼酸	≮230	190	680	9.2
硼酸和对苯二甲酸	≮230	290	170	10.8

① 如用戊二酸以下的低分子二元酸作复合组分，虽然滴点可达230℃以上，但胶体安定性很差，相似黏度和剪切强度都很低，稠化能力小，不适合作复合组分。

② 用己二酸作复合组分，可以得到最佳的稠化效果，癸二酸、壬二酸也是好的复合组分。

③ 用对苯二甲酸可制得胶体安定性和稠化能力上佳的复合锂基润滑脂。如果单用硼酸作复合组分，在调整好制造工艺条件下也可制成性能良好的复合锂皂。此时硼酸与氢氧化锂反应后，所得四硼酸锂以完整的八角体与脂肪酸锂形成复合锂皂，因为四硼酸锂的存在，可以改善润滑脂的抗磨性和热安定性。

④ 目前复合锂基润滑脂主要是用12-羟基硬脂酸-二元酸或硼酸形成的，后期开发的以12-羟基硬脂酸-水杨酸-硼酸、12-羟基硬脂酸-二元酸-硼酸或12-羟基硬脂酸-二元酸-水杨酸等形成的复合锂基润滑脂称为三组分复合锂基润滑脂或"新一代"复合锂基润滑脂。

⑤ 关于12-羟基硬脂酸和复合组分以什么比例存在对产品性能有利？有人以12-羟基硬脂酸与癸二酸在不同摩尔比下用相同的制造工艺对制得的成品脂性质

的影响，表明摩尔比为 1：0.5 时滴点最高，胶体安定性最好。

（3）组成举例

【例1】 12-羟基硬脂酸　　　　8%
　　　　己二酸　　　　　　　　2%
　　　　LiOH·H_2O　　　　计算量
　　　　基础油　　　　　　　　87%
　　　　添加剂　　　　　　　　3%

【例2】 12-羟基硬脂酸　　　　9.5%
　　　　对苯二甲酸　　　　　　2.5%
　　　　LiOH·H_2O　　　　计算量
　　　　基础油　　　　　　　　85%
　　　　添加剂　　　　　　　　3%

【例3】 12-羟基硬脂酸　　　　8%
　　　　硼酸　　　　　　　　　3.2%
　　　　LiOH·H_2O　　　　计算量
　　　　基础油　　　　　　　　86.5%
　　　　添加剂　　　　　　　　2.3%

【例4】 12-羟基硬脂酸　　　　11.5%
　　　　甲基水杨酸酯　　　　　2.5%
　　　　LiOH·H_2O　　　　计算量
　　　　基础油　　　　　　　　84%
　　　　添加剂　　　　　　　　2%

3.4.3　有机润滑脂的生产

有机润滑脂主要有聚脲、酰胺、阴丹士林等，在此以聚脲润滑脂的生产为例。

1. 聚脲润滑脂概述

聚脲润滑脂是由分子中含有脲基的有机化合物稠化矿物油或合成油所制成的润滑脂，由于聚脲稠化剂不含金属离子、热稳定性好、稠化能力强等特点，从而使其具有一系列优异性质：如良好的泵送性、抗氧性、机械安定性、胶体安定性和抗水性，特别适合于高温、高负荷和与不良介质接触的润滑场合，广泛应用于电气、冶金、食品、造纸、汽车、飞机等工业。

美国 Chevron 公司在聚脲润滑脂的研制和生产中占据领先地位，1954 年E. A. Swaken 等人在考察硅油的热稳定性和氧化安定性稠化剂时，发现聚脲稠化剂具有优良的性能，进一步分析研究合成了大批聚脲润滑脂。近年来，聚脲润滑脂的研制和生产受到了世界各国的重视，据美国润滑脂协会（NLGI）统计，2006

年世界聚脲润滑脂产量在 3 万吨以上。

2. 聚脲稠化剂的合成

聚脲稠化剂是一类含脲基的有机化合物，其分子式为：

$$-(R^1-NH-\overset{\overset{\displaystyle O}{\|}}{C}-NH-R^2)_n$$

$n=1$ 时，称为单脲；$n=2$ 时，称为双脲；$n=4$ 时，称为四脲。

制备聚脲化合物用得最广泛的方法是异氰酸酯和胺反应：

$$R^1NH_2+R^2NCO \longrightarrow R^1NH-\overset{\overset{\displaystyle O}{\|}}{C}-NHR^2$$

下面按含脲基数目分类讨论聚脲稠化剂的合成。

（1）双脲稠化剂

$$R^1NH_2+OCNR^2NCO+R^1NH_2 \longrightarrow R^1NH\overset{\overset{\displaystyle O}{\|}}{C}NHR^2NH\overset{\overset{\displaystyle O}{\|}}{C}NHR^1$$

（2）三脲稠化剂

三脲稠化剂较少见。其合成原理如下：

$$R^1NCO+H_2NR^2NH_2 \xrightarrow{\text{溶液}} R^1NH-\overset{\overset{\displaystyle O}{\|}}{C}-NHR_2NH_2$$

$$R^1NH-\overset{\overset{\displaystyle O}{\|}}{C}-NHR^2NH_2 + OCNR^3NCO + R^4NH_2 \longrightarrow$$

$$R^1NH-\overset{\overset{\displaystyle O}{\|}}{C}-NHR^2NH-\overset{\overset{\displaystyle O}{\|}}{C}-NHR^3NH-\overset{\overset{\displaystyle O}{\|}}{C}-NHR^4$$

（3）四脲稠化剂

四脲稠化剂是聚脲脂最常用稠化剂，有多种制备方法，主要反应如下：

$$2R^1NH_2+H_2NR^2NH_2+2OCNR^3NCO \longrightarrow$$

$$R^1NH-\overset{\overset{\displaystyle O}{\|}}{C}-NHR^3NH-\overset{\overset{\displaystyle O}{\|}}{C}-NHR^2NH-\overset{\overset{\displaystyle O}{\|}}{C}-NHR^3NH-\overset{\overset{\displaystyle O}{\|}}{C}-NHR^1$$

（4）复合聚脲稠化剂

复合聚脲稠化剂于 1974 年首次被研制，开始是用醋酸钙和聚脲一起作稠化剂，不仅提高了稠化能力、节省了聚脲用量，而且提高了润滑脂的抗磨极压性能，改善了抗触变能力。随后出现了聚脲-醋酸钙-碳酸钙稠化剂，以后又出现了聚脲-磺酸盐或羧酸盐复合聚脲稠化剂。

把金属盐（如钙盐、钠盐、锂盐）引进聚脲中制成的复合聚脲润滑脂，具有更好的抗磨极压性和更长的高温轴承寿命，具有良好的发展前景。

把醋酸钙引进聚脲润滑脂中制成的复合聚脲润滑脂，提高了润滑脂的抗磨极压性，而聚脲的用量降低有利于降低成本。

把醋酸钙和碳酸钙引进聚脲润滑脂中制成的复合聚脲润滑脂，改善了聚脲润滑脂在低剪切下易软化的缺点，并提高了抗磨极压性。

近来还有把有机硅引进聚脲润滑脂中制备复合聚脲润滑脂的，有机硅复合聚脲润滑脂具有更好的高温性能，在150℃烘烤3h无分油滴油现象，在高温下润滑脂的稠度变化小。

（5）合成聚脲稠化剂的原料

合成聚脲稠化剂的主要原料是单胺、双胺、单异氰酸酯、二异氰酸酯和多异氰酸酯，合成复合聚脲稠化剂还需要内酰胺、酸酐、内酯或砜等能提供羧基源或磺酸基源的原料。

单胺：妥尔油胺、脂肪胺、油胺、长链脂肪胺混合物、十八胺、十六胺、十四胺、十二胺、十六碳烯胺、环己胺、苯胺、对甲苯胺、十二烷基苯胺等。

二胺：1,6-己二胺、乙二胺、丙二胺、苯二胺等。

单异氰酸酯：苯基异氰酸酯、十八烷基异氰酸酯、环己烷异氰酸酯等。

二异氰酸酯：甲苯二异氰酸酯（TDI）、二苯甲烷-4,4′-二异氰酸酯（MDI）、己撑二异氰酸酯（HDI）、3,3′-二甲基联苯-4,4′-二异氰酸酯（TODI）等。

羧基源或磺酸基源化合物：己内酰胺、对一氨基苯甲酸乙二酯、马来酸酐、环丙砜等。

醇类：乙二醇、丙二醇、十八醇、油醇等。

多胺：二乙烯三胺、三乙烯四胺、二丙烯三胺等。

3. 聚脲润滑脂的生产工艺

聚脲润滑脂的生产工艺与皂基润滑脂的生产工艺有所不同，可分为预制法、溶剂法和直接法。

（1）预制法

在适当溶剂存在下，胺与异氰酸酯反应制得脲，经过滤、干燥得到固体稠化剂，高温下将稠化剂、添加剂加入基础油中，经研磨、膨化成脂。

试验结果表明，预制法生产聚脲润滑脂其稠化能力较低，其工艺也比较复杂。

（2）溶剂法

早期聚脲脂主要采用溶剂法制备，这种方法采用某些溶剂作为分散剂，这些溶剂具有对油和反应剂的反应惰性，且沸点温度不高，可以保证能够在润滑脂中最后除去，并且可以完全地溶解所生成的聚脲稠化剂。如苯、氯仿、二恶烷、乙酸乙酯、丙酮等。

用溶剂溶解的有机胺慢慢加入异氰酸酯油溶液中，或用溶剂溶解的异氰酸酯慢慢加入有机胺油溶液中，充分反应后冷却，加添加剂，研磨均化成脂。

（3）直接法

目前国内外聚脲润滑脂的生产大多采用直接法，有机胺的部分基础油溶液，在适当温度下，慢慢混合，反应完后升至一定温度，冷却，加添加剂，研磨均化成脂，加入补充油调节稠度并冷却润滑脂。

反应温度控制在 20~150℃，尤其在 40~70℃ 最佳，如果必要可将温度进一步升至 150~200℃。

某些化合物可作为聚脲反应的引发剂，例如：1,4-二氮双环辛烷、1,8-二氮双环[5,4,0]十一碳-7-烯，它们可将反应时间缩短为几分钟。

聚脲润滑脂的制备工艺流程示意见图 3-29。

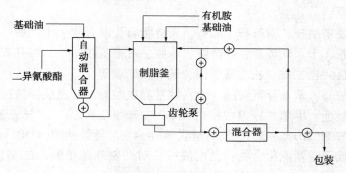

图 3-29　聚脲润滑脂制备工艺流程示意图

3.4.4　无机润滑脂的生产

无机润滑脂主要有膨润土润滑脂、硅胶润滑脂等，在此我们主要以膨润土润滑脂的制备为例。

1. 膨润土润滑脂生产工艺流程概述

膨润土润滑脂是用有机膨润土作稠化剂与基础油混合形成的胶体体系。其生产工艺流程主要包括原土处理、悬浮、变型、覆盖、喷雾、干燥、制脂等工序（见图 3-30）。

（1）悬浮

将原土烘干处理后分散在水中，使之成为膨润土含量 2%~6% 的悬浮液，经充分搅拌后，适当沉淀，除去砂砾等杂质。

（2）变型

常用的变型方法有两种，即阳离子交换树脂法和碳酸钠法。阳离子交换树脂法是在悬浮液中加入多倍于计算量的阳离子交换树脂，并在搅拌下进行反应，然后滤出树脂。

若用碳酸钠进行变型时，碳酸钠的量为膨润土量的 5%~7%。此时，变型土

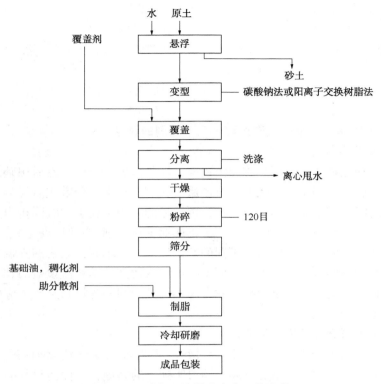

图 3-30　膨润土润滑脂生产工艺流程

膨胀体积最大，用它制备的膨润土稠化剂对润滑油的稠化能力最强。用碳酸钠制备钠型膨润土的反应式如下：

$$Na_2CO_3 + 钙型膨润土 \longrightarrow 钠型膨润土 + CaCO_3$$

（3）覆盖剂的准备

膨润土润滑脂通常使用二甲基十八烷基苄基氯化铵、二甲基双十八烷基氯化铵、三乙基十六烷基氯化铵或氨基酰胺作覆盖剂。

（4）覆盖

将稍大于计算量的覆盖剂溶于热水中配成 10% 的溶液，在搅拌下将溶液徐徐加入钠型膨润土悬浮液中，此时生成絮状沉淀，静置 8~16h，用蒸馏水洗涤覆盖土至无氯离子为止。经干燥即得粉状膨润土稠化剂。

（5）制脂

将稠化剂与基础油调匀，加入少量分散剂（丙酮、乙醇、水等），急剧搅拌 15~20min，即成脂。再经研磨或均化即得产品。

2. 组成举例

【例1】　膨润土　　　　　　　　　　　　　　12%

二甲基十八烷基苄基氯化铵	4.5%
基础油	83.5%

【例2】
氨基酰胺覆盖土	27%
基础油	72%
乙醇	0.5%
水	0.5%

3. 关于膨润土润滑脂生产过程中几个问题的讨论

（1）关于膨润土的覆盖

制备膨润土稠化剂时须先将原土粉碎、清除砂砾等杂质，然后用碳酸钠或阳离子交换树脂使膨润土改为钠型。改型后的膨润土在水中分散成悬浮状态，再向其中加入有机阳离子化合物作覆盖剂，覆盖后的膨润土在水中沉降析出，经洗涤除去氯离子，再经脱水、干燥、研磨等得膨润土稠化剂（有机膨润土）。

由于制备膨润土润滑脂时，不同的基础油的极性不同，对膨润土稠化剂有选择性，需选用不同覆盖剂处理的膨润土。不同取代基的季铵盐覆盖的黏土分别适用于不同种类的基础油。选择时，除考虑不同覆盖剂的有机黏土所适应的基础油外，还须考虑经济性。

（2）关于膨润土的极性活化剂

在制备膨润土润滑脂时，在混合过程中还需加入极性活化剂（助分散剂）。极性活化剂的选择和用量是有机黏土润滑脂配方的关键，极性活化剂的用量受有机黏土的类型、基础油的类型和有机黏土含水量的影响，应控制用量以得到最大凝胶强度。常用极性活化剂及其用量如表3-37所示。

表3-37 常用极性活化剂及其用量

极性活化剂	用量/%	极性活化剂	用量/%
丙酮	25~40	丙烯碳酸酯	8~25
甲醇/水（95/5）	7~20	乙醇/水（95/5）	12~28

（3）关于蒙脱石的含量及阳离子交换容量

因为膨润土的主要成分蒙脱石具有阳离子交换能力，与有机阳离子交换可制备膨润土稠化剂，故用来制脂的膨润土应有较大的阳离子交换容量（60~100meq/100g），较高的蒙脱石含量（大于85%），同时在水中要易于分散形成稳定的胶体。一般来说，土的细度越小，离子交换能力越强，但应不含或少含非黏土矿物。

（4）关于膨润土的变型及助分散剂

变型工艺是膨润土润滑脂生产过程中非常重要的工序。膨润土变型的程度直接影响到膨润土稠化剂的稠化能力和成品脂的质量。从变型方法上来说，用树脂法变型得到的质量稳定，树脂有再生的优点，但操作较麻烦。用碳酸钠法变型得到土的质量不易稳定。

覆盖剂用量、水质和水洗工艺对覆盖效应有一定影响。在分散和变型过程中，水质对覆盖效应及覆盖土对稠化能力的影响是：蒸馏水优于工业水。当使用二甲基十八烷基苄基氯化铵（DC）覆盖剂时，必须用水洗涤至无氯离子，否则覆盖土对油的稠化能力下降，且脂对金属有腐蚀。

制脂时助分散剂的存在是必须的，它可以帮助膨润土稠化剂分散在油中。膨润土润滑脂中含有水分，对腐蚀有一定影响。用碳酸钠变型生成的碳酸钙会与膨润土混合在一起，虽然对膨润土稠化剂的稠化能力有一定影响，但它有改善润滑脂抗磨极压性的作用。用氨酰胺作覆盖剂时，在合成氨基酰胺的过程中可能生成少量的咪唑啉与覆盖剂混在一起，不但无害，还可改善覆盖剂对油的稠化能力。

3.4.5 烃基润滑脂的生产

烃基润滑脂是用石蜡、微晶蜡和蜡作为稠化剂，分散在润滑油内或以凡士林为基础制成的膏状润滑脂。烃基润滑脂的生产比皂基润滑脂简单，主要是固体烃类与基础油混合，在加热溶解后，通过冷却，使固体烃类形成晶核，进而经晶体成长弥散于润滑油内，形成软膏状物质。制造烃基润滑脂的设备也较简单，主要是采用有机械搅拌和加热系统的混合釜。

烃基润滑脂的制造过程是：先将基础油在釜内预热，同时把预先熔化了的石蜡按比例加入，加入需要的添加剂，充分搅拌，冷却，研磨。

1. 专用烃基润滑脂的生产工艺

（1）3 号仪表脂的生产工艺

3 号仪表脂是由微晶蜡稠化仪表油制成的烃基润滑脂。这种润滑脂具有良好的低温性能和防护性能，可供飞机的仪表、细钢丝绳的润滑和防护。

将仪表油过滤后，与 80 号微晶蜡按配比投入釜内，升温，待微晶蜡全部熔化后，开始搅拌，逐渐升温到 125～130℃，采样分析水分，合格后出釜，快冷，装桶。

（2）特 11 号和特 12 号润滑脂的生产工艺

特 11 号和特 12 号润滑脂的生产工艺相同，将 80 号微晶蜡和仪表油投入釜内，加热至微晶蜡熔化后，开始搅拌，升温至 120～130℃，保持约 20min，采样分析水分，合格后出釜，快冷，装桶。

（3）石墨烃基润滑脂的生产工艺

将全部原料投入釜内，待微晶蜡熔化后开始搅拌，升温到 130～140℃，采样分析水分，合格后出釜，快冷，装桶。

2. 钢丝绳润滑脂的生产工艺

（1）工艺过程概述

钢丝绳润滑脂的生产工艺如图 3-31。将蜡膏和汽缸油等投入釜内，升温至 70~80℃。当釜内混合物熔化后，加入石油磺酸钡，在搅拌下继续升温至 130~140℃，待釜内物脱水后，采样测定水分、滴点和酸值。如果滴点偏低，可加适量蜡膏；酸值偏大，可加少量氢氧化钠溶液。调整合格后降温至 70~80℃，加入石墨，充分搅拌，研磨即得成品。

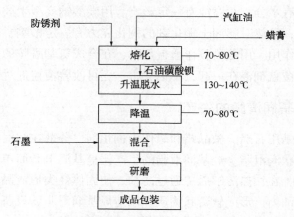

图 3-31　钢丝绳润滑脂生产工艺流程示意图

（2）组成举例

钢丝绳润滑脂

【例1】　蜡膏　　　　　　57%

　　　　　汽缸油　　　　　42%

　　　　　石油磺酸钡　　　1.0%

　　　　　石墨　　　　　　3.0%

【例2】　沥青　　　　　　22%

　　　　　蜡膏　　　　　　40%

　　　　　松香　　　　　　5%

　　　　　石墨　　　　　　5%

　　　　　基础油　　　　　25%

钢丝绳麻芯润滑脂

【例1】　石油磺酸钡　　　5%

　　　　　松香　　　　　　3%

　　　　　基础油　　　　　62%

　　　　　蜡膏　　　　　　30%

【例2】　微晶蜡　　　　　　5%

　　　　　聚异丁烯　　　　　5%

　　　　　石油磺酸钡　　　　5%

　　　　　基础油　　　　　　25%

　　　　　53 号蜡膏　　　　 60%

钢丝绳表面脂

【例1】　石油磺酸钡　　　　5%

　　　　　松香　　　　　　　3%

　　　　　微晶蜡　　　　　　12%

　　　　　蜡膏　　　　　　　28%

　　　　　基础油　　　　　　52%

【例2】　石油磺酸钡　　　　2%

　　　　　羊毛脂　　　　　　8%

　　　　　聚异丁烯　　　　　10%

　　　　　工业凡士林　　　　80%

3. 工业凡士林的生产工艺

将全部原料按配比投入釜内，升温至 130℃，使釜内水分脱出，采样化验水分和水溶性酸碱，合格后，冷却即得成品。

工业凡士林组成举例

【例1】　蜡膏　　　　　　　48%～50%

　　　　　微晶蜡　　　　　　8%～10%

　　　　　基础油　　　　　　40%～44%

【例2】　蜡膏　　　　　　　77%

　　　　　基础油　　　　　　23%

4. 防锈脂的生产工艺

一般所说的防锈脂主要是石油脂型防锈脂，主要成分是润滑油、凡士林、蜡膏，加上缓蚀剂、抗氧剂、分散剂等。防锈脂因使用要求不同，原料组成可以变动很大，产品性能也不一样。

某些防锈脂的组成举例：

薄层脂

【例】　　十二烯基丁二酸　　3%

　　　　　石油磺酸钡　　　　7%

　　　　　苯并三氮唑　　　　0.1%

　　　　　聚异丁烯　　　　　27%

75 号微晶蜡	3%~6%
工业凡士林	余量

907 防锈冷涂脂

【例】

石油磺酸钡	6%
羊毛脂镁皂	6%
二元乙丙橡胶	0.2%
苯并三氮唑	0.3%
邻苯二甲酸二丁酯	0.6%
微晶蜡	4%
2,6-二叔丁基对甲酚	0.25%
油溶性金红	0.1%
医药凡士林	余量

第4章 润滑脂的性能

　　润滑脂是由基础油、稠化剂、添加剂组成的塑性润滑材料，润滑脂的性能受基础油、稠化剂、添加剂及生产工艺等的影响，不同种类的润滑脂具有不同的性能，不同的机械在不同的工作条件下对润滑脂有不同的性能要求，作为一种高技术产品，润滑脂有很多方面的性能要求，如高温性能、低温性能、安定性能、润滑性能、防护性能、抗水性能等，如何来评价润滑脂的性能对润滑脂的研究、生产和使用都有很重要的意义。我国现在的润滑脂评定方法标准共有59个，基本上都是与国外的方法相对应，其中有国家标准（GB）9个，行业标准（SH）50个，见表4-1。本章介绍润滑脂的性能及评定方法。

表4-1　中国润滑脂试验方法与国外润滑脂试验方法对照表

序号	方法名称	标准号	对应的国外标准
1	润滑脂和石油脂锥入度测定法	GB/T 269—2023	等效采用 ISO 2137：1985
2	润滑脂压力分油测定法	GB/T 392—1977	等效采用 ГОСТ 7142：1974
3	润滑脂水分测定法	GB/T 512—1965	等效采用 ГОСТ 2477：1965
4	润滑脂机械杂质测定法	GB/T 513—1977	等效采用 ГОСТ 6479：1973
5	润滑脂宽温度范围滴点测定法	GB/T 3498—2008	修改采用 ISO 6299：1998
6	润滑脂滴点测定法	GB/T 4929—1985	等效采用 ISO/DP 2176：1979
7	润滑脂防腐蚀性试验法	GB/T 5018—2008	修改采用 ASTM D1743-05a
8	润滑脂和润滑油蒸发损失测定法	GB/T 7325—1987	等效采用 ASTM D972—1956（1981）
9	润滑脂铜片腐蚀试验法	GB/T 7326—1987	甲法等效采用 ASTM D4048—1981 乙法等效采用 JIS K 2220—1984
10	防锈油脂蒸发量测定法	SH/T 0035—1990	参照采用 JIS K 2246—1989
11	润滑脂相似黏度测定法	SH/T 0048—1991	参照采用 ГОСТ 7163—1963
12	润滑脂吸氧测定法（氧弹法）	SH/T 0060—1991	参照采用 JIS K 2246—1989
13	防锈油脂腐蚀性试验法	SH/T 0080—1991	参照采用 JIS K 2246—1989
14	防锈油脂盐雾试验法	SH/T 0081—1991	参照采用 JIS K 2246—1989
15	防锈油脂流下试验法	SH/T 0082—1991	参照采用 JIS K 2246—1989
16	润滑脂抗水淋性能测定法	SH/T 0109—2004	修改采用 ISO 11009：2000

序号	方法名称	标准号	对应的国外标准
17	润滑脂滚筒安定性测定法	SH/T 0122—1992	参照采用 ASTM D1831—1988
18	润滑脂极压性能测定法(四球机法)	SH/T 0202—1992	参照采用 ASTM D2596—1982
19	润滑脂极压性能测定法(梯姆肯试验机法)	SH/T 0203—1992	参照采用 ASTM D2509—1977(1981)
20	润滑脂抗磨性能测定法(四球机法)	SH/T 0204—1992	参照采用 ASTM D2266—1967(1981)
21	防锈油脂低温附着性试验法	SH/T 0211—1998	等效采用 JIS K 2246—1994
22	防锈油脂除膜性试验法	SH/T 0212—1998	等效采用 JIS K 2246—1994
23	防锈油脂分离安定性试验法	SH/T 0214—1998	等效采用 JIS K 2246—1994
24	防锈油脂沉淀值和磨损性试验法	SH/T 0215—1999	等效采用 JIS K 2246—1994
25	防锈油脂试验试片锈蚀度评定法	SH/T 0217—1998	等效采用 JIS K 2246—1994
26	润滑脂皂分测定法	SH/T 0319—1992	等效采用 ГОСТ 5211—1950
27	润滑脂有害粒子鉴定法	SH/T 0322—1992	参照采用 ASTM D1404—1983
28	润滑脂强度极限测定法	SH/T 0323—1992	等效采用 ГОСТ 7143—1973
29	润滑脂分油测定(锥网法)	SH/T 0324—2010	参照采用 FED 791C321.3—1986
30	润滑脂氧化安定性测定法	SH/T 0325—1992	参照采用 ASTM D942—1978(1984)
31	汽车轮轴承润滑脂漏失量测定法	SH/T 0326—1992	参照采用 ASTM D1263—1986
32	润滑脂灰分测定法	SH/T 0327—1992	等效采用 ГОСТ 6474—1953
33	润滑脂游离碱和游离有机酸测定法	SH/T 0329—1992	等效采用 ГОСТ 6707—1976
34	润滑脂机械杂质测定法(抽出法)	SH/T 0330—1992	等效采用 ГОСТ 1036—1950
35	润滑脂腐蚀试验法	SH/T 0331—1992	等效采用 ГОСТ 9080—1977
36	润滑脂化学安定性测定法	SH/T 0335—1992	等效采用 ГОСТ 5743—1962
37	润滑脂杂质含量测定法(显微镜法)	SH/T 0336—1994	等效采用 ГОСТ 9270—1986
38	润滑脂蒸发度测定法	SH/T 0337—1992	等效采用 ГОСТ 9566—1974
39	滚珠轴承润滑脂低温转矩测定法	SH/T 0338—1992	参照采用 ASTM D1478—1980
40	润滑脂齿轮磨损测定法	SH/T 0427—1992	参照采用 FS 791 B335.2
41	高温下润滑脂在球轴承中的寿命测定法	SH/T 0428—2008	修改采用 ASTM D3336—2005$^{\varepsilon 1}$
42	润滑脂和液体润滑剂与橡胶相容性测定法	SH/T 0429—2007	修改采用 ASTM D4289—2003
43	润滑脂贮存安定性试验法	SH/T 0452—1992	等效采用 FS 791 C3467.1(1986)
44	润滑脂抗水和抗水-乙醇(1:1)溶液性能试验法	SH/T 0453—1992	等效采用 FS 791 C5415(1986)
45	防锈油脂包装贮存试验法	SH/T 0584—1994	等效采用 JIS K 2246—1989

序号	方法名称	标准号	对应的国外标准
46	润滑脂接触电阻测定法	SH/T 0596—1994	修改采用 ASTM D3709—1989
47	润滑脂抗水喷雾性能测定法	SH/T 0643—1997	等效采用 ASTM D4049—1993
48	润滑脂宽温度范围蒸发损失测定法	SH/T 0661—1998	等效采用 ASTM D2595—1996
49	润滑脂表观黏度测定法	SH/T 0681—1999	等效采用 ASTM D1092—1993
50	润滑脂在贮存期间分油量测定法	SH/T 0682—1999	等效采用 ASTM D1742—1994
51	润滑脂的合成橡胶溶胀性测定法	SH/T 0691—2000	等效采用 FS 791 C3603.5(1986)
52	润滑脂防锈性测定法	SH/T 0700—2000	等效采用 ISO 11007—1997
53	润滑脂抗微振磨损性能测定法（Falex 微动磨损试验机）	SH/T 0716—2002	等效采用 ASTM D4170—1997
54	润滑脂摩擦磨损性能测定法（高频线性振动试验机法）	SH/T 0721—2002	等效采用 ASTM D5707—1998
55	汽车轮毂轴承润滑脂寿命特性测定法	SH/T 0773—2005	修改采用 ASTM D3527—2002
56	润滑脂极压性能测定法（高频线性振动试验机法）	SH/T 0784—2006	修改采用 ASTM D5706—1997(2002)[e1]
57	润滑脂氧化诱导期测定法（压力差示扫描量热法）	SH/T 0790—2007	修改采用 ASTM D5483—2002[e1]
58	润滑脂在稀释合成海水中防腐蚀性试验法	NB/SH/T 0823—2010	修改采用 ASTM D5969—2005[e2]
59	汽车轮毂轴承润滑脂低温转矩测定法	NB/SH/T 0839—2010	等效采用 ASTM D4693—2007

4.1 润滑脂的低温性能及流变性能

润滑脂的流变性能是指润滑脂在受到外力作用时所表现出来的流动和变形的性质。由于润滑脂是具有结构性的非牛顿流体，其黏度与温度和剪切应力有关。流变性能是润滑脂的重要基础性能，与润滑脂的使用关系密切，但流变性能与使用之间的关系还有待于深入研究。

润滑脂的低温性是由润滑脂在低温下的相似黏度或稠度增大的程度表示的，主要指标有：稠度、强度极限、相似黏度、表观黏度、低温转矩。

4.1.1 流变曲线概述

流变学（Rheology）是一门研究物质，特别是流体的非牛顿流动和固体的塑性流动的变形和流动的学科。简单地说，它是研究物质在受到外力作用后的变形和

(或)流动的科学。在流变学中，研究各种流体在流动中剪切应力与剪切速率的关系，表示剪切应力与剪切速率关系的曲线称流变曲线。

固体受力后将产生弹性变形，服从胡克定律，称为弹性体。流体受力后要产生剪切变形，变形程度随黏性大小而有所不同，称为黏性体。有些黏性体属于牛顿流体，不服从牛顿流体内摩擦定律。

牛顿液体内摩擦定律是：

$$\tau = \eta \frac{\mathrm{d}u}{\mathrm{d}y} \tag{4-1}$$

式中　τ——剪切应力；

　　　η——动力黏度；

　　　$\frac{\mathrm{d}u}{\mathrm{d}y}$——剪切速率。

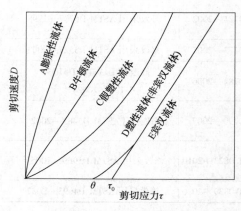

图4-1　流变曲线类型

牛顿流体在很小的剪切应力下就开始流动，牛顿流体的剪切速率与剪切应力之间成直线关系（如图4-1中B所示）。在流变曲线图上可以看到：牛顿流体的剪切速率-剪切应力曲线是通过原点的直线。牛顿流体的黏度是它流动时剪切应力与剪切速率的比值，它的大小不随剪切速率变化，如以黏度对剪切速率作图，将是一条与x轴平行的直线。

非牛顿流体通常采用试验方法建立剪切应力与剪切速率间的曲线关系，再按流变曲线结合理论建立不同类型非牛顿流体的剪切应力与剪切速率的关系式，称为流变方程。

非牛顿流体在化学上属于分散体系，由于其中分散相颗粒形成网状结构，故称为具有结构性。结构性的强弱不但与颗粒大小有关，而且与颗粒形状及排列状态有关，所以非牛顿液体的流动特性描述复杂。非牛顿流体的主要类型有：

1. 塑性型

塑性型流体（如泥浆、油漆等）受力较小时，不产生流动。因为它内部存在的网状结构，在受力后不能立即破坏，必须所加的力足以破坏其网状结构时才发生剪切变形，开始流动。流动后，如果其剪切应力与剪切速率成正比，称为宾汉流体（如图4-1中E）。如果开始流动后；其剪切应力与剪切速率开始不成正比，到以后才接近牛顿流体，变为与剪切速率成正比，这类流体称非宾汉塑性流体（如图4-1中曲线D）。

塑性型流体中的非宾汉流体的特点是具有三种极限剪切应力：从不流动到开始流动需要有一定的剪切应力，称为极限静剪切应力（图4-1中θ）；而从直线段延长线与横轴交点处的虚拟剪切应力，称为极限动剪切应力（图4-1中τ_0）；从曲线段与直线段的交点对应的剪切应力称为极限高剪切应力。宾汉流体的特点是具有极限动剪切应力，所受的力低于该值时不产生流动，达到该值后才开始流动，开始流动后其剪切应力与剪切速率成正比。非宾汉流体的极限静力又称屈状值，或剪切强度极限。如所受外力低于该值则不产生流动，达该值后开始产生流动，但流动时剪切应力与剪切速率不成直线关系，直到达到极限高剪切应力时，其剪切应力和剪切速率才成直线关系。

润滑脂的流动类似塑性型非宾汉流体。但为了计算方便，常按宾汉流体处理。宾汉流体的流动，服从宾汉定律，即

$$\tau = \tau_0 + \eta \cdot \frac{\mathrm{d}u}{\mathrm{d}y} \tag{4-2}$$

式中　τ——剪切应力；

　　　τ_0——极限动剪切应力；

　　　η——结构黏度。

2. 假塑性类型

假塑性类型流体（如图4-1中C）受力后可能流动，但流动时随剪切速率增大，黏度降低，或越搅越稀。在剪切速率低时接近牛顿液体，在剪切速率高时也接近牛顿液体，只有在中剪切速率时表现假塑性，如图4-1所示。这种类型的非牛顿流体如高分子溶液、乳化液等，其结构性弱，结构破坏后不易恢复。

假塑性流体的流变方程：

$$\tau = K \left(\frac{\mathrm{d}u}{\mathrm{d}y} \right)^n \tag{4-3}$$

式中　K——稠度系数，取决于流体性质；

　　　n——流变指数，无因次，表示偏离牛顿流体的程度。

假塑性流体的流变指数$n<1$。当$n=1$时，$K=\eta$（动力黏度）就成为牛顿流体。

3. 膨胀性类型

膨胀性类型流体，一般较少，如淀粉糊、颜料悬浊液等。

膨胀性类型流体，由于所含颗粒形状极不规则，在一定浓度下形成结构。随剪切速率增大，黏度增大，即越搅越稠，停止剪切后马上恢复，其流变曲线见图4-1中A。

膨胀性类型流体的流变方程也用上述指数公式表示，但其流变指数$n>1$。

4.1.2　润滑脂稠度

1. 稠度的概念

稠度是指润滑脂在受力作用时，抵抗变形的程度。稠度是塑性的一个特征，

正如黏度是流动性的一个特征一样。但稠度并无明确的物理意义，它仅是反映润滑脂对变形和流动阻力的一个笼统的概念。

润滑脂具有结构分散体系所显示的一系列复杂的流变性能。在受外力小时，润滑脂的流变性能主要表现为弹性、黏弹性和塑性，这是由于皂纤维结构骨架在起作用。随着外力的增大，润滑脂结构骨架逐渐被破坏，润滑脂的黏性转为占主导地位。

润滑脂的稠度常用锥（或针）入度来表示。锥入度是在规定的测定条件下，一定重量和形状的圆锥体，在5s内落入润滑脂中的深度，以1/10mm（0.1mm）表示。实际上锥入度测定的数值大小和稠度大小相反，润滑脂锥入度数值愈小表示稠度愈大；润滑脂锥入度数值愈大表示稠度愈小。

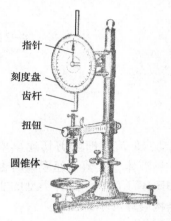

指针
刻度盘
齿杆
扭钮
圆锥体

图4-2　润滑脂
锥入度测定仪

2. 锥入度的测定方法

锥入度是润滑脂质量评定的一项重要指标，我国的测定方法是 GB 269—2023 润滑脂和石油脂锥入度测定法，参照 ISO 2137：1985；美国材料试验协会标准方法为 ASTM D217。测定用的仪器为锥入度计（见图4-2）。标准圆锥体形状和重量都有严格规定，圆锥体及杆重150g。

润滑脂锥入度的测定方法有：

（1）不工作锥入度

将润滑脂样品在尽可能不搅动的情况下，移到润滑脂工作器中，在25℃测定的锥入度。

（2）工作锥入度

工作锥入度是指润滑脂在工作器中以每分钟60次的速度工作1min后，在25℃下测得的结果的锥入度，以0.1mm表示。

（3）延长工作锥入度

润滑脂样品在工作器中工作1万次或10万次后测得的锥入度数值，以0.1mm表示。

（4）块锥入度

具有足够硬度以保持其形状的润滑脂在25℃时的锥入度。

除上述按标准方法规定的全尺寸圆锥体测定锥入度外，还有用1/4尺寸或1/2尺寸的圆锥体测定微锥入度。

微锥入度使用小型（1/4或1/2比例）的工作器和圆锥体，1/4型圆锥体及杆总重（9.38±0.025）g，1/2型圆锥体及杆总重为（37.5±0.05）g。此两型锥入度限于测定0~4级润滑脂，微锥入度不大于100单位的少量样品用，限用于因样品量的限制不能使用全尺寸锥入度计测定的场合，不能用以代替全尺寸锥入度。需要时，可由公式换算成全尺寸锥入度。

1/4 比例的锥体锥入度(p)换算成全尺寸锥入度(P)的公式为：

$$P = 3.75p + 24 \qquad (4-4)$$

1/2 比例的锥体锥入度(r)换算成全尺寸锥入度(P)的公式为：

$$P = 2r + 5 \qquad (4-5)$$

式中 P——全尺寸锥体锥入度；

p、r——1/4 比例锥体、1/2 比例锥体锥入度。

3. 影响润滑脂锥入度的因素

（1）稠化剂及其含量对润滑脂锥入度的影响

在稠化剂、基础油、添加剂及制造条件相同时，如果稠化剂含量大，则润滑脂锥入度小。

钙基润滑脂的含皂量与锥入度的经验关系式：

$$\lg P = 2.76 - 0.031X \qquad (4-6)$$

式中 P——锥入度，0.1mm；

X——含皂量，%。

润滑脂的含皂量大，则单位体积中皂纤维较多，吸附到皂纤维间的毛细管吸附油和膨化到皂纤维内的膨化油量较多，游离油较少，体系的稠度较大。

如果稠化剂和基础油种类、性质不同，稠化剂含量即使相同，制出的润滑脂锥入度大小不同。当使用不同的稠化剂要制成稠度相近的润滑脂时，则稠化能力强的稠化剂需用量较少。例如，锂皂稠化能力比钡皂强。

（2）皂的组成和基础油对润滑脂锥入度的影响

润滑脂锥入度与基础油和脂肪酸碳链长度都有关系，锂皂稠化矿物油时，用石蜡基油与硬脂酸(C_{18})锂皂或环烷基油与肉豆蔻酸 C_{14} 或棕榈酸(C_{16})锂皂制备的润滑脂锥入度较小。

（3）制造条件对润滑脂锥入度的影响

制造条件对润滑脂的结构有影响，制造条件不同时，也会使润滑脂的锥入度不同。例如，润滑脂加工过程中用三辊磨对润滑脂进行研磨，研磨次数不同，润滑脂锥入度也不相同。经适当次数研磨后锥入度减小，但过多次数的研磨会使大多数润滑脂软化。

（4）稠化剂结构对润滑脂锥入度的影响

不同种类稠化剂或不同制造条件形成的皂纤维大小形状不同，皂纤维长/宽比值较大的，锥入度较小，皂纤维表面积/体积比值较大的锥入度也较小（见图 4-3）。

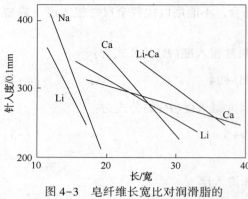

图 4-3　皂纤维长宽比对润滑脂的
锥入度的影响

4. 锥入度的意义

（1）划分润滑脂稠度级号

锥入度是表示润滑脂稠度的常用指标，在国内外润滑脂规格中广泛使用。锥入度越大，表示润滑脂的稠度越小，润滑脂越软。反之，锥入度越小则表示稠度越大，润滑脂越硬。

国内外都广泛用润滑脂在 25℃，工作 60 次的锥入度来划分商品润滑脂的稠度等级。我国标准按工作锥入度范围，将润滑脂分为 9 个系列（见表 4-2），系列号即通常所说的牌号，号数越小，润滑脂越软，锥入度越大。

表 4-2　按工作锥入度范围划分润滑脂的级号

NLGI 稠度级号	工作锥入度范围/0.1mm	状态
0	445~475	流体
0	400~430	半流体
0	355~385	半流体
1	310~340	非常软
2	265~295	较软
3	220~250	中
4	175~205	较硬
5	130~160	硬
6	85~115	极硬

（2）选用润滑脂须考虑适宜的锥入度

工作锥入度是选择使用润滑脂必须考虑的项目之一。选择润滑脂的稠度需要根据机械使用条件及加脂方法决定。例如，在选择轴承用润滑脂的稠度时，若轴承的速度因数（DN 值，轴承内径×转速，以 mm·r/min 表示）在 75000~300000 时，一般使用 3 号润滑脂是适宜的。但如用压力脂枪加注，或用集中给脂系统给脂时，特别是操作温度低于正常温度，或集中给脂系统的管线较长时，可用较软的润滑脂。若速度因数小于 75000 时，一般推荐用 1 号或 2 号润滑脂；在极低温度使用特别是用压力脂枪加注润滑脂，可使用稠度为 0 号的润滑脂。在寒区冬季用脂枪加注润滑脂时，如润滑脂稠度过大（锥入度过小），将会造成加注困难。

116

但须注意，锥入度本身没有一定的物理意义，只是在指定条件下说明稠度的相对数值，不能单纯用它来预示润滑脂的使用性能。因为有些润滑脂稠度相近，但其他与使用有关的性质(如黏度、强度极限等)却截然不同。润滑脂的使用性能，受许多因素的影响，如工作条件、污染等影响。不能将锥入度认为是和润滑油黏度相当的一个参数，例如，对重载或低速的机器需使用黏度较大的润滑油，但并不需要较稠的润滑脂，此外，锥入度和润滑脂使用温度的关系也不能一概而论，不能认为愈硬的润滑脂愈适于高温。

（3）润滑脂研制中筛选配方和生产中控制质量

在润滑脂研制中，锥入度用来评定比较稠化剂在基础油中的稠化能力、筛选配方；一般来讲，润滑脂的配方、制造过程条件相同和制成后放置同样时间后的锥入度相近。国外有用不搅动锥入度和未工作锥入度来检查产品的均一性。不搅动锥入度是在盛润滑脂的容器中不经搅动或工作所测定的锥入度，它与未工作锥入度数值不同。它比未工作锥入度和工作锥入度的数值均小。由于润滑脂制成后放置会硬化，在生产后的头一个月，不搅动锥入度的数值均减小。

（4）以锥入度变化表示润滑脂的其他性能

① 机械安定性。延长工作锥入度常与工作锥入度相比较，以两者之差的大小表示润滑脂的机械安定性。或以滚筒剪切润滑脂前后微锥入度的差值表示润滑脂的机械安定性。

② 抗水性。以加水10%后工作10万与无水工作60次锥入度的差值，或以加水和不加水滚筒试验微锥入度差值表示润滑脂的抗水性能。

③ 硬化倾向。以加热后样品锥入度变化表示热硬化倾向；或以剪切后放置过程中锥入度的变化来表示润滑脂的老化硬化。

④ 储存安定性。润滑脂规定在38℃贮存6个月的锥入度变化值，一般规定前后差值不大于30。润滑脂储存安定性试验方法SH/T 0452—1992，参照FS 791 C3467.1(1986)。

4.1.3 润滑脂机械安定性

1. 机械安定性的意义

机械安定性又称剪切安定性，是指润滑脂在机械工作条件下抵抗稠度变化的能力。润滑脂在机械中长期工作时，由于受到剪切，稠度会发生改变，如果剪切后稠度变化小，则机械安定性好。机械安定性对润滑脂的使用有较大的意义。

润滑脂在机械中工作时，要受到剪切作用，剪切速率变动的范围很大，从几 s^{-1}(秒$^{-1}$)至百万 s^{-1} 或更大。例如，直径50.8mm的滑动轴承以1800r/min速度运转时，若其间隙为0.254mm，则剪切速率为 $1.88 \times 40^4 s^{-1}$；若其间隙为0.0254mm，则

剪速为 $1.88×10^5 s^{-1}$。在滚动轴承中，最高剪切速率可达 $10^6～10^7 s^{-1}$ 以上。润滑脂在机械中受到剪切后，其结构会遭到破坏，皂纤维也可能遭到一定程度上的破裂剪断，以致体系的稠度发生改变。如果润滑脂的机械安定性不好，则在长期工作中，可能因过分软化而流失，从而缩短使用寿命或引起其他后果。例如在汽车轮毂轴承中的润滑脂，如果机械安定性差，润滑脂因过分软化而甩到刹车蹄片上，则会引起刹车失灵。机械安定性好的润滑脂在轴承中使用时，抵抗软化的能力较强。例如，12-羟基硬脂酸锂基润滑脂的机械安定性比硬脂酸锂基润滑脂好得多，使用的寿命也较长。

在实验室测定机械安定性有两种标准方法（延长工作锥入度和滚筒安定性），都是利用仪器使润滑脂遭受剪切，然后测定润滑脂的锥入度，并以剪切后锥入度的差值表示机械安定性好坏。试验前后锥入度差值小，表示机械安定性好。但须注意，实验室测定的机械安定性和实际使用的关系不完全一致。一般来说，在实验室评定机械安定性差的润滑脂，在使用中也不会好。但是在实验室评定机械安定性好的润滑脂，在使用中却不一定都好。这是因为锥入度工作器和滚筒中的剪切速率都很低，前者为 $5×10^2 s^{-1}$ 以下，后者约 $2×10^3 s^{-1}$ 以下，而实际使用中受到的剪切作用却大得多；在试验中两个评定方法都是在常温测定，而实际使用中温度较高；此外，由于使用中的其他因素，也会使润滑脂过分软化而漏失增多，例如润滑脂用量过多时，即使是机械安定性较好也会引起轴承温度升高较多和润滑脂漏失增多。所以实验室评定的结果就不完全和实际使用一致。但实验室测定方法作为筛选手段还是很需要的。

2. 机械安定性的评定方法

（1）延长工作锥入度测定法 GB 269—2023

该法是将润滑脂放在一个标准锥入度计工作器内，安装在剪切试验机上，按每分钟 60 次往复工作，经过规定次数的工作后，测定锥入度。工作次数按润滑脂标准规定有 10000 次、100000 次等。

在许多润滑脂产品标准中，一般规定在工作 10 万次后锥入度不大于 375。

（2）润滑脂滚筒安定性测定法 SH/T 0122—1992

此法是用滚筒试验机测定润滑脂的机械安定性。该试验机如图 4-4 所示，外筒为中空圆筒，内有滚柱。滚筒可用电机带动转动，使筒内润滑脂受到剪切。

试验时，用 50g 未工作的样品，均匀地涂在洗净烘干的试验筒内表面，然后把滚柱放入筒内，上紧筒盖，将滚筒安装好后，开动仪器。在室温为 21～38℃下滚动 2h。然后从滚筒中取出试样。用 1/4 型工作器工作后，测微工作锥入度，并与试验前的微工作锥入度分别换算成标准锥入度，计算试验前后锥入度变化值。变化值小表示机械安定性好。

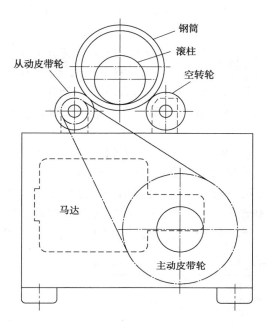

图 4-4　润滑脂滚筒试验机

3. 润滑脂的机械安定性的影响因素

（1）组成对润滑脂机械安定性的影响

不同组成的润滑脂显示出不同的机械安定性，以两种锂基润滑脂为例说明，12-羟基硬脂酸锂基润滑脂的机械安定性很好，使用寿命长，而硬脂酸锂基润滑脂的机械安定性较差，实际使用寿命短。两种润滑脂的差别，可从不同的试验结果说明。两种锂基润滑脂滚筒试验前后的性质见表4-3。

表 4-3　两种锂基润滑脂滚筒试验前后的性质

项目	硬脂酸锂基润滑脂			12-羟基硬脂酸锂基润滑脂		
	滚压前	室温滚压 4h	100℃滚压 4h	滚压前	室温滚压 4h	100℃滚压 4h
滴点/℃	198.0	197.5	—	195.0	195.5	195.0
压力分油/%	20.9	33.2	—	26.9	32.5	37.5
强度极限（50℃）/Pa	264.8	49.04	—	519.8	196.1	94.2
微锥入度（50℃）/0.1mm	66	99	104	66	82	88

从表4-3可见，两种锂基润滑脂经室温或100℃滚压后滴点变化不大，但压力分油值和微锥入度增大，强度极限值减小。从该表可以看出，两种锂基润滑脂滚压后的变化程度不同，12-羟基硬脂酸锂基润滑脂滚压后微锥入度的变化

差值小得多，说明 12-羟基硬脂酸锂基润滑脂的机械安定性比硬脂酸锂润滑脂好。

用电子显微镜观察，两种润滑脂滚压后其纤维束由紧密转向松散，纤维长度也有变小的趋势，这就影响了润滑脂的结构强度，使之有所降低，因而分油增大，强度极限变小。但 12-羟基硬脂酸锂润滑脂滚压后它的皂纤维仅在长度上有所变化，而硬脂酸锂基润滑脂滚压后它的皂纤维除长度变小外，还有成块的趋势。

皂纤维的长宽比（L/W）是影响润滑脂机械安定性的结构因素之一。这方面也有文献报道，现以一些试验结果为例加以说明。

里特（LEET）等用一种 2 号锂基润滑脂（含皂 7%，37.8℃ 时基础油黏度183.4mm²/s）在 ASTM 锥入度工作器、滚筒和三辊磨（转速分别为 34r/min、74r/min、148r/min）上试验，工作后润滑脂锥入度和皂纤维长宽比的变化见图 4-5。

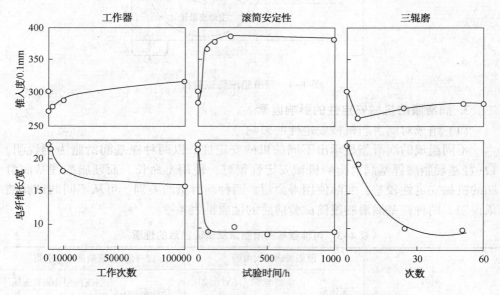

图 4-5　润滑脂在工作中的稠度变化和皂纤维的长宽比的关系

从图 4-5 可同见，虽然在三种试验机处理中，短期工作都使润滑脂变硬，锥入度减小，但随着工作时间次数的加长，润滑脂的锥入度加大，与此相对应的L/W 减小。

博格和里特用含皂量相同的 12-羟基硬脂酸锂基润滑脂，测定未工作润滑脂皂纤维长宽比和机械安定性的关系，结果见图 4-6 所示。从图可见，皂纤维长宽比（L/W）大的润滑脂经滚筒或工作器工作后锥入度的变化值小。这说明皂纤维长宽比（L/W）大，润滑脂的机械安定性较好。

120

（2）游离油对润滑脂机械安定性的影响

关于机械作用使润滑脂稠度下降的原因，一般用皂纤维受机械作用后破碎成较短的纤维来解释。但是这种解释是不够详尽的。因为无论是机械作用前或作用后的润滑脂，在用电子显微镜观察前，试样都需经溶剂处理，致使所得到的显微图像中皂纤维的形状和大小不一定是圆形，也与体系的稠度没有固定的关系。按照皂-油凝胶分散体的概念，体系的稠度因机械作用而下降是由于凝胶粒子进一步被破碎，从粒子中释放出更多的游离油所引起的，释放出游离油的多寡是决定稠度的主要因素。从表4-4数据可以看出，随着工作次数增多，润滑脂分油增多，锥入度加大。

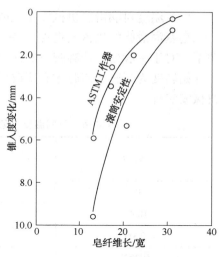

图4-6　未工作润滑脂皂纤维长宽比和机械安定性的关系

表4-4　机械作用对硬脂酸锂-矿物油体系的稠度和压力分油影响

工作器工作次数	锥入度/0.1mm	压力分油/%
0	225	26
60	248	–
2000	279	33
5000	306	–
10000	312	37
100000	333	38

可以理解，体系中游离油含量低，稠度大和凝胶粒子结构强度大，则体系的机械安定性通常也是较好的。从表4-5几种皂基润滑脂的机械安定性和分油的关系便可看出。

表4-5　几种皂基润滑脂的机械安定性和分油

润滑脂类型	分油/%	机械安定性		
		工作前	工作1000次	工作10000次
钙基润滑脂	2.9	204	224	236
12-羟基硬脂酸锂基润滑脂	2.1	259	259	267
钠基润滑脂	3.9	264	328	355
复合钙基润滑脂	19.0	257	292	363
硬脂酸锂基润滑脂	22.9	257	313	354

（3）温度对润滑脂机械安定性的影响

皂基润滑脂的机械安定性还决定于皂-油凝胶粒子所处的相状态和相-温度关系。对于一般处于伪凝胶态的体系，机械安定性随温度的升高而变坏，直至粒子开始转变为凝胶状态时才有所改变。表4-6列出了一种润滑脂在不同温度下的机械安定性。

表4-6 不同温度下皂-油体系（复合钙）的机械安定性

工作次数	锥入度/0.1mm	
	25℃	80℃
0	165	184
1000	202	251
10000	273	379
50000	290	397
100000	313	流体

4.1.4 润滑脂强度极限

1. 强度极限的概念

半固体状态的润滑脂具有弹性和塑性。在受到较小的外力时，像固体一样表现出具有弹性，产生的变形和所受外力成直线关系，即符合虎克定律。当外力逐渐增大到某一临界数值的，润滑脂开始产生不可逆的变形（即开始流动）。使润滑脂开始产生流动所需的最小的剪切应力，称为润滑脂的剪切强度极限，或简称为强度极限，或称极限剪切应力。参见图4-7。

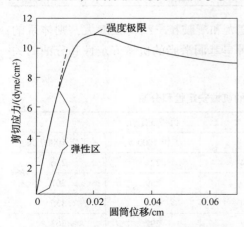

图4-7 润滑脂的弹性变形和强度极限

对于非宾汉塑性流体来说，有三种极限剪切应力，即：

极限静剪切应力——从不流动到开始流动所需要的极限剪切应力。也就是润滑脂的强度极限，它对润滑脂的使用有影响。

极限动剪切应力——流变曲线上直线的延长线与坐标轴的交点，即宾汉公式中的 τ_0。

极限高剪切应力——流变曲线上剪切速率与剪切应力开始成直线关系时的剪切应力，表示润滑脂的流动从不服从牛顿流体流动定律时的剪切应力。极限高剪切应力对润滑脂的使用没有实际意义。

润滑脂具有强度极限，是由润滑脂的结构所决定的。由于润滑脂是一种结构分散体系，其内部有由固体稠化剂粒子或皂纤维所形成的三维结构骨架而使它在受较小外力时表现为固体的特征。

在增大外力时，稠化剂粒子或皂纤维间的较弱的接触点的联系开始破坏，但同时还可发生与此相反的逆过程，例如稠化剂粒子在热运动的作用下彼此接近到分子力作用范围内的距离时，能重新连接。在结构骨架中，接触点破坏的速度随剪切应力的增加而加大。当剪切应力达到某一数值时，接触点破坏的速度开始比恢复的速度快，于是润滑脂的内部结构骨架破坏，润滑脂开始发生流动。

2. 强度极限的评定方法

SH/T 0323—1992 润滑脂强度极限测定法：使充填在特制毛细管中的润滑脂样品受到缓慢递增的剪切应力作用，并测定润滑脂在管内开始发生位移时的压力，通过计算，求出润滑脂开始发生流动时的剪切应力，即润滑脂的强度极限。计算强度极限的公式如下：

$$\tau_{极限} = \frac{RP}{2L} \times 1000 \qquad (4-7)$$

式中　$\tau_{极限}$——润滑脂的强度极限，$dyne/cm^2$；

　　　　R——毛细管的半径，cm；

　　　　L——毛细管的长度，cm；

　　　　P——系统的压力，kPa/cm^2。

此计算公式的来源是将毛细管内润滑脂所受切向力 $P\pi R^2$ 除以毛细管中润滑脂的面积 $2\pi RL$ 得来。

测定所用仪器，如图 4-8 所示。

仪器的主要部分为一特制的毛细管，管的内径为 8mm，管内每隔 2mm 有一片厚度为 0.1mm、内孔直径为 4mm 的金属片。为防止润滑脂样品在毛细管中附壁滑动，所以采取此特殊设计的毛细管。仪器还有液压系统及压力计。

测定时，先将试样装入毛细管，液压液充满整个系统，并使塑性计的壳体在恒温槽内保持一定温度（恒温 20min），然后将通往漏斗的活门关闭使整个系统封闭。用电炉将液压油加热，则液体受热产生的压力施加于毛细管中的润滑脂上，由于润滑脂在毛细管中没有流动以前，整个系统的容积一定，液体受热时压力表上的读数逐渐升高。当系统的压力升到某一数值时，由于润滑脂开始流动使系统的容积加大，所以压力便开始减小。因此，读取在此测定过程中压力表上读数的最大值，按上述公式计算即可求出润滑脂在此试验温度时的强度极限。

此法可用以测定 -60~130℃ 范围内的强度极限。

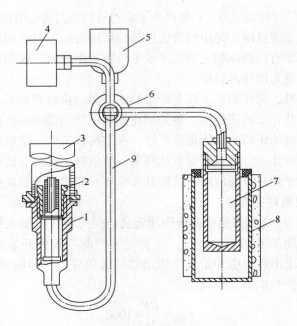

图 4-8　润滑脂强度极限测定仪
1—壳体；2—螺母；3—玻璃罩；4—压力表；5—供油漏斗；
6—阀门；7—储油器；8—电炉；9—连接管

3. 润滑脂强度极限的影响因素

润滑脂的强度极限实际上反映了润滑脂的结构骨架的强度，因而主要受稠化剂(种类、含量)、添加剂及制造条件的影响。

（1）稠化剂对润滑脂强度极限的影响

制备的工艺条件相同，但稠化剂的不同时润滑脂的强度大小不同。如在同一制造条件下制备的三种不同脂肪酸锂脂，强度极限大小不同，见图 4-9(a)或(b)。

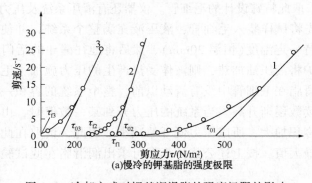

(a)慢冷的钾基脂的强度极限

图 4-9　冷却方式对锂基润滑脂的强度极限的影响

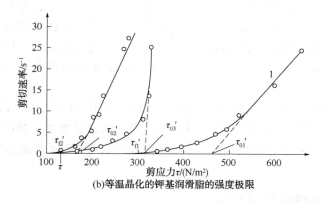

(b)等温晶化的钾基润滑脂的强度极限

图 4-9　冷却方式对锂基脂的强度极限的影响(续)

（2）制造条件对润滑脂强度极限的影响

润滑脂的组成相同，但制备的工艺条件不同时润滑脂的强度极限大小也不同，如图 4-9 制备锂基润滑脂的脂肪酸相同但冷却方式不同，制备出的锂基润滑脂的强度极限大小不同。

（3）稠化剂含量对润滑脂强度极限的影响

一般，含皂量增多，润滑脂的强度极限增大。

（4）添加剂对润滑脂强度极限的影响

有些极性添加剂对润滑脂的强度极限有影响，见表 4-7。

表 4-7　添加剂对锂基润滑脂的强度极限的影响

含皂量	强度极限/（dyne/cm²）		
	无添加剂	烷基多硫化物	
		1%	3%
8%	90	60	100
15%	1020	880	1140

（5）温度对润滑脂强度的影响

润滑脂的强度极限随温度升高而减小；温度降低，强度极限增大。

4. 强度极限的使用意义

强度极限对润滑脂的使用有较大的意义，由于润滑脂有一定的强度极限，所以润滑脂用于不密封的摩擦部件中不会流出。在垂直面上使用的润滑脂，如所受剪切应力大于其强极限时，便会滑落。在高速旋转的机械中使用的润滑脂如强度极限过小，便会被离心力抛出。此外，润滑脂的高、低温性能也与强度极限有关。在高温下，润滑脂的强度极限会减小。如果在高温下能保持适当的强度极限，则不易滑落，适于高温下使用，如果强度极限变得过小，则使用温度上限受到限制。与此相反，在低温使用时，要求润滑脂在低温下强度极限不应过大，如果强度极限过大，便会引起机械启动困难，或消耗过多的动力。因此润滑脂在较高温度下工作时规定其强度极限不小于某一数值，而在低温下工作时规定其强度极限不大于某一数值。

大部分润滑脂在其使用温度范围内强度极限在 0.098~2.940kPa。

强度极限与稠化剂的种类和含量有关：稠化剂含量增多，润滑脂的强度极限增大。因此，低温用润滑脂的稠化剂含量应较少，以免润滑脂的低温强度极限过大。

4.1.5 润滑脂相似黏度

1. 润滑脂相似黏度的概念

润滑脂在所受剪切应力超过它的强度极限时，就会产生流动。润滑脂流动时也会出现内摩擦，用黏度表征它的内摩擦特性。

润滑脂的黏度和普通液体的黏度不完全一样，普通液体的黏度在一定温度时是一个常数，不随液层间的剪切速度而改变，普通液体是按牛顿流体定律运动的。润滑脂的流动不服从牛顿流体流动定律，它流动时的黏度，在一定温度时不是一个常数，而是一个随脂层间剪切速率而改变的变量。在剪切速率小时，它的黏度大，剪切速率增大时，它的黏度变小，在剪切速率很大时，它的黏度小至一定程度而保持恒定。

在第一节中已经讲过，牛顿流体的黏度是剪切应力与剪切速率的比值，其大小不随剪切速率变化。而润滑脂属于非牛顿流体，它的黏度随剪切速率变化。但为了便于比较润滑脂的黏度，也按牛顿流体处理。将润滑脂和其他非牛顿流体流动时剪切应力与剪切速率的比值称作相似黏度(或称有效黏度、表现黏度)，常用 η_a 表示。由于润滑脂的相似黏度不仅与温度有关，而且也与剪切速率有关，所以也常用 η_t^D 表示，d 为测定时平均剪切速率 s^{-1}(秒$^{-1}$)，右下角 t 为测定温度($^{\circ}C$)。

润滑脂的相似黏度是剪切应力与按泊肃叶公式计算的剪切速率之比，单位以 $Pa \cdot s$ 表示。剪切速率是润滑脂一系列相邻层彼此相对运动的速度，它与流动的线速度同毛细管半径的比值成正比，用 s^{-1}(秒$^{-1}$)表示。

测定润滑脂相似黏度最普通的方法是用毛细管黏度计测出一定压力(或流量)下润滑脂通过毛细管的流量(或压力)，然后利用泊肃叶方程式及下列公式计算。

剪切应力：

$$\tau = \frac{pR}{2L} \tag{4-8}$$

平均剪切速率：

$$D = \frac{4Q}{\pi R^3} \tag{4-9}$$

相似黏度：

$$\eta_a = \frac{\tau}{D} = \frac{\dfrac{pR}{2L}}{\dfrac{4Q}{\pi R^3}} \tag{4-10}$$

式中　p——毛细管两端压力差；

　　　R——毛细管半径；

　　　L——毛细管长度；

　　　Q——流量。

2. 润滑脂相似黏度的评定方法

（1）SH/T 0048—1991 润滑脂相似黏度测定法

等效 ГОСТ 7163—1984。

SH/T 0048—1992 润滑脂相似黏度测定法采用一种非恒定流量式的毛细管黏度计，它的测定原理是根据在压力变化过程中流量的测定，按泊肃叶方程式计算出相似黏度，此法适用于不同温度下不同平均剪切速率（$0.1 \sim 100\text{s}^{-1}$）时 $1 \sim 10000\text{Pa} \cdot \text{s}$ 的润滑脂的相似黏度测定。测定润滑脂的相似黏度可以预测润滑脂是否容易通过导管被移动或泵送到使用部位。

仪器主要由毛细管、样品管、供压系统和记录系统等组成，其构造及工作原理示意如图 4-10。毛细管有三种不同的半径，样品管容积约 21 毫升，供压系统由两个不同弹性系数的弹簧组织和压缩弹簧用的螺杆等组成，记录系统包括可转动的记录筒、记录笔等。

测定时，在预先被压缩了弹簧的作用下，顶杆就使润滑脂样品经过毛细管流出，在记录筒上记下弹簧的压缩度和顶杆下降速度的工作曲线，最后，算出相似黏度。此法优点是一次测定可得不同剪切速率下的相似黏度。

试验步骤：将润滑脂试样装满已擦洗干净的试样管 21，提起顶杆 22 和压缩弹簧 30，将装满试样的试样管 21 加上垫圈，将螺母手轮 23 连接于衬套 24 上，用螺帽 20 连接试样管 21 和毛细管 19；套上恒温套 11，用螺母手轮 9 将其固定，用螺母 16 将套在毛细管上的橡皮垫圈 17 压紧；在规定恒温条件下恒温不少于 20min；在记录筒 3 上安放记录纸；开启开关，迅速扳动偏心轮 1，升起固定套 32，使试样管内造成压力，试样从试样管经毛细管挤出；当记录笔画出的曲线接近水平时，旋转杆扭向最小速度到 3 的位置，记录筒的转速得到最后一次调节；当顶杆 22 到达下部或以最小速度下降时，关闭开关；试验结束后在记录纸上记下试样名称、毛细管号、试验温度，并在曲线上标明不同转速。

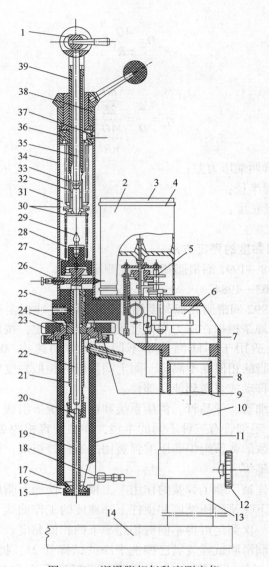

图 4-10　润滑脂相似黏度测定仪

1—偏心轮；2—记录纸；3—记录筒；4—橡皮圈；5—减速机；6—电机；
7—旋转杆；8—电机开关；9—螺母手轮；10—钢管；11—恒温套；12—螺栓；
13—支柱；14—底座；15—胶木圈；16、38—螺母；17—橡皮垫圈；18—接头；
19—毛细管；20—螺帽；21—试样管；22—顶杆；23—螺母手轮；24—衬套；
25—胶木块；26—铅笔夹；27—钢珠；28—离合器；29—锁棒；30—弹簧组；
31—夹簧；32—固定套；33—小螺杆；34—钢管；35—中心杆；36—衬圈；
37—扁栓；39—螺杆

128

计算：

试样的相似黏度

$$\eta_t^D = \frac{\tau}{D} \tag{4-11}$$

剪切应力

$$\tau = \frac{PR}{2L} = K_1 P \tag{4-12}$$

平均剪切速率

$$D = \frac{4Q}{\pi R^3} \tag{4-13}$$

试样的流量

$$Q = \pi R_1^2 W \text{tg} \alpha \tag{4-14}$$

将式（4-14）代入式（4-13）得：

$$D = \left(\frac{4R_1^2}{R^2} \right) W \text{tg} \alpha = K_2 \text{tg} \alpha \tag{4-15}$$

将式（4-12）和式（4-15）代入式（4-11）得：

$$\eta_t^D = \frac{K_1 P}{K_2 \text{tg} \alpha} \tag{4-16}$$

为了提高测量的准确度，α 角应处于 25°~65°范围内，根据试验要求的平均剪切速率，选择适当直径的毛细管和记录筒速度，利用量角器以预先算得的 α 角与工作曲线相切，利用预先测出的记录笔筒高度与压力的对应表和式（4-12）计算得到的剪切应力，即为平均剪切速率达到试验要求时的瞬间的剪切应力值。利用式（4-11）得到指定温度和指定平均剪切速率下的相似黏度。

（2）SH/T 0681—1999 润滑脂表观黏度测定方法

等效采用 ASTM D1092—1983。

该方法采用一种恒定流量式的毛细管黏度计（SOD 黏度计），根据恒定流量下测定出的压力（因为黏度不同而改变），按泊肃叶方程式计算出表观黏度。这种黏度计适用温度范围为 -53~37.8℃；对润滑脂表观黏度的测量范围：在剪切速率为 10s^{-1} 时可测定 2.5~10000Pa·s 的表观黏度。

润滑脂表观黏度测定仪（图 4-11）：由动力系统、液压系统、润滑脂系统和一个合适的浴组成。动力系统由减速机和功率为 249W、转速为 1750r/min 的感应电机组成；液压系统由一个带马鞍式底座和齿轮泵，以及一个至少与润滑脂筒容积相等并备有 50 目筛的液压油箱组成；用不锈钢制成的 8 个组成一套的毛细管。

试验步骤：将润滑脂试样注入干净的样品筒，装上毛细管端盖；用液压油充

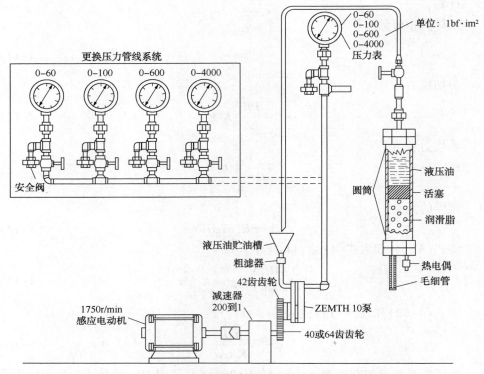

图 4-11　润滑脂表观黏度测定仪

满样品筒中活塞上面的整个空间，再用液压油充满整个液压系统；调整试样温度至试验温度，在连接压力表之前，开动泵直到油从黏度计上的压力表接头处流出，与黏度计装配起来，随着回流阀门的打开，液压油进行循环，直到痕量空气消失为止；润滑脂试样需在液体浴中恒温 2h，在空气浴中需 8h；用 1 号毛细管，同时装上 40 齿的齿轮，开闭回流阀门，启动泵直到达到平衡压力为止，记录压力；再换上 64 齿的齿轮，建立平衡后记录压力，解除压力；按顺序用 2 号毛细管重复上述操作，直到所有毛细管都测过两种流量。

计算：

试样的表观黏度

$$\eta = \frac{F}{S} = \frac{\left(\dfrac{p\pi R^2}{2\pi RL}\right)}{\left(\dfrac{\dfrac{4V}{t}}{\pi R^3}\right)} \tag{4-17}$$

通过画一张 16 个常数的表可使计算简化，每一个毛细管和剪切速率均可得到一个常数。

3. 润滑脂的相似黏度—剪切速率特性

润滑脂的相似黏度随剪切速率变化的特性见图4-12，可以看出：图中所示的三种润滑脂均用同一种润滑油制成，而且它们的稠度也相近［工作锥入度（0.1mm）320~355］，三种润滑脂的黏度数值虽然不同，但变化规律相似，即随着剪切速率的增加，润滑脂的黏度减小，但减小的程度渐趋减弱，在高剪切速率下润滑脂的黏度与其基础油相近，并且几乎不随剪切速率而变。

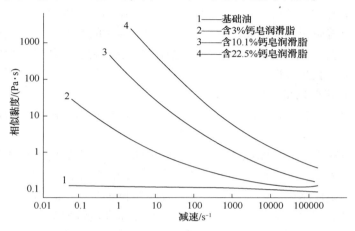

图4-12　润滑脂的相似黏度—剪切速率特性

不同含皂量的同种润滑脂的黏度也都是随剪切速率的增大而减小，到高剪切速率时也几乎不随剪切速率而变。不同剪切速率下黏度的数值均随含皂量的增多而加大，但在低剪切速率时，含皂量对润滑脂黏度的影响特别显著，而在高剪切速率时含皂量的影响比低剪切速率时小。

4. 润滑脂的相似黏度—温度特性

润滑脂的相似黏度也和润滑油的黏度一样是随着温度而改变的，但比油的变化复杂，一般来说，在温度升高时黏度减小，在温度降低时黏度增大。在皂的相转变对体系没有多大影响的温度范围内这一点是适用的，但如体系发生相转变，也会出现在某一温度范围内黏度随温度上升的现象。如图4-13表示几种皂基润滑脂$1s^{-1}$时的黏度随温度的变化。图中C-1为3号钙基润滑脂，其黏度随温度变化呈S形，开始时黏度随温度升高而减小，但到100℃附近时，黏度发生急剧增大然后急剧减小的突

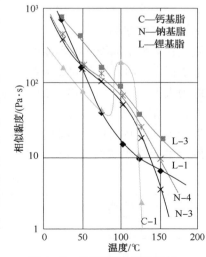

图4-13　润滑脂相似黏度与温度的关系

131

变，考虑是因为发生相转变，转为凝胶时黏度急增而转为溶胶后黏度又急减。

润滑脂的黏温性除了一定剪切速率下比较不同温度时的黏度外，还可以测定不同剪切速率、不同温度下的相似黏度来比较。润滑脂的相似黏随温度升高而减小，随剪切速率增大而减小。

润滑脂的黏温特性比润滑油的黏温特性好。润滑脂的黏度随温度的变化只有基础油的变化的数十至数百分之一。因为润滑脂流动时的阻力一部分是由结构骨架的强度决定的，而结构骨架强度和温度的关系较小，所以润滑脂的黏温特性较润滑油好。但需说明，润滑脂的低温黏度比它常温时的黏度还是要大很多。润滑脂的黏温特性主要与其基础油的黏温特性有关。用低黏度、黏温特性好的基础油可改善润滑脂的黏温特性。

5. 润滑脂相似黏度的使用意义

润滑脂的相似黏度是一项重要的基本特性，对润滑脂在机械中的使用性能有很大关系。

润滑脂在轴承和其他摩擦部件上进行润滑时，是以它的内摩擦代替机械摩擦表面之间的固体摩擦。因此，润滑脂的黏度对使用润滑脂的机械的动力消耗有很大的影响。如果使用的润滑脂黏度较大，显然摩擦损失也会较多。

润滑脂黏度随剪切速率变化的性质，使它在速度经常变动的机械上使用时有特殊的适应性。当速度高时，要求润滑剂的黏度低，这时润滑脂结构破坏加剧，纤维定向，恰好黏度变低。当转速慢时，要求润滑剂的黏度较大，而润滑脂剪切速率低时黏度也较大。润滑脂黏度随剪切速率的变化基本符合机械转速变化对润滑剂黏度的要求。

润滑脂在剪切速率很小时的黏度与被润滑的摩擦部件的启动有很大关系，由于润滑脂剪切速率很小时黏度大，所以此时如润滑脂的黏度过大会增加启动阻力，特别是在低温下润滑脂的黏度增大，更会使低温启动受到影响，甚至造成困难。实际上机械启动时，克服润滑脂在剪切速率小时流动阻力所需的力比克服强度极限所需的力大得多。例如，201 号锂基润滑脂在 40℃ 的剪切应力极限不大于 0.6865kPa，而它在相同温度下在 2.5s^{-1} 时，流动阻力为 0.2452kPa，由此可见，润滑脂的低温低剪切速率时的黏度对于润滑脂的低温启动性能影响较大，对低温或宽温度范围用的润滑脂需要规定它的低温黏度。几种润滑脂的低温黏度参见表 4-8。

表 4-8　几种润滑脂的低温黏度

润滑脂	201	7007	7008	特 7	特 8	特 75
低温黏度(-50℃，10s^{-1})/Pa·s	1036.0	795.4	750.9	1521.0	3058.0	640.1

从表中可以看出，7007 号和 7008 号润滑脂的低温黏度比 201 号低温脂、特 7 号、特 8 号润滑脂都小。

润滑脂的黏度与脂润滑的轴承有关。除了在低剪切速率下的黏度与轴承的启动力矩有关外，在 $100s^{-1}$ 时的黏度及在很高剪切速率下的极限黏度 η 都和轴承的运转力矩有关。随润滑脂的极限黏度增大，轴承的运转力矩也增大。

6. 润滑脂在管中的流动状态

润滑脂在管中的流动状态像活塞形状一样，故称为塞流，见图 4-14，现在来分析出现塞流的原因，将润滑脂作为宾汉塑性流体处理。

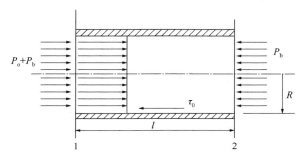

图 4-14　塑性流体的塞流

塑性流体当作用的外力超过极限静剪切应力就开始流动，为简便起见，取水平管路分析。水平管路中的塑性流体，其极限静剪切应力为 θ：

$$\theta = \frac{(p_1 - p_2) d}{4l} = \frac{(p_1 - p_2) R}{2l} \tag{4-18}$$

式中　p_1、p_2——脂柱两端的压强；

　　　d——脂柱直径；

　　　l——脂柱长度；

　　　R——管子半径。

今取 $p_1 - p_2 = p_0$ 作为开始流动所加的压差，为了便于用宾汉定律进行分析，以极限动剪切应力 τ_0 代替极限静剪切应力 θ，则

$$\tau_0 = \frac{p_0 R}{2l} \quad 或 \quad p_0 = \frac{2l\tau_0}{R}$$

此时，作用于脂柱端面上的推动力 $= p_0 \pi R^2$，而由于极限动剪切应力所引起的阻力 $= \tau_0 2\pi R l$，润滑脂开始流动时，仅仅在半径为 R 处推动力才超过了由于极限动剪切应力所引起的阻力，故仅仅该处的润滑脂开始流动，而半径小于 R 处的润滑脂仍在极限静剪切应力下保持静止，因而润滑脂流动状态像活塞一样，形成所谓"塞流"，塞流中各层速度相同，没有速度梯度。

由于推动力与半径的平方成正比，而阻力与半径的一次方成正比。当半径减小时，推动力减小较多，而阻力减小较少。因此仅仅在半径 R 处的润滑脂可以流动，若不增大压差，则半径以内的流体仍紧聚在一起，这就是保持塞流的原因。

随着两端压差的增大，小于半径 R 处的各层逐渐开始流动，形成塞流的流核半径逐渐缩小，而流核以外部分，各液层间流速不同，形成速度梯度，称为梯度区（见图 4-15）并逐渐扩大，最后流核消失，形成如牛顿流体的层流。由具有全部流核的塞流到流核消失的整个流动状态称为结构流。当速度再继续增大时，则流动状态变为紊流。全部流动状态的转变过程如图 4-16 所示，图中速度梯度对管路来说写成 $-\dfrac{\mathrm{d}u}{\mathrm{d}r}$，是因为 y 与 r 方向相反的缘故。

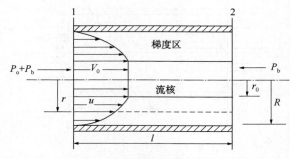

图 4-15　塞流的流核和梯度区

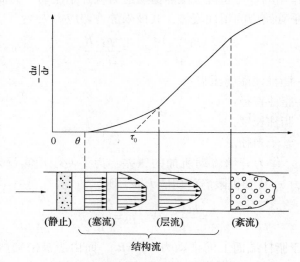

图 4-16　润滑脂流动状态的转变过程

润滑脂在受外力作用时，所表现出的流动性质，是其最重要的特点。润滑脂是一个结构分散体系，体系中具有由分散相粒子互相交接而成的立体骨架，在骨架中维系着它的分散介质——基础油。当润滑脂所受的外力低于润滑脂结构骨架的强度极限时，只会产生弹性变形而不发生流动。然而，当所受的外力达到和超过其强度极限时，则润滑脂的结构骨架破坏，一部分基础油从破坏的结构骨架中流出。因此，润滑脂开始从不流动转为流动。

134

在低速流动时，皂纤维碎片尚未定向，所以黏度较大，在剪切速率增大时，皂纤维沿流动方向定向，于是黏度降低，在不断增加的较高剪切速率下，皂纤维的高度、宽度和长度可能降低，皂纤维本身发生断裂或破裂。在剪切作用停止后，皂纤维重新再形成结构骨架，润滑脂的稠度又可恢复到与原来一样或与原来有了差别。

润滑脂开始流动时出现塞流，因为只有在管壁最邻近的部分受到的剪切应力才达到或超过强度极限，并且主要地限于该区域的皂纤维接触点破坏，而大部分润滑脂作为一个没有变化的整体运动，脂层间没有相对运动，没有速度梯度，随着剪切速率增大管壁附近脂层才出现梯度区。

润滑脂流动时所呈现的阻力包括：

① 由结构骨架破坏和个别分散相粒子断裂所呈现的阻力；

② 由分散相粒子和结构骨架的碎片在流动中所呈现的阻力；

③ 液相分散介质的流动阻力。

润滑脂在低剪切速率流动时，前两种阻力很大，因而润滑脂的黏度也很大，并且含皂量是影响润滑脂黏度的主要因素。在高剪切速率流动时，由于结构骨架已完全破坏，皂纤维及其碎片开始沿流动方向定向，所以流动时的阻力减小，于是润滑脂的黏度随剪切速率增大而减小，并且含皂量对黏度的影响也变小。在高剪切速率时，基础油流动时的阻力转变成影响润滑脂黏度的主要因素，润滑脂的黏度数值达到和它的基础油相近，而且不再随剪切速率而变化。此时，润滑脂的流动由不符合牛顿流体流动定律转变为符合牛顿流体流动定律。

7. 润滑脂相似黏度与锥入度的关系

采用锥入度作为不同润滑脂相对流动性质的粗略估量，而锥入度和润滑脂流动性质之间的关系复杂，因为润滑脂属非牛顿性流体，它的相似黏度是随剪切速率的增大而降低的。

关于相似黏度和锥入度的关系，早先是布伦斯特鲁姆和希斯可提出的公式，即：

$$\lg\eta_a = 16.5882 - 5.58\lg P \qquad (4-19)$$

式中　η_a——润滑脂在剪速为 $10s^{-1}$ 时的相似黏度，Pa·s；

　　　P——润滑脂未工作锥入度，0.1mm。

后来斯特朗（Strong）以 36 种矿物油润滑脂在-29℃、-17.8℃、0℃和25℃做试验，绘制出锥入度与相似黏度的对数关系图。

根据以上结果得出上述各种类型润滑脂的相似黏度和锥入度对各种稠化剂有一特征的非线性关系，表示如下：

$$\lg\eta_a = A - B\lg P - \frac{C}{(\lg P)^m} \qquad (4-20)$$

式中　A、B、C 和 m——常数，依稠化剂而异。见表 4-9。

表 4-9　润滑脂相似黏度与锥入度关系式中的参数

稠化剂类型	A	B	C	m
金属皂和膨润土	142.5591	10.93	176.62	0.50
聚脲	176.6894	9.34	181.68	0.25
复合钙	166.4262	16.78	364.23	1.00

未工作锥入度和 $10s^{-1}$ 时的相似黏度之间存在一定关系，但随稠化剂种类不同，方程式中的常数各不相同。在 $10s^{-1}$ 时的剪切速率下，对于一给定锥入度的润滑脂，复合钙皂润滑脂最难泵送，金属皂或膨润土润滑脂次之，而以聚脲基润滑脂最易泵送。

8. 润滑脂的流变方程及应用

（1）润滑脂的流变方程

① 希斯可公式。润滑脂的流动由两个流动单元所组成，一个是牛顿性的，其剪切应力与剪切速率成正比；另一个是非牛顿性的，对于非牛顿性的流动单元，按幂定律其剪切应力与剪切速率的 n 次方成正比。要使两个流动单元产生同样的剪切速率所需的剪切应力是两个流动单元各自所需剪切应力的总和：

$$F = a\gamma + b\gamma^n \qquad (4-21)$$

式中　a，b，n——常数；

$\qquad\quad$ γ——剪切速率；

$\qquad\quad$ F——剪切应力。

若将上式除以 γ，则得黏度为剪切速率的函数关系式：

$$\eta = a + b\gamma^{(n-1)} \qquad (4-22)$$

方程式中的参数很容易确定。在低剪切速率时，$b\gamma^{(n-1)}$ 项在总黏度中比 a 大得多。方程式可写成：

$$\lg\eta = (n-1)\lg\gamma + \lg b \qquad (4-23)$$

以 $\lg\eta$ 对 $\lg\gamma$ 作图，可得一直线，其斜率为 $n-1$，而 b 是当剪切速率 γ 为 1 时的黏度数值。常数 a 可由 $\eta - b\gamma^{(n-1)}$ 的值求得。

希斯可曾实测下列 5 种下同的润滑脂的黏度，实测值和计算值相吻合。每种润滑脂的常数如表 4-10 所示。

将润滑脂 A 的流动曲线绘于图 4-17。

润滑脂的流动如果按宾汉公式计算，则实测值和计算值不很吻合，如图 4-18 所示。

表 4-10　几种润滑脂的组成和流动公式常数

润滑脂类型	稠化剂含量/%	a	b	c
脂肪酸钙皂	7.2	2.7	1940	0.139
12-羟基硬脂酸锂	6.5	5.34	2300	0.196
牛油酸钠	8.9	6.0	2380	0.224
脂肪酸钙	8.5	22.0	2000	0.175
憎水硅胶	13.0	22.6	4650	0.054

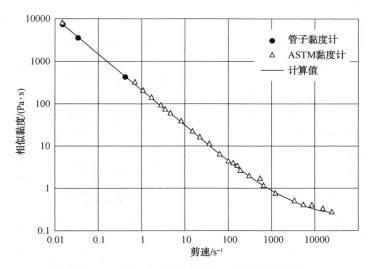

图 4-17　按希斯可公式计算绘制的流动曲线

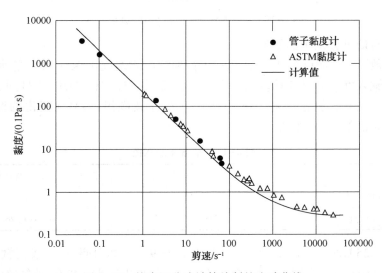

图 4-18　按宾汉公式计算绘制的流动曲线

137

② 星野公式

1979年星野道男提出一个润滑脂流动公式：

$$\eta = a + b\gamma^{(n-1)} + c\gamma^{(m-1)} \qquad (4-24)$$

式中 a、b、c、n 和 m——常数。

该公式比希斯可公式增加了一项 $c\gamma^{(m-1)}$，使在中间范围的剪切速率下黏度的计算值更符合实测值，见图4-19。该图中将星野公式、希斯可公式、宾汉公式和实测值作了对比。

利用星野公式计算值和0号锂基润滑脂的黏度实测值，结果计算值与实测值相近。

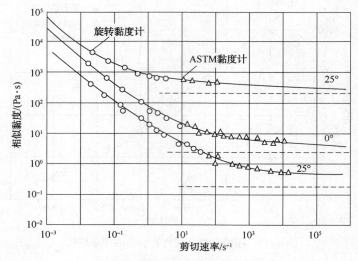

图4-19 按星野公式计算绘制的流动曲线

（2）希斯可公式中的常数

①常数 n。希斯可公式中常数 n 在各种润滑脂之间不像 a 和 b 变动那么大。润滑脂的锥入度、基础油黏度以及稠化剂的类型都对 n 有影响。0号到3号的锂基、钙基、钠基、复合钙基及脲系稠化剂双酰胺碳酰（DAC）稠化的润滑脂在25℃时的 n 值如表4-11所示。

表4-11 常数 n 的取值

项目	锂基和钙基润滑脂	钠基、复合钙基及脲基润滑脂
n 的平均值	0.12	0.22
n 值范围	0~0.22	0.18~0.26

通常，25℃时 $(n-1)$ 的值则为-0.8或-0.9，软润滑脂（0号或更软）的 n 值比上述最大值还大，因为它们的黏度/剪切速率曲线较平。稠化剂含量愈少的润

滑脂愈软，它的流动性质愈接近于油的流动性质(黏度/剪切速率曲线平行于 x 轴，$n=1$)。

高黏度的润滑脂在 $-17.8℃$ 和 $-29℃$ 时 n 为 $0.2 \sim 0.4$。

② 希斯可公式中的常数 a 和润滑脂的极限黏度 η_∞

希斯可公式中的常数 a 是基础油黏度、稠化剂和温度的函数。A 的数值相当于在很高剪切速率下润滑脂的极限黏度 η_∞，因为在很高剪切速率下 $a=\eta-b\gamma^{(n-1)}$ $b\gamma^{(n-1)}$ 很小($n-1$ 为负数)，$a \approx \eta_\infty$。

研究结果表明，在很高剪切速率下，润滑脂的黏度 η_∞ 是基础油的 $2 \sim 10$ 倍，在 $25℃$ 时，最广泛使用的 1 号或 2 号润滑脂，常数 a 一般是基础油黏度的 $5 \sim 10$ 倍。在较低温度下，常数 a 更接近于基础油的黏度，以致在 $-17.8℃$ 时许多润滑脂的 a 值仅为基础油黏度的 $1.5 \sim 3$ 倍。对于软润滑脂和用高黏度油制的润滑脂的黏度更接近于油的黏度，而且低黏度油制的润滑脂，其 a 值比基础的黏度大得多。含稠化剂量为 $22\% \sim 30\%$ 的 1 号、2 号复合钙基润滑脂，比号数相同和基础油黏度相同的其他润滑脂的 a 值明显大得多，例如，$25℃$ 时 1 号、2 号复合钙基润滑脂的 a 值分别为基础油黏度的 11 倍和 16 倍，可见 a 值和稠化剂的含量有关。

表 4-12 中 A 至 E 五类润滑脂的极限黏度和基础油黏度的比值与稠化剂含量的关系见图 4-20。从该图可以看出，润滑脂的极限黏度和基础油黏度的比值 $\dfrac{\eta_\infty}{\eta_0}$ 随稠化剂的种类和含量而不同。

同一种稠化剂含量增多，$\dfrac{\eta_\infty}{\eta_0}$ 比值加大。

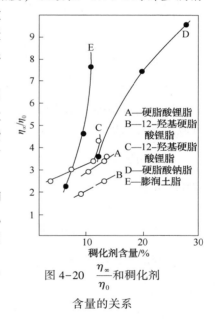

A—硬脂酸锂脂
B—12-羟基硬脂酸锂脂
C—12-羟基硬脂酸锂脂
D—硬脂酸钠脂
E—膨润土脂

图 4-20　$\dfrac{\eta_\infty}{\eta_0}$ 和稠化剂含量的关系

表 4-12　润滑脂的极限黏度与基础油黏度的关系

编号	稠化剂种类	稠化剂含量/%	锥入度/0.1mm	基础油黏度 η_0/Pa·s	润滑脂极限黏度 η_∞/Pa·s	η_∞/η_0
A-1		10.5	325		7.96	2.87
A-2	硬脂酸锂	13.5	280	2.78	9.25	3.32
A-3		13.6	230		9.65	3.46
B-1	12-羟基硬脂酸锂	9.5	280	4.10	7.82	1.95
B-2		13.3	230		9.96	2.41

139

编号	稠化剂种类	稠化剂含量/%	锥入度/0.1mm	基础油黏度 η_0/Pa·s	润滑脂极限黏度 η_∞/Pa·s	η_∞/η_0
C-1		4.0	370		12.00	2.75
C-2	12-羟基硬脂酸锂	7.5	325	4.37	12.80	2.93
C-3		11.5	280		14.35	3.26
C-4		12.5	230		18.50	4.22
D-1		12.2	250		8.90	3.60
D-2	硬脂酸钠	20.0	190	2.47	18.35	7.42
D-3		27.6	150		23.80	9.61
E-1		6.6	325		10.20	2.30
E-2	膨润土	9.0	280	4.44	19.88	4.47
E-3		11.0	230		23.80	7.58
F-1	三氟氯乙烯聚合物	—	240	7.28	55.90	7.68

润滑脂在很高剪切速率下，稠化剂骨架和纤维因受剪切而破坏并且以小碎片分散在基础油里，所以可应用浓悬浮液的黏度公式来研究润滑脂的流动。

谷夫-西玛公式：

$$\frac{\eta}{\eta_0} = 1 + 2.5\Phi + 14.1\Phi^2 \qquad (4-25)$$

式中　η——悬浮液黏度；

η_0——基础油黏度；

Φ——悬浮的稠化剂的体积分数。

研究润滑脂时，以极限黏度 η_∞ 和基础黏度 η_0 的比值 $\frac{\eta_\infty}{\eta_0}$ 代替方程式中的 η/η_0，则

$$\frac{\eta_\infty}{\eta_0} = 1 + 2.5\Phi + 14.1\Phi^2 \qquad (4-26)$$

从上式可以计算出稠化剂粒子的体积分数。

（3）常数 b

希斯可公式中 b 的数值为剪切速率 $=1\text{s}^{-1}$ 时润滑脂的相似黏度，它和润滑脂的锥入度有关。

前面已经介绍过润滑脂的未工作锥入度和剪切速率为 10s^{-1} 时的相似黏度有如下的关系。

$$\lg\eta_a = A - B\lg P - \frac{C}{(\lg P)^m} \qquad (4-27)$$

式中　η_a——10s^{-1} 时润滑脂黏度；

A、B、C 和 m——常数，取决于稠化剂。

以 b 对锥入度作图可得 η_{a10} 和锥入度相似的曲线，显然，η_{a10} 和 η_{a1}（$10s^{-1}$ 和 $1s^{-1}$ 时相似黏度）相差不大，所以对锥入度 $125\sim400$（$0.1mm$）的润滑脂可用以下关系，从锥入度计算 b 值。

$$\lg b = D - E\lg P - \frac{F}{(\lg P)^r} \tag{4-28}$$

从以上关系计算出锥入度为 318 的锂基润滑脂的 b 值为 2700，而 Brunstrum 等人曾报告过锥入度为 318 的一种锂基润滑脂的 b 值为 2800，可见由上式计算出的 b 值与实测值较一致。

（4）希斯可公式的应用

① 计算不同剪切速率下的相似黏度。希斯可公式简单而准确地描述在 $10^{-3}s^{-1}$ 到 $10^{4}s^{-1}$ 宽的剪切速率范围内润滑脂的流动，它和毛细管黏度计及旋黏度计所测的黏度数据相符。在某种润滑脂的常数 a、b 和 n 已知时，可用该公式计算不同剪切速率下的黏度。

② 计算剪切应力和流动速率的关系。希斯可公式应用到前人发表的剪切应力与流动速率的关系也是一致的。

钠皂润滑脂剪切应力和流动速率 $\frac{Q}{\pi R^3}$ 的关系，因剪切速率 $\gamma = \frac{\mathrm{d}v}{\mathrm{d}x} = \frac{4Q}{\pi R^3}$，希斯可公式以相当流动速率表示如下：

$$F = a\left(\frac{4Q}{\pi R^3}\right) + b\left(\frac{4Q}{\pi R^3}\right)^n \tag{4-29}$$

③ 计算润滑脂在管中流动时的速度分布。润滑脂在管中的流动状态可按宾汉塑性流体进行分析。润滑脂在管中流动时出现塞流，是从理论和实际都已证实的，芒斯克（Mancke）和泰博（Tabor）两人曾用照相观察过管中润滑脂的流动，随剪切速率增加流核变小，出现梯度区。他们曾按宾汉塑性体计算过管中速度分布，结果计算值和实测值大部分吻合，只是在流核附近不符合，按计算该处无流动而实测有流动。

实际上因为润滑脂并不完全按宾汉塑性体流动，所以按宾汉塑性体计算时有些偏差。如按希斯可公式，则可完全符合。见图 4-21，图中各点是实测值，实线是计算值。

在低剪切速率时，牛顿流动单元可以忽略，而非牛顿流动单元的剪切特性显著。对于非牛

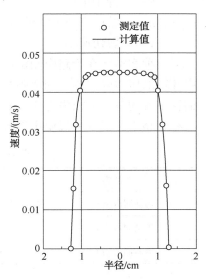

图 4-21　润滑脂在管中流动时的径向分布

141

顿单元，毛细管中的剪切速率 $D=-\dfrac{\mathrm{d}u}{\mathrm{d}r}$，式中 u 是在半径 r 处的速度，毛细管中的剪切速率与该半径处有剪切应力 $F=\dfrac{rP}{2L}$ 有关。此时，希斯可公式可表示如下：

$$\frac{rP}{2L}=b\left[-\frac{\mathrm{d}u}{\mathrm{d}r}\right]^n$$

积分，并应用在管壁速率为 0 的边界条件，则得出在任何半径下的速度方程式：$u=\left(\dfrac{P}{2Lb}\right)^{1/n}\dfrac{n}{n+1}[R^{\frac{n+1}{a}}-r^{\frac{n+1}{a}}]$ 对任何给定的润滑脂在恒定的流动速率下，$u=B$ (R^z-r^z) 式中 B 和 Z 是常数。

$B=\left(\dfrac{P}{2Lb}\right)^{1/n}\cdot\left(\dfrac{1}{n+1}\right)$，$Z=\dfrac{n+1}{n}$，将测定的数值代入即可求出。

将于芒斯克和泰博的数据代入得该润滑脂速度分布公式：

$$u=0.450(1.27^{9.63}-r^{9.63})$$

或

$$u=0.450(10-r^{9.63})$$

④ 推定润滑脂低温使用界限。利用黏度剪切速率特性的希斯可公式，可以计算润滑脂在管路中流动时的压力降 P。

$$P=2L(a\gamma-b\gamma n)/R \tag{4-30}$$

式中　L——管子长度；

R——管子半径；

a、b、n——希斯可公式中的常数；

γ——剪切速率。

三种润滑脂在管路中测定压力降并和计算值比较，其结果一致。利用相似黏度计算的压力降，推定润滑脂在低温(泵送)的使用界限，将润滑脂在相当于 1 米铜管中流动时压力损失为 490kPa 时的温度作为低温(泵送)的使用温度界限，并与在管路中测定的低温使用界限相比较，结果如表 4-13。

表 4-13　润滑脂低温使用界限

润滑脂	低温使用界限测定值	低温使用界限计算值
钙基润滑脂 C-3	-5℃	-6℃
锂基润滑脂 L-2	-16℃	-15℃
锂基润滑脂 L-3	-26℃	-24℃

上述结果可见，由相似黏度计算的压力损失推断的低温使用界限与在管路中的实测值相近(见表 4-14)。

表 4-14 在各种管子中压力损失的实测值和计算值

润滑脂	管径/mm	温度/℃	流出量/(g/s)	剪速/s⁻¹	相当1m的压力损失/kPa		90°弯头的压力损失/kPa
					实测值	计算值	
C-1 钙基润滑脂 （低黏度基础油）	12.7	10	2.53	6.6	215.7	215.7	9.807
	9.5	18	2.58	12.1	264.8	255.0	9.807
	6.35	14	2.52	33.5	421.7	392.3	9.807
C-2 钙基润滑脂 （高黏度基础油）	12.7	19	2.64	6.8	49.03	29.42	—
	9.5	19	2.74	14.4	88.26	49.03	—
	6.35	20	2.78	38.3	176.5	147.7	—
L-1 锂基润滑脂 （高黏度基础油）	12.7	18	2.80	7.2	78.45	78.45	9.807
	9.5	18	2.78	13.6	107.9	98.07	9.807
	6.35	18	2.75	38.5	225.6	205.9	19.61

4.1.6 润滑脂触变性

润滑脂和某些非牛顿流体（如高分子溶液、沥青等）一样具有触变性，它的流变性随时间呈缓慢变化。在一定的剪切速率下，随时间的增加，剪切应力下降，其黏度（或稠度）降低，由稠变稀。达到某一时刻后，剪切应力不再变化，形成动平衡。如果剪切作用一旦停止，则其黏度（或稠度）又开始缓慢上升，直至一定程度为止。

润滑脂的触变性是指润滑脂受到剪切作用时稠度下降发生软化，而在剪切作用停止后就开始稠度上升的性质。

但须注意，触变性和非牛顿流体的黏度剪切速率特性（非牛顿性）是有区别的。非牛顿性是指黏度随剪切速率的增加而降低，随剪切速率的减小而升高，是完全可逆的，瞬时完成的过程。

触变性是指黏度（或稠度等）在一定剪切速率下，随剪切时间的增长而下降，剪切作用停止后，黏度（或稠度等）随停歇时间的增长而上升。触变的恢复程度是不完全可逆的，润滑脂经剪切后放置，其黏度（或稠度等）不一定恢复到与剪切前同样的程度，多数是低于剪切前原来的数值，也有和剪切前相等或更高的情况。此外，触变恢复的速度是开始时较快后来比较缓慢的，而且恢复是一个较长的过程，这与剪切速率降低时黏度瞬时上升是不同的。

润滑脂在受到剪切作用时，构成连续骨架的个别皂纤维之间的接触部分从开始滑动至脱开，使体系从变形到流动。在长期或高剪力作用下，皂纤维本身也会遭到剪断，因此表现为黏度和稠度下降。剪切作用停止后，结构骨架又开始恢复，但皂纤维重新排列要一定时间，所以恢复比较缓慢。不同的润滑脂的恢复速度不同，恢复程度也各不相同，与受剪切破坏程度也有很大关系。重新形成的结构骨架也可能与原来的结构有差别。例如随皂纤维接触点减少或纤维数目减少，结构骨架也就比原来未破坏前的强度低，稠度下降。反之，如纤维数增加，接触点增多，稠度就比原来大。

脂肪酸钙皂基润滑脂破坏时剪切速率小，停歇后强度极限恢复程度大；随着变形强度增大，停歇后强度极限恢复程度减小。

在很小剪切速率时，强度极限下降较少，停歇后强度极限增加较多。剪切速率为 $3200s^{-1}$ 时，变形后强度极限增大，停歇时增加更多。停歇 30min 后强度极限比原来未受剪切的强度极限大约增加了 5 倍。由此可见润滑脂触变性随润滑脂所含稠化剂而异。

润滑脂的触变性对于润滑脂的使用有实际意义，润滑脂有轻微的触变性是有益的，因为润滑脂在机械作用下产生轻微的触变，强度极限、稠度、黏度下降，可使润滑脂容易被压送，而且在机件中运动时阻力减低。但当外力停止时，润滑脂的结构逐渐恢复，它的强度极限、稠度、黏度又加大，使它在机械不转动时或在机件不转动的部件上不易流失。但过大的触变性会导致润滑脂在机械作用下流失。

4.1.7　润滑脂低温转矩

1. 润滑脂低温转矩的意义

润滑脂的低温转矩是指在低温时，润滑脂阻滞低速滚珠轴承转动的程度。

低温转矩是在一定低温下，以试验润滑脂润滑 204 型开式滚珠轴承，当其内环以 1r/min 的速度转动时，阻滞该轴承外环所需的力矩。用启动转矩和运转转矩来表示：

① 启动转矩——开始转动时测得的最大转矩。

② 运转转矩——在转动规定的时间后测得平均转矩值。

低温转矩是衡量润滑脂低温性能的一项重要指标，润滑脂低温转矩特性好，就是指润滑脂在规定的轴承中，在低温试验条件下的转矩小。低温转矩的大小关系到用润滑脂润滑的轴承低温启动的难易和功率损失，如果低温转矩过大将使启动困难并且功率损失增多。低温转矩对于在低温使用的微型电机、精密控制仪表等特别重要。精密设备要求轴承的转矩小而稳定，以保证容易启动和灵敏、可靠地工作。

由于润滑脂本身具有强度极限，要使润滑脂润滑的轴承开始运转，必须克服润滑脂的强度极限，而润滑脂的强度极限、相似黏度以及稠度在低温都是增大的，这些因素都会使润滑脂在低温下阻滞轴承运转的程度增大。

目前我国的低温和宽温度用润滑脂规格中，一般是要求低温黏度不应过大。

在美国军用润滑脂规格中，低温和宽温用的航空润滑脂，大多数要求在其使用温度下的启动力矩不大于 1500mN·m，运转矩不大于 500mN·m。

2. 润滑脂低温转矩的影响因素

（1）润滑脂组成的影响

润滑脂的低温转矩随基础油的种类而异。通常适用作低温润滑脂的有双酯、硅油和黏温性好的低黏度、低凝点矿物油等，但低黏度矿物油在高温蒸发性大，不如双酯和硅油可以兼顾高低温性能。

甲基苯基硅油制的润滑脂，低温转矩因硅油中苯基含量而异。苯基含量较少的硅油制成的润滑脂的低温转矩也较小；而苯基含量较多的硅油制成的润滑脂低温转矩也较大。

① 不同基础油润滑脂的启动力矩大小的顺序如下：氟聚醚＞多元醇酯＞氟硅油

氟聚醚润滑脂的运转力矩和启动力矩受稠化剂的影响较大。PTFE 脂比 EFP 脂的启动和运转力矩大。

多元醇酯润滑脂启动力矩和运转力矩受稠化剂的影响都不很大。PTFE-黏土脂的启动和运转力矩较 EFP 脂要小。某些高黏度多元醇酯润滑脂的启动力矩不正常，比运转力矩小。

氟硅油润滑脂的启动力矩与稠化剂无关，但 PTFE 脂比 EFP 脂的运转力矩稍大。

② 基础油在倾点以上的黏度对低温转矩的影响较小。

③ 倾点对低温转矩的影响比黏度更重要。但倾点对氟硅油润滑脂在轴承中的转矩影响较小。

（2）润滑脂流动性对低温转矩的影响

① 润滑脂的未工作锥入度小，则启动力矩大；

② 润滑脂低温相似黏度大，则运转力矩大。

3. 滚珠轴承润滑脂低温转矩测定法 SH/T 0338—1992

参照采用 ASTM D1478—1980。

滚珠轴承润滑脂低温转矩试验装置见图 4-22。由低温箱、传动装置、转矩试验装置、转矩测定装置及脂杯、心轴、专用装脂器、D204 型向心球轴承组成。

试验步骤：将清洁干燥的 D204 型试验轴承安装在心轴上，用垫片和螺钉固紧轴承的内环；用刮刀将润滑脂试样装入脂杯内至脂杯 3/4 处，尽量避免混入空气；将轴承压入杯内的试样里，正反两个方向反复缓慢转动内环，使试样能够进入轴承各部位；当轴承的端面与脂杯的上端面对齐时，将轴承拔出并卸下；再将轴承端面颠倒并重新固定后压入脂面，当轴承的端面与脂杯的上端面对齐时，将轴承慢慢拔出，除去轴承边缘多余试样，排除可见气泡并填满试样，取下心轴用刮刀刮平轴承两端，将装好试样的轴承仔细安装在轴承座内，当低温箱预冷到试验温度时，把试验轴承和轴承座安装在试验机上并固定好，注意不能转动试验轴承；将测力绳挂在轴承座外钩上，调整绳子到接近拉紧为止；达到温度时开始计时，恒温 2h。

试验结果用启动转矩(mN·m)和运转转矩(mN·m)表示。

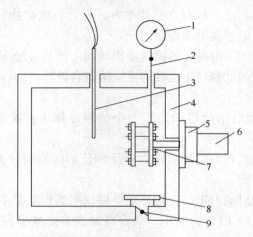

图 4-22　滚珠轴承润滑脂低温转矩试验装置示意图
1—测力器；2—测力绳；3—热电偶；4—低温箱；5—减速机；
6—电机；7—负荷轴承座；8—挡盘；9—调节活门

4.1.8　润滑脂低温泵送性能

润滑脂的低温泵送性能除用低温相似黏度、低温转矩表示以外，还有低温泵送性。相似黏度会影响润滑脂在集中润滑系统中的流动性及在轴承中的运转力矩等。一般要求低温用的润滑脂在低温下的相似黏度不得大于某一数值，例如，7008 号通用航空润滑脂要求-50℃、$10s^{-1}$时相似黏度不大于 1000Pa·s。如要制备低温黏度小的润滑脂，一般要用低黏度、低凝点和黏温性好的基础油和低含皂量。不同稠化剂的润滑脂低温相似黏度的比较见表 4-15。

表 4-15　复合铝、钙基和锂基润滑脂的低温相似黏度

润滑脂	复合铝	复合铝	复合铝	锂基	钙基
皂含量/%	8.0	8.6	6.9	8.0	10
温度/℃	2.2	-40	-40	2.2	-40
$20s^{-1}$	60	2450	1750	87	1400
$200s^{-1}$	24	570	430	19	440

低温泵送性是指在压力作用下，将润滑脂送到分配系统的管道喷嘴和脂嘴等处的能力。由于集中润滑方式的发展，对润滑脂泵送性测定的要求日益迫切，因此，建立了泵送性试验方法。泵送性试验方法的原理是：在冷浴中放置一根环形铜管(总长 13.41m，预冷段长 7.31m，试验段长 6.10m)，用泵定量送入润滑脂样品，测定润滑脂在一定温度下和一定时间内的流量。根据流出量的多少，可以预测润滑脂在管内输送的性能。润滑脂低温泵送性试验装置见图 4-23。

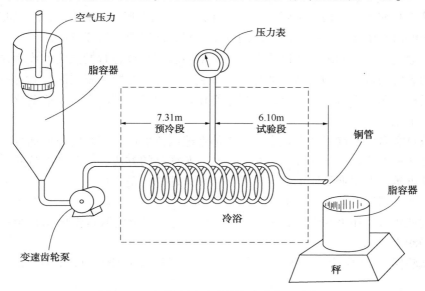

图 4-23　润滑脂低温泵送性试验装置示意图

润滑脂的低温泵送性与基础油和稠化剂都有关系。基础油的凝点低、黏度小，制备成的润滑脂的泵送性好；稠化剂的种类不同其泵送性不同。

4.2　润滑脂的高温性能及轴承性能

润滑脂在受热时，性质可以发生多方面改变，例如，从不流动状态变成流动状态、稠度发生变化、分油和氧化等，这些变化都会影响到润滑脂在高温下的使用性能。在润滑脂的实验室评价中，常用一些较简单的仪器和方法来评定润滑脂的高温性能，如滴点、高温流动性、蒸发、胶体安定和氧化安定性等理化性能。但由于对润滑脂的性能要求日益提高，单纯用简单仪器评定的理化性能指标，不能很好地反映润滑脂的使用性能，因此，各国都重视发展一些测定使用性能的方法，直接以使用润滑脂的典型零部件为试件，在实验室固定的条件下考察润滑脂的性能。例如，在轴承中的使用寿命、漏失量、摩擦力矩等。润滑脂在高温下的这些使用性能可统称为润滑脂的轴承性能。但须说明，润滑脂的轴承性能和理化性能相比，虽然更接近实际，能筛选对比不同的润滑脂性能，但因受试验条件的限制，仍不能代替实际使用试验，此外，轴承试验机及其试验条件也是随着润滑脂的使用条件而发展的，例如转速及温度提高，负荷增大，等等。

4.2.1　滴点

1. 滴点的测定

滴点是润滑脂规格中重要的质量指示之一。润滑脂在一定的条件下加热时，从仪器的脂杯中滴下第一滴液体时的温度，即为该润滑脂的滴点。

一般情况下，润滑脂在试验条件下由半固态变为液态时的温度，或者说，由不流动态转为流动态的温度，就是它的滴点，这种状态变化表明润滑脂含有常规的皂类稠化剂。当润滑脂不是以常规皂类作稠化剂时，可以没有状态变化，而只是析出油来。

滴点本身没有绝对的物理意义，它的数值因仪器设备和测定条件而异。各国标准方法中严格规定了脂杯的大小、形状、装样品的方法、温度计的位置及加热升温速度等。测定润滑脂的滴点须严格按照方法的规定进行。

（1）润滑脂滴点测定法 GB/T 4929—1985

此法等效采用 ISO/DP 2176—1979。此法适用于测定滴点温度不是很高的润滑脂的滴点。

试验仪器：由试管、脂杯、温度计、软木导环组成的滴点测定装置见图 4-24。

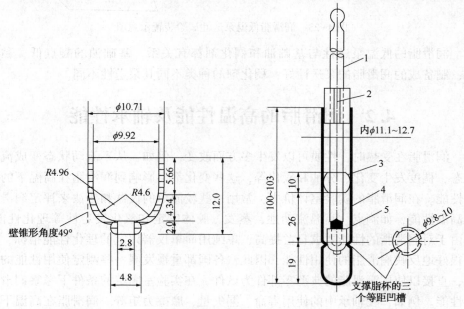

图 4-24　脂杯及装配的仪器

1—温度计；2—软木塞上的透气槽口；3—导环；4—试管；5—脂杯

148

试验步骤：将润滑脂从脂杯大口压入，直到杯装满试样为止，用刮刀除去多余的试样。在底部小孔垂直位置向下穿入抛光金属棒，直到棒伸出约25mm，使棒以接触杯的上下圆周边的方式压向脂杯。保持这样的接触，用食指旋转棒上脂杯，使它呈螺旋状向下运动。以除去棒上附着呈圆锥形的试样，当脂杯最后滑出棒的末端时，在脂杯内侧应留下一厚度可重复的光滑脂膜；将脂杯和温度计放入试管中，把试管挂在油浴里，使油面距试管边缘不超过6mm，应适当地选择试管里固定温度计的软木塞，使温度计上的76mm浸入标记与软木塞的下边缘一致；搅拌油浴，按4~7℃/min的速度升温，直到油浴温度达到比预期滴点约低17℃的温度时，降低加热速度，使在油浴温度再升高2.5℃以前，试管里的温度与油浴温度的差值在2℃或低于2℃范围内。继续加热，以1~1.5℃/min的速度加热油浴，使试管中温度和油浴中温度之间的差值维持在1~2℃之间；当温度继续升高时，试样逐渐从脂杯孔漏出，从脂杯孔滴出第1滴流体时，立即记录两个温度计上的温度。以油浴温度计与试管里温度计的温度读数的平均值作为试样的滴点。

（2）润滑脂宽温度范围滴点测定法 GB/T 3498—2008

此法等效 ISO/DP 6299.2：1979。适用于测定润滑脂宽温度范围滴点。

试验仪器：测定宽温度滴点的铝块炉见图 4-25，测定装置由脂杯、试管、脂杯支架、温度计及附件组成，见图 4-26 所示。

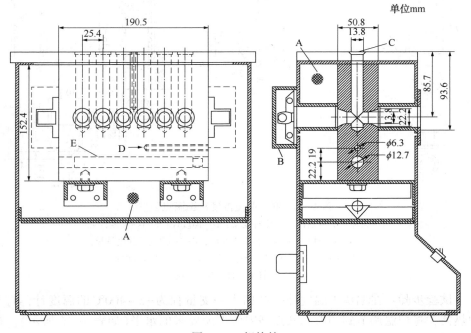

图 4-25　铝块炉

A—绝缘材料；B—荧光灯；C—温度计孔；D—热敏电阻探测器；E—700W 加热器

149

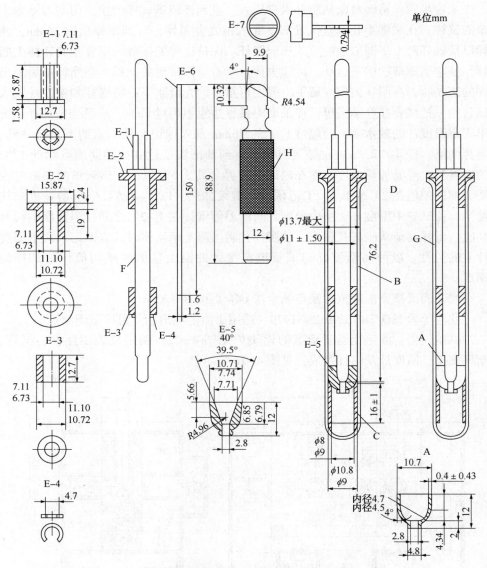

单位mm

图4-26 润滑脂宽温度范围滴点装置

A—脂杯；B—试管；C—脂杯支架；D—温度计；E-1—温度计夹；

E-2、E-3—衬套；E-4—衬套支撑圈；E-5—温度计深度量规；

E-6—金属棒；E-7—脂杯量规；F—温度计组合件；

G—试管组合件；H—滚花

试验步骤：在铝块炉温度计孔中插入一支量程为-5～400℃的温度计，打开加热器，将炉温调节到润滑脂滴点高限温度所要求的水平(如表4-16所示)。按图4-26装置好滴点测定装置。从脂杯大口压入润滑脂试样，直到杯中装满试样

150

为止，用刮刀除去多余的试样，使脂面与杯口齐平；用金属棒从脂杯小口插入，直到金属棒伸出脂杯口约 25mm 为止，同时用棒接触杯上下圆周边挤压杯中试样，用食指使脂杯在金属棒上旋转，螺旋形地向下移动，脂的锥体部分被黏附在金属棒上而被除去。当脂杯接近金属棒的下端时，将金属棒小心地从脂杯中滑出，杯内留下一层厚度均匀的平滑脂膜；把脂杯放在试管中的脂杯支架上，重新装上温度计组合件。将试管组合件轻轻放入铝块炉中确保垂直。记录从脂杯中滴落下第一滴试样的温度及炉温。然后按下式计算滴点：

$$T = T_0 + \frac{T_1 - T_0}{3} \qquad (4-31)$$

式中　T——滴点，℃；

　　　T_0——从脂杯滴落第一滴试样时的温度，℃；

　　　T_1——炉温，℃。

表 4-16　铝块炉温度对应的最高滴点温度

铝块炉温度/℃	最高滴点温度/℃	铝块炉温度/℃	最高滴点温度/℃
121±3	116	316±3	304
232±3	221	343±3	330
288±3	277		

此方法与 ISO/DP6299.2 滴点测定法等效，重复性和再现性均符合要求。润滑脂宽温度范围滴点测定法可测定滴点高达 330℃ 以上的各类润滑脂的滴点，且所需测定的时间较短。

美国材料试验学会标准方法中，ASTM D2265 测定润滑脂宽温度范围滴点，ASTM D566 涉及润滑脂滴点测定法。

2. 润滑脂滴点的影响因素

润滑脂的滴点主要取决于稠化剂的种类，同时还受到稠化剂含量、基础油种类和黏度、添加剂和制备工艺的影响。

（1）稠化剂对润滑脂滴点的影响

① 非皂基润滑脂滴点高，例如膨润土、硅胶等无机润滑脂无滴点，而聚脲、酞青铜、阴丹士林等有机稠化剂制成的润滑脂滴点可高达 260℃ 或 300℃ 以上。

② 复合皂基润滑的滴点可达 260℃ 或 300℃ 以上，复合皂基润滑脂，无论是复合钙、复合铝或复合锂，都比一般皂基润滑脂的滴点高得多，复合皂基润滑脂因含复合剂（如低分子酸盐）使滴点比普通皂基润滑脂显著提高。

③ 普通皂基润滑脂的滴点随皂的种类而异。

a. 皂基润滑脂的滴点与脂肪酸皂中的金属种类有关。

不同金属皂基润滑脂的滴点如下：

皂的种类　　　　　Na　Li　Ba　Sr　Ca　Pb　Zn
润滑脂的滴点/℃　　198　193　130　130　105　80　74

由此可见，金属皂的种类对润滑脂的滴点影响很大。

b. 皂基润滑脂的滴点和制皂用的油脂有关。

皂基润滑脂的滴点与制皂基稠化剂所用脂肪的饱和程度、碳原子数多少都有关系，见表4-17和表4-18。

表4-17　润滑脂的滴点与制皂用油脂的饱和程度的关系

皂的类型	制皂所用油脂	油脂的碘值/（gI_2/100g）	滴点/℃
钠皂	亚麻仁油	176	103
	棉籽油	110	110
	牛油	47	148
钙皂	亚麻仁油	176	71
	棉籽油	110	89
	牛油	47	95

表4-18　不同脂肪酸锂皂润滑脂的滴点

锂皂	皂的碳原子数	滴点/℃	相转变温度/℃
癸酸锂	10	213	222.2
十四酸锂	14	204	210.0
硬脂酸锂	18	192	195.6
二十二酸锂	22	185	185.6

从表4-17和表4-18可见，不同饱和程度的油脂制成的钠基润滑脂或钙基润滑脂滴点都不相同，用饱和程度高的皂制成的润滑脂滴点较高。锂皂分子中碳原子数不同（脂肪酸种类不同）制成的润滑脂滴点不同。碳原子数较少的脂肪酸锂制成的润滑脂滴点较高。润滑脂的滴点和稠化剂的高温相转变有关，不同皂基润滑脂的滴点不同是因稠化剂高温相转变温度不同，烃基润滑脂滴点较低因其稠化剂地蜡的熔点较低。

但需说明，滴点本身并没有绝对的物量意义，它不是润滑脂的熔点，因为润滑脂是由稠化剂和基础油组成的，它没有真正熔点，而是在一个温度范围内逐渐软化，滴点只是规定的试验条件下从半固态转为液态的温度。

同种稠化剂，其含量较多的润滑脂的滴点也较高。表4-19是五种钙基滑脂的含皂量与滴点的关系，从表中可以看出，同一种稠化剂含量较多，润滑脂的滴点较高。

表4-19 钙基润滑脂皂含量与滴点的关系

牌号	1	2	3	4	5
皂含量/%	11	13	15	18	22
滴点/℃	75	80	85	90	95

（2）添加剂对润滑脂滴点的影响

添加剂对润滑脂滴点的影响随添加剂种类而异，有些极压添加剂对润滑脂滴点影响较大，表4-20中列有几种添加剂对锂基润滑脂滴点的影响，从该表可见，二苯胺和2-巯基苯并噻唑、三氯丙烯基醚对锂基润滑脂滴点影响较小，而三氯甲基膦酸酯对滴点影响很大，而且随着用量增多滴点也相应下降。

含铅化合物在润滑脂中常用作极压添加剂，它们对润滑脂滴点也有影响。含铅化合物能使润滑脂的滴点降低，但降低程度随铅含量的加多而增大，此外，也因含铅化合物的种类而异。

表4-20 添加剂对锂基润滑脂滴点的影响

添加剂	含量/%	滴点/℃
基础脂	0	207
二苯胺	0.5	201
	1.0	206
	2.0	208
2-巯基苯并噻唑 三氯丙烯基醚	0.5	204
	1.0	203
	2.0	194
三氯甲基磷酸酯	0.5	187
	1.0	164
	2.0	135

3. 滴点对润滑脂使用的意义

（1）大致区分不同类型的润滑脂

不同稠化剂制成的润滑脂滴点不同。烃基润滑脂滴点低，在 50~60℃。不同皂基润滑脂滴点高低不同。

从表4-21可以看出：钙基润滑脂和铝基润滑脂滴点均较低，无水钙基及锂、钠皂基润滑脂较钙基润滑脂、铝基润滑脂高，钠基及锂基润滑脂滴点在单皂基润滑脂中最高。复合皂基润滑脂及有机润滑脂滴点高达250℃，无机润滑脂（如膨润土、硅胶脂）无滴点。

表 4-21　润滑脂的滴点与最高使用温度的关系

润滑脂		滴点/℃	最高使用温度/℃
基础油	稠化剂		
矿物油	铝皂	70~90	50
	钙皂	75~100	55~65
	无水钙	140	110~120
	钠皂	140~180	100~120
	锂皂	170~190	120
	膨润土	无	130
	复合钙	250	130
	复合铝	250	130
酯类油	锂皂	170~190	130
	膨润土	无	150~200
	有机物	250	150~200
硅油	锂皂	170~200	130~150
	有机物	250	200

（2）估计润滑脂的最高使用温度

润滑脂的滴点常用来估计最高使用温度，一般润滑脂的使用最高温度比其滴点低 15~30℃，但有的润滑脂因受基础油蒸发性的限制，或因体系发生相转变以致最高使用温度比滴点低得多。需要注意，滴点并不是润滑脂的最高使用温度，润滑脂不应在温度达到或高于其滴点时使用，否则会熔化流失。

（3）在润滑脂的研制、生产和贮存中用以检查质量

由于滴点测定设备简单、方法快速，长期以来，国内外在润滑脂研制、生产和验收中都广泛用滴点来控制检查润滑脂的质量，故润滑脂规格中均规定有滴点项目。贮存期中，润滑脂如氧化变质，滴点就会降低，因此滴点也是润滑脂贮存化验项目之一。

4.2.2　润滑脂高温流动性

润滑脂的滴点只反映了润滑脂在试验条件下润滑脂从不流动态转变成流动态的温度，而不能表示润滑脂在某一温度范围内润滑脂流动特性或稠度的变化。润滑脂要满足高温使用要求，不仅要求滴点高于使用最高温度，而且要在使用温度范围内，不因过分软化或硬化等状态变化而丧失润滑性。润滑脂在温度升高时，稠度、强度极限、相似黏度以及机械安定性等都会发生变化，所以在实验室评价润滑脂的性能时，常考察润滑脂在可能使用的最高温度下的某些性能，或达到某

154

一温度范围内性能的变化。尽管这些考察未列入产品标准中，但对于比较润滑脂的性能和筛选润滑脂还是有帮助的。

1. 润滑脂的稠度和黏度随温度的变化

（1）稠度随温度的变化

润滑脂在没有发生相转变时，稠度随温度升高而改变；多数润滑脂稠度是随温度升高而减小；也有一些润滑脂（如复合钙基润滑脂）在温度升高时稠度增大，发生所谓热硬化倾向；还有一些润滑脂在温度升高时，稠度基本上没显著变化。

（2）润滑脂的相似黏度随温度的变化

润滑脂在没有发生相转变以前，其相似黏度随温度的升高而减小，随温度的降低而增大，皂基润滑脂的黏度随温度的变化较大，膨润土润滑脂的黏度随温度的变化较小。皂基润滑脂在不同的温度范围内出现黏度随温度升高而增大，然后又急剧降低的现象，反映了在该温度范围内出现了相转变。

用 ASTM D3232 方法可以测定润滑脂在整个加热过程中流动性的变化。该法测得的结果也称表观黏度，称为润滑脂高温流动性能测定方法。用该法测定的五种不同滴点的润滑脂的黏温特性显示：锂－钙基润滑脂随温度的升高而相当均匀地变软，直到91℃时急剧软化。锂基润滑脂也相似，到149℃发生突变。钠基润滑脂在82℃黏度降低，然后在大约110℃时黏度增大，在82～110℃范围内出现泡沫。这三种皂基润滑脂在滴点温度时其相似黏度约为0.5Pa·s。膨润土和一种合成稠化剂硅油润滑脂在300℃仍基本保持原有稠度，和皂基润滑脂很易区别。

各种合成油润滑脂的高温流动性都是随温度的升高而增大，即表观黏度减小。但黏－温曲线各不相同，反映了润滑脂的高温流动性和使用温度极限的差别。

用高温流变仪测定润滑脂的高温流动性，测得的结果与1/4锥入度测得的锥入度变化趋势是吻合的。与高温锥入度相比，高温流变仪测试高温流动具有省时、准确的特点。

2. 润滑脂高温流动性测定法 ASTM D3232

该方法适用于测定高温、低剪切条件下润滑脂的流动性质。使用的仪器是一种三叉探针旋转黏度计（Brookfield 旋转黏度计），如图4-27所示。

该法测定时，先将润滑脂样品装入铝制样品块的环形脂杯内，然后，在室温下把装好样品的样品块放在加热板上，将旋转黏度计上的特殊三叉探针插入样品中，接通电源，以5℃/min的速度加热样品。同时，使试验轴以20r/min的恒定速度旋转，每隔一分钟记录一次样品块的温度和黏度计上读出所测定的扭矩，直接到读数低于黏度计刻度0.5以下，或样品达到所要求的最高温度为止。试验结果是利用测试校正液体所得到的换算因素，将测得的扭矩数据按下式换算为相似黏度：

$$V_s = \frac{V_f}{R_f} R_s$$

155

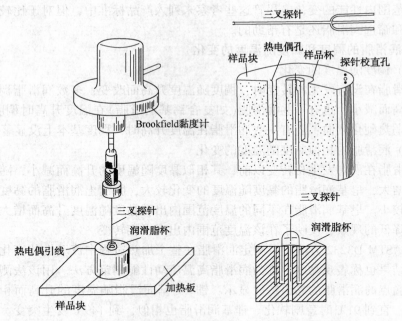

图 4-27　润滑脂高温流动性测定装置(旋转黏度计)

式中　　V_f——校正液的已知黏度，Pa·s

　　　　R_f——校正液在 20r/min 测得的扭矩；

　　　　R_s——样品在 20r/min 测得的扭矩。

在试验过程中每隔一分钟还要记录从润滑脂杯中观察到的润滑脂的情况，以确定试验时润滑脂是否发生反常的物理转变，如：

① 脂样在加热时溢出杯外；

② 在加热期间，润滑脂明显变硬变脆，同时不再保持润滑脂状的稠度；

③ 脂样开始随着三叉探针在环形脂杯中一起旋转，而不是探针头穿过脂杯而旋转；

④ 脂样形成环形沟槽，三叉探针在沟槽中转动而没有与大部分润滑脂接触。

如出现上述一种或全部异常现象后，则所测定的扭矩虽然仍有意义，但换算的相似黏度却不是相似黏度的真实数值，所有数据不是定量的，但仍可用来定性地表示润滑脂的稠度。

在试验过程中，如果没有发现上述任何一种异常现象，则在黏度计上直接测定的相似黏度是可靠的和有用的。润滑脂高温流动性能测定法可以直接显示润滑脂从室温到高温范围流动性的变化，其结果以表观黏度表示。

4.2.3　蒸发损失

润滑脂在高温或真空条件下基础油会蒸发损失，基础油蒸发损失过大，会使

156

润滑脂的稠度增大，摩擦力矩增大、使用寿命缩短，所以高温下使用的润滑脂、真空下使用的润滑脂及精密光学仪器润滑脂要求有低的蒸发损失。

1. 蒸发损失的测定方法

（1）润滑脂和润滑油蒸发损失测定法 GB/T 7325—1987

等效采用 ASTM D972—1956(1981)。

适用于测定在 99~150℃ 范围内的任一温度下润滑脂或润滑油的蒸发损失。

润滑脂和润滑油蒸发损失测定装置示意见图 4-28。由蒸发器、供气系统、转子流量计、恒温浴、温度计、润滑脂试样杯等组成。

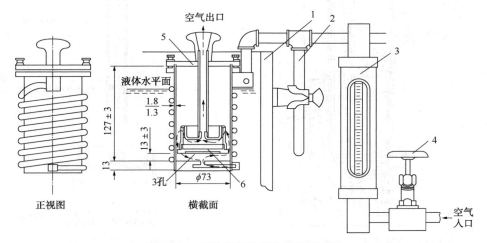

图 4-28 润滑脂蒸发损失测定示意图

1—浴壁；2—支撑杆；3—转子流量计；4—针形阀；5—环槽盖；6—试样杯组合件

试验步骤：称量已洗净的试样杯和杯罩；将润滑脂试样填满试样杯中，防止混入空气，用刮刀刮平试样使试样表面和脂杯边缘相平，盖上杯罩并拧紧；称量脂杯组合件；将脂杯组合件放入已达到试验温度的恒温浴中的蒸发器里，使干净的空气以规定的流速流过蒸发器，经过 22h 试验后，从蒸发器上取下脂杯组合件，冷却至室温，称量并记下样品净质量。以蒸发损失的质量百分数表示。

（2）润滑脂蒸发度测定法 SH/T 0337—1992

等效采用 ΓОСТ 9566—1974。适用于自然气流下测定润滑脂的蒸发损失。将盛满厚 1mm 润滑脂的蒸发皿置于专门的恒温器内，在规定温度下保持规定的试验时间(1h)，测定其损失的质量。以蒸发损失的质量百分数表示。

润滑脂蒸发度测定装置见图 4-29。

（3）润滑脂宽温度范围蒸发损失测定法 SH/T 0661—1998

等效采用 ASTM D2595—1996。

本方法适用于测定在 93~316℃ 范围内的润滑脂的蒸发损失，比 GB/T 7325 测定的温度范围宽。

试验装置组合件示意见图 4-30。

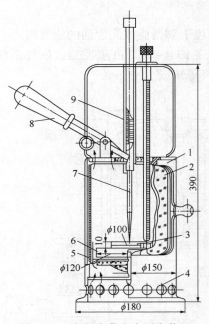

图 4-29　润滑脂蒸发度测定装置
1—壳体；2—玻璃门；3—钢饼；
4—圆孔；5—电热器；6—加热台；
7—顶杆；8—手柄；9—弹簧

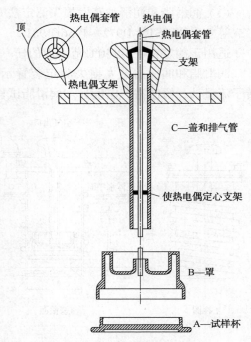

图 4-30　蒸发器组合件

试验步骤：将润滑脂试样装满已清洁干燥的试样杯中，避免混入空气，用刮刀刮平试样表面，使与试样杯边缘相平，盖上杯罩并拧紧；称量试样杯和杯罩并记录试样的净质量；把称量过的和装配好的试样杯和杯罩拧紧在排气管上，然后装在加热器中，调整好温度和空气流量，使试样的空气流速为 2.58g/min，在规定试验温度下保持 22h；试验结束后，从蒸发器装置上取出试样杯和杯罩，冷却至室温称量。以蒸发损失的质量百分数表示。

2. 润滑脂蒸发性的影响因素

润滑脂的蒸发，大部分是基础油的蒸发，润滑脂的蒸发性几乎完全取决于基础油种类、性质、馏分组成和分子量，不同种类和不同黏度的基础油制成的润滑脂，其蒸发特性各有不同。

（1）基础油种类和温度对润滑脂蒸发的影响

布塞尔(Booser)等用四种基础油制的 2 号皂基润滑脂，在不同温度下，用锥

158

网法进行4000h的蒸发试验，其结果见图4-31~图4-34，从图可见，几种润滑脂4000h的蒸发损失，在100℃以下很小，而在100℃以上随温度升高而增大，硅油润滑脂比其他基础油的润滑脂蒸发损失少，并且在150℃高温下它的蒸发损失也增加不多。

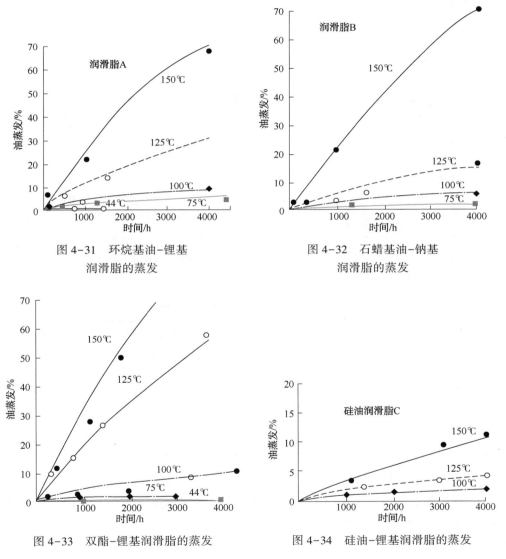

图4-31　环烷基油-锂基
润滑脂的蒸发

图4-32　石蜡基油-钠基
润滑脂的蒸发

图4-33　双酯-锂基润滑脂的蒸发

图4-34　硅油-锂基润滑脂的蒸发

（2）基础油黏度和温度对润滑脂蒸发的影响

图4-35是矿物油润滑脂在不同温度时的蒸发量和基础油黏度的关系，从图可以看出，在1000h内油蒸发量随基础油37.8℃黏度增大而减少，在黏度达到某一数值时，蒸发随黏度的增大而变化不大，单从减少蒸发损失来看，如要制备不

同温度下蒸发性较小的润滑脂，如图4-36，则所用的基础油在37.8℃应具有下列的最低黏度，见表4-22。

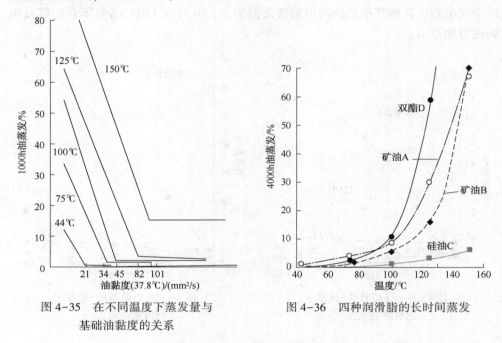

图4-35　在不同温度下蒸发量与
基础油黏度的关系

图4-36　四种润滑脂的长时间蒸发

表 4-22　基础油黏度对润滑脂蒸发的影响

润滑脂操作温度/℃	基础油的最低黏度(37.8℃)/(mm²/s)
44	21
75	34
100	45
125	82
150	101

以上试验结果可以看出：

① 润滑脂的蒸发度随温度升高而加大，在一定温度下的蒸发损失总重量随时间的增长而增多，但蒸发速率随时间的增长而减低。

② 润滑脂的蒸发取决于基础油的种类和黏度。

3. 计算润滑脂蒸发的公式

润滑脂的蒸发速率有随时间增长而降低的总倾向，考虑蒸发损失速率在接近整个润滑脂干涸并将达最终极限，这种模式与固体干燥的一般情况相似，蒸发速率与在润滑脂中剩余的油量占原油量分数成正比，按固体干燥公式：

160

$$\frac{\mathrm{d}E}{\mathrm{d}t} = \frac{1-E}{\alpha} \qquad (4-32)$$

式中　E——在 t 小时内蒸发损失的油占原来油的分数；

　　　$1/\alpha$——蒸发的初始速率，通常与表面积和蒸气压成正比。

上式积分得：

$$E = 1 - e^{-\frac{t}{\alpha}} \qquad (4-33)$$

然而，对多数润滑脂，这个关系式不是很好地反映蒸发损失率随时间的降低，芒斯克(Mahncke)和希法兹(Schwqrtz)提出一个润滑脂在宇航条件下的蒸发公式：

$$E = 1 - e^{-\left(\frac{t}{\alpha}\right)^{\beta}} \qquad (4-34)$$

式中　E——蒸发 t 小时后蒸发了的油占原来油的分数。

　　　α 和 β——和润滑脂组成和环境温度及其他试验条件有关的蒸发常数，α 称为时间常数，β 称为时间指数。当 β 为 1 时，芒斯克公式与一般固体干燥公式相同。

4. 各种润滑脂蒸发性的比较

ASTM D972 润滑脂蒸发试验是用较多的润滑脂在厚层中试验的，但润滑脂在实际应用中，例如在滚动轴承中，润滑脂呈薄膜状态，薄膜状态的润滑脂由于比表面积较大，比厚层润滑脂蒸发显著增大，为了探求更适于预示实际在薄膜状态的润滑脂的使用性能，最近报道了一个新的薄膜试验方法，该法系将润滑脂在样板中做成 38mm 宽、75mm 长和 1.55mm 厚的薄层、称重后在 149℃强制通风的烘箱中进行 24h 试验，然后测定其重量损失。

各种润滑脂采用不同蒸发试验方法测定结果见表 4-23。在所试验的润滑脂中，用 ASTM D972 试验时蒸发性差别很小的润滑脂，在薄膜试验中蒸发损失有明显差别。

表 4-23　润滑脂的蒸发性和氧化安定性比较

基础油/稠化剂	氧化安定性 98.8℃，24h 压力降/kPa	蒸发性(149℃，24h)/%		
		薄膜法	ASTM D972	改进 ASTM D972
双酯/锂皂	10.34	44.8	6.6	5.5
双酯/锂皂	10.34	27.5	2.6	1.9
多元醇酯/PTFE	无	14.4	2.8	3.2
聚乙二醇/黏土	66.88	90.2	69.6	5.2
矿物油/钠钙皂	13.79	29.5	8.0	1.8
矿物油/二氧化硅	14.48	20.5	4.1	2.7
聚酯/钠皂	无	13.2	1.8	2.6

基础油/稠化剂	氧化安定性 98.8℃，24h 压力降/kPa	蒸发性(149℃，24h)/%		
		薄膜法	ASTM D972	改进 ASTM D972
高苯基甲基硅油/锂皂	无	0.8	0.06	无
低苯基甲基硅油/锂皂	68.95	0.2	0.65	0.5
聚 α-烯烃/锂皂	10.34	2.7	0.15	0.2
聚乙二醇/二氧化硅	无	87.5	1.2	2.5
聚 α-烯烃/二氧化硅	13.79	0.9	无	无

鉴于润滑脂的蒸发与温度和压力都有关系，有人对一些航空用润滑脂在不同的温度和压力下的蒸发性做了对比。在常压、高温条件下，对润滑脂薄层进行蒸发试验结果见表 4-24。

表 4-24　几种润滑脂在常压和高温下的蒸发

润滑脂		7007 号脂		221 号脂		304 号脂		
温度/℃		100	120	120	140	100	120	140
蒸发/%	10h	1.36	3.20	0.23	0.19	72.53	69.75	82.59
	36h	6.69	7.09	0.27	0.73	81.61	80.91	84.60
	84h	15.76	15.79	0.75	2.42	82.85	83.09	84.55
	252h	38.48	41.68	0.68	4.27	83.12	83.09	84.70
	588h	76.22	—	—	—	83.22	—	—
	636h	—	77.09	0.84	13.96	—	83.09	84.92

试验结果表明：304 号脂在 120℃ 大约经过 10h 即已变干，7007 号脂在 100℃、120℃ 蒸发 636h 其损失也较小。

为了模拟在高空条件下的试验，将 0.1g 脂样涂于 50mm×50mm 玻璃片上，放于真空干燥箱中，使残压与 18~22km 高空的压力相适应，试验温度与该脂的最高使用温度一致。测定试验过程中的蒸发损失，结果见表 4-25。结果表明，矿物油润滑脂(2 号低温脂及 201 号脂)在 120℃ 及高空条件下，不到 15h 试验，几乎失去了全部基础油，而 7007 号、7012 号等酯类油润滑脂在高温高空条件下不易变干。

表 4-25　在 120℃全压(相当于 18~22km 高度下)润滑脂的蒸发损失

润滑脂	15h	10h	20h	30h
2 号低温脂	82.31	84.04		
201 号脂	71.09	84.16		

润滑脂	15h	10h	20h	30h
7 号脂	18.47	25.44		
7007 号脂	—	2.89	20.12	33.43
7012 号脂	2.44	4.66	14.89	22.36
7008 号脂	7.87	16.50	27.71	36.25

5. 蒸发损失对润滑脂使用的影响

（1）润滑脂的蒸发对润滑脂使用寿命的影响

关于蒸发损失对润滑脂寿命的影响，以往认为润滑脂只是基础油起到润滑作用，并认为当润滑脂基础油蒸发损失大约一半以后，润滑失效趋势上升。近年也有提出不同条件下的蒸发试验结果，说明某些润滑脂样品中基础油蒸发损失高达45.6%，仍能保持正常的润滑效果（见图4-37），图中各曲线表示，在100℃真空条件下，蒸发量不同的样品在改型的四球机上操作时温度变化。该法以滚珠上出现点蚀作为润滑剂失效的标志，润滑不良则操作温度上升，还可能导致滚珠磨伤。根据试验结果，认为润滑脂在轴承中使用时，除非蒸发后其中的稠化剂含量高到足以使润滑脂流变性能变坏的程度，否则是不会造成润滑不良的。

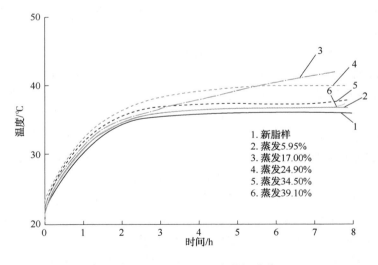

图4-37 润滑脂的温度特性曲线

一般认为，润滑脂的蒸发性是影响润滑使用寿命的一个因素，尤其是对于在高温、宽温度范围或高真空条件下使用的润滑脂显得特别重要。润滑脂的蒸发性大，则在使用中基础油蒸发损失量大。基础油损失过多，会引起润滑脂稠度和内摩擦增大，还会引起润滑脂过早干涸，从而缩短使用寿命。润滑脂的蒸发常以规定温度和其他试验条件下，在一定时间内的蒸发量表示。在一定时间内蒸发量大，则寿命时间短，可由表4-26看出。

表4-26　润滑脂蒸发量与寿命的关系

润滑脂	蒸发量(400h)/%		润滑脂寿命/h	
	120℃	150℃	120℃	150℃
A(环烷基油)	32	—	约820	—
B(石蜡基油)	7	26	2000以上	400
C(环烷基油)	—	30	—	340
D(环烷基油)	—	18	—	700

表中四种润滑脂样品中的皂基稠化剂和抗氧化剂均相同，只是基础油不同，所以蒸发性不同。在一定时间内蒸发量大的润滑脂寿命较短，蒸发量小的润滑脂寿命较长，从120℃或150℃400h的蒸发量和寿命可以看出：120℃蒸发量较少，寿命较长，而在150℃高温下蒸发量较多，寿命较短。由此可见，蒸发在高温和宽温度范围对润滑脂的使用寿命有很大影响。

但须说明，蒸发是影响轴承润滑脂寿命的一个重要因素，但不是唯一的因素。润滑脂的氧化、分油和机械安定性等都对使用寿命有影响。润滑脂在使用中，温度高不仅会加速蒸发，而且还会加速氧化和分油。

（2）润滑脂的蒸发对仪器仪表使用的影响

仪器仪表用的润滑脂要保证仪表在调试及整个使用过程中的润滑，直到仪表系统进行返修时为止。因此要求润滑脂的蒸发性小，以保证长期正常使用。

光学仪器是指具有光学玻璃的观察、测量和照相等一类功能的仪器。光学仪器用润滑脂的蒸发量对光学仪器具有重要意义。若润滑脂的蒸发量大，一方面在光学玻璃镜面上凝聚油蒸气，形成所谓"油雾"会严重影响观察性能；另一方面，在使用中润滑脂极易干涸，造成仪器磨损和密封性变坏。故光学仪器用润滑脂都要求蒸发性小。例如国产四种光学仪器脂7105号、7108号规定在120℃蒸发量不大于1%，7106号和7107号光学仪器脂规定在120℃蒸发量不大于2%。

（3）润滑脂的蒸发对润滑脂在真空下使用的影响

当润滑脂在真空下使用时，就会发生由蒸发引起的特殊情况。火箭、人造卫星及其他空间载运体，都有许多暴露于极低环境压力下的运动部件。在这样的条件下，即使在相当低的温度下，蒸发速率也会大大提高。蒸发不仅使润滑脂中的油量减少，而且蒸发出来的油蒸气对于某些仪器和部件的正常工作有影响。例如：在人造卫星内部，如果透镜、分光镜等光学仪器的表面上，由于吸附了油蒸气而形成薄油膜，这些仪器便不能使用了。

4.2.4　润滑脂的氧化安定性

润滑脂在储存和使用中抵抗氧化的能力叫作氧化安定性。

氧化安定性是润滑脂的重要性质之一，对润滑脂的贮存和使用都有影响，尤其是对于高温、长期使用的润滑脂，更具有重要意义。润滑脂氧化后性质改变，会对贮存和使用产生不良后果，因而氧化安定性是关系润滑脂最高使用温度和使用寿命长短的一个重要因素。随着机械的发展，对润滑脂的高温性能和延长寿命的要求日益提高，氧化安定性的重要意义更为突出。为此，本节将讨论润滑脂氧化后性质改变及危害、影响氧化的因素及提高氧化安定性的措施、氧化的作用机理及抗氧化剂的效能、氧化安定性评定方法。

1. 润滑脂氧化后的性质改变

润滑脂氧化后性质发生以下变化：

（1）游离碱减少或酸值增加

由于氧化产生酸性物质，致使润滑脂游离碱减少甚至出现游离酸而使酸值增加。酸值增大数值随氧化条件、时间而异（见表4-27）。氧化产物不仅有酸性物质，还有醛、酮等其他氧化产物。

表4-27　几种润滑脂氧化后性质的改变

氧化前后的指标	硬脂酸锂	12-羟基硬脂酸锂	复合钙	硅胶	80号地蜡
酸值增加/（mgKOH/g）					
16h后	2.7	3.2	3.1	4.3	6.5
32h后	5.8	5.4	5.6	6.8	9.5
强度极限（20℃）/Pa					
氧化前	1800	1080	140	540	1110
16h后	580	960	0	80	480
32h后	670	1120	0	100	760
滴点/℃					
氧化前	197	205	216	—	73
16h后	165	183	139	—	64
32h后	139	164	90	—	62

（2）滴点降低

润滑脂氧化后，由于产生的氧化产物对润滑脂相转变温度有影响，从而使润滑脂滴点降低。滴点降低的数值随氧化时间的延长而增多。

（3）强度极限发生变化

润滑脂氧化后对强度极限有影响，一般润滑脂氧化后强度极限下降。

（4）锥入度发生变化

润滑脂氧化后锥入度也会发生变化，表4-28列有几种不同类型润滑脂氧化后锥入度的变化，变化程度随润滑脂种类和试验方法而异。从该表可以看出，一般润滑脂氧化后大多是锥入度增大，而且以动态法氧化（黄铜/钢滚筒）48h比ASTM D942氧弹法氧化500h的变化还要大。复合钙基润滑脂在氧弹法氧化后锥入度变小。聚脲润滑脂无论用氧弹法或动态法氧化一定时间后锥入度几乎未变。

表 4-28　氧化对润滑脂锥入度的影响

项目		锂基	锂基	极压锂	钠基	复合钙基	聚脲
氧化前锥入度/0.1mm		318	274	285	276	283	270
氧化后锥入度/0.1mm							
氧化后锥入度/0.1mm	氧弹法（ASTM D942），5h	370	—	—	—	239	—
	动态法，48h	455	455	455	455	455	276

（5）润滑脂的颜色和外观发生变化

润滑脂氧化后颜色加深，例如长期贮存中的钙基润滑脂，由于氧化表层润滑脂开始颜色加深，由淡黄逐渐变为深黄甚至出现红褐，并伴随有其他性质的改变，如出现游离酸，甚至腐蚀不合格。润滑脂严重氧化后还可能表面出现裂纹或硬块，出现分油。

（6）润滑脂的相转变温度、介电性能及结构变化

润滑脂氧化后除了上述一般理化性能改变以外，还发生相转变温度、介电性能及结构方面的变化。例如，差热分析发现，锂基润滑脂氧化后相转变温度有改变。电性能测定发现，润滑脂氧化后介电常数—温度曲线上出现拐点的温度下降。电子显微镜观察，润滑脂氧化后出现皂纤维结构骨架的破坏。润滑脂氧化后用电子显微镜观察，发现内部结构有变化。例如，在观察对比不同冷却速度制备的锂基润滑脂时，在氧化32h后，慢冷的润滑脂结构变化不大，而快冷的润滑脂结构完全破坏。快冷的润滑脂原来皂纤维粒子较细小，氧化时与氧接触面较大，较易氧化。

2. 润滑脂氧化的危害

润滑脂氧化可引起一系列的性质变化，从外观、理化指标到内部结构都发生不同程度的改变。因为氧化使润滑脂组成中出现了氧化产物，从而会影响润滑脂的结构和性能。

氧化后的润滑脂由于酸性物质增加，会使润滑脂防护性能变坏，导致腐蚀试

验不合格。润滑脂在高温氧化后，润滑脂的抗磨损性能变坏，氧化深度对钢球磨损有很大的影响，氧化温度的提高对脂的抗磨性变坏的影响比试验温度的影响更大。

3. 润滑脂氧化安定性的影响因素

（1）稠化剂对润滑脂氧化安定性的影响

润滑脂的氧化主要取决于它的组分的性质，与稠化剂、基础油和添加剂都有关系。

① 稠化剂类型的影响。一般来讲，非皂基稠化剂大多数是热安定性和氧化安定性较好的有机或无机稠化剂，其本身不易氧化，而且对基础油的氧化不起催化作用。因而某些有机（脲、阴丹士林、酞菁铜等）和无机润滑脂，比普通皂基润滑脂氧化安定性好。例如，脲类稠化剂本身符合含金属原子对基础油的氧化不起催化作用，其润滑脂具有优良的氧化安定性。表4-29列出了不同类型润滑脂氧化安定性的比较。

表4-29　不同类型润滑脂氧化安定性比较

项目	聚脲	钠基	合成酰钠	硬脂酸锂	12-羟基硬脂酸锂	复合锂基
矿物油的含量/%	84	80	87	85	83	88
氧化安定性（100℃，100h）						
压力降/kPa	9.807	127.5	107.9	136.3	117.7	184.4
氧化前酸值/（mgKOH/g）	0.38	—	0.61	—	—	—
氧化后酸值/（mgKOH/g）	0.59	20.42	27.18	19.19	20.77	19.02

从表4-29可以看出，几种润滑脂的基础油相同，唯有稠化剂不同，脲基润滑脂在氧化100小时后，其压力降为9.807kPa，这是因为脲基稠化剂对基础油的氧化没起催化作用。

烃基润滑脂的氧化安定性比皂基润滑脂好，因为它本身不含不饱和组分，也不含金属皂，所以较皂基润滑脂不易氧化。

皂基润滑脂的氧化安定性较其基础油和稠化剂都差。

皂基润滑脂比其基础油易氧化，这可以从图4-38看出。图4-39是皂对润滑脂氧化的影响，试验是将5%硬脂酸锂皂在中性油中的润滑脂的氧化和滤除硬脂锂皂后油的氧化作比较。可以看出，滤除皂后油的吸氧量比润滑脂的吸氧量少得多。

有试验表明，锂基润滑脂比其主要组分（稠化剂、基础油）都易氧化。除将润滑脂和其组分比较外，还将硬脂酸锂皂在矿物油中的分散体系的氧化也进行了比较，皂油分散体系比制成的润滑脂更易氧化。关于皂基润滑脂的吸氧速率比其稠化剂和基础油都快的原因，一般认为是由于金属皂对基础油的氧化起催化作用，在皂-油界面上皂吸附原存于矿物油中的天然(或合成的)抗氧化剂，从而加速了矿物油的氧化。显然皂-油分散体系中的皂比润滑脂中的皂易吸附抗氧化剂，因此，皂-油分散体系比润滑脂氧化速率更快。

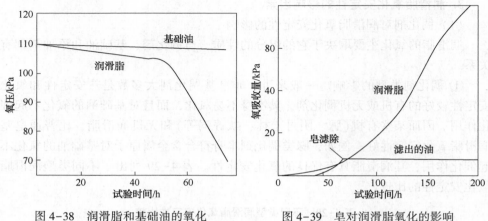

图 4-38　润滑脂和基础油的氧化　　　　图 4-39　皂对润滑脂氧化的影响

不同的皂基润滑脂的安定性有差别。金属皂的种类和浓度、不同脂肪酸皂的饱和程度、基础油的类型和精制程度以及甘油、酸、碱等含量等都会影响润滑脂的氧化安定性。

a. 不同金属皂的催化作用大小不同。金属皂在同一种基础油中制成的几种皂基润滑脂，在 98.9℃下测定诱导期，其结果见表 4-30。从表中可见，在所试验的几种金属皂中以锂皂对氧化的催化作用最大，而铝皂的催化作用最小。

表 4-30　金属皂对润滑脂氧化的催化作用

项目	锂基	钠基	镁基	钙基	钡基	铝基
诱导期(98.9℃)/h	25	45	112	100	135	330

b. 不饱和脂肪酸的影响。皂的脂肪酸碳链，有的含双键，如果含有几个双键，则很容易氧化。例如，用含有 1.0% 有几个双键的不饱和物，碘值为 30 的鱼类脂肪的钠皂制的润滑脂，吸收 250mL 氧只用了 85h；用不含几个双键的不饱和物，碘值为 20 的酸制成的钠皂润滑脂，在同一试验条件下，吸氧 250mL 需 250h。由此可见，脂肪酸碳链中如有多个双键，则对润滑脂的氧化安定性降低较多，而只含一个双键的脂肪酸，假使没有其他催化剂存在，也是较稳定的。碘值低于 20 的脂肪酸钠皂润滑脂在吸氧速率上的差别较少。要制备氧化安定性较好的润滑脂，应选用碘值小的脂肪做原料。

② 稠化剂浓度的影响。稠化剂浓度对润滑脂氧化诱导期有影响，如以一系列的硬脂酸钙-中性油润滑脂做试验，测定氧化诱导期，基础油诱导期为 1600h，

168

含3%硬脂酸钙的润滑脂诱导期降为300h，而含15%硬脂酸钙时，诱导期降至100h以下，说明钙皂的浓度增大，对润滑脂氧化的催化作用也增大，使氧化诱导期大为缩短。皂浓度对锂基润滑脂氧化后性质的改变没有明显规律（见表4-31）。

表 4-31　硬脂酸锂浓度对润滑脂氧化的影响

皂浓度/%	6	8	10	12	14	16	18	20
酸值/(mgKOH/g)								
氧化前	0.08	0.10	0.10	0.12	0.12	0.12	0.13	0.13
氧化16h	2.3	2.3	2.2	0.02				
氧化32h	6.5	6.9	6.4	1.5	1.5	1.1	1.3	1.0
强度极限/Pa								
氧化前	80	280	1800	1820	1840	2120	2280	3720
氧化16h	0	0	510	800	1200	1520	2180	3200
氧化32h	0	0	670	720	1000	1520	2000	26400
滴点/℃								
氧化前	200	198	197	200	200	200	200	200
氧化16h	148	155	163	184	184	184	183	186
氧化32h	119	130	139	160	163	163	166	163

（2）基础油对润滑脂氧化安定性的影响

基础油是润滑脂中含量最多的部分，它的氧化安定性好坏对润滑脂的氧化安定性也有重要影响。基础油的类型、矿物油的来源和精制程度以及同一来源不同黏度基础油对润滑脂的氧化安定性都有影响。

① 基础油类型的影响。基础油类型对皂基润滑脂氧化安定性的影响见图4-40。由图可见，合成油制皂基润滑脂在150℃的氧化安定性比矿物油润滑脂好得多。特别是甲基苯基硅油润滑脂的氧化安定性更好。

有人用四种高滴点的润滑脂稠化剂

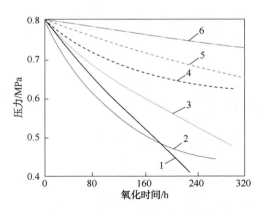

图 4-40　基础油对皂基润滑脂氧化安定性的影响

1—矿物油；2—聚异丙二醇；3—癸二酸二酯；
4—甲聚三氟氯乙烯；5—甲基硅油；
6—四基苯基硅油

169

分别在五种不同合成油中制成润滑脂，用 ASTM D942 氧弹法对比了这些润滑脂的氧化安定性，其结果见表 4-32。从该表看出，双酯和季戊四醇酯制备的几种润滑脂较聚 α-烯烃、二烷基苯和聚烷撑乙二醇制备的润滑脂的氧化安定性要好。在四种稠化剂中，聚脲在几种基础油中制备的润滑脂都具有较好的氧化安定性。

表 4-32　几种合成油润滑脂的氧化安定性比较

基础油种类	聚 α-烯烃	二烷基苯	双酯	季戊四醇酯	聚烷撑乙二醇
复合锂（500h 压力降）/kPa	655	760	62	14	608
复合铝（500h 压力降）/kPa	290	607	97	—	—
复合钙（500h 压力降）/kPa	620	551	62	17	413
聚脲（500h 压力降）/kPa	55	186	48	20	248

② 基础油来源及黏度的影响。矿物油来源不同或同一类原油提炼的不同黏度的基础油，由于化学组成不同，制成的润滑脂的氧化安定性也有差别，如表 4-33，表中以压力降达到一定数值的时间长短表示氧化安定性好坏。

表 4-33　不同矿物油润滑脂的氧化安定性

润滑脂组成/%		润滑脂性质			动态氧化		静态氧化	
		滴点/℃	微锥入度/0.1mm	压力分油/%	压力降/kPa	氧化时间/h	压力降/kPa	氧化时间/h
合成仪表油	91	187	69	35.5	49.0	5	49.0	46
锂皂	9				98.1	15	98.1	132
羊三木仪表油	91	186	66	34.5	49.0	11	49.0	78
锂皂	9				98.1	22	98.1	167
兰炼仪表油	91	184	66	36.5	49.0	40	49.0	454
锂皂	9				98.1	62	98.1	588
合成 10 号车用机油	91	200	73	22.4	49.0	10	49.0	96
锂皂	9				98.1	21	98.1	168
羊三木 10 号车用机油	91	197	63	18.7	49.0	14	49.0	194
锂皂	9				98.1	26	98.1	338
五厂 10 号车用机油	91	198	76	27.4	49.0	21	49.0	312
锂皂	9				98.1	32	98.1	721

由表 4-33 可以看出，三种仪表油的润滑脂的氧化安定性顺序：兰炼仪表油>羊三木仪表油>合成仪表油。

三种不同的 10 号车用机油润滑脂的氧化安定性：五厂 10 号车用机油>羊三木 10 号车用机油>合成 10 号车用机油。

同一来源不同黏度基础油的润滑脂，其氧化安定性也有所不同：五厂 10 号车用机油>五厂仪表油；合成 10 号车用机油>合成仪表油。

③ 矿物油精制程度的影响。同一原油不同精制程度的润滑油，氧化安定性不同，深度精制的比粗精制的润滑油氧化安定性差，但对抗氧化剂感受性较好。

（3）抗氧剂、甘油及酸/碱对润滑脂氧化安定性的影响

润滑脂中如有适量的抗氧化剂，氧化安定性可以显著改善。甘油是润滑脂中常用的结构稳定剂，游离酸、碱是润滑脂中常有的少量组分，它们对润滑脂的氧化也有影响。

① 甘油的影响。皂基润滑脂如果制皂用的原料是动植物油脂，则在皂化过程中有甘油生成。甘油的存在会加速润滑脂的氧化，降低润滑脂的氧化安定性。因甘油本身会氧化，特别在高温时更易氧化。甘油氧化后最终产物是低分子酸，易腐蚀金属。

② 酸/碱的影响。据试验，润滑脂如含游离酸则氧化安定性降低；而含游离碱，则氧化安定性较好。

（4）外界条件对润滑脂氧化的影响

影响润滑脂氧化的外界因素主要是空气(或氧)、温度和金属。

① 润滑脂与空气或氧接触越多，越易氧化。

② 温度越高，润滑脂氧化诱导期越短，吸氧速率越快，润滑脂越易氧化。

③ 某些金属如铜、铁、铅、青铜等，对润滑脂的氧化有催化作用，它们对润滑脂的基础油及皂的氧化都有催化作用。润滑脂在使用过程中，如混入金属磨损微粒会促进氧化。润滑脂在氧化试验过程中，在铜、铁等金属存在下可缩短试验周期。

4. 提高润滑脂氧化安定性的措施

从上述影响润滑脂氧化安定性的因素可以看出，要提高润滑脂的氧化安定性可采取以下措施：

① 使用饱和程度高(碘值小)的脂肪酸原料制皂；高温用润滑脂选用复合皂基或非皂基稠化剂；

② 体系内尽量少含甘油；

③ 基础油的抗氧化性要好，高温润滑脂选用氧化安定性好的合成油；

④ 除去在润滑脂内以催化剂形式存在的杂质；

⑤ 使润滑脂保持中性或微碱性；

⑥ 体系内不含水分或含水量尽可能低；

⑦ 加入适量的抗氧化剂。

5. 抗氧化剂及其作用机理

（1）抗氧化剂的类型

抗氧化剂按其抑制烃类氧化反应历程的作用机理不同而分为两类：

① 自由基链终止剂。这类抗氧化剂能够同传递链反应的自由基 $R\cdot$ 和 $RO_2\cdot$ 反应，使其变为不活泼的物质，从而终止链生长反应。

$$ROO\cdot + AH(抗氧剂) \longrightarrow ROOH + A\cdot$$

$$R\cdot + AH(抗氧剂) \longrightarrow RH + A\cdot$$

常用的自由基终止剂有屏蔽酚（如 2，6-二叔丁基对甲酚）和胺类化合物（如二苯胺）。润滑脂中常用的抗氧化剂二苯胺、苯基-α-萘胺和苯基-β-萘胺均属此类。

② 过氧化物分解剂。这类抗氧化剂是通过与氧化中间产物氢过氧化物迅速反应生成稳定产物来抑制氧化的。常用的过氧化物分解剂有含硫化合物和硫磷化合物等。其作用如下：

$$ROOH + (R'O)_3P \longrightarrow ROH + (R'O)_3PO$$

在润滑脂和润滑油中应用的二硫代氨基甲酸盐抗氧化剂也属于过氧化物分解剂。

（2）抗氧化剂的作用机理

① 胺型抗氧化剂的作用机理：

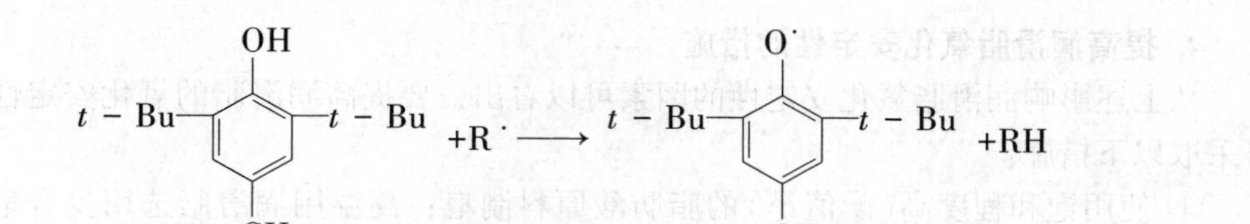

② 酚型抗氧化剂的作用机理：

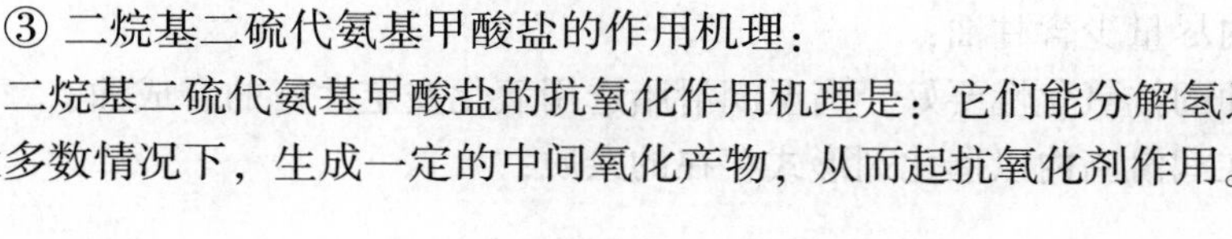

③ 二烷基二硫代氨基甲酸盐的作用机理：

二烷基二硫代氨基甲酸盐的抗氧化作用机理是：它们能分解氢过氧化物，并在大多数情况下，生成一定的中间氧化产物，从而起抗氧化剂作用。反应如下：

$$
\begin{array}{c}
R \\
\backslash \\
N-C-S-M-S-C-N \\
/ \quad \| \qquad \qquad \| \quad \backslash \\
R \quad S \qquad \qquad S \quad R
\end{array}
\quad \longrightarrow \quad
\begin{array}{c}
R \quad R \qquad \qquad \qquad R \\
\backslash \quad / \qquad \qquad \qquad \backslash \\
N-C-SO_3-M-SO-C-N \\
/ \quad \| \qquad \qquad \qquad \| \quad \backslash \\
R \quad O \qquad \qquad \qquad S \quad R
\end{array}
\quad +4ROH
$$

6. 抗氧剂的效能

抗氧剂的效能与许多因素有关，如抗氧化剂的种类和用量，稠化剂类型和浓度，基础油的类型和精制深度，基础脂的酸、碱性以及润滑脂的制备工艺等。

（1）不同类型抗氧剂的效能

不同种类抗氧化剂对同一组成的润滑脂的氧化效能不同，见表4-34。所试样品均由9%锂皂和91%仪表油制成，外加0.3%抗氧化剂。润滑脂中含游离碱0.06~0.07（NaOH%）。氧化试验结果以压力降达49kPa或98.1kPa所需时间小时数表示。同一方法试验时，氧化达到一定的压力降所需时间短，说明该抗氧化剂在此试样中提高氧化安全性的效能较差，反之，则较好。

表4-34　不同抗氧剂对仪表油锂基润滑脂氧化的影响
（锂皂9%，仪表油91%，抗氧剂0.3%）

抗氧剂含量/%	动态法		静态法	
	压力降/kPa	氧化时间/h	压力降/kPa	氧化时间/h
2,6-二叔丁基对甲酚，0.3%	49.0	6	49.0	192
	98.1	11	98.1	456
二苯胺，0.3%	49.0	21	49.0	240
	98.1	40	98.1	552
苯基-α-萘胺，0.3%	49.0	30	49.0	336
	98.1	38	98.1	521

从表4-34可见，对所试的含游离碱的锂基润滑脂2,6-二叔丁基对甲酚的效能较差，二苯胺和苯基-α-萘胺较好。

不同抗氧剂在锂基润滑脂中的效能不同：吩噻嗪是最有效的抗氧化剂，其次是苯基-β-萘胺、二苯胺、苯基-α-萘胺，对羟基二苯胺和α-萘酚。但吩噻嗪会引起铜片腐蚀，并会使润滑脂的颜色在储存中发生变化。

（2）二烷基二硫代氨基甲酸盐抗氧剂的效能

二烷基二硫代氨基甲酸盐中锌盐主要作抗氧剂用，且兼具抗磨极压作用，还有金属钝化剂作用。锌盐（ZnDTC）在不同类型润滑中作抗氧剂的效能见表4-35，它与苯基-α-萘胺（PANA）的效能基本相当，但它为低毒性的抗氧化剂，比PANA好。

表 4-35　ZnDTC 在不同类型润滑脂中作为抗氧剂的效能

润滑脂	氧弹法（ASTM D942），压力降/kPa		
	100h	300h	500h
锂基润滑脂 A	75.0	—	—
锂基润滑脂 A+0.25%ZnDTC	0	6.9	27.6
锂基润滑脂 B	103.4	303.3	330.9
锂基润滑脂 B+0.25%ZnDTC	0	0	13.8
钠基润滑脂	549.1		
钠基润滑脂+0.5%ZnDTC	0	13.8	20.7
膨润土润滑脂	68.9	—	—
膨润土润滑脂+0.5%ZnDTC	27.6	75.8	—

（3）抗氧剂添加量对其效能的影响

采用仪表油-锂基润滑脂，添加不同数量的二苯胺为抗氧化剂，其氧化结果见表 4-36。由表 4-36 可知，随着二苯胺添加量的增大对润滑脂的氧化安定性提高较大。

表 4-36　二苯胺添加量对锂基润滑脂氧化的影响

润滑脂组成/%		游离碱（NaOH）/%	动态氧化法		静态氧化法	
			压力降/kPa	氧化时间/h	压力降/kPa	氧化时间/h
锂皂	9		49.0	11	49.0	78
仪表油	91	0.04	98.1	22	98.1	167
二苯胺	0					
锂皂	9		49.0	21	49.0	240
仪表油	90.7	0.06	98.1	40	98.1	552
二苯胺	0.3					
锂皂	9		49.0	33	49.0	384
仪表油	90.5	0.05	98.1	45	98.1	720
二苯胺	0.5					
锂皂	9		49.0	36	49.0	456
仪表油	90	0.06	98.1	51	98.1	940
二苯胺	1					

（4）酸/碱对抗氧化剂效能的影响

同一类型抗氧化剂在酸性或碱性润滑脂中效能不同。通常胺类抗氧化剂适合

174

于碱性润滑脂。没有加二苯胺的酸性润滑脂氧化后酸值增大，强度极限及滴点的下降都比碱性润滑脂变化大，加1%二苯胺的碱性润滑脂氧化后比不加抗氧化剂的润滑脂酸值增大较少，强度极限和滴点的下降也较少，说明效果比较显著。而在酸性润滑脂中添加二苯胺后效果却不明显。

7. 润滑脂氧化安定性的测定方法

（1）SH/T 0325—1992 润滑脂氧化安定性测定法

参照采用 ASTM D942—1978（1984），弹氧化法。

该方法系将所试的润滑脂放在不锈钢制的氧弹中，测定装置见图 4-41。在99℃和 0.770MPa 的氧气压力下，样品经规定的时间（100h）氧化后，测定压力降。

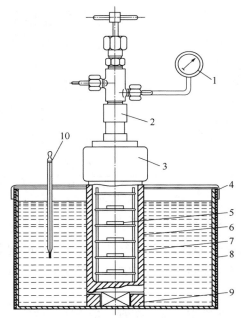

图 4-41　润滑脂氧化安定性测定仪（氧弹法）

1—压力计；2—弹盖顶；3—弹盖；4—水浴盖；5—玻璃皿；
6—玻璃座架；7—弹体；8—绝缘体；9—槽孔；10—温度计

氧弹法是在静态条件下测定润滑脂的氧化安定性，用氧化诱导期的长短、在试验期间内氧弹中压力降多少和试验后润滑脂的酸值大小来判断润滑脂的氧化安定性。但是，氧弹法本身存在三个主要缺点：①试验周期很长；②试验期内压力降不能真实地代表吸氧量；③氧化后酸值的变化不能代表全部氧化产物及氧化程度。

由于氧弹法存在上述缺点，国内外都开展了润滑脂动态氧化的研究。

（2）SH/T 0335—1992 润滑脂化学安定性测定法

等效采用 ΓОСТ 5743—1962。

在五只洁净干燥的玻璃皿中分别装入约 4g 润滑脂样品，再放入氧弹中，在一定温度、一定氧压下氧化一定时间后，测定其酸值或游离碱，比较其氧化前后的差值，变化值越小表示润滑脂的氧化安定性越好。

（3）红外光谱法测定润滑脂的氧化安定性

用红外光谱测定润滑脂的氧化安定性，是利用氧化前后羰基峰的变化来揭示氧化作用的。斯坦顿（Stanton）认为羰基在 $1710\sim1760cm^{-1}$ 的范围揭示氧化作用。据报道润滑脂氧化时，有强烈吸收峰 $1720cm^{-1}$，这是由羰基引起。$3400cm^{-1}$ 的吸收由氧化物的羟基引起。氧化前后润滑脂的红外光谱见图 4-42。

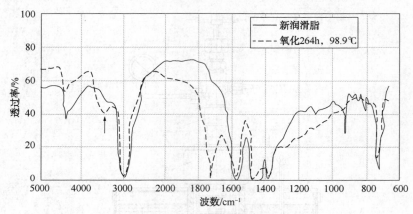

图 4-42　润滑脂氧化前后的红外光谱图

氧化前后润滑脂的红外光谱说明，氧化时在 $1710cm^{-1}$ 范围羰基化合物浓度大量增加，是醛、酮、酯、酸的特征。$3500cm^{-1}$ 密度增加，有氢氧基形成，可能是由于生成了水和羧酸。

红外光谱用于测定润滑脂氧化程度时，是用羰基指数来定量表示的。羰基指数定义为在 $1710cm^{-1}$ 羰基峰吸收率和在 $1378cm^{-1}$ 甲基峰的吸收率比例。通过羰基指数随氧化时间的变化，能够推算出润滑脂的氧化速率。

4.2.5　润滑脂的胶体安定性

润滑脂在长期贮存和使用中，抵抗分油的能力叫作润滑脂的胶体安定性。润滑脂的胶体安定性好则不易分油，胶体安定性差则易分油。

润滑脂是一个由稠化剂和基础油形成的胶体结构分散体系，它的基础油在有些情况下会自动从体系中分出。例如，当形成结构骨架的分散相动力聚沉时，结构骨架空隙中的基础油就会有一部分被挤出；在结构被压缩时，也会有一部分基础油被压出；当分散相聚结程度增大(皂纤维本身收缩)时，膨化到皂纤维内部的基础油也会有一部分被挤出，从而使润滑脂出现分油。润滑脂分油过程可参考图4-43。

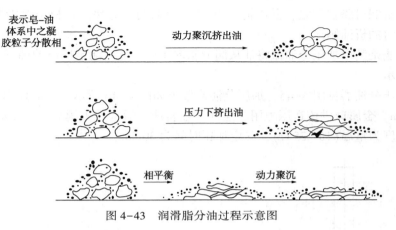

图4-43　润滑脂分油过程示意图

1. 润滑脂胶体定性的测定方法

润滑脂胶体安定性有许多测定方法，各国文献里出现了利用升高温度、增大压力和离心力来加速分油的各种分油器。人们希望，在试验用仪器短时间内测得的分油数据，能够与润滑脂实际贮存和使用中的分油程度相联系，但至今所得的结果，还只能提供定性的参考，在分油器上测出的数据不能完全和实际储存分油量相对应。

利用升高温度来加速分油的方法，有漏斗法(SYB 2716)、锥网分油(SH/T 0324)等；利用加压来加速分油的方法，有压力法(GB 392)。

同一种润滑脂胶体安定性测定结果取决于测量方法和条件。分油量多少随试验周期、压力、润滑脂试验设备、试样的几何形状及锥网中装脂高度和温度不同而变化。因此，各标准方法都对试验设备、装脂量、试验温度、压力等加以规定。

(1) SH/T 0324—2010 润滑脂分油的测定　锥网法

参照采用 FED 791C321.3—1986。

评价润滑脂在受热(100℃，24h 或 30h)情况下分油的百分率。

钢网分油系用 60 目镍制圆锥网(角度为 60°，见图4-44)盛样品 10g，在 100℃温度下，试验 30h，测定润滑脂从锥圆网中分出油量，结果用质

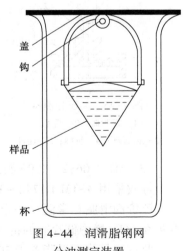

图4-44　润滑脂钢网
分油测定装置

盖

钩

样品

杯

量百分数表示。

（2）GB/T 392—1977 润滑脂压力分油测定法

等效采用 ГОСТ 7142—1974。

评价润滑脂在常温、受压情况下（2h）分油的百分率。是模拟润滑脂在大桶中储存时的析油倾向。

此法是利用加压分油器将油从润滑脂内压出，然后测定压出的油量，以质量分数表示。

加压分油器见图 4-45，加压分油器架子如图 4-46 所示。样品皿内径为 40-0.27mm，金属球供传送压力用。连杆、金属球、活塞及重锤总重为 1000g±10g。测定温度为室温（15～25℃），测定加压时间为 30min。

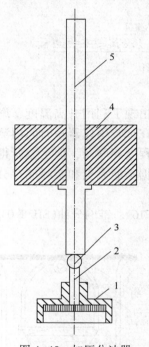

图 4-45　加压分油器

1—盛脂皿；2—活塞；

3—金属球；4—重锤；5—连杆

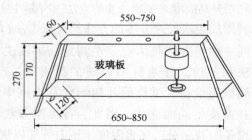

图 4-46　加压分油器架子

（3）SH/T 0682—1999 润滑脂在储存期间分油量测定法

等效采用 ASTM D1742—1994。

评价润滑脂在常温、一定压缩空气压下（1.7kPa）分油的百分率。是模拟润滑脂在 16kg 桶中储存时的析油倾向。

此方法是将润滑脂置于 200 目的金属筛网上，用 $1.72kN/m^2$（$0.25lbf/in^2$）的

178

空气加压，在25℃测定24h、分出的油收集在20mL烧杯中进行称量，结果以分油质量分数表示。此法所测得结果与16kg容器中贮存的润滑脂分油相关，用以测定贮存中分油倾向，但不预示润滑脂在动态条件下的胶体安定性。

2. 润滑胶体安定性的影响因素

同一稠度的不同润滑脂因其胶体安定性不同，分油量亦不同，见表4-37。

表4-37 不同皂基润滑脂的分油

润滑脂类型	锥入度/0.1mm	分油/%
硬脂酸锂	257	22.9
12-羟基硬脂酸锂	261	9.7
钡基	264	3.9
钠基	259	2.1

润滑脂胶体安定性的好坏取决于它的组成和结构。不同组成配方及制脂工艺条件都会使所形成润滑脂的胶体安定性改变。

（1）稠化剂对润滑脂胶体安定性的影响

① 稠化剂种类对分油的影响。基础油种类和含量及制脂条件一定时，不同种类稠化剂所制润滑脂的胶体安定性不同，如在三种基础油中制成的润滑脂都是合成酰钠脂比锂皂脂胶体安定性好，分油量少。

② 皂的阴离子或阳离子变动对分油的影响。有人曾用真空过滤法研究了皂基润滑脂的相转变及在不同温度下的分油，发现皂的阴离子或阳离子变动都对润滑脂的分油量有影响：分油量起初都随温度升高而增大，但皂的阴离子或阳离子变动时，不同皂基润滑脂分别在不同温度范围内出现分油量的急剧减少，然后急剧增大，由此说明在不同温度下分油变化与皂的相转变有关。

a. 皂的阴离子变动对润滑脂分油的影响如图4-47所示，用12%不同脂肪酸锂皂分别在同一种环烷基油中制成的润滑脂，以12-羟基硬脂酸锂制成的润滑脂分油量最少，而分油随温度变化的曲线较为平缓，只是在温度175℃左右时分油量才发生显著变化。

三种饱和脂肪酸锂基润滑脂比较，硬脂酸锂脂分油量较十四碳酸(肉豆蔻酸)锂脂和十二碳酸(月桂酸)锂脂的分油量要小，但在较低的温度下，分油量发生显著的变化。不饱和酸(油酸)锂脂在更低的温度下，分油量即发生明显的变化。

b. 皂的阳离子变动对润滑脂分油的影响如图4-48所示，皂的阳离子变动对润滑脂分油的影响。各种润滑脂的分油从室温开始都随温度的升高而增大，但分别达到不同的温度范围时，分油量急剧减少以后又急剧增大。

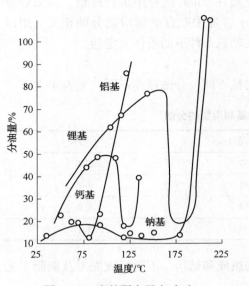

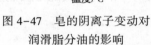

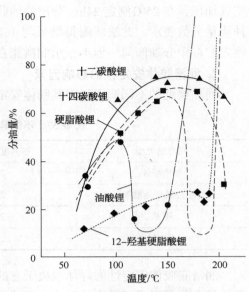

图 4-47 皂的阴离子变动对
润滑脂分油的影响

图 4-48 硬脂酸的不同金属皂对
润滑脂分油的影响

从图 4-47 和图 4-48 两图中所见到的分油量变化的曲线，可作如下的解释：当温度升高时，分油量随温度上升而加大，是因为油的黏度降低，油分子的热运动加剧，油从润滑脂结构骨架中排出较快所引起。至于到某一温度范围时分油量急剧减少和急剧增加，可以从皂油体系的相转变来解释。分油量急剧减少是因为温度升高时向凝胶状态转变，游离油膨化到皂纤维中，从表 4-38 可以看出，几种金属皂及其脂的相转变温度和图 4-48 的润滑脂分油有良好的对应关系。

表 4-38 几种金属皂及其脂的相转变温度

皂及其脂	相转变温度（差热分析）/℃						
硬脂酸钠	67	88	115	126	168	201	230
钠脂	—	—	102	—	154	—	—
硬脂酸锂	—	—	91	—	177	218	—
锂脂	—	—	81	148	168	—	—
双硬脂酸铝	61	—	—	123	157	—	—
铝脂	36	78	—	—	—	—	—

关于分油在某温度急剧减少后又急剧增大的现象，是由于皂在油中的溶解度增大，润滑脂从凝胶转向溶胶状态。据试验，硬脂酸的不同金属盐在油中的溶解

180

度，分别在不同的温度下急剧增大。皂溶解度急剧增大的温度与脂分油急剧增大的温度相近，不同皂基润滑脂相转变温度不同，所以出现分油量急剧变化的温度也不同。

此外，对硬脂酸锂基润滑脂用真空过滤法评定分油随温度的变化时，在150℃以前，随温度的升高而增多，分出的油用光谱分析没有溶解的皂；在150～170℃，分油随温度的升高而减少，认为是向凝胶态转变，油被皂保持得更紧一些。在175℃以上，真空过滤抽出的油显著增多，经分析，在175℃以上10～25℃时抽出的油便和润滑脂成分一致。因此认为分油急剧增大是由凝胶转变成溶胶所致。

（2）基础油对润滑脂胶体安定性的影响

润滑脂的胶体安定性与基础油的种类和黏度都有关系。

① 基础油种类的影响。不同基础油制成的润滑脂在各种温度下长时间（1000h）的分油见图4-49。从图可以看出，矿物油和双酯基础油制成的润滑脂，在高温长时间分油量较大，而聚烯二醇、硅油及硅油双酯混合油制成的润滑脂，分油量较小。

② 基础油黏度的影响。润滑脂的分油和基础油的黏度有关，一般来说，基础油的黏度愈小，制作的润滑脂愈易分油。

表4-39为两种不同黏度仪表油和10号汽油机油锂基润滑脂的分油比较。从表中可以看出，含皂量相同的两种锂基润滑脂，都是以黏度较小的仪表油制成的脂分油较多，而黏度较大的10号汽油机油制成的润滑脂分油较小。

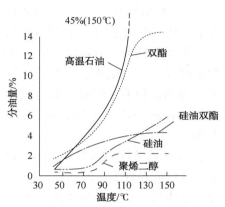

图4-49　不同种类基础油润滑脂的分油

表4-39　两种不同黏度基础油锂基润滑脂的分油比较

组成和性质	低温锂基润滑脂			工业锂基润滑脂		
	1	2	3	4	5	6
组成：						
硬脂酸锂/%	7	9	13	7	10	13
仪表油/%	93	91	87	—	—	—
10号汽油机油/%	—	—	—	93	90	87
性质：						

组成和性质	低温锂基润滑脂			工业锂基润滑脂		
	1	2	3	4	5	6
滴点/℃	200	198	203	208	209	209
微锥入度/0.1mm	80	73	70	81	64	58
游离碱(NaOH)/%	0.11	0.10	0.13	0.02	0.03	0.01
压力分油/%	49.0	38.7	24.2	19.0	14.9	10.6
漏斗分油/%	3.4	1.4	0.9	1.1	0	0

（3）含皂量和制造条件对润滑脂胶体安定性的影响

① 含皂量的影响。在相同条件下制造的同一种类润滑脂，其胶体安定性随含皂量的多少而不同；含皂量越少，越易分油，分油量越大。

关于含皂量对分油的影响，可以按皂油凝胶粒分散体的概念，用游离油多少来解释。含皂量少，在同一制造条件下纤维数目较少，则体系中膨化到皂纤维内部的油和毛细管吸附油也较少，而游离油较多，于是分油量较大。含皂量相同，若制造条件不同，游离油含量不同，润滑脂的胶体安定性也会出现差别。

② 制造条件的影响。采用相同原料和配方，在不同冷却条件下制造的润滑脂，其性质在许多方面都有差别。冷却条件对润滑脂中是皂纤维形成有影响，致使润滑脂结构和游离油含量不同，从而使润滑脂的分油出现差别。

（4）外界条件对润滑脂分油的影响

① 温度的影响。一般来说，润滑脂的分油随温度升高而增加。但这只是在润滑脂没有发生显著相转变的温度范围内才如此。如果温度继续升高则随着体系向凝胶态转变，分油倾向急剧减低，以后由于转变成溶胶，分油又急剧增大。

② 压力的影响。润滑脂的分油一般均随压力的升高而加大。

压力越大，基础油越容易被挤出，分油也越多。通常润滑脂的包装容器越大，下部的润滑脂所受的静压越大，皂结构骨架被压缩，所以也越易分油。在容器内的润滑脂中如有凹坑时，在润滑脂结构骨架中的基础油会自动渗出并积于凹坑处。

③ 时间的影响。贮存时间越长，润滑脂的分油总量越多，因为润滑脂是一个有结构骨架的分散体系，它的基础油和稠化剂并不是化合在一起的，而是借膨化、吸附等作用被维系在结构骨架之中，无论结构骨架被压缩或形成结构骨架的皂纤维本身收缩，均可使其基础油析出。时间越久，分出的油越多。但分油的速

率慢，因为分出一部分基础油后剩余润滑脂的含皂量增多。

法林顿(Farrington)和汉弗莱斯(Humphries)利用压力使油分出，得出润滑脂分油量和时间的经验公式：

$$B = \frac{t}{a+bt} \tag{4-35}$$

式中　B——规定试验温度下，经 t 小时后的分油量，%；

　　　t——试验时间，h；

　　a，b——常数。

从上式，当 $t \to 0$ 时，分油速度与 $1/a$ 成正比；当 $t \to \infty$ 时，可望达到极限值 $1/b$。

3. 胶体安定性对润滑脂储存的影响

胶体安定性是润滑脂的一项重要指标，对储存和使用都有影响。

在油库储存润滑脂时，胶体安定性较差的润滑脂常会出现分油现象。例如。在桶内润滑脂表面凹坑处积有润滑油，一部分润滑脂贮存过久会从桶缝中往外流，在炎热地区贮存过久时更易出现分油。

润滑脂在储存中分油后，根据分油程度对质量有不同的影响。

润滑脂出现微量分油，对质量影响不大。如果滴点，锥入度等仍然合格,，润滑脂仍可以使用不作报废的标志，出现分油的润滑脂不宜继续久存，以免大量分油，质量下降。

润滑脂大量分油后质量显著变化，对使用是不利的。大量分油后，由于稠化剂和基础油之间的比例改变，引起稠度、强度极限和相似黏度等发生相应的改变。

为了保证润滑脂质量和延长贮存期，希望容器中贮存的润滑脂尽少分油。

通常在研制润滑脂时，先考察原料配方和制脂条件，确定最佳配方条件，以求获得胶体安定性和其他性质都较好的产品。在定型生产以前，须经过实验室评价、模拟台架试验、使用试验和实际试用。此外还应对润滑脂进行贮存安定性的考察，以确定贮存期。在定型后，生产工艺条件和原料都要严格掌握以保证质量。贮存润滑脂时，须注意各种润滑胶体安定性的差别和贮存条件。贮存温度不可过高，包装容器不可过大，并要掌握适当的贮存期，避免贮存过久。

4. 分油与润滑脂使用的关系

分油和润滑脂的使用关系很大。润滑脂在机械部件中使用时，微量的分油是有利的，润滑脂的使用寿命较长，特别是在密封轴承中预先填充好润滑脂，要求一直用到轴承寿命终了为止。润滑脂在轴承中使用时，微量分油对润滑有利，分出的油可起润滑作用。据试验，润滑脂在轴承中使用时，其中的含油量是逐渐减少的。当润滑脂中的含油量减少到原含量的一半左右时，就失去润滑作用，从表4-40可以说明。

表4-40　轴承寿命终了时润滑脂中油的损失量

稠化剂	基础油	轴承寿命（125℃，3600r/min）/h	直到轴承损坏油损失量/%
脲1	矿物油	4500	61
钠皂	矿物油	3600	55
脲2	矿物油	1250	54
复合钙	矿物油	790	51
锂皂	矿物油	710	56

表4-41考察了轴承在不同DN值时润滑脂失效的分油速率与轴承寿命的关系，可以看出：随DN值增大，润滑脂失效时的分油率增大，轴承寿命缩短。

表4-41　在100℃不同DN值时润滑脂分油和在轴承中的使用寿命

润滑脂	$DN=10800$		$DN=18700$		$DN=38500$	
	平均寿命/h	失效时分油速率/(%/h×10³)	平均寿命/h	失效时分油速率/(%/h×10³)	平均寿命/h	失效时分油速率/(%/h×10³)
Na-环烷基油	2000	0.31	—	—	1000	1.0
Li-双酯	1900	0.30	1000	0.97	800	1.4
Na-Ca-石蜡基油	2000	0.64	1500	1.1	250	15.3
Na-环烷基油	2500	0.67	—	—	560	4.9
Na-Ca-石蜡基油	4400	0.12	2800	0.27	1800	1.0

由上述可见，润滑脂在使用时，分油是影响使用寿命的一个重要因素，在一定的使用条件下，润滑脂要有适当的分油速率。如果分油速率太快，在规定的时间内分油量过大，则润滑脂中基础油损失过多，会缩短润滑脂的使用寿命。反之，如分油量少，则摩擦部位得不到足够的润滑，也会影响使用。对于电动机用润滑脂，其初始分油量以0.2%/h（100℃）为宜。

4.2.6　润滑脂的轴承寿命

滚动轴承使用范围很广，有80%以上的滚动轴承是用脂润滑的。因此润滑脂的轴承寿命是一项极其重要的性能，它直接关系到设备维护保养和提高经济效益，尤其是对一些密封轴承更为重要，由于要求"终身润滑"，润滑脂应和轴承同寿命。润滑脂的轴承寿命长，可减少设备停工维护时间、提高生产率、节约润滑材料等。当前，润滑脂的发展趋势之一是研制长寿命润滑脂。

影响润滑脂轴承寿命的因素很多，润滑脂本身的组成和性质以及使用条件，都会影响润滑脂的轴承寿命，一般在实验室采用不同类型的轴承试验机，在规定的试验条件下，对润滑脂的轴承寿命进行评定，以便筛选出性能较好、寿命较长的润滑脂。

1. 润滑脂的组成与寿命的关系

不同种类的润滑脂寿命各不相同，选择润滑脂的主要目的是能使其长期使用。使用长寿命的润滑脂可以减少润滑脂的消耗，节省在润滑保养上耗费的人力、物力，并减少更换轴承所占去的生产时间。

（1）稠化剂种类对润滑脂寿命的影响

脲基润滑脂和酰胺润滑脂在高温下均有较长的寿命，图4-50为几种润滑脂在不同温度下的轴承寿命。可以看出，工作温度为150℃，聚脲、酰胺钠基润滑脂的寿命最长；复合钙基润滑脂的寿命虽较聚脲和酰胺润滑脂短，但比锂基润滑脂长；12-羟基硬脂酸锂基润滑脂在120℃以下的寿命较长，但温度升高至150℃以上寿命显著缩短。此外还可以看出，各种润滑脂的寿命均随温度的升高而缩短。

（2）基础油对润滑脂寿命的影响

不同种类基础油制成的润滑脂在高温时的轴承寿命也不相同。从图4-51可见，不同基础油制成的几种润滑脂，在1000r/min、22.2N负荷下，在204轴承中高温使用寿命，以二甲基硅油润滑脂最好，苯基甲基硅油润滑脂和烷基甲基硅油润滑脂次之。所试合成烃润滑脂的寿命比硅油润滑脂短。

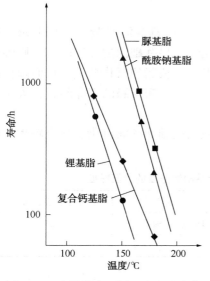

图4-50　润滑脂在不同温度下的寿命

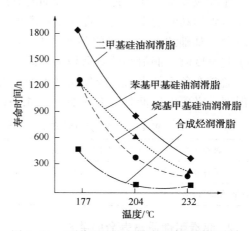

图4-51　不同基础油润滑脂的高温轴承寿命

关于基础油对润滑脂寿命的影响，铃木利朗等采用相同的稠化剂（硬脂酸锂）和抗氧化剂（N-苯基-α-萘胺），与矿物油、聚 α-烯烃油、双酯和三羟甲基丙烷酯四种基础油，分别制成 2 号稠度的润滑脂样品，在 ASTM D1741 规定的寿命试验机和曾田式寿命试验机上进行试验，对比其寿命，结果见表 4-42。

表 4-42　基础油对润滑脂寿命的影响

基础油		ASTM 试验机		增田式试验机	
类型	$\gamma_{100℃}$/（mm²/s）	试验次数	寿命/h	试验次数	寿命/h
矿物油	—	21	510	21	339
矿物油	11.4	21	175	17	156
聚 α-烯烃	9.2	21	321	17	227
癸二酸二辛酯	3.2	21	567	14	596
三羟甲基丙烷酯	5.3	18	1650	10	1961

不同种类基础油制成的润滑脂其高温性能和寿命各不相同。在所试几种润滑脂中，以酯类油为基础油的润滑脂较矿物油和聚 α-烯烃油润滑脂的寿命长，尤其是三羟甲基丙烷酯的润滑脂比双酯的润滑脂寿命更长。酯类油的黏度虽较其余两种油为低，但它的润滑脂仍具有较长的寿命，这可以说明润滑脂的寿命受基础油影响，基础油的氧化安定性和热安定性较高，制成的润滑脂寿命也较长。所试聚 α-烯烃油润滑脂的分油和蒸发量较大，500h 氧化压力降也较多，可能使其寿命受到影响。矿物油制成的润滑脂，氧化安定性差，故其寿命短。

（3）基础油黏度对润滑脂寿命的影响

润滑脂寿命和基础油黏度有关。基础油黏度应符合润滑脂的使用要求。通常，速度较高则应使用低黏度基础油的润滑脂。如果基础油的黏度较大，则轴承内润滑脂运动时的阻力大，促使轴承温度上升，加快脂的氧化变质，从而降低脂的寿命。基础油于 37.8℃ 的黏度约为 100mm²/s 时，润滑脂的寿命最长，大于或小于此黏度时，润滑脂的寿命均会降低。

通常在负荷较大时，应使用基础油黏度较大基础油的润滑脂。各类轴承在使用温度下必要的最低黏度大致如表 4-43 所示。

表 4-43　在使用温度下，润滑脂基础油必要的最低黏度

轴承类型	基础油黏度/（mm²/s）	轴承类型	基础油黏度/（mm²/s）
滚珠轴承	12	球面推力轴承	23
圆锥和球面滚动轴承	20		

2. 润滑脂性质与寿命的关系

润滑脂性质取决于它的组成结构，润滑脂的寿命和性质的关系，实际上也和

它的组成结构有关。

润滑脂的寿命与润滑脂的氧化、分油和蒸发都有关系。此外，润滑脂在机械中长期工作和它的机械安定性、高温时的稠度变化、相似黏度的变化等也都有关。如果机械安定性不好，或高温时流动性变化大，都可以发生过分软化而流失。

润滑脂的寿命通常在实验室进行轴承模拟试验，比用理化指标评价更接近实际。不同的试验机的试验条件不同，得出的寿命时间不完全一样，无一定的相互关系，所以一种润滑脂常用不同的试验机评定其寿命。

采用曾田式润滑性能试验机，在径向负荷 22.2N、转速 10000r/min、温度 100℃条件下，用 6204 型轴承充填润滑脂 3g，进行寿命试验，发现皂基-矿物油润滑脂的寿命有如下近似关系：

$$L = 1.56\sqrt{B^{-1.78}E^{-1.43}S^{-0.437}} \qquad (4-36)$$

式中　L——润滑脂平均寿命，h；

　　　B——分油率，%；

　　　E——蒸发损失，%；

　　　S——氧化安定性压力降，kPa。

此式是在一定的试验条件下，用曾田式寿命试验机得出的，尽管在试验条件和试验机不同时可能得出不同的经验方式，但从此式可以看出，润滑脂的寿命与分油量的蒸发量有很大关系，与氧化安定性也有关系。

许多试验表明，润滑脂在使用中若所含基础油损失 40%~60% 时，即失去润滑作用。

在高速和高负荷条件下润滑脂的寿命和基础油黏度、氧化、蒸发有密切的关系。

从图 4-52 可见，润滑油润滑时，在 3000r/min 及不同负荷条件下各有最适宜的黏度，在 98.9℃黏度分别为接近 $14mm^2/s$、$11mm^2/s$ 和 $8mm^2/s$ 时润滑寿命最长。用这些不同黏度的基础油，做成一系列的润滑脂，进行寿命试验，结果见图 4-53，润滑脂达到寿命最大时，也存在着基础油黏度的适当范围。当寿命变为最大时，基础油的适宜黏度与用润滑油时黏度大体一致。负荷高时最适宜的黏度较大。要想负荷高时润滑脂寿命变为最长，则基础油黏度应较大。

润滑脂和润滑油的寿命都随基础油的黏度而异，这是因为润滑脂的基础油黏度不同时，轴承的温度上升以及油的损失速度等不同所致。特别是在高速高负荷的苛刻条件下，对于油的损失速度，除必须考虑油的蒸发性等自身性能之外，还必须考虑由于轴承温升而引起的油的变质。因此，对实际运转的轴承，既要搞清楚轴承温度升高与油的黏度的关系，还要考察温度升高对油的氧化速度、油的损失速度以及润滑寿命方面的影响。

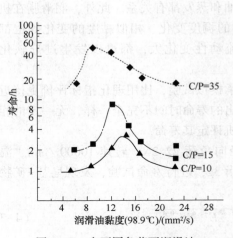
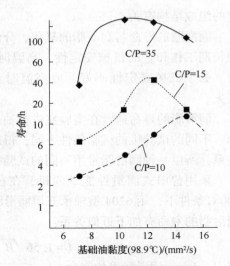

图 4-52　在不同负荷下润滑油　　　　图 4-53　在不同负荷下润滑脂的
　　　　寿命和黏度的关系　　　　　　　　　寿命和基础油黏度的关系

由黏性阻抗带来轴承温度升高，促进润滑脂或润滑油的恶化，特别是在高速或高负荷条件下，温度升高使这一倾向变得明显。在产生的热量与放热平衡时，轴承的温度达到一定值成为平衡状态。油的黏度在适宜范围时，轴承的温升最小。

在使用高黏度油时，由于摩擦阻力较大，转矩较大，因此轴承温升增大。而用低黏度油时，可认为是由于耐负荷性不足，油膜形成相当不充分，转矩及轴承温升因而变大，只是油的黏度在适宜范围时，转矩及轴承温升为最小。用润滑脂润滑时，轴承的温升与基础油黏度之间也有同样的关系。

摩擦系数 f 按下式求得：

$$f=\frac{2M}{P \cdot D}$$

式中　　M——摩擦转矩；

　　　　P——径向负荷；

　　　　D——轴承内径。

轴承温升最少和润滑寿命最长时的油黏度范围相近。可见润滑寿命与轴承的温升有密切的关系。

由于轴承的温度升高，会促进润滑脂或润滑油性质的恶化，因此希望轴承温度尽可能低，有可能在轴承的温升最小，油的黏度适宜时润滑寿命达到最大。具体来说，如果油的黏度不当，就可能由于温度的升高促进油氧化及蒸发而使油的损失增多，从而缩短润滑寿命。

将 98.8℃黏度不同的几种油分别装入轴承中运转，运转完毕后，把油从轴承中用溶剂洗出，测定油的酸值以表示油的氧化程度。在运转完后还测定轴承转运面及滚动体上存在的油分重量，示出单位时间油的大致损失速度。油的氧化速度在低黏度一端和高黏度一端都比较大，中间黏度的氧化速度为最小。氧化程度出现最小时的黏度是在 $12mm^2/s(98.9℃)$ 附近。可见油的氧化是由于轴承温度促进的，在低黏度和高黏度时，轴承温度升高较多，油的氧化也就较快，在中间黏度时轴承的温升较少，氧化速度也就较慢。

在同样的试验条件下，黏度约为 $12mm^2/s$ 的油，在单位时间内的损失速度为最小，而用低黏度和高黏度时，由于轴承温度相当高，油的蒸发速度也变大，特别是低黏度油的蒸发量增加更多，所以油的损失速急剧增大。

综上所述，在高速高负荷的苛刻条件下，润滑脂寿命与基础油有密切的关系，轴承温度对润滑脂寿命有很大的影响。除了必须考虑外部的热量的影响外，还须考虑由轴承内部所产生的摩擦热的影响。以上结果可归纳如下：

① 在用润滑脂润滑时，如要使润滑寿命达到最大，基础油必须有适当的黏度。

② 用低黏度油时，油膜变得相当薄，局部的油膜破裂可引起轴承的温度上升；用高黏度油时，黏性阻抗变大，摩擦热使轴承温度上升，两者均促使润滑脂氧化变质而缩短寿命。

③ 可以从基础油的氧化速度和基础油的损失速度来说明黏度不适当的影响。

3. 润滑脂轴承寿命试验方法

润滑脂的使用寿命指润滑脂在一定高温、负荷、转速保持结构不被破坏和维持润滑性能不变化的能力。润滑脂的使用寿命直接影响机械设备的维修保养期、补脂周期。润滑脂工作环境温度、机械设备运转速度对润滑脂使用寿命影响很大。工作环境温度越高，润滑脂使用寿命越短。因此，在高温、高转速条件下，要选用氧化安定性好、蒸发损失小、滴点高、抗剪切的润滑脂。

（1）SH/T 0428—2008 高温下润滑脂在抗磨轴承中工作性能测定法。

试验仪器见图 4-54。由电动机、主轴、轴承套、轴向加载弹簧（22.24N）、径向加载重锤、热电偶及 E204 型轴承等组成。

试验步骤：称量已洗净干燥的轴承，用刮刀将润滑脂试样 3.0g 均匀地装填到轴承内，脂样不要超过轴承圈表面；把轴承装入轴承套中，并用压内环的方式将其安装到试验机主轴上，配准轴向负荷 22.24N 和径向负荷 13.34N 使热电偶与试验轴承外圈温度在 1h 内达到所要求的温度，在此温度下运转 21.5h；关掉电机，停止加热，在 2.5h 内冷却至室温；观察轴承套有无润滑脂流失（以轴承表面有无润滑脂为依据）；然后按上述步骤继续进行试验，直到润滑脂在试验条件下运转到了规格要求的小时数或直到润滑剂失效为止。若有下列任何一种现象发生则认为润滑剂失效：

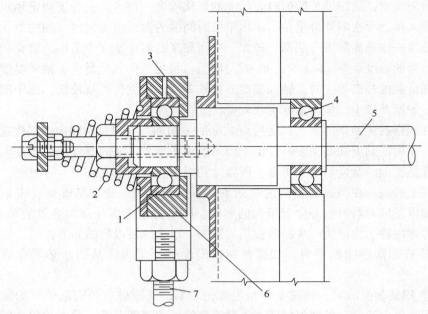

图 4-54　润滑脂寿命试验机示意图

1—试验轴承；2—轴向加载弹簧；3—热电偶；4—前支承轴承；
5—主轴；6—轴承套；7—径向加载重锤

① 摩擦力矩增大，使过载开关动作。

② 试验轴承卡死，表现为试验机启动时皮带打滑。

③ 过度的流失，表现为在轴承表面上有润滑脂。

④ 主轴输入功率增加到比试验温度下稳定状态时功率大 300%。

⑤ 当在任一周期内，试验轴承外环温度超过试验规定温度 11℃。

报告：①取四次试验的平均运转小时数作为试验结果。②若四次试验的平均运转小时数不少于规格规定的小时数，则认为试样符合要求。

此外，国外评定润滑脂的轴承寿命还有以下方法。

（2）润滑脂小轴承评定方法（ASTM D3337）

该方法适用于测定润滑脂在小轴承中的寿命和转矩的实验室方法。试验用 R-4 轴承。每次试验使用一个新的 R-4 轴承（该轴承内径 6.350mm，外径 18.875mm，宽度 4.978mm，径向间隙 0.007～0.013mm）。它的转速为 12000r/min，径向负荷为 2.22N，轴向负荷 22.2N。外环工作温度可按 100～200h 的运转寿命选择。

测定时，将润滑脂样品用 40μm 的过滤器，在干净环境中填装到轴承中，使其填满轴承的自由空间的 1/3。按规定步骤安装好轴承并进行试验。至少每 24h 记录一次试验小时数、转矩计零点值、转矩计读数的净力矩值，控制的温度及试验轴承的外环温度，记录在高速下和 1r/min 下的转矩读数。试验进行到下列任一情况即告结束：

① 在高速和试验温度下，瞬时超载转矩为最小运转转矩的 5 倍；或在高速启动时，超载转矩值超过最小运转转矩值 5 倍，并持续 30s 以上；

② 试验轴承外环温度超过规定温度 11℃；

③ 在启动或高速运转情况下，噪声水平增加，持续时间大于 1min。

试验结束后记录运转寿命小时数及失败原因。

润滑脂小轴承评定法是一种筛选试验，它能比较润滑脂在高温滚珠轴承运转中的预期寿命。尽管该方法与长时间现场使用试验不同，但是，它可以预示润滑脂在高温下和一定试验周期中相对寿命。该方法还可测量在高速、低速下润滑脂的转矩。

（3）汽车轮轴承润滑脂寿命性能测定方法（ASTM D3527）

该方法适用于在规定条件下，评价汽车车轮轴承润滑脂高温寿命性能的实验室方法，用来区分具有显著不同特性的润滑脂。但该法不表示长期使用性能，也不能区分具有类似的高温性能的润滑脂之间的差别。

润滑脂样品只有小轴承中装 2g、大轴承中装 3g，而在轮毂中不装润滑脂。试验温度规定小轴承温度为 160℃。在负荷为 111N、转速为 1000r/min 下每运转 20h 停止 4h 为一周期，运转到失效时为止，润滑脂寿命以试验周期累积小时数表示。

（4）高温下的润滑脂在滚珠轴承中运转特性试验法（ASTM D3336）

该方法适用于评定润滑脂在滚珠轴承内高温、高速及轻负荷条件下的工作性能。试验方法有两种：一种适合 CRC[L-35]试验机，试验方法同 FS791B 333.1，另一种适合海军电气马达试验机，试验方法同 FS791B331.1。

该方法规定，一个用脂润滑的 204 型滚珠轴承，在轻负荷和规定的高温条件下以 10000r/min 转速运转，试验连续进行到润滑脂失效或完成规定的运转小时数为止。

（5）润滑脂滚珠轴承工作寿命的测定方法（ASTM D1741）

该方法系测定润滑脂在滚珠轴承中于 125℃ 以下的工作性能，包括两个评价润滑脂滚珠轴承工作寿命的方法（A 和 B）。关于寿命性能评价方法 A，其中包括漏失量评价。A 法规定将润滑脂填满轴承。轴承组装后，运转 20h，关闭马达和加热器，测量在轴承周围的润滑脂漏失量，并注意从轴套底部孔有无漏失。4h后再同时接通马达和加热器，重复运转 20h 及停歇 4h 这一周期性操作，直到轴承损坏为止。而寿命性能评价方法 B，规定润滑脂只将每个轴承的自由空间的 1/3 充满，其余操作方法同 A。

该方法的评价指标是 125℃ 以下的正常操作时间和润滑脂在轴承中的漏失情

况，该方法是寿命选择在规定温度下对用作滚珠、滚柱轴承润滑剂的筛选试验，但与长时间的使用试验没有对应关系，对润滑剂之间不能进行严格鉴别。

（6）GT 型润滑脂性能试验

GT 型润滑脂性能试验机是日本曾田式润滑脂试验机，主要用来评定润滑脂的使用寿命，也可测定润滑脂在试验条件下的漏失量。

GT 型试验机的试验轴承为 204 型滚珠轴承，转速有 1500r/min、3000r/min、6000r/min，试验温度从室温到 250℃，轴承的径向负荷和轴向负荷均为 22.2N。在上述条件下试验测定轴承的摩擦力矩。当试验开始时，待测试的润滑脂稠度很高，因而摩擦力矩大，然后稠度逐渐下降，测试就在这种恒定条件下继续进行。当所测试的润滑脂性能变坏或变干时，摩擦力矩重新增大最后胶住了，这时摩擦力矩突然增大到 $73.6 \times 10^3 N \cdot m$ 左右，试验机自动停车，记下开始试验到自动停车的时间，即为润滑脂在试验温度下的轴承寿命。润滑脂的轴承寿命越长越好，这样才能在一定条件下保证轴承长时期使用而不需换油。

4.2.7　润滑脂轴承漏失量

润滑脂在轴承中使用时，由于它本身质量不高或变质，容易从轴承密封间隙中漏失。这不但会影响轴承工作性能，而且漏失的油脂有时会使其他部件不能正常工作。因而在规定条件测定不同润滑脂的轴承漏失量，可以说明润滑脂的抗漏失性好坏。

漏失量是模拟润滑脂在汽车轮毂轴承中的工作状态和性质，也是与机械安定性有关的一个指标。

1. SH/T 0326—1992 汽车轮轴承润滑脂的轴承漏失量测定方法

参照采用 ASTM D1263—1986。

该方法适用于在规定的试验条件下评价车轮轴承润滑脂的漏失量。它提供了一个可以区别不同漏失特性的产品的筛选法。但不等于长时间地使用试验，也不能用来区别有相似漏失特性的车轮润滑脂。

该方法所需仪器由一个专门的前轮毂及轴组合件组成。轮毂由电动机带动运转，组合件安装在恒温箱内，其中有测量箱内环境温度及轴温的装置。

试验步骤：称取（90±1）g 润滑脂试样在一平盘上，用刮脂刀在小轴承内装入（2±0.1）g 试样，在大轴承内装入（3±0.1）g 试样，把剩余的试样均匀地涂在轮毂内，在轮毂内的轴承外圈上涂抹一薄层试样。然后将轴承和轮毂安装到试验机上，在轮毂周围安装有用于收集被甩出的润滑脂的收集器；使轮毂在转速为（660±30）r/min、轴加温度为（104±1）℃，试验箱温度为（113±3）℃的条件下连续运转6h。试验结束后，测定润滑脂从轴承中漏出的质量。被甩出漏出的润滑脂量越少，表明润滑脂的抗漏失特性越好。

2. 润滑脂轴承漏失量的影响因素

（1）润滑脂的组成和性能对漏失量的影响

润滑脂在轴承中使用时，易从轴承中漏失，特别是高速滚动轴承更为明显。漏失的润滑脂有时会污染其他部件的环境，润滑脂漏失还会影响轴承的工作性能。

以甲基苯基硅油作基础油时，聚脲脂比酰胺脂强度极限高，钢网分油及压力分油少，蒸发损失相等，结果是聚脲润滑脂的漏失量较少，说明聚脲脂在轴承中的保持能力较好。以癸二酸双酯为基础油制成的聚脲和酰胺两种润滑脂，强度极限和蒸发度相近而分油不同，聚脲脂分油量较少，漏失量也较少。润滑脂的基础油和稠化剂对润滑脂在轴承中的保持能力有一定影响，润滑脂的强度极限、钢网分油和压力分油等指标，能在一定程度上反映润滑脂在轴承中的保持能力。强度极限高、分油量少的润滑脂在轴承中漏失量较少。

（2）不同润滑脂的轴承漏失量

不同性质润滑脂在高速滚动轴承中的漏失量不同，7007 号润滑脂在最高使用温度下漏失量只 3.1%，而 201 号脂的漏失量却达 26.6%。机械安定性和压力分油 201 号脂比 7007 号脂也都差，看来漏失趋势与这两项指标是相一致的，而且与实际使用情况相符。

润滑脂的基础油黏度越小漏失量越多。润滑脂的表观黏度越大，漏失量越小。

（3）试验时间的影响

润滑脂在轴承工作的过程中，其漏失量随试验时间的延长而增多，但不同润滑脂的漏失量随试验时间的变化率不大相同。

（4）轴承转速的影响

一般润滑脂的漏失量是随轴承转速加快而增大的，而且各种脂的漏失量随转速的变化程度不同。

（5）温度的影响

试验温度对润滑脂漏失量有很大的影响，随着温度的升高，漏失量增大。当试验温度超过该脂的最高使用温度以后，漏失量就突然增加。如规定最高使用温度为 120℃ 的润滑脂，在此温度下的漏失量仅为 10% 左右。而当试验温度为 150℃ 时，漏失量则突然增至 50% 左右。由此可以说明，润滑脂在超过规定最高使用温度下工作是不适宜的。

（6）装脂量对轴承漏失的影响

漏失量随轴承装脂量的增多而增大。

（7）试验轴承的影响

不同套试验轴承的影响：在试验过程中不可能只使用同一套轴承，而每套轴承的密封质量不同，是否影响其中润滑脂的漏失量，为此用 BI180504 轴承进行了考察，考察结果表明用同一轴承和用几套轴承试验，产生的误差是相近的。可认为采用同一型号合格轴承为试件，对试验结果无显著影响。

润滑脂在密封轴承中也有漏失，但漏失量很少（漏少量为 3.2% ~ 3.8%），而在开式轴承中漏失量较多（74% ~ 79.5%）。

4.2.8　润滑脂的降低轴承噪声特性

润滑脂和其他润滑剂一样，也能降低摩擦副之间的噪声。降低噪声的程度和润滑脂的组成、性质有关系，例如轴承用润滑脂的基础油黏度大，在轴承上产生的噪声就低，而润滑脂内如含有机械杂质产生的噪声就大。噪声的大小用分贝值表示。

轴承（特别是密封轴承）润滑脂除要求有良好的润滑性、胶体安定性、机械安定性和防锈性外，还特别要求机械杂质要少，而且颗粒直径要小及噪声低。因润滑脂含机械杂质多或颗粒大，润滑轴承产生很高的噪声，同时引起轴承温度升高，而使轴承和润滑脂的寿命都下降。一般噪声每增加 6dB，轴承的寿命就降低一半。另外，噪声对在设备周围工作与生活人员的健康也是有害的。因此，规定轴承涂脂后产生的噪声应较低。

目前，国内外对润滑脂使用中降低噪声特性研究报道还较少，且文献报道主要是滚动轴承润滑脂的降低噪声性能。

1. 滚动轴承润滑脂噪声的测定

滚动轴承噪声是在噪声测定仪上测定的，噪声测定仪的主要工作元件是一个滚珠轴承，如奥地利维也纳电子公司的 GPW-6 噪声测定仪，测定轴承为 80201 型滚动轴承。不同的仪器所用轴承的大小不同。测定是在规定的转速和负荷下进行的。先测定基础油的噪声值，即所谓轴承的原始噪声值，然后，在同样条件下，测定脂润滑轴承的噪声值，这两个噪声值之差，就是润滑脂降低轴承噪声的效果，差值越小，润滑脂的降低噪声性能越好，见表 4-44。

表 4-44　润滑脂降低轴承噪声的试验结果

润滑脂样品	轴承原始噪声值/dB	装脂后噪声值/dB	差值
MZ-82055	42	39.17	2.83
MZ-82056	42	39.20	2.80
B-8202	42	38.86	3.14
FS-82005	42	40.24	1.76

表 4-44 所列数据，是用奥地利维也纳公司的 GPW-6 噪声测定仪测出的，测量用的轴承为 18201 型，分别测定在低频（70 ~ 360Hz）、中频（360 ~ 1900Hz）和

高频(1900~10000Hz)时的分贝值，再根据下面的公式计算，即可得出轴承的平均噪声值。

$$N = 20\lg(10^{\frac{D_A}{20}} + 10^{\frac{D_B}{20}} + 10^{\frac{D_C}{20}}) \qquad (4\text{-}37)$$

式中　D_A、D_B、D_C——低频、中频、高频时的分贝值。

2. 润滑脂对轴承噪声的影响

润滑脂的组成、结构和质量对润滑轴承的噪声影响比较大，下面介绍润滑脂的基础油、稠化剂及机械杂质对润滑轴承噪声的影响。

（1）基础油对轴承噪声的影响

① 基础油黏度对脂润滑的轴承噪声的影响。用同一种稠化剂稠化不同黏度的矿物油所制成的润滑脂，在润滑轴承上所产生的噪声值不同，一般基础油的黏度增大，噪声值减小。矿物油锂基润滑脂的轴承噪声值随基础油黏度增大而降低，特别是在高频范围则更为明显，但也有一个范围，超过此范围，即便黏度再提高，其噪声降低效果也不大明显。

② 基础油种类对脂润滑的轴承噪声的影响。一般黏度相近的环烷基油比石蜡基油产生的噪声小，即说明环烷基油润滑脂比石蜡基油润滑脂的减振作用大。另外，环烷基油在高频和低频范围内均有减振作用。硅油制成的润滑脂不适宜用作低噪声润滑脂。

（2）稠化剂对润滑轴承噪声的影响

用不同稠化剂稠化同一种基础油所制的润滑脂，在润滑脂轴承上产生的噪声值不同，如表4-45所示。

表4-45　不同种类润滑脂的噪声值

润滑脂编号	D	C	M	L	K	J	B
基础油	50号机械油	30号机械油	30号机械油	30号机械油	50号机械油	硅油	双酯
稠化剂	12-羟基硬脂酸锂	钙皂	钠皂	复合钙	二硫化钼锂基	锂皂	锂皂
平均振动值/dB	44.8	42.9	46.1	46.7	45.3	47.9	47.8

由表4-45可看出，硅油润滑脂、双酯锂润滑脂和复合钙基润滑脂的平均振动值都比较高，因此，不宜作低噪声轴承脂，特别不适宜用作家电器密封轴承润滑脂。

根据试验：膨润土润滑脂、石墨和二硫化钼润滑脂也不适宜作低噪声轴承脂。

（3）润滑脂中机械杂质对噪声的影响

润滑脂中机械杂质的含量和粒子的大小对润滑脂的噪声都有比较大的影响，一般润滑脂中机械杂质含量越多或粒子直径越大，则润滑脂的噪声值就越大。因润滑脂中的机械杂质会引起轴承的振动即产生噪声，表4-46的数据可以说明以上结论。

表 4-46　润滑脂中机械杂质与轴承振动值的关系

杂质含量，$25\sim75\mu m$ 粒子/（个/cm³）	3620	16680	4280
平均振动值/dB	41.7	48.0	44.3

因此，润滑脂的质量指标，特别是密封轴承用脂，除规定机械杂质的含量外，还规定了机械杂质颗粒的直径。例如，7123 号陀螺马达用润滑脂的质量指标中对机械杂质的要求：①直径大于或等于 $25\mu m$ 的粒子杂质含量不多于 100个/cm³。②直径大于或等于 $75\mu m$ 的粒子不允许存在。

4.3　润滑脂的抗磨极压性能

大多数润滑脂以降低摩擦、磨损为主要目的，要求具有良好的抗磨极压性能。润滑脂的润滑原理、润滑性能的评价、提高润滑性能的措施与《润滑原理与润滑油》课程所介绍的有相似之处，也有一些不同的地方，本节简略介绍润滑脂的润滑性能。

4.3.1　润滑基本原理

1. 摩擦与磨损

两个相互接触的物体在外力作用下发生相对运动时，或在外力作用下具有相对运动趋势时，在接触面间产生切向运动阻力的现象称为摩擦，所产生的阻力称为摩擦力。摩擦力 F 与摩擦表面间的负荷 W 成正比，即 $F=fW$，式中 f 称为摩擦系数，$f=F/W$。

固体的表面即使加工得很光滑，实际也是凹凸不平的。在垂直负荷下，两相互接触的表面实际只是凸峰相互接触，并支撑着全部负荷。由于真实接触面积很小，单位面积上承受的负荷很大，致使接触部件的金属产生塑性变形而发生黏着。1943 年巴乌金把摩擦原因看作是两个固体接触部位的黏着，并把从许多微细的黏着部件引向切线方向的抗剪切力看作摩擦力。

真实接触面积 A_r，表示如下：

$$A_r = \frac{W}{P_m} \tag{4-38}$$

式中　W——负荷；

P_m——黏着部位的压缩屈服应力。

如果把黏着部位的剪切力作为摩擦力 F，则

$$F = S \cdot A_r = S \cdot \frac{W}{P_m} \tag{4-39}$$

196

$$f = \frac{S}{P_m} \tag{4-40}$$

式中　S——黏着部位的剪切强度。

式(4-39)表示摩擦力与负荷成比例的关系，式(4-40)表示摩系数与黏着部位的剪切强度和压缩屈服应力的关系。从式(4-38)可以看出压缩屈服应力与真实接触面积和负荷的关系。

磨损是相互接触的物体在相对运动时，表层材料不断发生损耗的过程。磨损是伴随摩擦而产生的。磨损是材料损耗的主要原因，也是引起机械零件失效的主要原因。据统计，有75%的零件是由磨损而损坏的，因此，磨损也是影响机器设备使用寿命的重要因素。在现代工业自动化、连续化的生产中，某一零件的磨损失效，就会影响全线的生产，带来经济损失。材料的损耗，最终反映到能源的消耗上，因此，减少磨损也是节约能源的重要一环。

磨损有多种形式，基本类型有五种，即黏着磨损、磨粒磨损、疲劳磨损、腐蚀磨损和微动磨损，见表4-47。

表4-47　五种基本磨损类型

类型	内　　容	磨损特点
黏着磨损	摩擦副相对运动时，由于固相接触表面的材料由一个表面转移到另一表面的现象	接触点黏着剪切破坏
磨粒磨损	在摩擦过程中，因硬的颗粒或硬的凸出物冲刷摩擦表面而引起材料脱落的现象	磨料作用于材料表面而破坏
疲劳磨损	两接触表面作滚动或滚动滑动复合摩擦时，因循环载荷作用使表面产生变形与应力，从而使材料疲劳而出现的损失现象	表层或次表层受接触应力反复作用而疲劳破坏
腐蚀磨损	在摩擦过程中，金属同时与周围介质发生化学或电化学反应，产生材料损失的现象	有化学反应或电化学反应的表面腐蚀破坏
微动磨损	摩擦副在相对静止的条件下，因环境轻微振动的影响，引起表面复合磨损的材料损失现象	复合式磨损

为了提高机器零件的耐磨性和使用寿命，必须研究如何减少磨损。可以从材料、结构和使用三方面来探寻减少磨损的途径。例如，从材料方面，正确选择摩擦副的材料来改善材料耐磨性，正确选择润滑方式和润滑剂降低材料的磨损。从结构方面，摩擦副的结构设计，要有利于摩擦副间表面保持膜的形成和恢复、摩擦热的散出和磨屑的排除，以及防止外界磨粒的进入等。正确结构设计是减少磨损和提高耐磨性的重要条件。从使用方面，由于机器的使用寿命长短和使用保养

关系极大，因此正确的使用和良好的保养，是保证机器使用寿命的前提。

2. 几种润滑状态

润滑是向摩擦表面供给润滑剂以减少磨损、表面损伤和(或)摩擦力的措施。

润滑剂的作用是通过油膜把互相滑动的金属摩擦表面分开，以减少摩擦、磨损，防止温度上升和烧结。

在机械摩擦表面之间根据润滑剂所起的作用和摩擦零部件的工作条件，可以分成几种不同的润滑状态，即流体润滑、弹性流体润滑、混合润滑和边界润滑。见图 4-55，该图称为润滑状态的 Striebeck 曲线。

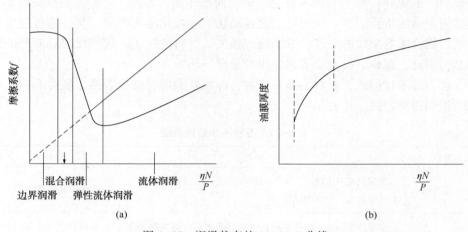

图 4-55　润滑状态的 Striebeck 曲线

（1）流体润滑

当两摩擦表面间为润滑流体膜完全隔开，金属不互相接触，这种润滑状态称为流体润滑。流体润滑时，油膜厚度较大（$h > 10^{-5}$ cm），润滑油脂的黏度决定了摩擦力，摩擦系数小，通常在 $10^{-3} \sim 10^{-4}$ 范围内。由于在流体润滑时，摩擦表面间安全被润滑剂流体所隔开，防止了金属间的接触，从而避免了黏着和磨损。

流体润滑是理想的润滑状态，流体润滑分为流体动压润滑、流体静压润滑和气体润滑。流体动压润滑是利用机械运转时，黏附在机械表面上的黏性流体（润滑剂），被带进两摩擦表面间的收敛型间隙中（例如滑动轴承的间隙）而产生压力。当流体压力足以与摩擦零件所承受的负荷平衡时，两摩擦表面就完全被流体膜所隔开。从图 4-52 曲线可以看出，在流体润滑状态下，随着 $\eta N / P$ 减小（油的黏度减小。但当负荷增到一定程度，油膜厚度减小到不能安全隔开金属表面时，摩擦系数急剧增大，润滑状态发生变化，从流体润滑、弹性流体润滑、通过混合润滑向边界润滑转移。各个润滑状态的油膜厚度见图 4-56。不同润滑状态下的油膜厚度和摩擦、磨损还可参考表 4-48。

198

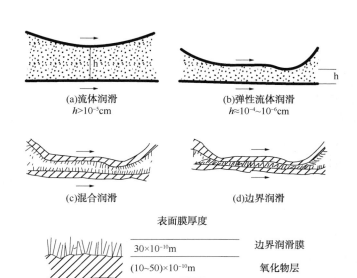

(a)流体润滑
$h>10^{-5}$cm

(b)弹性流体润滑
$h\approx10^{-4}\sim10^{-6}$cm

(c)混合润滑

(d)边界润滑

表面膜厚度

30×10^{-10}m 边界润滑膜

$(10\sim50)\times10^{-10}$m 氧化物层

图4-56 各种润滑状态的油膜厚度

表4-48 不同润滑状态的油膜厚度、摩擦系数及磨损

润滑状态	油膜厚度	摩擦系数	磨损量
流体润滑	2.5×10^{-5}cm	0.001～0.005	无
弹性流体润滑	$10^{-6}\sim10^{-4}$cm	0.005～0.01	无
边界润滑和极压润滑	2.5×10^{-7}cm	0.03～0.1	小
无润滑	—	0.1以上	大

（2）弹性流体动压润滑

弹性流体润滑又称弹性流体动压润滑。在齿轮和滚动轴承中，摩擦副作线接触（如齿轮和滚柱轴承）或点接触（如滚珠轴承），单位接触面上承受的负荷很大，足以使金属产生弹性变形，导致接触区表面变平，同时也使润滑油脂黏度增大，在这种状况下能形成足够厚度的油膜使摩擦表面隔开。两个作相对运动表面间的摩擦和液体润滑膜厚度取决于材料的弹性性能和润滑剂的润滑状态称作弹性流体动力润滑（EHL——Elasto-Hydrodynamic Lubrication）。弹性流体润滑中的接触模型如图4-57所示。

从该图4-57(a)和(b)可见，在接触处由于金属产生弹性变形而表面变平（称为赫兹区），在接触区的入口处形成收敛形间隙，油带进入口区产生压力，在赫兹区的高压下油的黏度增大更有利于油膜的形成。油膜产生的压力足以与赫兹区接触表面弹性变形时的弹性压力（常称赫兹压力）相平衡，从而使摩擦表面被油膜隔开并防止磨损。从该图(c)看出等温、平滑面的EHL接触油膜中心膜厚为 h。在出口处间隙最小，（油膜厚度最小即 h_{min}）油压出现一个尖峰。

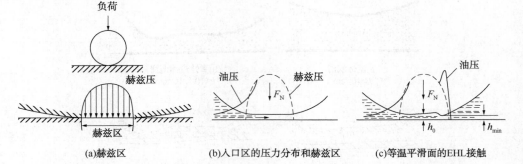

| (a)赫兹区 | (b)入口区的压力分布和赫兹区 | (c)等温平滑面的EHL接触 |

图 4-57　弹性流体动压润滑下的接触模型

在弹性流体润滑中，油膜厚度为 $10^{-6} \sim 10^{-4}$ cm，摩擦系数较流体润滑时大，在 $0.005 \sim 0.01$ 范围内。

（3）边界润滑

由于温度上升使润滑油脂的黏度下降，一旦负荷增大和速度降低，摩擦表面之间的油膜变薄，最终引起部分金属直接接触，这种状态称为边界润滑，边界润滑时的接触模型如图 4-58 所示。从该图可见局部金属接触部位发生黏着。如果把前述式（4-39）$F=S \cdot Ar=S \cdot W/P_m$ 引申到边界润滑的话，则边界润滑条件下的摩擦力 F 和摩擦系数 f 可用式（4-41）和式（4-42）表示。

$$F=a\left[aS_m+(1-a)S_e \right] \tag{4-41}$$

$$f=a\left[\frac{S_m}{P_m}+(1-a)\frac{S_e}{P_m} \right] \tag{4-42}$$

式中　S_m、S_e——分别为金属黏着部位和油膜间的剪切强度；

　　　　a——金属黏着部位的比例。

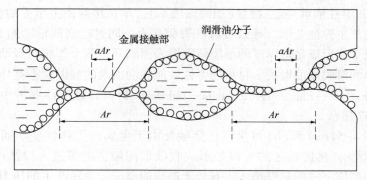

图 4-58　边界润滑下的接触模型

一般金属接触黏着部位的剪切强度 S_m 比油膜间的剪切强度 S_e 要大得多，所以想要减小在边界润滑条件下摩擦系数，就必须尽量把 a 和 S_m 变小。

在边界润滑状态下，相对运动的两表面间的摩擦和磨损决定于表面的性质和润滑剂除总体黏度外的其他润滑性能，如减摩性、抗磨性和极压性。

在边界润滑中，是依靠边界油膜来隔开金属表面，防止金属磨损或烧结。边界油膜是由油中的表面活性物质或添加剂吸附在金属表面上形成的，或添加剂与金属发生反应生成的，因而有吸附膜和反应膜之分。

（4）混合润滑

在混合润滑中，有的部位处于流体润滑状态，有的部位处于边界润滑状态。

3. 添加剂对润滑状态的影响

（1）改善润滑性能添加剂的种类和作用机理

提高润滑性能的添加剂有油性剂、抗磨极压剂和固体润滑剂。这些添加剂的作用机理大致如图 4-59 所示。

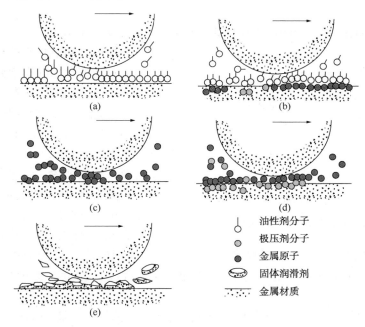

图 4-59　添加剂作用机理示意图

图中（a）为物理吸附，油性剂分子的极性端指向金属表面，非极性端烃基朝外，在金属表面形成定向排列的致密膜而具有润滑性，例如，醇、酯等在钢表面上形成物理吸附。

图中（b）是化学吸附，油性剂分子在金属表面形成化学吸附膜，例如脂肪酸在金属表面形成金属皂。化学吸附比物理吸附更有效，化学吸附的吸附热较高，为（ $10^4 \sim 10^5$ ）×4.184J/mol，物理吸附热为（ $2\times10^3 \sim 2\times10^4$ ）×4.184J/mol。化学吸附膜在其熔点以内都能有效地润滑（脂肪酸金属皂的熔点约为 120℃，硬脂酸的

201

熔点为 69℃），化学吸附膜可在中等负荷、温度和滑动速度下起到润滑作用，而在苛刻条件下失效。化学吸附由于是以金属皂形式进行解吸，所以会产生一定的化学磨损。

图中（c）是添加剂本身分解、聚合而形成固体润滑表面膜的情况，因为该表面膜比基体金属更易剪断，所以降低了摩擦和磨损，这种情况抗磨损效果好，但跑合效果差，在苛刻条件下易烧结。有机金属化合物添加剂多半属于这种情况。

图中（d）是添加剂的活性成分与基体金属发生化学反应，由反应生成的金属化合物形成固体润滑表面膜而起到有效的作用。例如，由硫和铁反应生成硫化物边界膜，这种反应膜剪切强度低而熔点高，比物理吸附膜或化学吸附膜都要稳定得多，大多数极压剂属于这种情况。因化学磨损产生跑合效果，有效地改善了苛刻条件下的润滑。但在有色金属情况下会发生过度的化学磨损，有时甚至产生腐蚀。

图中（e）是在润滑油脂中加入层状固体润滑剂，如二硫化钼、石墨的情况。

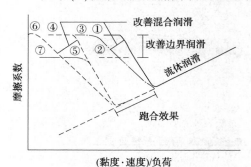

图 4-60　添加剂对润滑状态的影响

（2）添加剂对润滑状态的影响

添加剂对润滑状态的影响如图 4-60。

在图 4-60 中，曲线 1 是不含添加剂的油的曲线；曲线 2 是加入极压剂，降低了边界摩擦系数，改善了边界润滑；曲线 3 是加入油性剂，改善混合润滑；曲线 4 是加入添加剂后，起跑合效果。

摩擦系数开始上升的流体润滑的转折点，是最小油膜厚度接近表面粗糙度，金属表面的微凸体开始接触的转折点，由油的黏度和金属表面的粗糙度来决定。因添加剂的跑合作用而去掉微凸体，所以流体润滑区域向苛刻方向扩张［转折点在更低的（黏度·速度）/负荷处出现］。

曲线 5 是添加剂改善边界润滑和起跑合效果；曲线 6 是添加剂改善混合润滑及起跑合效果；曲线 7 是添加剂组合作用，改善边界润滑，混合润滑并具有跑合效果。

根据上述情况，选用适当的添加剂组合，不仅减少了摩擦，而且改变了润滑状态，抗磨损和抗烧结也有明显的效果。

一般来说，抗磨极压剂复合使用比单一使用有加倍的效果。可以由几种抗磨极压剂复合组成，也可以在一个分子内含几种活性元素（如硫、氯、磷等），对摩擦表面上的吸附和化学反应起到更有效的作用。

202

4.3.2 润滑脂的减摩性

润滑脂在滑动轴承中的减摩性

润滑脂的润滑机理目前尚无定论,早期的看法认为润滑脂中只是基础油起润滑作用而稠化剂只起贮油作用。然而,在不同试验条件下的研究得出不同的结论,本节所述内容是在滑动轴承中润滑脂的减摩作用。

霍斯(Horth)等在青铜–钢滑动轴承里用皂基润滑脂做试验,试验在37.8℃、负荷3781N条件下进行,考察了润滑脂组成对减摩性的影响,测定了用各种润滑脂样品润滑的滑动轴承,在不同轴颈速度时的摩擦力矩,并以摩擦力矩急剧上升时作为转变为混合润滑,边界润滑状况的标志。转变时轴颈速度越低或在某一速度下摩擦力矩越小,说明润滑脂的减摩性质越好。试验结果表明,皂在润滑脂的润滑中不仅起贮油作用,而且也起减摩作用,皂基润滑脂比其基础油的摩擦系数低。

(1)皂基润滑脂组成对减摩性的影响

① 基础油黏度的影响。基础油黏度增加,摩擦力矩减小。

② 皂浓度的影响。在边界润滑条件下,皂浓度增加,摩擦力矩减小。

③ 稠化剂类型的影响。稠化剂类型对摩擦的影响,如图4-61所示。试验用润滑脂是不同金属皂稠化同一种基础油制成,试验是在青铜钢轴承中进行的。

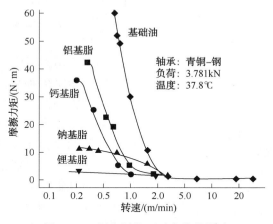

图4-61 稠化剂类型对摩擦的影响

从图4-61可以看出,在边界润滑即低速区域中,四种润滑脂都比基础油好,还可看出,各种润滑脂的摩擦力矩差别很大。例如,用锂皂稠化的润滑脂比铝基润滑脂的摩擦力矩小得多,钙基和钠基润滑脂居中。这些结果可作为其他类型润滑脂的变动范围的代表。此外,用钢对钢或巴氏合金对钢的轴承试验也得到类似的结果。

（2）润滑脂在滑动轴承中的摩擦系数

霍斯等人在青铜-钢滑动轴承中，测定了9种润滑脂及其基础油的摩擦力矩，并计算了摩擦系数，证明皂基润滑脂比其基础油的摩擦系数低且与皂的剪切强度有关。润滑脂在滑动轴承中混合润滑时的平均摩擦系数列于表4-49。

表4-49　润滑脂在滑动轴承中的摩擦系数（青铜-钢滑动轴承）

润滑脂类型	混合摩擦区平均摩擦系数		润滑脂类型	混合摩擦区平均摩擦系数	
	37.8℃	121℃		37.8℃	121℃
基础油	0.040	0.092	钙/锂皂	0.016	0.037
膨润土	0.046	—	钙皂（B）	0.012	0.036
复合钙皂	0.034	—	钠皂	0.012	0.036
铝皂	0.028	0.031	锂皂（A）	0.008	0.029
钙皂（A）	0.022	—	锂皂（B）	0.007	0.031

从表4-49可见，润滑脂的摩擦系数在0.046~0.007之间变动，除膨润土润滑脂外，所有试验的润滑脂都比基础油的摩擦系数小，膨润土润滑脂及复合钙基润滑脂的摩擦系数较大，铝基和锂钙基润滑脂最小。6种皂稠化的润滑脂在121℃时几乎有相同的摩擦系数，这可能是因为在这样的高温度下，润滑脂稠化剂中的阴离子与轴承金属组成表面膜来保证润滑，于是皂中金属离子对摩擦系数的影响不大。

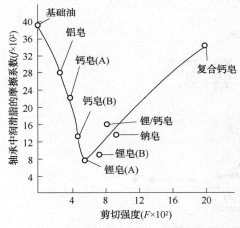

图4-62　轴承中润滑脂的摩擦系数与
稠化剂剪切强度的关系

为了说明润滑脂在37.8℃减摩性质的差别，测定各种皂基稠化剂的剪切强度，将试验的润滑脂中的基础油用己烷置换后，测定稠化剂的剪切强度，轴承中润滑脂的摩擦系数和该润滑脂中稠化剂的剪切强度的关系见图4-62。可以看出，开始时轴承的摩擦系数随稠化剂的剪切强度增加而降低，直到剪切强度达到临界值0.005左右为止；超过剪切强度的临界值后，轴承摩擦系数变为随稠化剂剪切强度的增大而增大。

（3）皂基润滑脂及基础油的摩擦系数

林德曼（Lindman）和波利舒克（Polishuk）考察了润滑脂及其基础油的摩擦系数，对于含极压剂的两种润滑脂——锂基润滑脂和复合铝基润滑脂，其静摩擦系数和低速摩擦系数均比基础油小。

（4）皂基润滑脂及其组分在边界润滑时的摩擦系数

① 皂基润滑脂在边界润滑时的摩擦系数。边界润滑时皂基润滑脂及其组分在加热和冷却过程中的摩擦系数，试验是在钢-钢摩擦副上进行的，从室温加热到200℃再冷却至室温，在这个过程中测定的皂粉末的摩擦系数、基础油及几种皂粉的摩擦系数。用同一种基础油制成的润滑脂，摩擦系数大小与稠化剂种类有关，当加热到200℃时摩擦系数减小而冷却时摩擦系数加大。硬脂酸皂基润滑脂在室温时摩擦系数和润滑脂的稠度关系不大。

② 硬脂酸皂的摩擦系数与温度的关系。在硬脂酸铝皂的情况下，在130℃以上润滑脂完全变成液体，但在熔点时摩擦曲线没有改变，当润滑脂变成液态时，摩擦系数继续降低。

硬脂酸钠及硬脂酸钙的摩擦系数在加热时减少，在冷却时加大。

③ 皂基润滑脂在加热或冷却过程中摩擦系数变化的原因。硬脂酸皂基润滑脂在加热时摩擦系数减小而冷却时加大的原因：一是在加热时剪切强度降低而冷却时剪切强度增大；二是由于生成化学吸附膜，据试验，十八烷和基础油一样，在钢-钢表面间摩擦系数随温度升高而增大，但几种表面活性物质(十八酸、十八胺和硬脂酸)在钢-钢之间能减低摩擦，用硬脂酸能减低钢-钢间摩擦，却不能降低玻璃-玻璃间的摩擦，从这两个试验结果可以推断在加热到熔点以上使摩擦系数降低是由于化学吸附所致；三是由于温度升高硬脂酸皂在基础油中溶解度加大，摩擦系数也会降低，见表4-50。

表 4-50　硬脂酸皂在油中溶解度和摩擦系数

硬脂酸皂	温度/℃	摩擦系数	盐在油中溶解度/%
钠皂	100	0.13	0
锂皂	100	0.11	0
锂皂	200	0.09	6
钠皂	200	0.09	10
铝皂	100	0.08	25~50
铝皂	200	0.07	—
钙皂	200	0.07	—

4.3.3　润滑脂的抗磨极压性

润滑脂的抗磨极压性指在重负荷、冲击负荷作用下润滑脂降低金属的摩擦磨损的性能。

润滑脂由于含有稠化剂，而稠化剂具有润滑作用，所以有些基础润滑脂(如复合磺酸钙、复合钙、聚脲等)就具有良好的抗磨极压性能。如果需要进一步提高其抗磨极压性，就需要添加油性剂和抗磨极压剂。

1. 抗磨极压性试验方法

评定润滑剂及添加剂的抗磨性和极压性的试验方法很多，通常在实验室进行模拟试验，筛选性能满意的样品，进行全尺寸台架试验和实际使用试验，台架试验和实际使用试验通过后，才能最后决定。

实验室模拟试验方法中，常用不同的试验机，在不同试验条件下考察润滑脂及添加剂的抗磨性和极压性，最常用的有四球机、梯姆肯、法莱克斯及多种齿轮试验机，各试验机试件和接触情况，试验条件各不相同，评定指标也不相同。

润滑脂抗磨极压性能的评价方法有：SH/T 0202 润滑脂极压性能测定法（四球机法）、SH/T 0203 润滑脂极压性能测定法（梯姆肯试验机法）、SH/T 0204 润滑脂抗磨性能测定法（四球机法）、SH/T 0427 润滑脂齿轮磨损测定法、SH/T 0716 润滑脂抗微振磨损性能测定法和 SH/T 0721 润滑脂摩擦磨损性能测定法。

（1）SH/T 0202—1992 润滑脂极压性能测定法（四球机法）

参照采用 ASTM D2596—1982。

润滑脂极压性能测定法（四球机法），试验采用四个直径 12.7mm 的钢球，下三球固定在油杯中，被试验样品所覆盖，上球由弹簧卡头或螺帽固定在转轴上，试验时压力使四个钢球组成紧凑的锥体（如图 4-63）。试验时轴向负荷（压力）、转速、温度和时间等条件都是可以选择的。

四球机评定润滑脂性能的指标很多，国内外最常用的评定指标有最大无卡咬负荷，烧结负荷及综合磨损值 ZMZ（负荷磨损指数 LWI）等。

① 磨损—负荷曲线及其意义

在一定转速（如 1500r/min）不同负荷下分别运转 10s（或 60s），并测量下面三个球的磨损斑直径（以下简称磨直径）取其平均值作为此负荷下的磨损，在不同的负荷下的试验数据在双对数坐标图纸上绘成磨损—负荷曲线（图 4-64）。

磨损-负荷曲线上，AB 段称为无卡咬区，表示摩擦表面间的油膜没有破裂，吸附膜起润滑作用，控制摩擦表面间的磨损，机械能正常工作，BC 段称为延迟卡咬区，表示吸附膜破裂，故磨损加大，但摩擦表面温度还不太高，不足以使极压剂发挥作用，CD 段称为接近卡死区，表示超过 C 点后，摩擦表面间的温度已升高到足以使极压剂中活性元素与摩擦表面作用，生成反应膜，故能承受更高的负荷并控制磨损的急剧增长，直到 D 点，因负荷增大到超过反应膜所能承受的负荷范围，摩擦表面的金属之间摩擦磨损急剧增大，温度急剧升高，致使四球烧结（或称熔接、焊结）在一起。

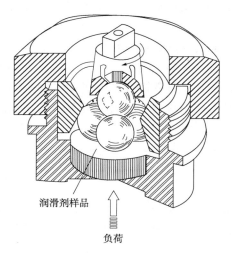

图 4-63 四球机的四球和油杯

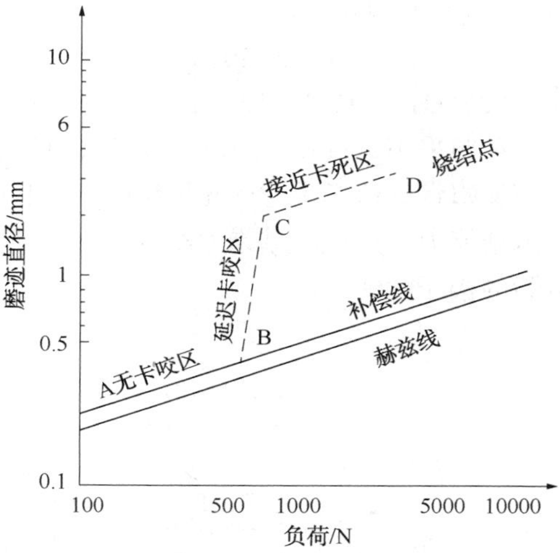

图 4-64 磨损-负荷曲线

② 最大无卡咬负荷 P_B。最大无卡咬负荷是和磨损-负荷曲线上 B 点相应的负荷，表示在此负荷下摩擦表面间尚能保持完整的油膜，如超过此负荷则油膜破裂，摩擦表面的磨损急剧增大，故常以 P_B 表示油膜强度。

③ 烧结负荷 P_D。烧结负荷 P_D 是在四球机上试验时四个球烧结在一起时的最低负荷，即磨损-负荷曲线上相应于 D 点的负荷，表示润滑脂的极压性和极限工作能力，超过此负荷后润滑剂完全失去润滑脂作用。烧结负荷大表示极压性好。

④ 综合磨损值 ZMZ。我国标准方法中规定的综合磨损值 ZMZ，和国外的负荷磨损指数(LWI)和综合磨损指标(OIIN)，其意义都是相同的，即表示单位相对磨迹承受负荷的平均值，表示润滑剂从低负荷到烧结负荷整个过程中的平均抗磨性能，各国指标具体试验次数有所不同。

我国现采用的 ZMZ 按下式算出：

$$ZMZ = \frac{A + B/2}{10} \qquad (4-43)$$

式中 A——当 P_D 大于 3920N 时，A 为 3087N 及小于 3087N 的九级校正负的总和；小于或等于 3920N 时，A 为 10 级校正负荷的总和；

B——当 P_D 大于 3920N 时，B 为从 3920N 直至烧结以前的各级校正负荷的平均值，当 P_D 小于或等于 3920N 时 B 为零。

校正负荷 P' 是实际负荷 P 与钢球相对磨痕直径 D/D_h 的比值。即

$$P' = \frac{P}{D/D_h} = \frac{PD_h}{D} \qquad (4-44)$$

式中 D——相应于负荷 P 的钢球磨痕直径；

D_h——静止状态下相应于 P 的钢压痕直径或称赫兹直径，由下式算出：

$$D_h = 8.73 \times 10^{-2} (P)^{1/3}$$

（2）SH/T 0203—1992 润滑脂极压性能测定法（梯姆肯试验机法）

参照采用 ASTM D2509—1977（1981）。

梯姆肯试验机示意图见图4-65。此方法适用于用梯姆肯试验机测定润滑脂的承载能力，用试验结果 OK 值——试件不发生擦伤或卡咬的最大负荷来表示润滑脂的极压性能。

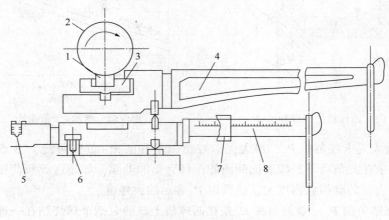

图4-65 梯姆肯试验机示意图

1—试块；2—试环；3—试块架；4—负荷杠杆；5—水平器；
6—定位销；7—游码；8—摩擦杠杆

试验步骤：将润滑脂试样装满进料装置，用试样涂抹试环、试块及轴套。用润滑脂进料装置以 45g/min 的速度给试件加试样；启动电机，走合 30s；试运转后开始加载并计时，如果在此期间有明显擦伤迹象，应立即停车并卸掉载荷；如果没有擦伤迹象，让试件运转 10min，然后卸掉载荷，关主轴电机，停止供脂，在放大镜下观察试块表面磨痕，如果出现擦伤或轻微卡咬，则润滑脂在此负荷下失效；如果没有擦伤，增加负荷 44.5N 继续试验，直到产生擦伤为止，从擦伤负荷降低 22.24N 进行最后一次试验；如果某一级负荷的磨痕对确定开始擦伤有疑问，则在此负荷下重复试验。

（3）SH/T 0204—1992 润滑脂抗磨性能测定法（四球机法）

参照采用 ASTM D2266—1967（1981）。

润滑脂抗磨性能是指润滑脂在高负荷运转设备中保持润滑部件不被磨损的能力。对于金属机械设备，由于金属表面的相对运动，摩擦使金属从表面自本体分离剥落而使金属部件失去部分重量或体积尺寸发生一定的变化，这个变化就称为磨损，在相互接触的金属表面之间加入润滑脂可以减轻金属表面的磨损。用四球机可以测定润滑脂的抗磨损程度。

此方法适用于润滑脂在钢对钢件滑动时抗磨性能，以试验结果钢球的磨痕直径表示润滑脂的抗磨性能。

（4）SH/T 0427—1992 润滑脂齿轮磨损测定法

参照采用 FS 791 B335.2。

润滑脂的齿轮磨损是将涂有润滑脂的已知磨损性能的试验齿轮在规定负荷下进行往复运转，经规定周数后以铜齿轮平均质量损失作为磨损值。

此方法适用于测定润滑脂的齿轮磨损值，用以评价润滑脂的润滑性能。润滑脂齿轮磨损试验机示意见图 4-66。

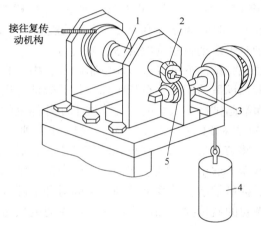

图 4-66　润滑脂齿轮磨损试验机示意图

1—驱动轴；2—黄铜试验齿轮；3—被动轴；4—重锤；5—钢试验齿轮

试验步骤：将清洗、干燥和已称重的黄铜齿轮安装在齿轮磨损试验机驱动轴上，在被子动轴上安装钢齿轮；用柔软的绳缠绕滑轮，将传动轴与往复机构连接，并在被动轴上加负荷 22.24N 的砝码；把装有癸二酸酯的容器安放在钢齿轮下部，直到钢齿轮下部的齿轮被浸没；启动往复机构，使其往复运转 1500 周进行磨合，完成磨合数周后停机，折下齿轮进行清洗、干燥，并称量黄铜齿轮质量，如果黄铜齿轮的质量损失不超过 2mg，则将此齿轮对报废；将磨合后合格的齿轮对在试验机上装配好，将润滑脂试样均匀地涂在齿轮的咬合面上，启动往复驱动机构，使其往复运转 6000 周，试验运转结束后，拆下齿轮进行清洗、干燥，并称量黄铜齿轮质量；再将清洗、干燥和已称量过后黄铜齿轮安装在齿轮磨损试验机驱动轴上，在被动轴上安装钢齿轮，并将润滑脂试样均匀地涂在齿轮的咬合面上，用柔软的绳缠绕滑轮，将传动轴与往复机构连接，并在被动轴上加负荷 44.48N 的砝码；启动往复驱动机构，使其往复运转 3000 周，运转结束后，拆洗、干燥齿轮，并进行称重。进行 4 次完整的试验，每次用新齿轮，并对 6000

周和 3000 周运转分别计算每千周的黄铜质量损失。

试验结果的表述：

① 报告黄铜齿轮在 22.24N 力下运转 6000 周后，每千周的平均质量损失（毫克/千周）。

② 报告黄铜齿轮在 44.48N 力下运转 3000 周后，每千周的平均质量损失（毫克/千周）。

（5）SH/T 0716—2002 润滑脂抗微振磨损性能测定法（Falex 微动磨损试验机）

等效采用 ASTM D4170—1997。

润滑脂抗微振磨损性能是指用润滑脂润滑的两个球推力轴承在频率为 30.0Hz、负荷为 2450N、时间为 22h 和 0.21 弧度的震动下，以其轴承座圈的质量损失来评价润滑脂对于震动轴承抗微动磨损的能力。

此方法在所述的试验条件下可以区分润滑脂的低、中、高的微动磨损量，用来预测装在客车轮毂轴承里的润滑脂在长距离运行后微动磨损性能。

试验步骤：将润滑脂试样装入新的、已清洗干净并称重的轴承里，用润滑脂填满轴承座圈的球轨道和每一个球保持架，调整每个轴承上的脂重为（1.0±0.05）g；装配卡盘，将装配好的试验器放在防震架上；运转（22±0.1）h，试验结束后，拆开机械从卡盘上取出所有轴承部件，用软布擦去轴承上的脂样，进行清洗、干燥轴承，然后称量轴承；计算上部轴承座圈对和下部轴承座圈对的质量损失。用上部轴承座圈对的质量损失除以下部轴承座圈对的质量损失，计算质量损失比。

（6）SH/T 0721—2002 润滑脂摩擦磨损性能测定法（高频线性振动试验机法）

等效采用 ASTM D5707—1998。

润滑脂摩擦磨损性能是指在 SRV 试验机上用一个已均匀涂抹润滑脂试样薄层的试验钢球在不变负荷下，对着试验盘往复震动，以测试钢球上的磨痕和摩擦系数来评价润滑脂的抗磨损性能。

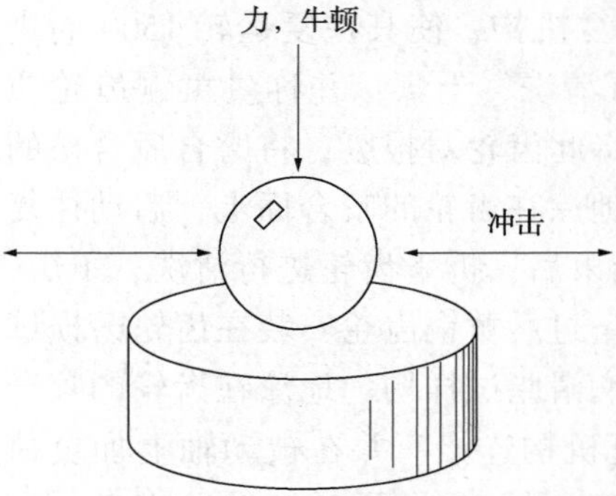

此方法适用于那种在一定的时间内有急速震动或急启急停的运动，可用来检测前轮驱动汽车的调速器或轴承上的润滑脂质量。

高频线性震动试验机的摩擦偶件示意如图 4-67。

试验步骤：用带有清洁剂的绸布反复擦拭试验球和试验盘至清洁，然后将试验球和试验盘浸入含清洗剂的烧杯中超声波震动 10min；将少量润滑脂试样放在干净的试验

图 4-67　SRV 摩擦偶件示意图

盘上，使润滑脂在球和盘之间形成圆形对称均匀薄层；确认试验器没有负荷，小心地将含有润滑脂和试验球的盘放在试验平台上；上紧试验球和盘两者的夹具到恰好开始有阻力为止，加载负荷到100N，拧紧球和盘的夹具到扭矩为2.5N·m，为了磨合减小负荷到50N；打开加热控制器，设定所需的温度，温度稳定后打开记录走纸开关放下记录笔，向下按驱动起始乒乓开关直到计数器开始计数，然后调节冲振幅旋钮到1.00mm；当计时达到30s时，慢慢将负荷增加到200N，并在此负荷下运转2h±15s；试验结束后，拆下试验头卸负荷到-13N或-14N，并清洗试验球和盘，把球放到一个合适的架子上，用显微镜测量，测量最小磨迹宽度至0.01mm，并在90°方向再测一次，从记录图曲线上测量最小摩擦系数。

报告：①试验参数；②两个球上磨迹的直径；③最小摩擦系数；④如果进行了表面轮廓测量，报告下试验盘的磨迹深度。

2. 组成和结构对锂基润滑脂的摩擦磨损特性的影响

姜融华用四球机和扫描电子显微镜研究了锂基润滑脂组成和纤维结构对摩擦和磨损性质的影响，试验样品是以石蜡基矿物油（$\gamma_{50} = 61.2 \text{mm}^2/\text{s}$）为分散介质，以四种不同合成脂肪酸锂皂为稠化剂制备的，另用一种硬脂酸锂皂采用不同冷却速度制备两种不同纤维结构的样品（St-1为慢冷脂和St-2为快冷脂），六种样品均含有苯基萘胺。

试验结果表明，润滑脂的抗磨性随皂的脂肪酸碳原子数的增加而变差。而且锂皂纤维结构对摩擦和磨损性质也有影响，从电镜观察慢冷的润滑脂（St-1）皂纤维较粗，快冷的St-2脂皂纤维较细，磨迹直径St-1脂较St-2脂大，但摩擦系数却较后者低。说明脂肪酸锂皂在混合极压润滑中起着重要作用。

① 当基础油失效时，锂基润滑脂防止卡咬，从试验结果看出，在负荷为343.2N时，基础油发生卡咬，而润滑脂仍能维持正常润滑，在此负荷下油膜破裂，但皂能在润滑中起关键作用。

② 不同锂皂润滑脂的抗磨损和减摩性与基础油不同，它们本身的性能也互不相同，锂基润滑脂和基础油的抗磨损及减摩性的差别，说明了锂皂不仅起贮油作用，而且在润滑中也起着重要的作用。

③ 基础油和稠化剂相同，但制备时冷却速度不同的两种硬脂酸锂脂，它们的纤维结构和胶体安定性互不相同，抗磨损性和减摩性也不相同，说明受冷却速度的影响。

3. 皂浓度、基础油黏度及润滑脂结构对润滑性能的影响

（1）对负荷磨损指数的影响

试验结果表明，润滑脂的承载能力比相应的基础油高，尤其是当基础油黏度较大时更是如此，这时混合物和润滑脂的性能是不同的，说明润滑脂的结构对润滑性起了重要作用，显然润滑脂的结构、基础油的黏度和金属皂都有很大影响。

（2）对磨迹直径的影响

无论润滑脂或皂-油混合物，在441.3N、50℃条件下试验1h，磨迹直径均较基础油小，说明金属皂的影响是显著的。

（3）对摩擦系数的影响

单独用基础油时，试验一开始就发生卡住；而用该基础油制的润滑脂或皂-油混合物试验，就不会发生卡住，润滑脂或混合物中基础油的黏度对摩擦系数的影响都很明显。

4. 在不同负荷下润滑脂的结构和润滑油黏度对摩擦和磨损的影响

磨损随负荷的增加而增加，而且用润滑脂试验时的磨损在中等负荷147.1~441.3N、时间1h、50℃的试验条件下，比皂-油混合物所测得的磨损要大得多，说明在该试验条件下，脂的结构和油的黏度增大均使磨损增大。

摩擦系数随负荷的增大而变小，可能是由于压力增加时有较多的油从润滑脂的结构中分离出来所致。此外，转速增大时磨损也增大。

从上述的一些试验结果可以看出，试验条件、油的黏度、金属皂的存在和润滑脂的结构都会影响润滑性能，这种作用是正的或负的，取决于试验条件或润滑状态。因此可以设想，在温和条件下，如在流体动力润滑状态下，润滑脂中基础油形成的油膜就能在摩擦表面之间起润滑作用；在较苛刻条件下，金属皂能在油膜已经破坏的区域起保护作用；在极苛刻的条件下，例如在边界润滑区，则完全由金属皂起保护作用，在极压状态下，皂中的阴离子和金属表面铁结合而继续产生保护作用。

4.3.4 提高润滑脂的润滑性能的方法

1. 选择适宜的润滑脂组分

润滑脂的润滑性能与其基础油和稠化剂都有关系，基础油的种类和黏度对润滑脂的润滑性能有影响，前面几节中已有基础油黏度对润滑性能影响的例证。

不同种类基础油中，全氟烷基聚醚有优良的润滑性能，但价格昂贵。矿物油和酯类油润滑性能好，硅油润滑性能较差，特别是甲基硅油和甲基苯基硅油在钢-钢间润滑性能差，如要制备润滑性能好的润滑脂，需要选择润滑性能良好的基础油，当一种基础油的润滑性能不够理想时，可根据需要选用适当的混合油，例如硅油润滑性能差，有时和适当比例的酯类油或矿物油混合使用，或在某些特殊润滑脂中添加全氟烷基聚醚，以提高润滑脂的润滑性能。

对于稠化剂的选择，有些稠化剂本身就是固体润滑剂，如聚四氟乙烯、氮化硼等，皂基稠化剂也有较好的润滑能力，例如锂基润滑脂在滑动轴承中的摩擦系数低，复合钙基润滑脂因本身含醋酸钙而极压性很好，膨润土润滑脂在青铜-铜滑动轴承中摩擦系数较高，膨润土润滑脂的极压性比锂基润滑脂好。

要提高润滑脂在混合润滑、边界润滑条件下的润滑能力常需加添加剂来解决，要制备重负荷用的极压润滑脂，无论是锂基润滑脂、膨润土润滑脂或复合铝基润滑脂等，都需加抗磨极压添加剂或添加固体润滑剂才能满足要求。

2. 选用适宜抗磨极压添加剂

在边界润滑中，在金属表面只承受中等负荷时，如有一种添加剂能被吸附在金属表面上或与金属表面反应，形成吸附膜或反应膜，以防止金属表面剧烈磨损，这种添加剂称为抗磨添加剂，在金属表面承受很高的负荷时，金属表面直接接触产生大量的摩擦热，抗磨剂形成的膜也被破坏，不再起保护金属表面作用，如有一种添加剂能与金属表面起化学反应生成化学反应膜，防止金属表面擦伤甚至熔焊，通常把这种添加剂称为极压添加剂。

极压剂和抗磨剂的区分并不是很严格，有时很难区分，西方国家把极压剂和抗磨剂统一称为载荷添加剂(load-carrying additives)，我国则称为抗磨极压剂。

（1）几类抗磨极压剂的效能

① 含氯、硫、磷、铅不同添加剂的效能。分别加不同添加剂试验，各种试验机的结果之间虽然缺乏联系，但可看出：

a. 含氯和含硫化合物对润滑脂具有较好的抗磨性和极压性。

b. 含磷化合物的抗磨性较好。

c. 为改进润滑脂的抗磨性和极压性可以混合两种或更多的添加剂。

d. 适宜的抗磨和极压性取决于所用化合物的化学本性。

② 二烷基二硫代氨基甲酸盐添加剂的效能。二烷基二硫代氨基甲酸盐是润滑脂的多效添加剂，除提高润滑脂的氧化安定性外，还可提高润滑脂的极压性，它们的效能随金属盐种类及试验方法而异，例如，二烷基二硫代氨基甲酸（ZnDTC）不仅有抗氧化作用，也具有提高极压性的作用，在锂基润滑脂中加 2.5%ZnDTC 后，其梯姆肯 OK 负荷从低于 44.5kPa 减少至 0，二烷基二硫代氨基甲酸氧硫盐（MoDTC）不溶于油，常用于润滑脂中提高极压性，它的效能同 MoS_2 对比见表 4-51。

表 4-51　MoDTC 和 MoS₂ 的效能比较

性　能		锂基润滑脂+3%MoDTC	锂基润滑脂+3%MoS₂
氧弹法(100℃，100h)压力降/kPa		41	276
四球机试验	P_D/N	2462	2462
	磨痕直径 d_{30min}^{392N}/mm	0.39	0.60

此外，PbDTC 还用于膨润土润滑脂中，通常膨润土润滑脂加极压剂后会过分软化，但加 2.0%PbDTC 后和 0.55%MoDTC 后梯姆肯 OK 负荷为 244.6N，且润滑脂的结构不软化。

SbDTC 主要作极压剂但也起抗氧化作用，已成功地用于矿物油润滑脂和合成油润滑脂中，SbDTC 在烷基对苯二甲酸酰钠润滑脂中很有效，在复合铝基润滑脂中加到 5% 还不影响润滑脂的滴点或稠度。

（2）抗磨极压剂的作用机理

抗磨极压剂通常包括有机氯化物、有机硫化物、有机磷化物、金属盐类等，抗磨极压剂通过它和金属摩擦表面起化学反应，生成熔点比较低和剪切强度较小的化学反应膜，从而起到减少摩擦、磨损和防止擦伤及熔焊的作用。

① 有机氯化物。有机氯化物在极压条件下，首先发生分解，C—C 键断裂，分解产物与金属表面形成金属氯化物薄膜，至于金属氯化物膜的化学反应过程，有人则认为可以通过两种方式形成：

$$RCl_x + Fe \longrightarrow FeCl_2 + RCl_{x-2}$$
$$RCl_x \longrightarrow RCl_{x-2} + 2HCl$$
$$Fe + 2HCl \longrightarrow FeCl_2 + H_2$$

氯化铁膜具有石墨和二硫化钼相似的层状结构，摩擦系数小，容易剪切，在极压条件下起润滑作用，但氯化铁熔点低，超过 300℃ 膜会破裂失效，容易产生化学磨损，在有水的情况下膜容易水解而降低极压性，并引起金属的腐蚀和锈蚀。

② 有机硫化物。有机硫化物的作用机理：首先是在金属表面上吸附，接触点的瞬时温度使油膜破裂，金属表面和有机硫化物迅速发生化学反应，结果形成有承载能力的金属硫化物薄膜，近期的研究认为，二硫化物在抗磨范围内是由吸附膜起作用的，只有接近极压范围内才形成硫醇铁盐，在极压范围内 C—S 键断裂，在铁表面上得到含硫的无机膜。

硫化铁膜没有层状结构，不像氯化铁那样容易剪切，因此摩擦系数较大，但其水解安定性好，熔点较氯化铁高，到 700℃ 的高温还不失效。

③ 有机磷化物。有机磷化物的作用机理：铁与有机磷化物在边界润滑条件下的反应产物，不是磷化铁，而是 Fe_3PO_3 和 $Fe_3PO_4 \cdot 2H_2O$ 的混合物，或者是磷酸酯与磷酸盐的混合物，二烷基亚磷酸酯的作用机理是，在抗磨范围内，亚磷酸酯部分水解形成有机亚磷酸铁膜，在极压范围内，进一步水解，主要形成无机亚磷酸铁膜。

④ 多种元素复合使用。复合使用指同一分子含多种活性元素或几种含不同活性元素的化合物复合。硫、氯两元素复合后具有增效作用，被认为是硫化物的催化作用，比氯化物单独直接和铁表面反应更容易形成氯化铁膜。

$$R_2S_w + Fe \longrightarrow FeS + R_2S_{w-1}$$
$$FeS + R_yCl_z \longrightarrow FeCl_2 + R_yCl_{z-2} + S$$
$$Fe + S \longrightarrow FeS$$

$$FeS+(n-1)S \longrightarrow FeS_n$$

（3）有机金属盐的抗磨作用机理

① 二烷基二硫代磷酸锌（ZDDP）受热分解时，除放出硫化氢、硫醇、硫化物和二硫化物外，还生成一种由 $\left(\!\!\begin{array}{c} O \\ \parallel \\ P-S-Zn-S-P-S \\ \mid \\ OR \end{array}\!\!\begin{array}{c} O \\ \parallel \\ \\ \mid \\ OR \end{array}\!\!\right)_n$ 形成的高聚物膜，它具有防止磨损的能力。

② 环烷酸铅和硫化物复合使用的作用机理：硫化物和铁形成硫化铁，铅皂和硫化物形成一种熔点比铁低的共熔合金起减摩作用。

③ 硼酸酯润滑剂的作用机理：在摩擦表面上形成"硼酸酯膜"，硼酸酯膜具有很高的硬度。

④ 摩擦聚合物型抗磨极压剂作用机理：由于金属对添加剂的吸附作用使其集中于金属表面，在金属接触区域的高温和新生金属表面的催化作用下，添加剂发生聚合形成高分子聚合物膜，从而减少金属的直接接触，起抗磨极压作用。

⑤ 刘福生研究了二烷基二硫代氨基甲酸抗磨极压作用机理，其研究结果和论断如下：

A）从热分析结果得出，其中锑盐分解温度最低，它比铅盐低 30℃ 左右。从低电压质谱图也可看出锑盐的 $m/e=529$ 离子峰相对强度高，说明 Sb—S 键能低，Sb—S 的键便更容易断裂。若在空气中分解时，锑盐生成 $Sb_2S_{3-x}(x<3)$ 这种高含硫量的锑的硫化物，有可能提供多余的原子与摩擦表面触点的金属铁形成 FeS，这可能是锑盐具有优良的抗磨、抗极压能力的原因之一。

B）E. E. Klaus 等从化学反应数据计算出，在四球机试验中，负荷为 392.3N（40kgf）、转速为 600r/min、油温为 75℃ 时，磨损点的反应温度可达 351℃。此温度已超过二丁基二硫代氨基甲酸锑、铅、锌、钼的起始分解温度，而这些盐在热分解条件下，分解为金属硫化物，可能聚集在摩擦表面的凹坑内，使表面光滑，从而起到减摩作用。

C）在质谱分析中，二丁基二硫代氨基酸盐在电子轰击下，谱图上分别出现相对强度较大的 $m/e=412$ $\left(\!\left[\begin{array}{c} O \\ \parallel \\ {}^{C_4H_9}_{C_4H_9}\!>N-C-S \end{array}\right]Pb^+\right)$ 和 $m/e=440$ $\left(\!\left[\begin{array}{c} O \\ \parallel \\ {}^{C_5H_{11}}_{C_5H_{11}}\!>N-C-S \end{array}\right]Pb^+\right)$ 以及 $m/e=529$ $\left(\!\left[\begin{array}{c} O \\ \parallel \\ {}^{C_4H_9}_{C_4H_9}\!>N-C-S \end{array}\right]Sb_2^+\right)$ 等离子峰，并出现，$m/e=616(\,[\,(C_4H_9)_2NCS_2\,]_2Pb\,)$ 和 $m/e=672(\,[\,(C_5H_{11})_2\,]_2Pb\,)$，$m/e=696$ $(\,[\,(C_4H_9)_2NCS_2\,]_2S_2O_2Mo_2\,)$ 的分子峰。这些离子和活化的分子可能和摩擦表面触点处的金属铁反应，生成 FeS，从而起到抗磨和抗极压作用。

D) 热分析证明，二丁基二硫代氨基甲酸氧硫化钼的分解产物为 MoS_2，其晶体通过电子显微镜观察为 $0.5\sim1\mu m$。这样小的具有层状结构的 MoS_2 晶体，足以填平金属表面凹坑处，并且降低摩擦力，这是 Pb、Sb 盐的分解产物所无法比拟的。因此，MoDTC 添加剂在四球机上，长期磨损的磨痕直径数值小，破裂负荷数值高，具有良好的抗磨作用。

（4）抗磨极压添加剂对润滑脂性能的影响

抗磨极压添加剂除了提高润滑脂的润滑性能外，对润滑脂其他性能有影响，但不同的添加剂对不同的润滑脂性能影响程度不同，因此在选用时要经试验确定是否适用。

① 抗磨极压剂对锂基润滑脂性质的影响。烷基多硫化物对锂基润滑脂的性质影响较小，而硫磷型抗磨极压剂对锂基润滑脂的性质影响较大，能显著降低润滑脂的强度极限、黏度和胶体安定性，用量多时还会降低锂基润滑脂的滴点。抗氧化剂二苯胺对锂基润滑脂的相转变温度影响不明显，而一些抗磨极压剂却不同程度地影响锂基润滑脂的相转变温度，特别是三氯甲基磷酸酯，降低锂基润滑脂的第二、第三个相转变温度较多。

② 抗磨极压剂对复合铝基润滑脂润滑性质的影响。复合铝基润滑脂本身性能较好，但如要进一步扩大应用范围，必须添加抗磨极压剂以改善润滑性能。通常抗磨极压剂对润滑脂的结构和流变性能会产生影响。由于复合铝基润滑脂结构特殊，对附加组分的加入特别敏感。因此，对添加剂的作用需仔细考察，才能决定是否合用。

a. 应用只含少量的一种活性元素的添加剂时不能改善复合铝基润滑脂的抗磨和抗擦伤性；

b. 使用同时含硫、氯的添加剂时，复合铝基润滑脂的抗擦伤性和抗磨性都有很大提高，但强度极限和黏度降低约一半，胶体安定性也大大变坏；

c. 使用含氯、磷的添加剂时，复合铝基润滑脂的黏度和胶体安定性降低；

d. 使用含硫 3%以上的添加剂时，只加入 1%就使烧结负荷提高一倍，随加入量增多，抗磨性和抗擦伤性可进一步提高。烷基多硫化物是复合铝基润滑脂的有效抗磨极压剂，用量可到 5%。

在研制润滑脂时，除了筛选效果好而副作用小的添加剂及选择适宜用量外，还可采用改变配方或改变制脂工艺等措施来减少添加剂的不良副作用。例如，为了减小抗磨极压剂对含极性稠化剂的润滑脂的软化作用，可以加入一部分非极性稠化剂，可减少添加剂的副作用，而使润滑脂的强度极限提高，分油减少，并使脂的润滑性能得到改善。

要减轻添加剂使润滑脂失去强度的现象，可以同时加入填料。填料将添加剂吸附到它的表面上，从而减轻添加剂对润滑脂结构和性质的不良作用，但同时也会改变添加剂的最佳浓度。

3. 采用固体润滑剂改善润滑脂的润滑性能

要改善润滑脂的润滑性能，还可添加固体润滑剂作为填料，填料能提高润滑脂的抗磨极压性，对润滑脂其他性质影响小，因而用量可以较多，不像抗磨极压剂那样限制用量。

作为填料的固体润滑剂，多为层状结构。如二硫化钼、石墨、氮化硼、三氟化铈等。

二硫化钼和石墨是两种常用的填料。国内外重负荷用的润滑脂中，有不少商品加入二硫化钼或石墨。二硫化钼和石墨抗磨极压效果都明显。但能使润滑脂颜色变坏，对某些有可能污染产品(如纺织、印染等)的场合使用，不够理想。除二硫化钼和石墨以外此处再介绍两种固体润滑剂。

（1）氮化硼

氮化硼不仅可作润滑脂的稠化剂，而且还可作润滑脂的抗磨极压剂。氮化硼为白色粉末，颜色比二硫化钼好，因此加有氮化硼的润滑脂特别适宜于印染、纺织、造纸等行业机械设备，它使用时不会像二硫化钼润滑脂那样可能污染产品。

（2）三氟化铈

三氟化铈(CeF_3)是一种新型的高温固体润滑剂，它可用作润滑脂添加剂，提高润滑脂的抗磨和极压性。

三氟化铈为灰白色粉末，具有层状结构，作润滑剂用的三氟化铈粒子平均大小为$3\mu m$，熔点$1438℃$。三氟化铈加到锂基润滑脂中可提高其承载能力。与二硫化钼比较，它的高温性较好，价格比较便宜，而且颜色为灰白色，不易污染产品。

据报道，加3%三氟化铈的锂基润滑脂在两个抽风机的立式轴承箱滚子轴承中进行试验，一个转速为$2600r/min$，另一个为$3100r/min$，在操作期间每天润滑。使用含3%二硫化钼的润滑脂，轴承$1\sim2$个月失效，而用三氟化铈的润滑脂在9个月的试验中，未出现轴承失效。

4.3.5 润滑脂的润滑机理

润滑脂的润滑机理，至今尚无定论。在轴承运转中润滑脂的动态有各种试验研究，但因试验条件不同，所得结果不尽一致。对于润滑机理尚处于推论阶段，下面介绍三种不同观点。

1. 基础油起润滑作用

一种观点认为：润滑脂分离出的基础油起润滑作用，润滑脂结构只是储存润滑脂中基础油的储库。

这种观点的根据是因为有人发现用稠化剂相同的不同矿物油所制得的润滑脂

其摩擦系数相同。润滑脂在使用过程中，基础油的含量逐渐减少，至寿命终了时，润滑脂的含油量减少40%~60%时就失去润滑作用。

（1）轴承运转中基础油的移动

柯布（Cobb）使带有密封板充满润滑脂的轴承，在转速为3000r/min、径向负荷为220.6N、环境温度为120℃条件下，运转到外环温度稳定为止。卸下密封板，检查润滑脂的分布状态，确定已达到稳定。除去保持器滚珠上附着的一部分润滑脂，这样使以后运转时这些脂不再起机械的搅拌作用。然后将其中一块密封板上附着的润滑脂去掉，涂上具有放射性的氯化物，把刮下来的润滑脂再涂上去，安装好密封板，轴承在上述的条件下再运转500h。试验后，观察轴承内部的情况，不能完全从外表上判定润滑脂的动态。但是，从没有涂放射性物质的那块密封板上的润滑脂检查出也有放射性物质。这就说明基础油在轴承内部进行了移动，分离出的基础油在进行润滑。在室温下做的试验也得到同样的结果。

（2）润滑脂使用中基础油含量的变化

润滑脂在轴承中使用时，随着轴承运转时间的增加，润滑脂中的基础油含量逐渐降低。例如，用6305型密封滚珠轴承在120℃、3600r/min下进行运转试验，试验中几次取样测定至寿命终了为止，发现基础油含量逐渐减少。

2. 润滑脂本身流动的润滑

有些人为了弄清楚润滑脂的稠化剂是仅起基础油贮存库的作用，还是自身也起润滑作用，进行了下列的试验，并认为是润滑脂本身的流动起润滑脂作用。

① Halloran用两个204型密封轴承、使用两种复合钠基润滑脂（A、B）做试验，分别将A、B两种润滑脂一部分染色、染色润滑脂加有0.01%的荧光素钠和0.02%的蓝油。先在一个轴承内封入染色润滑脂3g，在10000r/min的速度下运转2h，使润滑脂的分布达到稳定。与此同时，在另一轴承内封入非染色的润滑脂3g，按同样条件试验。试验后，润滑脂在轴承内部的分布如下：

然后将封入染色润滑脂和非染色润滑脂的轴承密封板互换。于是装有染色润滑脂的轴承配备了黏着有非染色润滑脂的密封板。再运转2h，运转后，由于密封板上的非染色润滑脂移入轴承内，与染色润滑脂混在一起，稀释了染色的润滑脂，因此，测量轴承内部的润滑脂中的染料含量，就能对比出润滑脂的移动量。结果见表4-52。

表4-52 试验后示踪物的含量 ppm

润滑脂	荧光素钠			蓝油		
	试验前	试验后	减少率/%	试验前	试验后	减少率/%
A	180	115	36	360	225	38
B	100	71	29	200	135	32

从试验的结果看出，在轴承中的润滑脂，无论是 A 还是 B，皂吸附的染料（荧光素钠）与溶于基础油中的染料（蓝油）的减少率几乎一致，说明皂和基础油一起在轴承内流动。另据计算经 2h 运转后，从密封板移向轴承内的润滑脂，A 润滑脂最少为 1.4g 和 B 润滑脂为 0.4~0.6g。

② 另有人按照上述方法，采用蓝油染色的沟槽型润滑脂 A 和非沟槽型润滑脂 D 试验，用内径 20mm 的密封板滚珠轴承，在 10000r/min 无负荷的条件下运转 1h，与 Ohalloran 的试验相同，将附有染色润滑脂的密封板与非染色润滑脂的轴承配合安装，再运转 1h，结果沟槽型的润滑脂 A 几乎没有流动，但非沟槽型润滑脂 D 则与附在密封板上的润滑脂完全混合起来，说明非沟槽型润滑脂在轴承内循环流动。

③ 少量剩余润滑脂的润滑，有人用内径为 44.5mm 的黄铜保持架的轻负荷轴承，在转速 4000r/min 下运转，观察润滑脂的动态。轴承内的空间容积的 1/3 填润滑脂，轴承壳空腔容积填 2/3，在启动 1min 内，润滑脂就几乎完成了从轴承内向轴承壳空腔的移动。然后滚道连续排出剩余的润滑脂时，温度上升。在这以后的长时间运转中，剩余的润滑脂被排挤出来。数小时后温度趋于稳定，这时间相当于剩余的润滑脂排除并堆积形成的时间。用软的润滑脂时，由于形成堆积困难，润滑脂始终在轴承内循环，温度持续上升，堆积部分的润滑脂始终在轴承内循环，温度持续上升，堆积的润滑脂因受离心力的作用分离出基础油，剩余润滑脂中皂分含量增加，经过 500h 运转后，在滚珠和滚道面附着的润滑脂中，只有轻微剪断的少量皂存在。

按上述试验条件，用石墨作示踪元素进行如下的试验：

① 在一组轴承内封入润滑脂 A；

② 在另一组轴承内封入加有石墨的润滑脂 A。

将两组轴承都运转到温度达到稳定后，交换轴承壳，再运转数百小时。试验后进行观察，发现：在第一组的轴承内润滑脂与第二组的轴承壳空腔内的润滑脂都未混入石墨，说明在试验条件下，润滑脂没有移动。再用基础油染色的润滑脂，进行同样的试验，证明基础油也没有移动。用锂基润滑脂、钠基润滑脂及黏土润滑脂也得到同样的结果。轴承壳空腔间的润滑脂对于高速运转是很重要的。例如，在运转 50h 后，如果将空腔内的润滑脂除去，磨损便增加，由以上试验归纳如下：

① 摩擦部位剩余少量流动的润滑脂使轴承润滑；

② 轴承壳空腔内的润滑脂与润滑没有直接的关系，因为润滑脂和基础油都不移动；

③ 轴承壳空腔内的润滑脂起着密封作用，防止遗留在摩擦部位的少量流动的润滑脂流出。

3. 润滑脂本身和分离出的基础油共同起润滑脂作用

这种看法也是根据一些试验结果推断的。因为考察了润滑脂在滚动轴承运转初期的动态和基础油在轴承中的动态，认为润滑脂本身和基础油都起润滑作用。

（1）滚动轴承运转初期润滑脂的动态

正野等在 6306 型密封滚动轴承内封入锥入度为 306 的钙钠基润滑脂，封入量为 6g，相当于轴承空间容积的 1/3，并分别在外环，内环等处注入 0.2g 着色润滑脂，内环以 500r/min 速度旋转，径向负荷为 980.7~4903N，运转 60min 后从染色润滑脂的分布状态研究润滑脂的初期状态。润滑脂在滚动轴承运转初期的滚动分为主流和分流两种。主流指内外环滚道的润滑脂以滚珠作为媒介所做的移动；分流指润滑脂不附着于滚珠上，但黏在保持架上的复杂流动。分流有叶片状、膜状等。在保持架上的叶片状润滑脂反复出现"发生→成长→形成膜状→破坏"的过程。

另外，以同样形式为滚珠轴承封入 2 号锂基润滑脂，在轴承的内环、外环等几处注入添加有放射性元素的润滑脂 0.5g，在径向负荷为 980.7N，转速 1500r/min 的条件下，运转 10min，从轴承的几个部位取样测定润滑脂的放射性，得出润滑脂在轴承内的流动比率，从外环→滚珠→内环的流动为 100%，从内环→滚珠→外环的流动为 70%，从滚珠到外环的分流为 30%。

（2）润滑脂中基础油的动态

森内、佐藤用 6202LL 及 9204ZZA 型密封滚珠轴承，封入各种润滑脂，在 630~8500r/min 的速度下运转，用红外光谱法测定轴承内各部分的润滑脂的基础油含量，在运转 5~6h 后，基础油含量按内环→保持架→密封板→外环的顺序逐渐增高，运转速度愈高，则增加愈显著，这表明受到离心力的作用，基础油从润滑脂中分离出来，移向径环。

根据上述润滑脂和基础油在滚动轴承中运转初期的流动的动态归纳如下：滚动轴承内的润滑脂经过初期的复杂流动达到稳定的分布状态。长时间的润滑可以认为是：摩擦部分残留的特别少量的流动的润滑脂和轴承内外静止状态的润滑脂由于受振动等作用分离出的基础油（从基础油逐渐减少的现象看）共同起润滑作用。

关于润滑脂的润滑机理有的观点认为只是基础油起作用，但许多试验表明，稠化剂也起作用，皂基润滑脂的摩擦系数和皂的剪切强度有关，在滑动轴承中试验，不同金属皂的润滑脂及不同含皂量的润滑脂的摩擦力矩都比基础油低，说明金属皂也有润滑性。此外，润滑脂本身结构对润滑作用也有重要影响。润滑脂承受负荷的能力比基础油高，说明润滑脂的结构对润滑性起了重要作用。

从上述看来，润滑脂本身和基础油共同起润滑作用似乎更为合理。各种试验因试验条件或润滑状态不同，所以得出不同结论。可以设想，皂基润滑脂在温和条件下，例如在流体动力润滑状态下，由润滑脂的油膜起润滑作用；在比较苛刻的条件下，金属皂能保护油膜已经破坏的区域；在苛刻的条件，如边界润滑条件下，由金属皂起润滑作用；在极压条件下，金属皂中的阳离子能被材料表面的铁所代替而继续产生润滑作用。

4.3.6 弹性流体动力润滑中润滑脂膜厚度

1. 润滑脂膜厚度概述

在弹性流体动力润滑（EHL）中，润滑脂的脂膜厚度问题，曾有不同文献报道了不同的试验结果，归纳起来有下列几种：

① 认为脂膜厚度比基础油膜厚；

② 认为脂膜厚度在开始时比基础油膜厚，而随时间增长，脂膜比基础油膜薄；

③ 润滑脂膜厚度可以比基础油油膜厚，也可以比基础油油膜薄；

④ 润滑脂膜与基础油膜厚度间的差别取决于滑动速度。

出现上述差别的原因，可能有以下几种：

① 测量方法不同。例如有的采用电阻法或电容法，有的采用磁阻法或光干涉法，计算时把润滑剂当牛顿流体处理，而润滑脂属非牛顿流体，流变特性较为复杂。

② 测试条件、润滑方式、测试时间以及加脂量各不相同。这些因素在一定程度上对脂膜厚度有所影响。

最近，国外有人用光干涉法测定润滑脂厚度，考察了一些影响脂膜厚度的因素，首先考察了供脂方式对脂膜厚度的影响，然后用连续供脂方法考察了其他因素的影响。

2. 弹流润滑中润滑脂膜厚度的影响因素

（1）基础油黏度对脂膜厚度的影响

基础油黏度增大，油膜厚度及脂膜厚度均显著增大。在连续供脂条件三种润滑脂膜均比其基础油油膜厚。

（2）稠化剂浓度对脂膜厚度的影响

同一种类的润滑脂，随稠化剂（皂）浓度的增大，脂膜厚度也增大。

（3）供脂方式对脂膜厚度的影响

据试验，供脂方式对润滑脂膜厚度的影响如下：

① 只在试验开始前一次供脂，则运转初期脂膜厚度大，运转中变薄直到比基础油还薄。

② 试验开始前供脂，试验中定期加脂，则每次加脂时润滑脂膜恢复到初始厚度。

③ 连续供脂则润滑脂膜比基础油膜厚。

由上述可见，润滑脂膜厚度在很大程度上受润滑脂供脂方式的影响。

（4）滑动速度对脂膜厚度的影响

在连续供脂情况下，随着滑动速度增加，润滑脂膜厚度也增加；含皂量较多的脂，脂膜厚度较大。

（5）负荷对脂膜厚度的影响

随着负荷增大脂膜厚度减小。

3. 滚柱轴承脂膜相对厚度

在滚柱轴承的滚柱与内外环间，受载部分的油膜和脂膜厚度对防止轴承磨损是十分重要的，但这个区域的脂膜厚度无法预测。润滑脂在滚柱轴承中的脂膜厚度，需要试验方法测定。

威尔逊（Wilson）利用电容法在两次不同的试验中，研究了 3 号锂基润滑脂在球面滚柱轴承中的脂膜厚度，两次试验结果如下：

（1）经常加脂试验

第一次试验是在 300~200r/min 速度下，在各种温度下运转，并经常手动加脂。在形成脂膜的速度和温度下运转，并经常用手加脂。在形成脂膜的速度和温度的条件下，将润滑脂膜厚度同计算出的基础油的油膜厚度值进行比较。在各个试验条件下，润滑脂膜的厚度平均要比基础油油膜要厚 20%~25%。

此试验条件适用于填充润滑脂的全封闭的或新封装的滚柱轴承，但轴承在使用中要求长期运转而又不加脂的才要求全封闭，而大多数轴承均未在全封闭的情况下运转。所以在第二次试验中进行了模拟。

（2）长期运转定期加脂试验

为测定长期运转中的脂膜厚度，威尔逊在第二次试验中，将轴承加润滑脂以后，在 1200r/min 条件下运转 10 天。开始时润滑脂膜比相同条件下基础油的油膜厚，随着试验的进行，润滑脂膜的厚度变薄，直到试验结束仍然如此。当重新加脂时，脂膜厚度才暂时恢复到原来的厚度。

4. 脂膜厚度与时间的关系

玻恩（Poon）、戴森（Dyson）、相原了、道森（Dowson）分别测定了润滑脂膜厚度和运转时间的关系，得出了比较满意的结果。现介绍玻恩、相原了和道森的试验结果。

（1）玻恩的试验结果

玻恩用磁阻法对市售各种润滑脂测定其脂膜厚度，在运转初期润滑脂膜厚度比其基础油的油膜厚，但随运转而逐渐变薄，10~20min 后甚至不比其基础油油膜薄，平衡时润滑脂厚度比基础油膜厚度约低 30%。

（2）相原了和道森的试验结果

相原了和道森采用两圆柱试验机，根据所测两圆柱间的电容量来确定油膜厚度，并采用四种锂基-矿物油润滑脂试验，其中三种润滑脂(A-1、A-2、A-3)基础油相同，但皂基浓度不同，另一种润滑脂 B 基础油黏度较小而皂基浓度较大，润滑脂在 250~2000r/min 的转速下，进行润滑脂膜厚度的测定，根据所测润滑脂的基础油黏度，计算基础油的油膜厚度。润滑脂脂膜厚度实测值同基础油油膜厚度计算值的比，称为润滑脂膜厚比。

5. 润滑脂膜厚比与转速的关系

相原了和道森对润滑脂膜度的试验结果与戴森的结果基本一致。其不同点在改变转速时，发现测定润滑脂膜厚有依存转速的倾向。在低转速时，可明显看到膜厚未必在基础油以下。但在实际运转的流动轴承中，认为润滑脂膜厚比基础油油膜厚度还薄的看法是妥当的。另外，所谓润滑脂膜比基础油膜还厚的最初报道，可以认为是与初期润滑脂膜相当。

润滑脂稳定的膜厚比与转速的关系：膜厚比随转速的提高而减小。当转速低时，虽说可能与基础油的油膜厚度相等或更大，但随着转速的提高脂膜厚度减薄，大概是基础油膜厚度的 70%。

此外，关于皂浓度对润滑脂膜厚比的影响：随皂浓度增加初期的及稳定的膜厚比似乎都在变大，但其影响不显著，特别是在转速大于 1000r/min 时，因皂浓度而产生的差异很小。

关于润滑脂膜厚比在运转开始后变薄，有人认为是皂纤维被剪断所致。至于膜厚比随运转时间的变化，如果在低转速时，润滑脂膜厚度不一定比基础油膜薄，但在转速高时脂膜厚度比基础油薄，是因为速度增加时在接触区入口处附近润滑剂发生逆流，导致部分缺脂，所以比基础油按弹性流体动力润滑计算的油膜厚度要薄。润滑脂膜厚比随转速的增加而降低与部分缺脂有关。

但须说明，滚动轴承中润滑脂膜厚形成的机理尚处于试验性探讨阶段。对种种现象还缺乏统一的解释。

6. 润滑脂膜厚的一般倾向

① 润滑脂初期的膜厚，比与其相对应的基础油膜要厚。但润滑脂膜随转速的增加而减小。

② 润滑脂膜厚度如不补充加脂，则随着时间过程而减小。除低速外，其膜厚均比基础油膜要薄。润滑脂的膜厚比较接近稳定值。

③ 稳定的润滑脂的膜厚比 β_g 随转速的提高而减小，在高速条件下，它与基础油膜厚的 70% 相接近。

④ 润滑脂的膜厚与其基础油黏度有密切的关系。基础油的黏度增大，润滑脂膜厚度增加。

7. 润滑脂膜厚的估算

从前述锂基润滑脂、非皂基润滑脂的膜厚比，可以看出在长期的运转过程中，润滑脂膜和基础油膜厚度比的关系。

相原了和道森提出以下润滑脂膜厚估算公式：

润滑脂的脂膜厚度=(0.5~0.7)×对应的基础油的油膜厚度

对锂基润滑脂，系数用 0.7；对不明的润滑脂，系数用 0.5。

8. 基础油膜厚度计算公式

(1) 计算基础油膜厚度时对滚柱轴承可用无因次油膜厚度公式：

$$H^* = 1.6G^{0.6}\overline{U}0.7\overline{W}-0.13 \tag{4-45}$$

式中 H^*——膜厚参数，$H^* = h/R$；

$\overline{U}$——速度参数，$\overline{U} = \dfrac{\eta_0 U}{E'R}$；

G——材料参数，$G = \alpha E'$

$\overline{W}$——负荷参数，$\overline{W} = W/E'R$。

有因次表达式：

$$h = 1.6 \cdot \alpha^{0.6}(\eta_0 U)^{0.7}(E')^{0.03}R^{0.43}W^{-0.13} \tag{4-46}$$

式中 h——油膜厚度；

α——油的黏度压力系数；

η_0——油在常压下的黏度；

U——平均速度，滚柱的线速度；

R——当量曲率半径，又称折合半径[将两圆柱体的接触情况当作一个圆柱体和一个无限大平面刚体接触情况看待。$R = R_1 R_2/(R_1 + R_2)$，R_1 和 R_2 为两圆柱体的半径]；

E'——当量弹性模量，$E' = \dfrac{E_1 E_2}{E_2(1-\gamma_1^2) + E_1(1-\gamma_2^2)}$，$E_1$、$E_2$ 为弹性模量，γ_1、γ_2 为泊松比；

W——滚动体单位长度所受的负荷。

金属零件的接触中，E' 和 W 的影响较小，可以略去不计。对矿物油 α 变化的影响不大，也可略去不计。将上式简化，则为：

$$h \propto (\eta_0 U)^{0.7}R^{0.43}$$

$R^{0.43}$ 可简化为 $R^{0.5}$[根据克鲁克实验 $h \propto (\eta U R)^{0.5}$，则 $h = K(\eta_0 U R)^{0.5}$]

在国际单位制和我国法定单位制中，η_0 的单位为 Pa·s(帕·秒)，U 的单位为 m/s(米/秒)，R 的单位为 m(米)，此时常数 $K = 1.6 \times 10^{-5}$。油膜厚度 h 为：

$$h = 1.6(\eta_0 U R)^{0.5} \times 10^{-5} \text{m} \tag{4-47}$$

$$= 1.6(\eta_0 U R)^{0.5} \mu\text{m}$$

1967 年道森将无因次油膜厚度公式修订成：

$$H^· = 2.65G^{0.54}\overline{U}0.7\overline{W}-0.13 \qquad (4-48)$$

简化后，得最小油膜 h 公式。

$$h = 2.65\alpha^{0.54}(\eta_0 U)^{0.7}E'^{-0.0}3R^{0.04}W^{-0.13} \qquad (4-49)$$

（2）计算滚珠轴承基础油油膜厚度时可用无因次表达式：

$$\overline{H} = 2.04\Phi^{0.74}(\overline{GU})^{0.74}(\overline{W})^{-0.074} \qquad (4-50)$$

式中　Φ——修正系数，$\Phi = 1 + \dfrac{2}{3}\dfrac{R_X}{R_Y}$，$R_X$ 为沿运方向的折合半径，R_Y 为垂直于运动方向的折合半径。当 $R_X = R_Y$ 时，$\Phi = 0.6$，相当于滚珠在平面上运动的情况。

$\overline{H}$——膜厚参数，$\overline{H} = \dfrac{ho}{R}$，$ho$ 为最小油膜厚度。

$\overline{U}$——速度参数，$\overline{U} = \eta_0 U/E'R$。

$\overline{W}$——负荷参数，$\overline{W} = W/E'R^2$。

G——材料参数，$G = \alpha E'$。

4.3.7　润滑脂的抗微动磨损性能

1. 微动磨损概述

微动磨损是磨损的基本类型之一，它是一种典型的复合式的磨损，包括黏着磨损、氧化磨损、磨粒磨损以及疲劳磨损等多种形式。它是当两个接触表面间存在小幅度振动的相对运动时所发生的表面损害现象。微动磨蚀是微动磨损的一种形式，它包含一个化学反应，通常是在微动磨损界面上发生的氧化反应。这种现象又称摩擦氧化、腐蚀疲劳、腐蚀磨损等。

通常认为，微动磨损是摩擦副表面在压力作用下，表面凸起部分黏着，并被外界小振幅引起的摆动所剪切，产生表面氧化，生成三氧化二铁。三氧化二铁密度比金属铁低，因而其体积大于产生它的金属。在继续相对摆动过程中，大量的三氧化二铁从金属表面分离出来，导致局部高应力面和最后的点蚀。陷落在两摩擦表面间的氧化磨损，又在摩擦表面之间起着磨粒磨损的作用，进一步导致金属疲劳和额外磨屑的产生。当振动应力足够大时，微动磨损处能发展成疲劳裂纹，引起完全的破坏。

微动磨损涉及许多部件，特别是飞机和汽车工业的各种紧件、压紧件、万向节、齿槽配合、发动机轴承、钢丝绳、飞机控制机构、螺栓组合体、滚珠或滚柱轴承的滚道，以及各种电接触器等。如何降低微动磨损，已引起广泛的注意。

许多研究者从各个方面（例如：接触材料、表面处理、表面光洁度、振动频率和振幅、负荷、温度、气相、润滑材料、润滑方式等)研究如何减少微动磨损。已发现了一些因素对微动磨损的影响：通常材料抗黏着磨损能力大，其耐微动磨损能力强；紧配面上的微动磨损随滑动距离的增大而增大；微动磨损量随负荷增大而增加，但超过某一极大值后又减少；微动磨损随气相的相对湿度的增大而下降；微动磨损随频率的提高而下降，随振幅的增大而增大。

润滑脂的组成和性能对微动磨损也有影响，在同一试验条件下，有些润滑脂试验后，试验轴承部件的重量损失很少，而另一些润滑脂却相反。润滑脂的防微动磨损性能好，部件的微动磨损小；反之，润滑脂的防微动磨损性能差，则部件的微动磨损大。因此，选用防微动磨损性能好的润滑脂，能有效地降低摩擦副的微动磨损，减少由微动磨损造成的经济损失。

据 Wunch 研究，矿物油的防微动磨损性能比合成油好，聚烯烃油和矿物油相当，苯基硅油、聚苯醚、全氟聚醚等较差，酯类油居中，但三羟甲基丙烷酯比其他酯类油差。Wunch 指出，润滑脂的防微动磨损性能和其热氧化安定性无关，而与润滑油在低速条件下的润滑性能有关。

对于润滑脂的防微动磨损性能，在很大程度上取决于其稠化剂和基础油，与稠化剂的种类、浓度、基础油的类型、黏度以及润滑脂的稠度都有关系。

2. 润滑脂组成对抗微动磨损性能的影响

对润滑脂的组成和抗微动磨损性能之间的关系，一些研究者采用不同的试验机进行试验，不同的试验机和试验条件，得出的结果可能有所不同。

（1）稠化剂对润滑脂抗微动磨损性能的影响

① 稠化剂类型对润滑脂抗微动磨损性能的影响。在相同的基础油中，不同稠化剂的润滑脂抗微动磨损性能不同，见表4-53。从表4-53可见，聚脲润滑脂在25℃时防微动磨损性能在所试的五类脂中最好，12-羟基硬脂酸钙润滑脂和12-羟基硬脂酸润滑锂脂居中，膨润土润滑脂和复合铝基润滑脂最差。

表4-53　稠化剂对润滑脂抗微动磨损性能的影响

稠化剂类型	稠度号	重量损失/mg
12-羟基硬脂酸钙	2	19
12-羟基硬脂酸锂	2	21
黏土	2	30
复合铝	2	31
聚脲	2	0.9

② 温度对润滑脂抗微动磨损性能的影响。聚脲脂在25℃时，抗微动磨损性能优于12-羟基硬脂酸锂基润滑脂；但在-18℃条件下却相反，见表4-54，这可

226

能是由于聚脲脂中稠化剂含量较12-羟基硬脂酸锂基脂多，加重了低温下的微动磨损。

表4-54　温度对润滑脂抗微动磨损性能的影响

稠化剂类型	重量损失/mg	
	-18℃	25℃
12-羟基硬脂酸锂	5	21
聚脲	10	0.9

③ 稠化剂含量对润滑脂抗微动磨损性能的影响。稠化剂含量增加引起微动磨损加剧，可从表4-55看出：润滑脂稠度增大，微动磨损加剧，很可能是由于较软的润滑脂能够流回到滚珠和滚道界面上，致使微动磨损减轻。

表4-55　稠化剂含量对润滑脂抗微动磨损性能的影响

稠化剂类型	稠化剂含量/%	重量损失/mg
12-羟基硬脂酸锂	6	6
	7	8
聚脲	10	15
	11	24

（2）基础油对润滑脂抗微动磨损性能的影响

在黏度相同条件下，以石蜡基、环烷基矿物油为基础油的润滑脂，其微动磨损程度相同；但以高精制矿物油或全部为烷烃的合成烃油制成的润滑脂，其微动磨损程度大为减轻，抗微动磨损性能显著提高；各种合成油对润滑脂抗微动磨损性能也有影响，但其影响随稠化剂种类而异；同一种基础油对不同稠化剂润滑脂的抗微动磨损性能影响不同。

① 在聚 α-烯烃油润滑脂中，复合锂、复合钙基润滑脂的抗微动磨损性能最好，聚脲脂次之，复合铝脂最差；

② 在烷基苯润滑脂中，复合钙、复合锂基润滑脂最好，聚脲脂次之，复合铝脂最差；

③ 在双酯润滑脂中，复合锂基润滑脂较好，复合钙、复合铝、聚脲润滑脂均较差；

④ 在多元醇酯润滑脂中，复合锂基润滑脂最好，聚脲次之，复合钙较差；

⑤ 在聚烷撑乙二醇润滑脂中，复合锂基润滑脂最好，聚脲次之，复合钙较差。

在同一种稠化剂的润滑脂中，各种基础油(合成油)的影响不同。

① 在复合锂基润滑脂中，聚 α-烯烃油最好，双酯最差。

227

② 在复合钙基润滑脂中，二烷基苯最好，双酯最差。

③ 在复合铝基润滑脂中，二烷基苯最好，聚 α-烯烃次之，双酯最差。

④ 在聚脲脂中，二烷基苯最好，聚 α-烯烃较好，多元醇酯和聚烷撑乙二醇次之，双酯最差。

综上所述，润滑脂的抗微磨损性能在很大程度取决于稠化剂和基础油，稠化剂中以复合锂、聚脲、12-羟基硬脂酸钙和12-羟基硬脂酸锂较好，膨润土润滑脂和复合铝基润滑脂较差；在不同基础油润滑脂中，石蜡基矿物油，合成烃油和二烷基苯油润滑脂较好，双酯润滑脂较差，稠化剂含量较少，润滑脂稠度较低，低温（-18℃）时抗微动磨损性能较好；此外低黏度油润滑脂的抗微动磨损性能较好。

关于添加剂对润滑脂抗微动磨损性能的影响，从现有的一些试验结果看，不起主要作用，例如二苯胺等抗氧化剂及有些极压剂对所试聚脲脂和12-羟基硬脂酸锂没有改善其抗微动磨损性能，仅发现高浓度（用量6%）的硫化脂肪，对25℃时费夫纳法重量损失为 6mg 的 12-羟基硬脂酸锂润滑脂，重量损失可降低至 2mg，二烷基二硫代氨基甲酸盐抗磨极压剂（用量2%）对聚脲基润滑脂-18℃时费夫纳法重量损失可从 13mg 降至 9mg。

3. 润滑脂抗微动磨损性能测定方法

（1）SH/T 0716—2002 润滑脂抗微动磨损性能测定法（Falex 微动磨损试验机）

等效采用 ASTM D4710—1997。

润滑脂抗微动磨损性能是指用润滑脂的两个球推动轴承在频率为 30Hz、负荷为 2450N，时间为 22h 和 0.21 弧度的振动下，以其轴承座圈的质量损失来评价润滑脂对于振动轴承抗微振磨损的能力。此方法可以区分润滑脂的低、中和高的微动磨损量，用来预测装在客车轮毂轴承里的润滑脂在长距离运行后微动磨损的性能。费夫纳摩擦氧化试验机见图 4-68。

（2）SH/T 0721—2002 润滑脂摩擦磨损性能测定法（高频线性振动试验机法）

等效采用 ASTM D5707—1998。

润滑脂摩擦磨损性能是指在 SRV 试验机上用一个已均匀涂抹润滑脂试样薄层的试验钢球在不变负荷下，对着试验盘往复振动，以测试钢球上的磨斑和摩擦系数来评价润滑脂的抗磨损性能。此方法适用于那种在一定时间内有急速振动或急启急停的运动，可用来检测前轮驱动的调速器或。

试验装置和方法见前文。

（3）辛可斯基（SIKORSKY）飞机摩擦氧化试验机

辛可斯基试验机主要用来评定润滑脂在直升机轴承中处于小振幅摆动条件下的润滑能力，美国联邦标准方法 FS791B6516-1 规定，采用 SKP-1721-1 型辛可斯基度验机为该标准方法的试验机，美国空军用润滑脂 MIL-G-25537A 规定此试验机和该标准方法评价直升机轴承润滑脂的抗微动磨损性能，规定润滑脂必须在两台辛可斯基试验机上运转，其运转时间应分别超过 250h。

辛可斯基试验机由液压加载系统、试验机组件和驱动系统组成，见图 4-69。

试验机组件内有一根由曲柄带动的试验轴，轴上装有四轴承，两个外轴承为试验轴承，采用锥形滚柱轴承（梯姆肯轴承，外环 No. 2687）两个内轴承为负荷轴承，采用 RBC，ESJ7295 滚针轴承，试验轴承的外环装在试验机组件的两端部上，两端部之间是加载套圈，负荷轴承装在加载套圈中，液压系统加套圈加以适当的径向负荷，该负荷通过负荷轴承和试验轴的试验轴承产生 22.24kN（500lbf）径向力，其径向压力为 10.34MPa。驱动马达通过曲柄组成，试验轴在试验轴承内环上产生频率为 410r/min、摆角为 ±3° 的摆动。

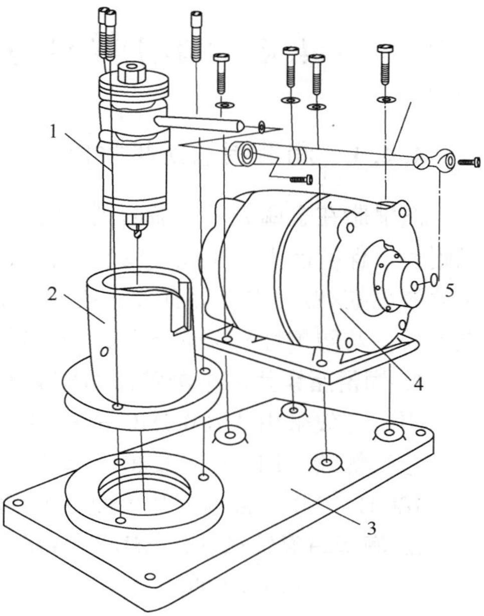

定时测量轴承上的摩擦阻力，绘出

图 4-68　费夫纳摩擦氧化试验机
1—夹具；2—夹具座；3—基座；
4—马达；5—偏心轮

相应的时间变经曲线，直到摩擦阻力达 266.9N 时试验结束，以运转时间作为试验结果。此试验用于确定润滑脂能否用于径向负荷（液压加载）为 10.34MPa 的直升机轴承。

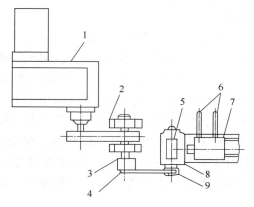

图 4-69　辛可斯基摩擦氧化试验机
1—变速箱；2—支座；3—可调行程曲柄；4—水平臂组件；5—负荷圈；
6—管线安装到液压系统；7—液压油缸；8—试验装置；9—轴承支架装置

4.4 润滑脂的防护性能及其他性能

4.4.1 润滑脂的防护性能

润滑脂在金属表面上能起到防锈、防腐蚀作用，防护效果的好坏与润滑脂的黏附性、保持能力、脂膜厚度、氧化安定性、胶体安定性、抗水性以及润滑脂是否含游离酸/碱、水分等有关，还与润滑脂中加入的防锈剂、防腐剂、金属钝化剂有关。与防护性有关的试验方法和指标有：

1. 润滑脂铜片腐蚀测定法 GB/T 7326—1987

甲法等效采用 ASTM D4048—1981

乙法等效采用 JIS K 2220—1984.5.5

100℃，24h，根据铜片表面颜色判断、分级。

2. 润滑脂腐蚀试验法 SH/T 0331—1992

等效采用 ΓOCT 9080—1977。

直径 38~40mm 圆形金属片或正方形金属片，100℃，3h，根据金属片表面颜色变化判断。

3. 润滑脂防腐蚀性试验法 GB/T 5018—2008

修改采用 ASTM D1743—1973(81)。

蒸馏水，52℃，48h，轴承表面生锈的情况：一级（无腐蚀），二级（少于3个斑点），三级（多于3个以上斑点）。

4. 润滑脂防锈性测定方法 SH/T 0700—2000

等效采用 ISO 11007：1997。

该方法模拟轴承在工作情况下动态防锈性能。

试验步骤：用溶剂和蒸馏水洗涤并擦净试验台，用 50~60℃ 的清洗溶剂反复洗涤试验轴承，再将轴承放入 65℃ 溶剂中，慢慢转动外滚道漂洗轴承；将洗涤干净的轴承在滤纸上沥干后放入 90℃ 烘箱中干燥 15min 以上，冷却至室温后称量轴承，将 10.5mL 的润滑脂试样均匀涂在轴承中；将套管、轴承和 V 形密封环放在轴承上，拧紧套管螺帽；把涂好的轴承放入试验台；在 15~25℃ 以 83r/min 的速度运行 30min，使润滑脂分布均匀；取下轴台的上半部分，用移液管在轴台的每个端面加入 10mL 所选试验液，再安装好轴台上半部分，并用手拧紧螺栓。按以下步骤运转试验台：

a. 试验台运转 8h±10min，静止 16h±10min。

b. 试验台接着运转 8h±10min，停转，静止 16h±10min。

c. 试验台继续运转 8h±10min，停转，静止 108h±2h。

试验结束后，取下轴台的上半部分，提出轴和轴承，按方法取出轴承和 V 形密封环，旋出轴承的外环，并用溶剂漂洗液进行清洗、擦干，立即检查外环。根据外环滚道锈蚀程度分为 6 个等级（如表 4-56）。

表 4-56　润滑脂防锈性分级

锈蚀分级	锈蚀情况
0	无锈蚀
1	肉眼能观察到的直径 1mm 以下的斑点不超过 3 个
2	小面积锈蚀，锈蚀面占表面积（3680mm²）1% 以下
3	锈蚀面占表面积（3680mm²）1%～5%
4	锈蚀面占表面积（3680mm²）5%～10%
5	锈蚀面占表面积（3680mm²）10% 以上

5. 润滑脂游离碱和游离有机酸测定法 SH/T 0329—1992

等效采用 ГОСТ 6707—1976。

润滑脂一般呈微碱性，这样有利于润滑脂的氧化安定性和胶体安定性，但大多数润滑脂不含游离有机酸。

6. 防锈油脂湿热试验方法 GB 2361

防锈油脂湿热试验方法系在高温高湿度条件下，评定防锈油脂对金属的防锈性能，测定时是将涂有防锈油脂的金属试片，在湿热试验箱中达到的各项规定的试验条件时，记录时间，连续运转 8h，然后停止运转（停止加热、通气和旋转）使试片静置在箱内 16h，作为一个试验周期（1 天），试验按试油规格要求的周期进行完毕后，取出试片检查，以试片表面有效区锈点的数量和大小来判断锈油脂的防锈性能。

湿热试验的试验条件规定：

温度：（49±1）℃，湿度：95% 以上，箱内水层深度：200mm，水的 pH 的值：5.5～7.5，试片间隔距离：35mm，试片架转速：1/3r/min，环境温度20℃以上，空气通入量，每分钟通入 3 倍试验箱的空气。

上述试验条件的选择是基于下述考虑：

一般用防锈油脂封存的产品均有外包装，在贮存和运输过程中实际所接触的环境温度最高不超过 45℃，选择（49±1）℃既比实际使用条件苛刻，又能保证防锈油脂的原来特性，不致因温度过高防锈油脂滚掉，失去原有控制的油膜厚度而失效。

相对湿度控制在 95%，是为了加速腐蚀，在试验箱中盛有一定深度的蒸馏水，并将空气通入水中，空气可均产分散地带出水蒸气，以保持箱内的高湿度，通入空气还可不断补充被试样消耗的氧，保证腐蚀加速进行，规定水的 pH 值

5.5~7.5，是为了控制水蒸气在弱酸性至中性范围内，由于一般防锈油脂多为弱碱性，在这样的 pH 值的潮湿环境中会缓慢地与油膜反应，起着加速破坏油膜的作用。

7. ASTM D1748 潮湿箱试验

此方法适用于评定金属防锈剂在高湿度下的防锈性能，方法规定将要求加工的钢片浸入试油中，取出使油淌尽，然后放入（48.9±1.1）℃〔（120±2）℉〕的湿热箱中，悬挂规定时间，根据表面锈蚀点数与大小判断油品是通过还是失败，此方法与 SY2756 湿热箱法基本一致，但方法判别有差别，此法规定 6~8h 开启箱盖二次查片，当锈点不多于 3 个，没有一个直径大于 1mm 为合格，如锈点有 1 个大于 1mm 或有 4 个锈点为不合格。

4.4.2 润滑脂的抗水性能

润滑脂的抗水性是指润滑脂在使用过程中与水或水蒸气接触时抗水冲洗和抗乳化的能力。

1. 润滑脂的抗水性能

润滑脂的抗水性主要取决于稠化剂的类型。烃类稠化剂的抗水性最好，既不吸水又不乳化，因此，烃基润滑脂抗水性特别好。皂基润滑脂的抗水性取决于金属皂的水溶性。金属皂的水溶性与皂的阳离子有关：K>Na>Li>Mg>Pb，一般润滑脂的金属皂除钠皂和钙钠皂外，其他皂抗水性都较好，钠皂既能吸水又能被水溶解，因此用钠皂制成的润滑脂抗水性很差，遇水后，轻则颜色发白，重则乳化变稀，加水后稠度变化很大，继续加水还可使润滑脂从油包水（水/油）型乳化体变为水包油（油/水）型的乳化体，甚至变为流体。

钠基润滑脂的抗水性很差，钙–钠基润滑脂的抗水性较差，钙基、锂基、锂–钙基润滑脂和复合钙基润滑脂吸水后稠度变化较小，铝基、钡基、复合铝基润滑脂都有良好的抗水性。复合锂基润滑脂和复合钙基润滑脂也属于抗水性好的润滑脂，但前者的水安定性不如复合铝基润滑脂，后者易吸收微量水而导致润滑脂表面出现硬化。

2. 润滑脂抗水性评定方法

（1）SH/T 0109—2004 润滑脂抗水淋性能测定法

等效 ASTM D1264—2003。

润滑脂抗水淋性能是指在试验条件下评价润滑脂抵抗从滚珠轴承中被水淋洗出来的能力，测定润滑脂的抗水淋性能与实际应用有着密切关系，是正确选用在潮湿环境下机械设备用脂必须注意的问题。

试验步骤：称量洗净并干燥的球轴承、防护板及表面皿，向示轴承内填装（4±0.05）g 润滑脂试样，将球轴承及防护板装入轴承套内，并将此组合件装在试验机上；向储水槽内注入不少于 750mL 的蒸馏水，但要保持水面低于轴承套，用一段橡皮管接到毛细喷射管上，开动水循环泵直至水温达到规定温度；当水温达到规定温度时，把橡皮管放入玻璃量筒内，调节旁边阀门使水流速保持（5±0.5）mL/s，从毛细喷射管上取下橡皮管，并调节水喷嘴，使水喷射到轴承套环形空隙上方 6mm 防护板上，开动电机，使球轴承以（600±30）r/min 的速度连续运转 1h；试验结束后，关闭电机和加热器，取下试验球轴承和防护板，并将球轴承和防护板的内面朝上放置在称量过的表面皿上；然后将球轴承和防护板在（77±6）℃下干燥 15h，冷却至室温，然后称量，以测出润滑脂的损失量。测定被水淋去的润滑重量，以水淋损失质量分数表示。此方法用来评价轴承内润油脂抵抗被水淋洗出的能力，水淋损失的质量分数小，表示抗水淋性能好。

润滑脂水淋试验机如图 4-70 所示。

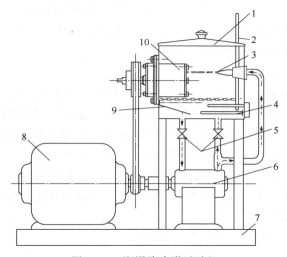

图 4-70　润滑脂水淋试验机

1—盖；2—温度计；3—喷射管；4—加热器；5—流量控制阀；
6—水泵；7—底座；8—电动机；9—挡板；10—轴承组合件

（2）SH/T 0643—1997 润滑脂抗水喷雾性能测定法

等效采用 ASTM D4049—1993。

润滑脂抗水喷雾性能是指润滑脂在直接接触水喷雾时，润滑脂对金属表面的黏附能力，其测定结果可以预测润滑脂在直接接受水喷雾冲击的工作环境下的使用性能。

试验步骤：称量干净不锈钢板的质量，用金属模具在不锈钢板上涂抹 0.794mm 厚的脂层，清除掉不锈钢板上超出画线外的试样，然后进行称量；在储水槽中加入 8000mL 自来水，并调节水温到（38±0.5）℃，当水槽中水温达到试验温度时，使水循环 2~3min，以保证在向不锈钢板上喷雾前水温平衡；用旁通阀调节泵压力到(276±7)kPa，关掉电动机，然后插入不锈钢板，使不锈钢板放在喷嘴下方中央并呈水平，再开动电动机，向不锈钢板上喷雾5min±15s；关掉电动机，停止喷雾，取出不锈钢板并除去上面画线外部和底部多余的润滑脂试样；然后把不锈钢板呈水平状态置于(66±1)℃的烘箱中1h±5min，1h后取出不锈钢板并冷却至室温，再称量不锈钢板质量。计算润滑脂的喷雾损失百分率。

(3) SH/T 0453—1992 润滑脂抗水和抗水–乙醇(1∶1)溶液性能试验法

等效采用 FS 791 CS5415—1986。

润滑脂抗水和抗水–乙醇(1∶1)溶液性能是指润滑脂在水和水–乙醇溶液中抗浸泡溶解的能力。

试验步骤：将200mL蒸馏水注入一玻璃容器中，200mL水–乙醇(1∶1)溶液注入另一玻璃容器中，将每份约2g润滑脂样分别放入两个玻璃容器中，用塞子将容器塞紧，室外温条件下静置一周；然后将各容器摇动一到二次，然后目测各容器中的润滑脂样的解体程度。

(4) 加水剪断和加水滚筒试验

加水剪断试验又称水安定性试验是按 MIL–G–10924C 产品规格规定的方法，将10%重量的水加到润滑脂样中，混合均匀后，测定工作100000次的锥入度，并与未加水工作的60次锥入度比较。该规格规定加10%水经10万次剪断后与工作60次锥入度比较，锥入度增大不超过60，减小不超过25。

除上述加水剪断试验外，还有将样品加10%水用滚筒试验，与未加水的样品微锥入度比较来评定抗水性，加水滚筒试验方法比加水剪断10万次方法快速，更适于作筛选试验。

(5) 热水中的安定性(水浸泡法)试验

润滑脂热水中的安定性(水浸泡法)即试验方法 FS 791 B3463.1，系将约5克润滑脂样品在沸水中浸泡10min后，观察水是否混浊或是否样品乳化等其他迹象。

4.4.3　润滑脂的机械杂质

润滑脂中的机械杂质是指溶剂不溶物的含量。润滑脂内如果混入机械杂质，在使用时就会带入摩擦部位，造成摩擦和磨损，增大轴承噪声，金属屑或金属盐还会促进润滑脂氧化等。导致机械设备运转时产生振动和使用寿命缩短。因此对机械杂质应严加限制。机械杂质的测定方法有以下四种：

1. 润滑脂杂质含量测定法(显微镜法)SH/T 0336—1994

等效采用 ГOCT 9270—1986。

试验步骤：将装好润滑脂试样的血球计数板和玻璃盖片放在显微镜的载物台

上，在透射光下观察润滑脂，使粒子清晰可见；在面积为 5mm×5mm 的试样薄层中，测定外来粒子的最大尺寸以确定粒子大小分级，对于纤维状物质应取纤维直径；记录 $10\sim25\mu m$、$25\sim75\mu m$、$75\sim125\mu m$ 和大于 $125\mu m$ 的四组尺寸级别的不透明外来粒子和半透明纤维状外来粒子的数量；重复测定 10 次，记录每一尺寸级别的粒子总数目。

2. 润滑脂机械杂质测定法(酸分解法)GB 513—1977

等效采用 ГОСТ 6479—1973。

试验步骤：在锥形烧瓶内称取试样 $20\sim25$g，加入 10% 盐酸 50mL 及石油醚 50mL，将锥形烧瓶装上回流冷凝管在水浴上加热至试样完全溶解。

将锥形烧瓶内的溶解物倒入微孔玻璃坩埚内进行过滤；将微孔玻璃坩埚内的沉淀用乙醇-苯混合液洗涤，至滤液滴在纸上蒸发后不再留有矿物油痕迹为止；并用少量 95% 乙醇冲洗，最后用热蒸馏水洗涤沉淀物至中性为止，再用 95% 乙醇洗涤 $1\sim2$ 次；将洗完后带有沉淀物的微孔玻璃坩埚在 $105\sim110$℃ 恒温箱内干燥至少 1.5h，取出后冷却 30min，称量准确至 0.0002g；重复干燥、冷却、称量，至两次称量间的差数不超过 0.0004g 为止。试样的机械杂质含量用百分数表示。

3. 润滑脂机械杂质测定法(抽出法)SH/T 0330—1992

等效采用 ГОСТ 1036—1950。

试验步骤：将润滑脂试样表层用刮刀刮掉，在不靠近容器壁的至少三处取约等量的试样放入瓷蒸发皿中混合均匀；称取 $1.5\sim2.0$g 试样放入已清洗干燥并恒重的微孔玻璃滤器中，称量，准确至 0.0002g；把盛有试样的微孔玻璃滤器放入支架中，并一起装入抽取器中内，并用热苯填充滤器，以便使试样更好地膨胀；然后，将冷凝器接于抽取器上接冷凝水，随后进行加热回流；抽取工作应至少继续 1.5h，至抽取器中的溶液由黄色变成无色为止；当溶剂自抽取器开始流入烧瓶时，停止加热，将冷凝器卸下，从抽取器中小心取出支架和微孔玻璃滤器；将微孔玻璃滤器中残留的溶剂流入烧瓶或烧杯中；再将微孔玻璃滤器放在支架上，用 95% 乙醇洗，再用热蒸馏水洗；然后，将微孔玻璃滤器放入 $105\sim110$℃ 的恒温箱中保持 2h，拿出微孔玻璃滤器置于干燥器中至少冷却 30min；然后称量，精确至 0.0002g；再用微孔玻璃滤器重新放入恒温箱中保持 1h，冷却 30min，并称量；重复操作至连续两次称量间的差数不大于 0.0004g 为止。

此方法系用以测定不溶解于乙醇-苯混合液及热蒸馏水中的机械杂质含量。抽出法能测出润滑脂中全部机械杂质，包括金属屑和其他能溶于 10% 盐酸的杂质。酸分解法不能测出溶于盐酸的机械杂质，如铁屑、碳酸钙等，但能测出砂粒、黏土杂质。

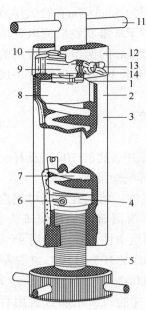

图 4-71　润滑脂有害
粒子鉴定法仪器

1—塑料片；2—平键；3—壳体；
4—弹簧座；5—负荷螺丝；6—指针；
7—弹簧；8—下夹具；9—上夹具；
10—垫圈；11—手柄；12—顶盖；
13—双头螺柱；14—蝶形螺母

在润滑脂规格中，一般规定不许含有酸分解法机械杂质。抽出法机械杂质允许含微量，例如，在有的润滑脂规格中不大于 0.5%，也有润滑脂不要求用抽出法测机械杂质。

4. 润滑脂有害粒子鉴定法 SH/T 0322—1992

等效采用 ASTM D1404—1983。

上述三种方法测定润滑脂机械杂质，不能说明机械杂质是否有磨损性，因此增订了润滑脂有害粒子鉴定法。

润滑脂有害粒子鉴定法的仪器见图 4-71。

测定时将润滑放在两块洁净的经过高度磨光的塑料性片之间，在一定压力下，使一块塑料片对另一块旋转 30°，当润滑脂中含有硬度大于塑料片的粒子，即在一块或两块塑料片画出特殊的弧形纹痕数，划分为三个等级：一级少于 10 条纹痕；二级为 10～40 条纹痕；三级为 40 条以上纹痕。

有害粒子鉴定法是评价润滑中磨损性杂质含量的一个简单方法，较其他机械杂质测定法能更好地反映出润滑脂中所含磨损性杂质。

4.4.4　润滑脂的水分

润滑脂中的水分有两种：一种是结合的水分，它是润滑脂中的稳定剂，对润滑脂结构的形成和性质都有的影响。另一种是游离的水分，是润滑脂中不希望有的，须加以限制。因此根据不同润滑脂提出不同含水量的要求：一般烃基润滑脂、铝基润滑脂及锂基润滑脂均不允许含水分；钠基及钙基润滑脂仅允许含很少量水分；钙基润滑脂的水分依不同牌号润滑脂含皂量的多少而规定在某一定范围，水分过多或过少均将影响润滑脂的质量。

润滑脂水分测定按 GB 512 润滑脂水分测定法进行，等效 ГОСТ 2477—1965。

试验步骤：将 20～25g 的润滑脂试样放入预先清洁干燥的圆形烧瓶中，注入直馏汽油 150mL，安装好接收器和冷凝管后，徐徐加热，当回流开始后，应保持落入接收器的冷凝液为每秒钟 2～4 滴。当接收器中的容积不再增加及上层溶剂完全透明时，停止蒸馏，蒸馏时间不应超过 1h，待降至室温后，记录接收器中水的容积。测定结果水分以质量分数表示。

4.4.5 润滑脂皂分

含皂量对润滑脂的许多性质都有影响。一般来说，当润滑脂的原料和制造工艺条件一定时，随着润滑脂的含皂量增多，它的稠度、黏度和强度极限增大。分油量减少，滴点也较高。如皂的稠化能力强、制造工艺条件好则制造某一稠度的润滑脂所需皂量少，产品收率高，可降低成本。

低温使用的润滑脂除了要求用低黏度和黏-温性质较好的基础油以外，还要求含皂较少，以保证润滑脂有较好的低温性。

润滑脂皂分是将润滑脂溶于苯后，用丙酮沉淀润滑脂-苯溶液中的金属皂，然后用质量法测定皂量。皂分的大小影响润滑脂的性能，含皂量过高，润滑脂在使用过程中易硬化结块，缩短使用寿命，含皂量过低，会使润滑脂机械安定性下降。

润滑脂皂分测定按 SH/T 0319—1992 润滑脂皂分测定法进行，该法等效 ГОСТ 5211—1950。

试验步骤：该方法系统将润滑脂样品 1~2g 溶于 5~10mL 苯中，再用 50mL 丙酮在室温下将皂从苯溶液中沉淀析出、过滤，然后用热丙酮洗涤皂沉淀数次，烘干后称重，所得结果计算为质量分数，并减去润滑脂中的机械杂质（按抽出法测定）的含量，即得含皂量的百分数。

4.4.6 润滑脂灰分

润滑脂灰分是指润滑脂经燃烧和将固体残渣煅烧成灰，以质量百分数表示。测定灰分没有太大的实际意义，但在一定程度上说明了润滑脂成分的特性，对控制润滑脂组分和制备工艺有一定作用。

润滑脂灰分中含有皂的金属氧化物、矿物油中的无机物和原料碱中的杂质。从灰分可以大致估计润滑脂含皂量及含游离碱量。皂基润滑脂的灰分含量较高，约达 4%。烃基润滑脂灰分很少，约 0.02%~0.07%，含无机组分（如石墨等）的润滑脂，其灰分含量很高。

润滑脂灰分的测定按 SH/T 0327—1992 润滑脂灰分测定法进行，此方法等效 ГОСТ 6474—1953。

试验步骤：称取 2~5g 润滑脂试样放入恒重的坩埚中，盖上滤纸，待滤纸浸油后点火燃烧，然后将坩埚放入高温炉中煅烧 1.5h。冷却后滴入几滴硝酸铵水溶液，蒸发干后继续煅烧。冷却后称重，试验结果以质量分数表示。

4.4.7 润滑脂的橡胶相容性

1. 润滑脂橡胶相容性的意义

润滑脂与橡胶的相容性又称橡胶适应性，是指润滑脂与橡胶接触时不使橡胶体积、重量、硬度等发生过大变化的性质。橡胶在润滑脂中浸泡一定时间后，可能发生体积膨胀或收缩，重量增加或减少，硬度也可能变大或变小，其他力学性能如抗张强度也可能变化。润滑脂与橡胶相容性好，则上述变化较小，否则上述变化较大。

润滑脂在使用中，有些场合会与橡胶密封元件接触，有时润滑脂要在金属与橡胶间进行润滑并起密封作用。在润滑脂兼起润滑和辅助密封作用的条件下，使橡胶适当少量地膨胀对润滑和密封有利，如果它与橡胶相容性差，橡胶发生过分溶胀、变软变黏，或过分收缩、硬化，都会影响橡胶密封件工作性能。

因此，欲满足金属与橡胶间的润滑与密封要求，润滑脂及其基础油应具有良好的橡胶相容性：

① 在规定的时间里，润滑脂对橡胶要有适当的、恒定的膨胀值；

② 膨胀后对橡胶的力学性能、机械性能、尺寸稳定性没有不良影响；

③ 润滑油脂对橡胶与金属之间有良好的润滑与密封能力。

谢德生研究了不同类型基础油对丁腈橡胶膨胀性能的影响，并利用所发现的基础油组成、橡胶中丙烯腈含量与橡胶膨胀值之间的定量关系，确定润滑材料的组成，以解决丁腈橡胶与金属之间的润滑与密封问题。

2. 润滑脂橡胶相容性的影响因素

润滑脂和橡胶的相容性取决于基础油和橡胶的类型，但基础油和橡胶的种类很多，不同油品和不同橡胶的相容性各异，因此下面讨论各种基础油和橡胶的相容性。

（1）矿物油与橡胶的相容性

橡胶在矿物油中的体积增加，几种橡胶体积增加顺序是：天然橡胶>丁苯橡胶>丁基橡胶>氯丁橡胶。几种橡胶在矿物油中的膨胀都随油的苯胺点的增大而减少，只有丁腈橡胶在矿物油中体积基本上不变。

天然橡胶不耐油，矿物油对一般橡胶的膨胀作用主要由于芳香烃或无侧链的多环烷烃引起的，因为它们最容易极化和与橡胶的极性基相互作用，而烷烃和带长侧链的环烷烃会导致橡胶重量减轻。当油品与橡胶接触时，同时进行两个过程：增塑剂（溶于油中）的析出和芳香烃的吸收。橡胶浸泡后是减重或增重取决于哪种过程占优势。芳香烃特别是多环短侧链芳香烃含量增加，对增塑剂溶解增强，结果在橡胶内形成了许多微小的空穴，这些空穴被烷烃和环烷烃占据，它们阻挡了橡胶分支分子，从而使橡胶弹性变差。同时，由于烷烃和环烷烃的密度比原有的增塑剂的密度小，所以橡胶表现出减重。至于油品中芳香烃的含量可从苯胺点的高低反映，苯胺点较高的油品芳香烃含量较少，对橡胶的溶胀性低，甚至有使之收缩的倾向。

（2）不同油品与合成橡胶的相容性

不同类型油品对各种合成橡胶在苛刻条件下的相容性：酯类油和芳烃油对丁腈橡胶有很强的膨胀作用，且不稳定；矿物油几乎对丁腈橡胶不起作用；硅油对丁腈橡胶起收缩作用。

（3）丁腈橡胶中丙烯腈的含量对橡胶膨胀值的影响

橡胶的膨胀值随丁腈橡胶中丙烯腈含量的增加成直线下降，直线的斜率与油脂的组成无关。

（4）基础油对橡胶的膨胀值与润滑脂对橡胶的膨胀值之间的关系

润滑脂对橡胶的膨胀值取决于基础油，试验证明基础油对橡胶的膨胀值与润滑脂对橡胶的膨胀值没有明显差别，因此可以根据基础油对橡胶的膨胀值确定润滑脂中基础油的组成。不同油品和不同橡胶的相容性不同。要制备与某种橡胶相容的润滑脂，需选用适当的基础油，或选用橡胶膨胀性能不同的油品按适当比例混合来制取符合使用要求的润滑脂。

3. 润滑脂与合成橡胶相容性试验方法

（1）SH/T 0429—2007 润滑脂和液体润滑剂与橡胶相容性测定法

此法等效 ASTM D4289—2003。

润滑脂与合成橡胶相容性是指润滑脂使标准弹性体在与润滑脂接触时保持其体积和硬度不发生变化的能力。

试验步骤：将用溶剂擦拭过的合成橡胶试片在其短边中间打一个直径 2～4mm 的小孔以便穿入自制的挂丝；在邵尔 A 型硬度计上按照 GB 531 测定试验前试片的硬度；将挂丝在空气和浸入蒸馏水中 10～15mm 分别称量挂丝和试片在空气中的总质量；将试片依次浸入已配制好的润湿剂和蒸馏水中，每次浸湿后都要迅速将试片从液体中提起，称量挂丝和试片在蒸馏水中的总质量；将 10mL 试样涂于烧杯四周及底部，用刮刀在已干燥的试片上抹一层试样后放入烧杯，用刮刀在试片周围填满试样。将烧杯放入 100℃ 或 150℃ 烘箱恒温 70h。分别称量试验后试片在空气和蒸馏水中的质量。试验结果以硬度变化 ΔH 和体积变化 ΔV 表示，按下列各式计算。

①硬度变化值 ΔH

$$\Delta H = H_2 - H_1$$

式中　H_1、H_2——试验前，试验后试片硬度。

② 相对密度 d

$$d = M_1 / (M_1 - M_2)$$

式中　M_1——试片在空气中开始的质量；

　　　M_2——试片在水中开始的质量。

③ 体积变化 ΔV

$$\Delta V = \frac{\left[\,(M_3 - M_4) - (M_1 - M_2)\,\right]}{M_1 - M_2} \times 100$$

式中　M_1——试片在空气中开始的质量；

　　　M_2——试片在水中开始的质量；

　　　M_3——试片在空气中最后的质量；

　　　M_4——试片在水中最后的质量。

（2）SH/T 0691—2000 润滑剂的合成橡胶溶胀性测定法

此法等效 FS 791C3603.5—1986。

润滑剂的合成橡胶溶胀性是指润滑脂使标准弹性体在与润滑脂接触时保持其体积不发生变化的能力。

试验步骤：在（24±3）℃下，将已清洁的橡胶试片置放在空气中和蒸馏水中分别称重，计算试片的排水质量；将润滑脂试样约 400g 完全充满容器，将橡胶试片完全浸没在试样中，置于 70℃ 烘箱中恒温 168h。结束后冷却到室温，取出试片用无水乙醇清洗、吸干，干燥后在空气和蒸馏水中称重，计算试片排水质量和试片的体积变化百分数。

4.4.8　润滑脂抗辐射性

润滑脂的抗辐射性取决于稠化剂和基础油，而润滑脂的基础油是矿物油或合成油，因此首先讨论辐射对润滑油的影响。

1. 辐射对润滑油的影响

（1）辐射对矿物油的影响

当射线总量在 5×10^4 J/kg 以下时，对润滑油及润滑脂都无影响；但在 $5 \times 10^4 \sim 10^5$ J/kg 的范围内矿物油发生如下的变化：变成深色，氧化发臭，发生气体，酸值增大，黏度增加。

矿物油在辐射作用下，首先黏度增大，相继变为凝胶，最后形成软质的冻胶状固体。此时产物的熔点大于 200℃，完全不溶于苯，乙醇和乙醚等普通溶剂。一般来说，在 1.8×10^3 中子/cm^2 的辐射下，就要固化，但也有例外。中子、电子和 γ 射线对矿物油物理性质的影响及影响的程度大体上相同。射线对润滑油影响的程度，决定于油所吸收能量的大小，也决定于油的抗辐射性。

辐射对矿物油的作用机理是：

① 射线首先将能（E）传给烃分子（M）；

② 带高能量的烃分子（M+E）不安定，放出气体（通常是氢），裂成高活性的碎片（M）；

③ 由于（M·）的活性极强，互相结合成大型分子 M—M；

240

④ 重复此反应，形成高分子化合物$(M)_x$。

矿物油对辐射的抵抗力，取决于它的芳香烃含量，芳香烃含量愈多，其抗辐射性愈强。

高黏度的残渣混合油，经$1.77×10^{18}$中子$/cm^2$照射后即硬化。高度精制的环烷基锭子油受到同样剂量后，黏度增加26.2倍；而溶剂精制的同一种环烷基锭子油，经同样照射后，黏度只增加3.4倍。

矿物油受到辐射的影响，与它的含硫量成正比。这是由于中子-质子反应，S^{32}能变成放射性同位素P^{32}的缘故。由此可见，经中子照射的油，在它的活性度未降低以前使用它是危险的。但被γ射线照射后不会形成放射性。

一般来说，合成油虽有良好的低温性质和黏温性质，但其辐射安定性也受它的芳香烃含量所左右。例如，烷基硅油的安定性和黏温性质虽好，其辐射安定性尚不及矿物油，几种润滑油的抗辐射性比较见表4-57。

表4-57　几种润滑油的抗辐射性比较

润滑油种类	抗辐射剂量/（10^4J/kg）	润滑油种类	抗辐射剂量/（10^4J/kg）
聚苯醚	4000	芳香酯	100
烷基芳香烃	1000	烷基双酯	50
矿物油	100	硅酸酯	50
聚乙二醇	100	烷基硅油	5

（2）硅油的抗辐射性

硅油的抗辐射性与其氧化安定性有密切的关系。在甲基较苯基容易受到进攻这一点上，辐射分解机理与氧化分解机理相似。二甲基硅油及甲基苯基硅油的分解产物主要是甲烷、氢及交联聚合物的残留物，此外还有少量的烷烃及芳香烃。

辐射对硅油的影响是会引起硅油黏度增加甚至形成凝胶，此外还会产生气体。二甲基硅油的抗辐射性差，苯基硅油的抗辐射性好。

2. 辐射对润滑脂的影响

润滑脂在受到$5×10^4 \sim 10×10^4$J/kg辐射的情况下，皂的结构破坏开始软化，继而发生迭合而硬化。

通常的皂基润滑脂，经$7.7×10^5$J/kg照射后，润滑脂的结构被破坏，变成流体，轴承寿命降低55%~80%。普通的钙基、钠基润滑脂受γ射线照射后变为流体，酰胺钠基润滑脂的抗辐性较好。

皂基润滑脂在辐射下分解变质过程如下：

① 当剂量在$2.58×10^5$J/kg范围内皂结构即开始破坏，皂晶体变为非晶体物质，组成皂的金属和脂肪酸离子都失去电荷，金属离子离开正常位置。

241

② 皂的金属和脂肪酸离子完全分离。

③ 分离出的脂肪酸溶于基础油中，致使构成凝胶结构的连续网状组织变得分散，整个体系变为流体。

④ 当辐射能进一步增强(超过 $2.58 \times 10^5 J/kg$)时，由于基础油的聚合，又产生硬化现象。

由此可见，在射线照射下金属皂基润滑脂不能满足原子反应堆的要求。

3. 不同类型润滑脂的抗辐射性

辐射对润滑脂的主要影响是逐渐破坏润滑脂的结构骨架，从而使其流变性能发生变化。通常，当吸收剂量引起分散介质或稠化剂发生化学主变化时，润滑脂的结构键就开始破坏。辐射对润滑脂的作用开始时表现为强度极限和黏度下降。继续增加吸收剂量时，润滑脂就开始硬化。所有各种润滑脂变化的最后阶段都是硬化，分散介质发生辐射聚合。

几种高温润滑脂放在 $600J/(kg \cdot s)$ 钴源 $\gamma-$量子流中照射，直到吸收的照射剂量达到 $1 \times 10^7 J/kg$、$1 \times 10^8 J/kg$ 和 $1 \times 10^9 J/kg$，照射时间相应为 4.5h、44h 和 440h 为止。照射后脂的热氧化安定性大大降低。

4. 抗辐射润滑脂

抗辐射润滑脂必须使用抗辐射的稠化剂和基础油。

含芳香烃多的化合物一般比直链化合物对放射性更稳定。所以抗辐射润滑脂使用的基础油有含芳香烃多的矿物油、聚苯醚和烷基萘。

甲基苯基硅油一般容易发生聚合，故其润滑脂经照射后容易硬化，但聚合硬化程度因所用稠化剂而不同，最好使用阴丹士林、芳基脲等不易引起聚合的稠化剂。阴丹士林是抗辐射性优良的稠化剂，它与含芳香烃多的矿物油或聚苯醚制成的抗辐射润滑脂。

以烷基萘为基础油用对苯二甲酰胺盐稠化的润滑脂的抗辐射能力强，经照射后轴承寿命降低较少。

抗辐射的酞菁基润滑脂是用25%不含金属的酞菁和75%的叔烷基芳香烃一起研磨得到的抗辐射润滑脂，所用的烷基芳香烃是萘和菲的混合物，结合在环上的烷基是叔丁基、叔辛基和叔十二烷基。这种润滑脂可用于原子反应堆的泵的轴承上。

酞菁铜硅油润滑脂的抗辐射性因硅油中苯基含量不同而不同，高苯基甲硅油制成的酞菁铜润滑脂的抗辐射性较强；中苯基硅油制成的润滑脂抗辐射性较差。芳基脲、对苯二甲酰胺钠盐及酞菁铜润滑脂的抗辐射性较好，硬脂酸锂和炭黑润滑脂抗辐射性较差。

4.4.9 润滑脂贮存安定性

润滑脂贮存过程中，性质可能发生一些变化。国外润滑脂规格中常规定贮存安定性的指标。规定润滑脂在38℃放置6个月后，锥入度的变化值不得超过30。国内现已制订润滑脂储存安定性试验方法(SH/T 0452—1992)。

国产润滑脂一般规格中未作贮存安定性的规定，但对许多润滑脂做过加速和实际贮存试验。国产11种合成油润滑脂在(38±1)℃存放6个月后，测定锥入度、相似黏度、压力分油及腐蚀。结果(见表4-58)表明，所试样品贮存安定性最良好的，38℃贮存6个月后锥入度变化值都小于30，低温相似黏度等指标也变化不大，此外还对7007号、7008号、7011~7017号及特7号、特221号润滑脂在试验前后做过腐蚀试验，在100℃、3h条件下T_2铜片试验合格。

表4-58　润滑脂贮存试验结果

产品	锥入度/0.1mm		相似黏度($-50℃$，$10s^{-1}$)/0.1Pa·s		压力分油/%	
	贮存前	贮存后	贮存前	贮存后	贮存前	贮存后
7007	260	264	8320	8570	14.06	15.57
7008	270	274	7280	7200	—	—
7011	253	253	11200	10800	—	—
7012	305	309	—	—	—	—
7013	320	328	—	—	32.40	32.45
7014	268	272	7070	7410	8.40	8.68
7015	288	288	—	—	14.51	13.74
7016	273	277	8820	8650	7.72	7.90
7017	253	242	16800	17700	3.14	3.50
特7	290	264	11200	12300	—	—
特221	320	303	—	—	—	—

第5章　润滑脂品种及特性

润滑脂虽然有多种分类方法，但我国润滑脂生产企业和应用单位习惯按稠化剂类型进行分类，况且润滑脂的性能也很大程度受稠化剂影响，所以，本章将按照稠化剂类型对各种类型的润滑脂的组成、特征和适用范围进行介绍。

5.1　钙基与复合钙基润滑脂

含有金属钙的润滑脂品种有普通（含水）钙基润滑脂、无水钙基润滑脂、复合钙基润滑脂和复合磺酸钙基润滑脂，这些润滑脂产品虽然都含金属钙，但它们的组成和性能却差别很大，产品出现的年代不同，应用范围差别也很大，下面分别予以介绍。

5.1.1　普通钙基润滑脂

钙基润滑脂是问世最早的润滑脂产品，在人类历史发展过程中起到了极其重要的作用。钙基润滑脂一般由动植物油脂与氢氧化钙（石灰水）皂化而得，也可由脂肪酸与氢氧化钙皂化制备，大多以矿物油为基础油，少数情况下也可用合成油。钙基润滑脂具有原料来源广泛、价格低廉、抗水性好的特点，相当长时间内受到生产企业和应用单位的欢迎。但普通钙基润滑脂的滴点不高（100℃以下），使用温度在65℃以下，后来逐渐被性能更优良的锂基润滑脂代替，据统计，2012年世界普通钙基润滑脂占润滑脂年总产量的4.75%，中国普通钙基润滑脂占润滑脂年总产量的4.17%。随着机械工业的发展和润滑脂生产技术的进步，普通钙基润滑脂还有进一步被性能优良的锂基润滑脂及高滴点润滑脂取代的趋势。

1. 普通钙基润滑脂的组成和性能

普通钙基润滑脂生产一般以动植物油脂、氢氧化钙（或氧化钙）为原料稠化矿物油而成，生产过程中必须加适量水进行膨化，否则不能形成润滑脂的胶体结构，出现皂油分离现象；使用过程中最高使用温度不能超过65℃，否则水分蒸发后也会破坏钙基润滑脂的胶体结构。普通钙基润滑脂中较少使用添加剂，有的在钙基润滑脂中加入一定量胶体石墨（或石墨粉）生产石墨钙基润滑脂。

钙基润滑脂具有原料来源广泛，价格低廉，抗水性好，胶体安定性、剪切安

244

定性较好的优点，可满足 65℃以下普通机械、农用机械等的润滑要求；但滴点较低（100℃以下），使用温度在 65℃以下。

2. 普通钙基润滑脂品种及特性

普通钙基润滑脂按其稠度大小划分为 1 号、2 号、3 号、4 号；钙基润滑脂中加入石墨作填料可生产石墨钙基润滑脂；钙基润滑脂还稠化低黏度、低凝点基础油作为军械火炮系统用的炮弹脂和冬用炮脂。

（1）钙基润滑脂

钙基润滑脂按工作锥入度范围划分为 1 号、2 号、3 号、4 号四个牌号，产品稠度越大，滴点有所提高，但不超过 100℃，使用温度一般在 60℃以下，最高不超过 65℃。钙基润滑脂产品质量应符合 GB/T 491—2008 的技术要求（见表 5-1）。钙基润滑脂一般用于 65℃以下、潮湿环境的普通机械、家用机械的润滑。

表 5-1　钙基润滑脂规格指标 GB/T 491—2008

项目		质量指标				试验方法
		1 号	2 号	3 号	4 号	
外观		淡黄色至暗褐色均匀油膏				目测
工作锥入度/0.1mm		310～340	265～295	220～250	175～205	GB/T 269
滴点/℃	≮	80	85	90	95	GB/T 4929
腐蚀（T₂铜片，室温，24h）		无绿色或黑色变化				GB/T 7326 乙法
水分/%	≯	1.5	2.0	2.5	3.0	GB/T 512
灰分/%	≯	3.0	3.5	4.0	4.5	SH/T 0327
钢网分油（60℃，24h）/%	≯	—	12	8	6	SH/T 0324
延长工作锥入度（1 万次与 60 次差值）/0.1mm	≯	—	30	35	40	GB/T 269
水淋流失量（38℃，1h）/%	≯	—	10	10	10	SH/T 0109

（2）石墨钙基润滑脂

石墨钙基润滑脂由动植物油脂钙皂稠化 68 号机械油并加有 10%左右鳞片状石墨而成，是黑色均匀油膏，除具有钙基润滑脂的性质外，还具有较好的耐压性。适用于 65℃以下慢速重负荷机械的润滑，如汽车板弹簧、压延机的人字齿轮、起重机的齿轮转盘、矿山机械、升降机滑板、绞车齿轮和钢丝绳等高负荷、低转速的粗糙机械设备的润滑。石墨钙基润滑脂应符合 SH/T 0369—1992 的技术要求（见表 5-2）。

表 5-2　石墨钙基润滑脂质量指标 SH/T 0369—1992

项目		质量指标	试验方法
外观		黑色均匀油膏	目测
滴点/℃	≮	80	GB/T 4929
腐蚀(钢片①，100℃，3h)合格		SH/T 0331	—
安定性②合格		—	—
水分/%	≯	2	GB/T T512

① 腐蚀试验用含碳 0.4%~0.5%的钢片进行。

② 在密闭的玻璃容器中保存 1 个月无油析出。安定性指标为生产厂保证项目无须检查。

5.1.2　无水钙基润滑脂

1. 无水钙基润滑脂的组成和性能

与普通钙基润滑脂不同，无水钙基润滑脂无须水作稳定剂，它是由脂肪酸（主要是 12-羟基硬脂酸）与氢氧化钙反应的钙皂稠化矿物油或合成油而成。

无水钙基润滑脂的滴点可达 140℃，最高使用温度可达 110℃，具有良好的抗水性、胶体安定性、剪切安定性，选用低黏度、低凝点基础油可制得低温性良好的润滑脂。

2. 无水钙基润滑脂品种及特性

无水钙基润滑脂的主要品种有寒区汽车通用无水钙基润滑脂和食品机械润滑脂。

（1）寒区汽车通用无水钙基润滑脂

寒区汽车通用无水钙基润滑脂由 12-羟基硬脂酸钙皂稠化低黏度、低凝点基础油并加有多种添加制成，具有良好的抗水性、胶体安定性、剪切安定性、低温性，可满足 -45~110℃ 范围内汽车的轮毂轴承、电机轴承、风机轴承、水泵轴承等的润滑。其质量指标见表 5-3。

表 5-3　寒区汽车通用无水钙基润滑脂质量指标

项目		质量指标	试验方法
工作锥入度/0.1mm		265~295	GB/T 269
滴点/℃	≮	138	GB/T 4929
压力分油(30min)/%	≯	25	GB/T 392
腐蚀(T_3铜片，100℃，3h)		合格	SH/T 0331
蒸发量(99℃，22h)/%	≯	10	GB/T 7325
相似黏度(-40℃，$10s^{-1}$)/Pa·s	≯	1800	SH/T 0048
延长工作锥入度(加10%水，10万次)/差值	≯	-25~+60	GB/T 269

（2）食品机械润滑脂

食品机械润滑脂由 12-羟基硬脂酸钙皂稠化食品级白油并加入多种添加剂而制成，是一种无臭无味的白色润滑脂，生产仪器机械润滑脂的原料都必须采用药典或药物学中规定的安全组分，生产设备专用。食品机械润滑脂具有良好的抗水性、防锈性和润滑性，可用于与食品接触的加工、包装、输送设备的润滑，最高使用温度 100℃，其质量指标见表 5-4。

表 5-4　食品机械润滑脂质量指标 GB/T 15179—1994

项目		质量指标	试验方法
外观		白色光滑油膏无异味	感官检查
滴点/℃	≮	135	GB/T 4929
工作锥入度/0.1mm		265～295	GB/T 269
钢网分油(100℃，24h)/%	≯	5	SH/T 0324
蒸发量(99℃，22h)/%	≯	3	GB/T 7325
腐蚀(T2 铜片，100℃，24h)		无绿色或黑色变化	GB/T 7326 乙法
水淋流失量(38℃，1h)/%	≯	10	SH/T 0109
抗磨性(75℃，1200r/min，392N，60min)磨痕直径/mm	≯	0.7	SH/T 0204
防腐性(52℃，48h)/级	≯	1	GB/T 5018
延长工作锥入度(10 万次)变化率/%	≯	25	GB/T 269
(加水 10%，10 万次)变化率/%	≯	25	
基础油紫外吸光度(260～420nm)/cm	≯	0.1	GB/T 11081

5.1.3　复合钙基润滑脂

1. 复合钙基润滑脂的组成和性能

与钙基润滑脂不同，复合钙基润滑脂是由脂肪酸钙皂与低分子酸钙盐(如醋酸钙)复合制备的一种润滑脂产品，它具有比钙基润滑脂高得多的滴点(早期的复合钙基润滑脂的滴点要求大于 220℃，现在的复合钙基润滑脂的滴点一般超过 300℃)，适合高温部位的润滑。复合钙基润滑脂出现于 20 世纪 40 年代，是最早出现的一种复合皂基润滑脂。

复合钙基润滑脂具有良好的高温性能，良好的胶体安定性、机械安定性、抗水性和抗磨性，但它有储存硬化的倾向，影响了这类润滑脂的应用和发展。世界上围绕复合钙基润滑脂的硬化问题开展了研究，取得了一些成果，但对复合钙基润滑脂硬化的机理和防止硬化的方法还未完全搞清楚，所以，复合钙基润滑脂的发展受到了一定限制。据统计，2012 年世界复合钙基润滑脂占润滑脂年产量的

0.68%，中国复合钙基润滑脂占润滑脂年产量的 0.25%。如果通过深入研究，能够解决复合钙基润滑脂的硬化问题，相信这类润滑脂还会得到一定的发展。

2. 对复合钙基润滑脂性能的影响因素探讨

（1）基础油

制备复合钙基润滑脂可以采用矿物油或合成油作基础油，一般来说，采用矿物油作基础油时比较容易成脂，制成的润滑脂的稠度较大、滴点较高、胶体安定性较好，所以，除特殊需要外，复合钙基润滑脂大多采用矿物油作基础油。当采用矿物油作基础油时，基础油的黏度较大的效果好，生产高温润滑脂时宜选用高黏度基础油。

（2）脂肪与脂肪酸

制备复合钙基润滑脂时可选用脂肪、脂肪酸和合成脂肪酸，脂肪酸的效果优于脂肪和合成脂肪酸。

（3）脂肪酸与低分子酸

生产复合钙基润滑脂用的高分子酸与低分子酸需要合适的摩尔比，一般为（1∶1）~（2∶1）。采用合成脂肪酸时，合成脂肪酸的分子量较大时有利于复合成脂，平均分子量较小的合成脂肪酸难以复合成脂。

（4）生产工艺

复合钙基润滑脂的生产工艺较复杂，需要皂化、复合、高温炼制、冷却等工艺。复合时可采用酸性复合和碱性复合，酸性复合控制游离有机酸含量为 0.47%，11% 的稠化剂含量可制得 3 号润滑脂；而采用碱性复合时，需要更多的稠化剂，产品的机械安定性也稍差。

3. 关于复合钙基润滑脂的硬化问题

复合钙基润滑脂在储存中有硬化现象，这直接影响到该产品的应用，国内外对此进行了大量研究，现介绍一些研究结果。

（1）高分子酸对硬化的影响

制备复合钙基润滑脂的高分子酸采用 12-羟基硬脂酸与硬脂酸或合成脂肪酸相比，硬化现象能得到改善。

制备复合钙基润滑脂时采用不饱和酸（如油酸）比采用饱和酸，硬化现象能得到改善。

制备复合钙基润滑脂时采用部分植物脂肪比采用动物脂肪，硬化现象能得到改善。

（2）用其他低分子酸代替部分醋酸对硬化的影响

试验表明，用其他低分子酸（如磷酸）代替部分醋酸，可使硬化现象得到改善。在制备复合钙基润滑脂时加入 1% 酮酸有利于改善硬化。

（3）水分对硬化的影响

复合钙基润滑脂的硬化与环境中的水分有关，环境中没有水分，硬化程度较轻。

（4）添加剂对硬化的影响

某些添加剂（如2,6——二叔丁基苯酚、酸性磷酸酯、聚异丁烯、脂肪酸锌皂等）的加入可减轻硬化倾向。

4. 复合钙基润滑脂品种及特性

复合钙的正皂可用天然脂肪和脂肪酸，亦可用合成脂肪酸，前者称为复合钙基润滑脂，后者称为合成复合钙基润滑脂。

（1）复合钙基润滑脂

复合钙基润滑脂的质量指标SH/T 0370—1995见表5-5。

表5-5　复合钙基润滑脂的质量指标 SH/T 0370—1995

项目	质量指标				试验方法
	1号	2号	3号	4号	
工作锥入度/0.1mm	310~340	265~295	220~250		GB/T 269
滴点/℃ ≮	200	210	230		GB/T 4929
钢网分油（100℃，24h）/% ≯	6	5	4		SH/T 0324
腐蚀（T_2铜片，100℃，24h）	无绿色或黑色变化				GB/T 7326 乙法
蒸发量（99℃，22h）/% ≯	2.0				GB/T 7325
水淋（38℃，1h）/% ≯	5				SH/T 0109
延长工作锥入度（10万次）变化率/% ≯	25	25	30		GB/T 269
氧化（99℃，100h，0.770MPa）压力降/MPa	报告				SH/T 0325
表面硬化（50℃，24h） 不工作微锥入度差值/0.1mm ≯	35	30	25		另有规定

（2）合成复合钙基润滑脂

合成复合钙基润滑脂的质量指标SH/T 0374—1992见表5-6。

表5-6　合成复合钙基润滑脂的质量指标 SH/T 0374—1992

项目	质量指标				试验方法
	1号	2号	3号	4号	
外观	深褐色均匀油膏				目测
滴点/℃ ≮	180	200	220	240	GB/T 4929
工作锥入度/0.1mm	310~340	265~295	220~250	175~205	GB/T 269
腐蚀（钢片，黄铜片，100℃，3h）	合格	合格	合格	合格	SH/T 0331
游离碱（NaOH）/% ≯	0.2	0.2	0.2	0.2	SH/T 0329

项目		质量指标				试验方法
		1 号	2 号	3 号	4 号	
游离有机酸		无	无	无	无	SH/T 0329
杂质(酸分解法)		无	无	无	无	GB/T 513
水分/%	≥	痕迹	痕迹	痕迹	痕迹	GB/T 512
压力分油/%	≥	12	8	6	4	SH/T 392
表面硬化(50℃,24h) 不工作微锥入度差值/0.1mm	≥	40	35	30	25	

5.1.4　复合磺酸钙基润滑脂

复合磺酸钙基润滑脂是 20 世纪 80 年代以后才出现的一种新型复合皂基润滑脂,它采用高碱性磺酸钙作稠化剂,制备的复合磺酸钙基润滑脂具有许多优良性能,如优良的高温性能、机械安定性、抗氧化安定性、抗磨性、防腐性等,在需要耐高温、重载、水淋、防锈等场所得到良好应用。据统计,2014 年世界磺酸盐复合钙基润滑脂占润滑脂年产量的 2.51%,中国的磺酸盐复合钙基润滑脂占润滑脂年产量的 1.35%。预计未来复合磺酸钙基润滑脂还有良好的发展前景。

磺酸盐一直作为润滑添加剂使用,20 世纪 50 年代,Spoule 等人制备出磺酸钙基润滑脂,但性能并不理想。20 世纪 60 年代,人们找到了使磺酸盐高碱化的技术,制备出的高碱性磺酸盐复合钙基润滑脂,但产品较黏,泵送性差,成本高。20 世纪 80 年代美国学者 Muir 利用转化剂(如水、醇、酸、醚)将流体状的磺酸钙转化成半固体,并加入其他复合组分制备出高性能的润滑脂,这种高碱性磺酸盐复合钙基润滑脂具有突出的高温性(滴点大于 330℃)、抗磨性、防锈抗腐性、抗水性及其他优良性能,已经在钢铁、造纸、运输等领域得到应用。国内蒋明俊等报道了开展磺酸盐复合钙基润滑脂的制备、结构、性能、抗磨机理的研究工作。由于这是一类新型的润滑脂产品,所以,国内还未制订正式的复合磺酸钙基润滑脂产品规范。

5.2　钠基与复合钠基润滑脂

5.2.1　钠基润滑脂

1. 钠基润滑脂的组成与性能

在润滑脂的发展历程中,钠基润滑脂是作为高温润滑脂出现的,它的滴点可达 140~200℃，滴点随稠化剂含量增大而升高。钠基润滑脂一般由天然动植物油脂钠皂或脂肪酸钠皂稠化矿物油而制得。

钠基润滑脂具有较高的滴点和良好的胶体安定性、剪切安定性。它的皂纤维结构随制脂原料和工艺不同而有很大差异，采用标化度低的脂肪、高黏度的矿物油及慢冷工艺，易得到长纤维的钠基润滑脂，相反易得到短纤维的钠基润滑脂。皂纤维粗大、长的钠基润滑脂具有很好的拉丝性，适合于滑动轴承及慢速、高负荷的机械；短纤维的钠基润滑脂适合于中速及低负荷的滚动轴承。钠基润滑脂有一个突出的缺点就是抗水性很差，遇到水会发白或乳化，所以它不能用于潮湿或与水接触的环境，钠基润滑脂主要适用于室内干燥条件下的电机轴承润滑及一些慢速滑动轴承的润滑。

钠基润滑脂由于有抗水性差的缺点，在锂基润滑脂出现后处于被逐渐淘汰的地位。据统计，2012 年世界钠基润滑脂占润滑脂年总产量的 0.47%，中国的钠基润滑脂仅占润滑脂总量的 0.01%。

2. 钠基润滑脂品种及特性

钠基润滑脂的主要品种有 2 号、3 号钠基润滑脂，4 号高温脂及铁道润滑脂（硬干油）。

（1）钠基润滑脂

我国于 1989 年颁布了钠基润滑脂国家标准 GB/T 492—1989（见表 5-7），它是在原 GB/T 492—1977 的基础上参照日本 JIS K 2220—1984 一般润滑脂 2 种制订的。钠基润滑脂有 2 号、3 号两种稠度，适用于−10~110℃范围内一般中等负荷机械的润滑，不适用于与水接触的部位。

表 5-7　钠基润滑脂质量指标 GB/T 492—1989

项目		质量指标		试验方法
		2 号	3 号	
滴点/℃	≮	160	160	GB/T 4929
工作锥入度/0.1mm 延长工作（10 万次）	≯	265~295 375	220~250 375	GB/T 269
腐蚀（T₂ 铜片，室温，24h）		无绿色或黑色变化		GB/T 7326 乙法
蒸发量（99℃，22h）/%	≯	2.0	2.0	GB/T 7325

（2）4 号高温脂

4 号高温脂是由脂肪酸钠皂稠化 20 号航空润滑油并加有胶体石墨制成的，它有较高的滴点和良好的耐压性能，是参照苏联标准 ГОСТ 5573HK-50 润滑脂而制订的，又称 50 号高温脂，主要用于航空机轮轴承，现在已被其他高温多效脂（如 6691 号、931 号）代替。4 号高温脂的质量指标见表 5-8。

表 5-8　4 号高温脂质量指标 SH/T 0376—1992

项目		质量指标	试验方法
外观		黑色均匀油膏	目测
滴点/℃	≮	200	GB/T 4929
工作锥入度/0.1mm		170~225	GB/T 269
漏斗分油(50℃,24h)/%	≯	6	SH/T 0321
腐蚀(钢片、青铜片、铝片,100℃,3h)		合格	SH/T 0331
灰分/%	≯	7	SH/T 0327
水分/%	≯	0.3	GB/T 512
游离碱(NaOH)/%	≯	0.15	SH/T 0329
杂质(酸分解法)/%		无	GB/T 513

（3）铁道润滑脂

铁道润滑脂(硬干油)由脂肪酸钠皂稠化 680 号汽缸油并加有极压添加剂而成,具有很大的稠度,特别是 75℃时仍很稠,可用于铁路机车大轴的轴颈滑动摩擦部位及其他低速、高温、重负荷的滑动摩擦部件的润滑。铁道润滑脂(硬干油)的质量指标见表 5-9。

表 5-9　铁道润滑脂(硬干油)的质量指标 NB/SH/T 0373—2013

项目		质量指标		试验方法
		9 号	8 号	
外观		绿褐至黑褐色半固体纤维状砖形油膏		目测
滴点/℃	≮	180	180	GB/T 4929
块锥入度/0.1mm				GB/T 269
25℃		20~35	35~45	
75℃		50~70	75~100	
游离有机酸(以油酸计)/%	≯	0.3	0.3	GB/T 0329
游离碱(以 NaOH 计)/%	≯	0.3	0.3	GB/T 0329
杂质(酸分解法)/%	≯	0.2	0.2	GB/T 513
腐蚀(40 或 50 号钢片、59 号黄铜片,常温,24h)		合格	合格	附录 A
水分含量/%	≯	0.5	0.5	GB/T 512
矿物油含量/%	≮	45	50	SH/T 0319

5.2.2　复合钠基润滑脂

1. 复合钠基润滑脂的组成与性能

复合钠基润滑脂是由长链脂肪酸钠皂与短链酸的钠盐复合而成,长链酸可以是硬脂酸、12-羟基硬脂酸和烷基对苯二甲酰胺酸,短链酸可以是对苯二甲酸、苯甲酸、水杨酸等，这种润滑脂具有良好的高低温性，良好的胶体安定性和机械安定性。

2. 复合钠基润滑脂品种及特性

复合钠基润滑脂中比较常用的是采用 16-烷基对苯二甲酰胺酸钠皂稠化合成油或半合成油制备的酰胺钠基润滑脂，如 7023 号低温航空润滑脂、7014 号宽温度航空润滑脂和 7014-1 号高温航空润滑脂。

（1）7023 号低温航空润滑脂

7023 号低温航空润滑脂即多用途低温润滑脂（B 型），是由酰胺钠盐稠化酯类油与矿物油的混合油并加入抗氧、防锈等添加剂而成，其质量指标 GJB 2660—1996 见表 5-10。7023 号低温航空润滑脂具有良好的胶体安定性、防护性和高低温性能，适用于飞机航炮、收放系统及操纵系统的轴承和齿轮等防护和润滑，使用温度范围-60~120℃。

表 5-10　7023 号低温航空润滑脂质量指标 GJB 2660—1996

项目		质量指标	试验方法
外观		黄色或红色均匀油膏	目测
相似黏度($-50℃$，$10s^{-1}$)/Pa·s	⩾	1100	SH/T 0048
滴点/℃	⩽	180	SH/T 0115
压力分油/%	⩾	20	GB/T 392
腐蚀(T_2 铜片，100℃，3h)		合格	SH/T 0331
氧化安定性(120℃，10h)酸值/(mgKOH/g)	⩾	3.0	另有规定
水分/%		无	GB/T 512
杂质/(个/cm³)			SH/T 0336
25μm 以上	⩾	5000	
75μm 以上	⩾	1000	
125μm 以上		无	
蒸发度(120℃，1h)/%	⩾	12.0	SH/T 0337
工作锥入度/0.1mm		270~320	GB/T 269
防护性能(45 号钢片、H62 铜片，60℃，48h)		合格	SH/T 0333

（2）7014 号宽温航空润滑脂和 7014-1 号高温润滑脂

7014 号宽温航空润滑脂是由酰胺钠盐稠化硅油与酯类油的混合油并加有添加剂制成的，其质量指标 GJB 694—1989 见表 5-11。7014 号宽温航空润滑脂可以代替特 221 号和 7001 号高低温轴承脂，适用于飞机平尾大轴轴承、操纵摇臂和拉杆节点、起落架系统、机轮系统、航空电机、变流机、发电机以及高速下工作的各种滚动轴承等的润滑，也可用于电动机构和一般齿轮的润滑，使用温度范围-60~180℃。

7014-1号高温润滑脂是在7014号基础上改进而成，具有良好的高低温性能、抗水性和机械安定性，其质量指标GB 11124—1989见表5-12，相当于美军标准MIL-G-38220。7014-1号高温润滑脂适用于各种滚动轴承的润滑和一般滑动轴承和轻负荷齿轮的润滑，使用温度范围-40~200℃，短期使用可到250℃，在化肥、纺织印染、化工等高温设备上广泛使用。

表5-11　7014号宽温航空润滑脂质量指标 GJB 694—1989

项目		质量指标	试验方法
外观		乳白色至浅褐色均匀油膏	目测
滴点/℃	≮	250	GB/T 3498
1/4工作锥入度/0.1mm		57~72	GB/T 269
分油量/%			
压力法		11.0	GB/T 392
钢网法		10.0	SH/T 0428
蒸发损失/%			
200℃，1h		5.0	SH/T 0337
177℃，22h		12.0	GB/T 7325
腐蚀(T_2铜片，100℃，24h)		1b	GB/T 7326
氧化安定性(压力降)/MPa			
100h	≯	0.083	SH/T 0335
500h	≯	0.172	
水淋(41℃)/%	≯	10.0	SH/T 0109
低温转矩(-54℃)/(N·m)			
启动力矩	≯	0.98	SH/T 0338
运转力矩	≯	0.098	
相似黏度(-50℃，$10s^{-1}$)/Pa·s	≯	1100	SH/T 0048
防腐性/级	≯	2	GB 5018
机械杂质/(个/cm³)			
25μm以上	≯	1000	SH/T 0336
75μm以上	≯	100	
125μm以上	≯	无	
综合磨损值(ZMZ)		报告	SH/T 3412
延长工作锥入度(10万次)/0.1mm	≯	350	GB/T 269
高温轴承寿命(177℃)/h	≮	400	SH/T 0428
钢-钢磨损(392N)/(d/mm)		报告	SH/T 0204

项目		质量指标	试验方法
齿轮磨损/（mg/1000r）			
负荷 22.2N	≥	2.5	SH/T 0427
负荷 44.5N	≥	3.5	
储存安定性（38℃，6 个月）/0.1mm			
不工作锥入度	≥	200	SH/T 0452
储存前后工作锥入度变化	≥	30	

表 5-12　7014-1 号高温润滑脂质量指标 GB 11124—1989

项目		质量指标	试验方法
外观		黄色至浅褐色均匀油膏	目测
滴点/℃	≥	280	GB/T 3498
1/4 工作锥入度/0.1mm		62~75	GB/T 269
分油量/%			
压力法		15	GB/T 392
钢网法		15	SH/T 0324
蒸发损失/%			
200℃，1h		5	SH/T 0337
204℃，22h		20	GB/T 7325
腐蚀（45 号钢，100℃，3h）		合格	SH/T 0331
氧化安定性（121℃，100h）压力降/MPa		0.034	SH/T 0335
水淋（38℃）/%	≥	10.0	SH/T 0109
延长工作锥入度（10 万次）/0.1mm	≥	375	GB/T 269
相似黏度（-40℃，10s^{-1}）/Pa·s	≥	1500	SH/T 0048
机械杂质/（个/cm³）			
25μm 以上	≥	5000	SH/T 0336
75μm 以上	≥	1000	
125μm 以上	≥	无	
高温轴承寿命（177℃）/h	≥	报告	SH/T 0428
储存安定性（38℃，6 个月）/0.1mm			SH/T 0452
储存前后工作锥入度变化	≥	30	

5.3　混合基润滑脂

混合基润滑脂最早是混合皂基润滑脂，其出发点是为了兼具两种单一金属皂基润滑脂的优点，如钙–钠基润滑脂就兼具钙基润滑脂和钠基润滑脂的性能特点。在混合皂基润滑脂的实际制备中，一般采用以一种皂为主，第二种皂的加入大多是为了改善润滑脂的某些性能，如锂–钙基润滑脂基本上是锂基润滑脂的性能特点，但在抗水性方面有所提高。常见的混合皂基润滑脂有钙–钠基润滑脂、锂–钙基润滑脂、钡–铅基润滑脂。

现在混合基润滑脂的思路已经很宽阔了，除了混合皂基润滑脂外，还有混合金属复合皂，如复合锂–钙基润滑脂；有膨润土与复合铝混合制成的复合润滑脂；有聚脲与复合钙或复合锂组成的复合润滑脂。

5.3.1 钙–钠基润滑脂

1. 钙–钠基润滑脂的组成和性能

钙–钠基润滑脂由动植物油脂或脂肪酸的钙、钠混合皂稠化矿物油而制得，它兼具钙基润滑脂和钠基润滑脂的特点，滴点比钙基润滑脂高，但低于钠基润滑脂；抗水性比钠基润滑脂好，但低于钙基润滑脂。钙–钠基润滑脂可适用于潮湿环境，但不能用于直接与水接触的环境，特别适用于室内电机滚动轴承的润滑，使用温度可达80~100℃，如可用于中低速、中负荷的电动机及拖拉机、汽车的轴承等。

2. 钙–钠基润滑脂品种及特性

钙–钠基润滑脂的主要品种有：2号、3号钙–钠基润滑脂及滚珠轴承润滑脂、压延机脂。

（1）钙–钠基润滑脂

钙–钠基润滑脂有2号和3号，值得注意的是它的锥入度范围较宽，与NLGI稠度等级划分不同。钙–钠基润滑脂可用于铁路机车和客货车滚动轴承的润滑，不可用于中低速、中负荷的电动机及拖拉机、汽车的轴承等。钙–钠基润滑脂的质量指标见表5–13。

表5–13 钙–钠基润滑脂的质量指标 SH/T 0368—1992

项目		质量指标		试验方法
		2号	3号	
外观		黄色至深棕色油膏		目测
滴点/℃	≮	120	135	GB/T 4929
工作锥入度/0.1mm		250~290	200~240	GB/T 269
腐蚀（40或50号钢片，59号黄铜片，100℃，3h）		合格	合格	SH/T 0331
游离碱（NaOH）/%	≯	0.2	0.2	SH/T 0329
游离有机酸		无	无	SH/T 0329
杂质（酸分解法）		无	无	GB/T 513
水分/%	≯	0.7	0.7	GB/T 512
矿物油黏度（40℃）/（mm²/s）		41.4~74.8	41.4~74.8	GB/T 265

（2）滚珠轴承润滑脂

滚珠轴承润滑脂由蓖麻油钙钠皂稠化中黏度、低凝点矿物油制成，它具有钙-钠基润滑脂的特点，但比一般钙-钠基润滑脂的质量要求高，它对热安定性、化学安定性有专门要求。滚珠轴承润滑脂可适用于潮湿但不与水接触的环境，主要用于铁路机车、货车、客车的导杆滚柱轴承及各种电机滚动轴承，曾是一种多效润滑脂，但逐渐被锂基润滑脂所取代。滚珠轴承润滑脂的质量指标 SH/T 0386—1992 是参照苏联标准 ГОТ 1631 滚珠轴承润滑脂制订的（见表 5-14）。

表 5-14　滚珠轴承润滑脂的质量指标 SH/T 0386—1992

项目		质量指标	试验方法
外观		黄色至深褐色均匀油膏	目测
滴点/℃	≮	120	GB/T 4929
工作锥入度/0.1mm		250~290	GB/T 269
相似黏度（0℃，10s⁻¹）/Pa·s	≯	700	SH/T 0048
腐蚀（钢片，100℃，3h）		合格	SH/T 0331
热安定性		合格	
化学安定性		合格	
游离碱（NaOH）/%	≯	0.2	SH/T 0329
游离有机酸		无	SH/T 0329
水分/%	≯	0.75	GB/T 512
杂质（酸分解法）		无	GB/T 513

（3）压延机润滑脂

压延机脂由钙钠混合皂稠化高黏度矿物油并加有抗磨极压剂制得，具有钙-钠基润滑脂的性能，并有很好的抗磨极压性。压延机脂的质量标准 SH/T 0113—1992（见表 5-15）是参照苏联标准 ГОТ 3257 工业润滑脂 NП-1 制订的，分 1 号、2 号。

表 5-15　压延机润滑脂的质量指标 SH/T 0113—1992

项目		质量指标		试验方法
		1 号	2 号	
外观		黄色至棕褐色均匀油膏		目测
滴点/℃	≮	80	85	GB/T 4929
工作锥入度/0.1mm		310~355	250~295	GB/T 269
腐蚀（含碳 0.4%~0.5% 的钢片，100，3h）		合格	合格	SH/T 0331
杂质（酸分解法）		无	无	GB/T 513

项目	质量指标		试验方法
	1 号	2 号	
水分/%	0.5~2.0	0.5~2.0	GB/T 512
硫含量/% ≮	0.3	0.3	GB/T 387
压力分油/%	测定项目	测定项目	GB/T 392

5.3.2 锂-钙基润滑脂

锂-钙混合皂基润滑脂一般以锂皂为主，加入一定量(10%~30%)钙皂，使锂-钙基润滑脂的性能保持与锂基润滑脂的性能基本一致，但在某些性能(如抗水性、抗磨性)上有所改进，同时可降低生产成本。锂-钙基润滑脂的用途与锂基润滑脂基本相同，可应用于精密机床、磨床、镗床、仪器仪表及汽车、纺织、电力工业上，目前主要品种有白色特种润滑脂、汽车与火炮轴承脂、铁路机车轮对滚动轴承脂、铁道车辆滚动轴承Ⅱ型润滑脂、合成高温压延机润滑脂等。

5.3.3 钡-铅基润滑脂

钡-铅基润滑脂由脂肪酸钡铅皂稠化低凝点矿物油而成，具有良好的低温性、胶体安定性、抗水性、极压性，可用于-60~80℃工作的润滑部位。钡-铅基润滑脂的质量指标见表5-16。

表5-16 钡-铅基润滑脂质量指标

项目	质量指标	试验方法
外观	浅黄色至深棕色油膏	目测
滴点/℃ ≮	92	GB/T 4929
工作锥入度/0.1mm 　25℃ ≮ 　75℃ ≮	330 370	GB/T 269
相似黏度(-50℃，10s^{-1})/Pa·s ≮	1100	SH/T 0048
漏斗分油(50℃，12h)/% ≮	3	SH/T 0321
水分	无	GB/T 512
灰分/% ≮	6.5	SH/T 0327
游离酸或碱	无	SH/T 0329
腐蚀(45号钢片、59号铜片，20~25℃，72h)	合格	SH/T 0328
防护性能(45号钢片、59号铜片，16~20℃，72h)	合格	SH/T 0333

5.4 锂基与复合锂基润滑脂

锂基润滑脂是 20 世纪 40 年代发展起来的一种多效润滑脂,由于它具有较高的滴点(>190℃)和良好的多效性能,一经出现就表现出良好的发展势头,很快在各种应用领域取代其他润滑脂(如钙基润滑脂、钠基润滑脂、钙-钠基润滑脂)而得到广泛应用,是目前生产量最大、应用最广泛的一种润滑脂,从世界范围来看,锂基润滑脂占润滑脂总产量的 70%以上,虽然现在发展了其他更高性能的多效润滑脂(如复合皂基润滑脂、聚脲基润滑脂),但是,可以预期锂基润滑脂在21 世纪一个相当长的时期仍然会广泛应用于润滑脂品种。

脂肪酸(包括 12-羟基硬脂酸、硬脂酸、合成脂肪酸)锂皂具有很强的稠化能力,可以稠化各种不同类型的矿物油或合成油得到性能良好的润滑脂,且锂基润滑脂对各种类型添加剂有很好的感受性,所以,锂皂可以稠化不同类型基础油,再加入不同类型添加剂得到满足各种不同需要的锂基润滑脂,既可满足通用润滑要求,也可满足特殊润滑要求,是一种真正意义的多效润滑脂。锂基润滑脂可满足高、低温、宽温度范围的润滑要求,亦可满足抗磨、极压、防锈等要求,应用范围非常广泛,如飞机、舰船、汽车、坦克、铁路机车、冶金设备、纺织机械、造纸机械、食品机械、家用电器、仪器仪表、一般工业机械等。

锂基润滑脂最早在美国开始研究和生产,然后传到欧洲和日本。我国的锂基润滑脂研究始于 20 世纪 60 年代,至 20 世纪 90 年代初期锂基润滑脂所占比重都还较小。20 世纪后期及进入 21 世纪后,我国的锂基润滑脂有了长足的发展。据统计,2014 年全球锂基润滑脂占润滑脂年总产量的 56.20%,中国的锂基润滑脂占润滑脂年总产量的 67.24%。

5.4.1 锂基润滑脂

1. 锂基润滑脂的组成和性能

锂基润滑脂一般由 12-羟基硬脂酸、硬脂酸、氢化蓖麻油锂皂稠化矿物油或合成油并加入添加剂而成,滴点达 190℃以上,具有良好的多效性能,如胶体安定性、氧化安定性、剪切安定性、抗水性等。

2. 锂基润滑脂品种及特性

由于锂基润滑脂具有良好的多效性能,所以可作为通用润滑脂,满足各种机械的通用润滑要求。锂基润滑脂中也可加入各种不同添加剂,做成专用润滑脂,如极压锂基润滑脂、防锈锂基润滑脂、二硫化钼锂基润滑脂等。由锂基润滑脂开发的润滑脂产品品种很多,主要产品有通用锂基润滑脂、汽车通用锂基润滑脂、极压锂基润滑脂、防锈锂基润滑脂、二硫化钼锂基润滑脂等。锂皂稠化合成油制备的合成油锂基润滑脂放入第 9 节合成油润滑脂中介绍。

（1）通用锂基润滑脂

通用锂基润滑脂具有良好的多效性能，如良好的机械安定性、胶体安定性、抗水性等，适用于−20~120℃各种机械设备的润滑，通用锂基润滑脂按稠度分为 1 号、2 号、3 号，质量指标见表 5-17。

表 5-17　通用锂基润滑脂的质量指标 GB 7324—2010

项目		质量指标			试验方法
		1 号	2 号	3 号	
外观		均匀光滑油膏			目测
工作锥入度/0.1mm		310~340	265~295	220~250	GBT 269
滴点℃	≮	170	175	180	GB/T 4929
腐蚀（T_2铜片，100℃，24h）		铜片无绿色或黑色变化			GB/T 7326 乙法
钢网分油量（100℃，24h）/%	≯	10	5	5	SH/T 0324
蒸发量（99℃，22h）/%	≯	2.0	2.0	2.0	GB/T 7325
显微镜杂质/（个/cm^2） 　10μm 以上 　25μm 以上 　75μm 以上 　125μm 以上	≯ ≯ ≯ ≯	5000 3000 500 0	5000 3000 500 0	5000 3000 500 0	SH/T 0336
氧化安定性（99℃，100h，0.760MPa）压力降/MPa	≯	0.070			SH/T 0325
相似黏度[①]（−15℃，$10s^{-1}$）/Pa·s	≯	600	800	1000	SH/T 0048
延长工作锥入度（10 万次）/0.1mm	≯	380	350	320	GB/T 269
水淋流失量（38℃，1h）/%	≯	8			SH/T 0109
防腐蚀性（级）	≮	1			GB/T 5018

①以中间基原油、环烷基原油生产的润滑脂，相似黏度的质量指标允许 1 号、2 号、3 号分别为不大于 800Pa·s、1000Pa·s、1500Pa·s。

（2）汽车通用锂基润滑脂

汽车通用锂基润滑脂由脂肪酸锂皂稠化低凝点矿物油加入抗氧化剂、防锈剂而成，具有良好的多效性能，如良好的机械安定性、胶体安定性、抗水性、防锈性和抗氧化安定性等，适用于−30~120℃的汽车轮毂轴承、底盘、水泵和电机的润滑。汽车通用锂基润滑脂的质量指标见表 5-18。

表 5-18　汽车通用锂基脂的质量指标 GB/T 5671—2014

项目		质量指标		试验方法
		2 号	3 号	
工作锥入度/0.1mm		265~295	220~250	GB/T 269
延长工作锥入度(100000 次)，变化率/%	≥	20		GB/T 269
滴点/℃	≮	180		GB/T 4929
防腐蚀性(52℃，48h)		合格		GB/T 5018
蒸发量(99℃，22h)/%	≥	2.0		GB/T 7325
腐蚀(T₂ 铜片，100℃，24h)		铜片无绿色或黑色变化		GB/T 7326 乙法
水淋流失量(79℃，1h)/%	≥	10.0		SH/T 0109
钢网分油(100℃，30h)/%	≥	5.0		SH/T 0324
氧化安定性(99℃，100h，0.770MPa)压力降/MPa	≥	0.070		SH/T 0325
漏失量(104℃，6h)/g	≥	5.0		SH/T 0326
游离碱含量(以折合的 NaOH 质量分数计)/%	≥	0.15		SH/T 0329
杂质含量(显微镜法)/(个/cm³)				SH/T 0336
10μm 以上	≥	2000		
25μm 以上	≥	1000		
75μm 以上	≥	200		
125μm 以上	≥	0		
低温转矩(-20℃)/(mN·m)	≥			
启动		790	990	SH/T 0338
运转		390	490	

（3）极压锂基润滑脂

极压锂基润滑脂由脂肪酸锂皂稠化矿物油并加入各种添加剂而成，根据稠度分为 00 号、0 号、1 号、2 号四个牌号，极压锂润滑基脂适用于-20~120℃的高负荷机械设备轴承和齿轮的润滑，也可用于集中润滑系统。极压锂基润滑脂的质量指标GB/T 7323—2019(见表 5-19)对应日本工业标准 JIS K 2220—1984 集中供脂系统润滑脂 4 种。

表 5-19 极压锂基润滑脂的质量指标 GB/T 7323—2019

项目		技术要求					试验方法
		00 号	0 号	1 号	2 号	3 号	
工作锥入度/0.1mm		400~430	355~385	310~340	265~295	220~250	GB/T 269
滴点℃	≮	165	170	180			GB/T 4929
腐蚀(T₂铜片,100℃,24h)		铜片无绿色或黑色变化					GB/T 7326 乙法
分油量(锥网法)(100℃,24h)/%	≯	—	—		10	5	NB/SH/T 0324
蒸发量(99℃,22h)/%	≯	2.0					GB/T 7325
杂质(显微镜法)/(个/cm³)							SH/T 0336
25μm 以上	≯	3000					
75μm 以上	≯	500					
125μm 以上	≯	0					
相似黏度(-10℃,10s⁻¹)/Pa·s	≯	100	150	250	500	1000	SH/T 0048
延长工作锥入度(100000 次)/0.1mm	≯	450	420	380	350	320	GB/T 269
水淋流失量(38℃,1h)/%	≯	—	—		10		SH/T 0109
防腐蚀性(52℃,48h)		合格					GB/T 5018
极压性能 OK 值(梯姆肯法)/N	≮	130		156			NB/SH/T 0203
(四球机法)P_B/N	≮	588					SH/T 0202
氧化安定性(99℃,100h,758kPa)压力降/MPa	≯	70					SH/T 0325
低温转矩(-20℃)/(mN·m)							SH/T 0338
启动	≯	—			1000		
运转	≯				100		

（4）二硫化钼极压锂基润滑脂

二硫化钼极压锂基润滑脂由脂肪酸锂皂稠化矿物油并加有抗磨极压剂、二硫化钼制备而成，适用于-20~120℃轧钢机械、矿山机械、重型起重机械等重负荷齿轮和轴承的润滑，并使用于有冲击负荷的摩擦部位。其质量指标 SH/T 0587—2016 见表 5-20。

（5）3 号防锈石墨锂基润滑脂

3 号防锈石墨锂基润滑脂由脂肪酸锂皂稠化 α-烯烃油并加有防锈剂、石墨等制备而成，其质量指标 GJB 3532—1999 见表 5-21，3 号防锈石墨锂基润滑脂适用于火炮的制退器与身管的螺纹结合处，以及各种炮身内管与炮尾结合处。

表5-20　二硫化钼极压锂基润滑脂质量指标 SH/T 0587—2016

项目 牌号	极压型				普通型				试验方法
	0号	1号	2号	3号	0号	1号	2号	3号	
工作锥入度/0.1mm	355~385	310~340	265~295	220~250	310~340	310~340	265~295	220~250	GB/T 269
延长工作锥入度(10万次)/0.1mm ≤	420	390	360	330	420	390	360	330	GB/T 269
滴点/℃ ≥	170		175		170		175		GB/T 4929
防腐蚀性(52℃,48h)	合格								GB/T 5018
蒸发量(99℃,22h)/% ≤	2.0								GB/T 7325
铜片腐蚀(T_2,铜片,100℃,24h)(乙法)	铜片无绿色或黑色变化								GB/T 7326
相似黏度(-10℃,$10\,\mathrm{s}^{-1}$)/Pa·s ≥	150	250	500	800	150	250	500	800	SH/T 0048
水淋流失量(38℃,1h)/% ≤	—	10.0			—	10.0			SH/T 0109
极压性(四球机法)P_B值/N ≥	—				—				
极压性能 OK 值(梯姆肯法)/N ≥	177				报告				NB/SH/T 0203
钢网分油(100℃,24h)/% ≤	—	10.0	10.0	5.0	—	10.0	10.0	5.0	NB/SH/T 0324
钼含量(质量分数)/% ≥	1.5				0.5				NB/SH/T 0864

表 5-21　3 号防锈石墨锂基润滑脂的质量指标 GJB 3532—1999

项目		质量指标	试验方法
工作锥入度/0.1mm		220~250	GB/T 269
滴点/℃	≮	170	GB/T 4929
腐蚀(T_2 铜片，100℃，24h)		无绿色或黑色变化	GB/T 7326 乙法
蒸发量(99℃，22h)/%	≯	2	GB/T 7325
钢网分油(100℃，24h)/%	≯	5	SH/T 0324
水淋流失量(38℃，1h)/%	≯	12	SH/T 0109
防护性能(钢片，60℃，48h)		合格	SH/T 0333

（6）2 号低温脂

2 号低温脂(又称 201 号润滑脂或多用途低温脂 A 型)由脂肪酸锂皂稠化低黏度、低凝点仪表油制备而成，具有良好的低温性能，可用于-60℃下飞机的操纵机构、仪表、无线电设备和密封轴承的润滑。其质量指标 GJB 2660—1996(见表 5-22)参照了苏联标准 ГОСТ 6267—1974 润滑脂 ЦИАТИМ-201。

表 5-22　2 号低温脂的质量指标 GJB 2660—1996

项目		质量指标	试验方法
外观		浅黄色至褐色均匀油膏	目测
相似黏度(-50℃，$10s^{-1}$)/Pa·s	≯	1100	SH/T 0048
强度极限(50℃)/Pa		250~500	SH/T 0323
滴点/℃	≮	180	SH/T 0115
压力分油/%	≯	30	GB/T 392
腐蚀(T_2 铜片，100℃，3h)		合格	SH/T 0331
氧化安定性(120℃，10h)酸值/(mgKOH/g)	≯	4	另有规定
游离碱(NaOH)/%	≯	0.1	SH/T 0329
水分		无	GB/T 512
机械杂质(酸分解法)		无	GB/T 513
蒸发量(120℃，1h)/%	≯	25	SH/T 0337
工作锥入度/0.1mm		270~320	GB/T 269

（7）合成锂基润滑脂

制造锂基润滑脂也可用合成脂肪酸代替天然脂肪酸，因为合成脂肪酸的原料易得、成本低廉，我国在 20 世纪 70 年代曾主要用合成脂肪酸制备锂基润滑脂，但合成脂肪酸锂基润滑脂存在外观粗糙、含皂量大、低温性较差等缺点，所以现在制备锂基润滑脂大多采用 12-羟基硬脂酸、硬脂酸或氢化蓖麻油。合成锂基润滑脂的质量指标见表 5-23。

表 5-23　合成锂基润滑脂的质量指标 SH/T 0380—1992

项目	质量指标				试验方法
	1 号	2 号	3 号	4 号	
外观	浅褐色至暗褐色均匀油膏				目测
滴点/℃ ≮	170	175	180	185	GB/T 4929
工作锥入度/0.1mm	310~340	265~295	220~250	175~205	GB/T 269
延长工作锥入度（1 万次）/0.1mm ≯	370	340	295	265	GB/T 269
腐蚀（T₃ 铜片，100℃，3h）	合格				SH/T 0331
游离碱（NaOH）/% ≯	0.10	0.10	0.15	0.15	SH/T0329
水分/% ≯	痕迹				GB/T 512
杂质（酸分解法）	无				GB/T 513
压力分油/%	14	12	10	8	GB/T 392
氧化安定性（100℃，100h，0.80MPa）压力降/MPa	0.05				SH/T 0335

（8）精密机床主轴润滑脂

精密机床主轴润滑脂由 12-羟基硬脂酸锂皂稠化矿物油并加各种添加剂制备而成，适用于-20~120℃各种精密机床、磨床、镗床等高速磨头主轴的长期润滑，也可用作纺织机械、电机轴承的润滑。精密机床主轴润滑脂的质量指标 SH/T 0382—1992 见表 5-24。

表 5-24　精密机床主轴润滑脂的质量指标 SH/T 0382—1992

项目	质量指标		试验方法
	2 号	3 号	
滴点/℃ ≮	180	180	GB 4929
工作锥入度/0.1mm	265~295	220~250	GB/T 269
压力分油/% ≯	20	15	GB/T 392
游离碱（NaOH）/% ≯	0.1	0.1	SH/T 0329
腐蚀（T₃ 铜片，100℃，3h）	合格	合格	SH/T 0331
杂质（酸分解法）	无	无	GB/T 513
水分/%	痕迹	痕迹	GB/T 512
化学安定性（100℃，100h，0.80MPa）			
压力降/MPa ≯	0.03	0.03	SH/T 0335
氧化后酸值/（mgKOH/g） ≯	1	1	SH/T 0329

（9）1 号铁道滚动轴承锂基润滑脂

1 号铁道滚动轴承锂基润滑脂以脂肪酸锂皂稠密化矿物油并加有防锈剂、结构改善剂等制备而成，具有良好的机械安定性、胶体安定性、氧化安定性、防锈性和抗水性等，适用于铁路机车车辆、舰船及各种设备的滚动和摩擦部位的润滑。其质量指标 Q/SH 003.01.027—1988 见表 5-25。

表 5-25　1 号铁道滚动轴承锂基润滑脂的质量指标 Q/SH 003.01.027—1988

项目		质量指标	试验方法
外观		棕色均匀油膏	目测
工作锥入度/0.1mm		235~265	GB/T 269
滴点/℃	≥	170	GB/T 4929
游离碱(NaOH)/%	≥	0.15	SH/T 0329
压力分油/%	≥	17	GB/T 392
腐蚀(紫铜，100℃，3h)		合格	SH/T 0331
水分/%	≥	痕迹	GB/T 512
相似黏度(−20℃，$10s^{-1}$)/Pa·s	≥	2000	SH/T 0048
10 万次剪切(与 60 次差值)	≥	25	GB/T 269

5.4.2　复合锂基润滑脂

复合锂基润滑脂是 20 世纪 60 年代发展起来的高温多效润滑脂，它比锂基润滑脂具有更高的滴点(>260℃)，而且具有良好的多效性能，适用于锂基润滑脂不能满足需要的高温润滑。美国润滑脂协会(NLGI)在统计润滑脂品种构成时，将复合锂基润滑脂统计在锂基润滑脂这个大类中，也有人将复合锂基润滑脂作为一种改进的锂基润滑脂，或称为具有通用、多效、长寿命的"新一代"锂基润滑脂。复合锂皂可稠化各种不同类型的矿物油和合成油并对添加剂有良好的感受性，具有良好的高温多效性能，可满足各种不同机械的润滑需要，美国的复合锂基润滑脂已占到润滑脂总产量的 30% 以上。我国从 20 世纪 80 年代开始复合锂基润滑脂的研究、生产和应用，最近几年取得了飞速的发展，但与美国相比还有很大的发展空间。据统计，2012 年全球复合锂基润滑脂占润滑脂年总产量的 18.9%，美国的复合锂基润滑脂占润滑脂年总产量的 38.9%，中国的复合锂基润滑脂占润滑脂年总产量的 15.7%。我国还应大力发展复合锂基润滑脂。

1. 复合锂基润滑脂的组成与性能

按 NLGI 的定义，复合皂是由高分子酸正皂与低分子酸盐复合而成，这种复合主要原因是共结晶、缔合或络合。在复合锂基润滑脂中，正皂一般是 12-羟基硬脂酸锂，低分子酸盐可以是一种或两种以上，所以按所用酸的种类有两组分复合与三组分复合之分，所用的中或低分子酸一般是二元酸，如癸二酸、壬二酸、己二酸、对苯二甲酸等，另外一种低分子酸可以是硼酸、水杨酸(或水杨酸甲酯)、苯甲酸等。复合皂的形成不是正皂与低分子酸盐的混合，正皂与低分子酸盐之间有适当的摩尔比，且需要适当的复合温度和时间。

复合锂基润滑脂从 20 世纪 60 年代在美国开始研究，20 世纪 80 年代以来得到很大发展，目前在美国的产量已占润滑脂总产量的 30% 以上。虽然我国在复合锂基润滑脂方面也有了很好的研究和生产、应用，但其所占比例与美国相比还有一定差距，由于复合锂基润滑脂良好的多效性能，在汽车工业、钢铁工业等上得到广泛应用，所以复合锂基润滑脂在未来还有很好的发展潜力。

复合锂基润滑脂是高温多效润滑脂，它比锂基润滑脂的滴点高（>260℃），更适合在高温下使用，它具有良好的多效性能，如良好的胶体安定性、剪切安定性、抗水性和长寿命，它对各种类型的矿物油和合成油都有很强的稠化能力，并对添加剂有很好的感受性，所以它可以制备满足各种需要的润滑脂。

2. 复合锂基润滑脂性能影响因素探讨

（1）复合成分及复合剂摩尔比的影响

制备复合锂基润滑脂一般有二组分复合锂与三组分复合锂之分，二组分复合锂一般采用 12-羟基硬脂酸与二元酸(壬二酸、癸二酸、己二酸、对苯二甲酸等)复合制备，三组分复合锂一般采用 12-羟基硬脂酸与二元酸及硼酸、水杨酸等复合制备，三组分复合锂比二组分复合锂有更高的滴点，更好的抗磨性，但抗水性可能有所下降。

采用二组分复合时，12-羟基硬脂酸与二元酸的摩尔比应大于 1∶0.2，才能制备出滴点高、性能好的复合锂基润滑脂。采用三组分复合时，12-羟基硬脂酸与二元酸及硼酸的摩尔比为 1∶0.5∶1 的效果最好。

（2）基础油的影响

复合锂皂对矿物油和合成油都有良好的稠化能力，但矿物油比合成油更容易稠化成脂，制得的润滑脂滴点高，胶体安定性和机械安定性更好。矿物油中环烷基油又比石蜡基油的效果好。

（3）皂化过程中加水量的影响

皂化过程中加水量的多少对皂化时间的长短、皂化是否完全及润滑脂的性能都有影响，皂化过程不加水或加水太少都可能导致皂化不完全，从而使润滑脂的性能偏低。所以，皂化过程中加入足够量的水是必要的，但加水量太多，导致脱水过程延长，浪费能源也是不可取的。生产过程中一般加水量是碱量的 2 倍，但应根据制脂量的多少和皂化温度高低而定。

（4）复合温度的影响

复合锂基润滑脂生产过程中最后阶段必须经过高温复合，复合温度对润滑脂的滴点有影响，复合锂基润滑脂的复合温度应高于 220℃。

（5）剪切工艺的影响

后期的剪切工艺有利于稠化剂的均匀分散，对提高润滑脂的胶体安定性和机械安定性有帮助。

3. 复合锂基润滑脂品种及特性

由于复合锂皂对各种矿物油和合成油都有很好的稠化能力且对添加剂有良好的感受性，所以满足不同需要的复合锂基润滑脂的品种有很多，而复合锂基润滑脂在我国还是比较新型的高水平、高质量润滑脂，很多品种还没制订国家标准或行业标准，一般按企业标准进行生产。

（1）复合锂基润滑脂

由复合锂皂稠化矿物油并加有添加剂而制得的复合锂基润滑脂的典型数据见表5-26。

表5-26 复合锂基润滑脂的典型数据

项目	典型数据			试验方法
	1号	2号	3号	
工作锥入度/0.1mm	327	275	234	GB/T 269
滴点/℃	258	267	273	GB/T 3498
钢网分油(100℃，24h)/%	2.9	1.3	0.4	SH/T 0324
相似黏度(-15℃，10s^{-1})/Pa·s	171	253	700	SH/T 0048
腐蚀(T$_2$铜片，100℃，24h)	无绿色或黑色变化			GB/T 7326 乙法
蒸发量(99℃，22h)/%	0.64	0.42	0.33	GB/T 7325
水淋流失量(38℃，1h)/%	3.7	2.3	0.8	SH/T 0109
漏失量(104℃，6h)/g	0.5	0.3	0.1	GB/T 0326
延长工作锥入度(10万次)变化率/%	7	12	11	GB/T 269
防腐性(52℃，48h)/级	1	1	1	GB/T 5018
氧化安定性(99℃，100h，0.770MPa) 压力降/MPa	0.029	0.027	0.027	SH/T 0325
极压性(四球机法) P_B/N P_D/N ZMZ/N	实测 >3089 >441			SH/T 0202
极压性能 OK 值(梯姆肯法)/N	>156			SH/T 0203

美国 Witico 公司生产的极压复合锂基润滑脂产品（SA8263042）具有良好的高温多效性能和极压性，表5-27列出了该产品的主要质量数据。

表 5-27　美国 Witico 公司极压复合锂基润滑脂（SA8263042）的质量指标

项目	质量指标	分析方法
工作锥入度/0.1mm	265~295	ASTM D217
延长工作锥入度（10 万次）变化率/%	±10	ASTM D217
滚筒安定性变化率/%	±10	ASTM D1831
滴点/℃	260	ASTM D2265
水淋流失量（106℃，6h）/g	2.5	ASTM D1264
极压性能 OK 值（梯姆肯法）/N	200	ASTM D2509
四球试验 　P_D/N 　ZMZ/N 磨痕直径/mm	3089 637.7 0.5	ASTM D2266
防腐性/级	1	
铜片腐蚀/级	2	ASTM D130
轴承寿命（149℃）/h	400	ASTM D3336

（3）BS 高温极压复合锂基润滑脂

BS 高温极压复合锂基润滑脂由复合锂皂稠化矿物油加多种添加剂制备而成，具有良好的高温性、极压性、抗水性、胶体安定性、机械安定性和较长的使用寿命，适用温度范围-20~160℃，可在钢厂生产方坯、板坯、圆钢的高温开坯轧钢系统的生产设备、钢环的辊道轴承、轧机炉前辊道轴承、热剪机及翻钢机辊道轴承中使用。其质量指标见表 5-28。

表 5-28　BS 高温极压复合锂基润滑脂的质量指标

项目		质量指标	试验方法
工作锥入度/0.1mm		265~295	GB/T 269
滴点/℃	≮	260	GB/T 3498
腐蚀（45 号钢片，100℃，3h）		合格	SH/T 0331
钢网分油（100℃，30h）/%	≯	5	SH/T 0324
蒸发量（99℃，22h）/%	≯	2	GB/T 7325
延长工作锥入度/0.1mm	≯	375	GB/T 269
水淋流失量（38℃，1h）/%	≯	10	SH/T 0109
极压性（四球机法） 　P_D/N 　ZMZ/N	 ≮ ≮	3089 441	SH/T 0202
杂质/（个/cm³） 　25μm 以上 　75μm 以上 　125μm 以上	 ≯ ≯ ≯	 3000 500 0	SH/T 0336

（4）火炮通用润滑脂

火炮通用润滑脂由复合锂皂稠化低凝点矿物油加各种添加剂制备而成，具有良好的高温性、低温性、防锈性、抗水性和胶体安定性。适用于火炮的内部机构及炮弹的封存、润滑和防护。其质量指标 GJB/T 2048—1994 见表 5-29。

表 5-29　火炮通用润滑脂质量指标 GJB/T 2048—1994

项目		质量指标	试验方法
外观		无块状、均质的光滑油膏	目测
滴点/℃	≮	220	GB/T 3498
工作锥入度/0.1mm		240~300	GB/T 269
杂质(酸分解法)		无	GB/T 513
防腐性(52℃，48h)/级	≯	1	GB/T 5018
蒸发量(100℃，22h)/%	≯	12	GB/T 7325
腐蚀(T_2 铜片，100℃，24h)		无绿色或黑色变化	GB/T 7326 乙法
钢网分油(100℃，30h)/%	≯	5	SH/T 0324
氧化安定性(99℃，100h，0.77MPa)			SH/T 0325
压力降/MPa	≯	实测	
游离碱(NaOH)/%	≯	0.1	SH/T 0329
水淋流失量(38℃，1h)/%	≯	12	SH/T 0109
相似黏度($-40℃$，$10s^{-1}$)/Pa·s	≯	1100	SH/T 0048
弹头拧出试验($-55℃$，2h)		合格	另有规定

5.4.3　复合锂-钙基润滑脂

在复合锂基润滑脂的基础上引进钙皂制备复合锂-钙基润滑脂，其制备方法与制备复合锂基润滑脂基本相同，复合锂钙基润滑脂也可分为二组分(12-羟基硬脂酸-二元酸)和三组分(12-羟基硬脂酸-二元酸-无机酸)复合锂-钙基润滑脂。复合锂-钙基润滑脂的性能总体与复合锂基润滑脂相当，但与复合锂基润滑脂比较，复合锂钙基润滑脂具有更好的抗磨性和抗水性，且能适当降低成本。表 5-30 列出了复合锂-钙基润滑脂的典型性能。

表 5-30　复合锂-钙基润滑脂的典型性能

	复合锂-钙基润滑脂	复合锂基润滑脂	
工作锥入度/0.1mm	273	270	GB/T 269
延长工作锥入度(10 万次)/0.1mm	301	292	GB/T 269
滴点/℃	293	301	GB/T 3498
钢网分油(100℃，24h)/%	0.84	1.87	SH/T 0324

	复合锂–钙基润滑脂	复合锂基润滑脂	
水淋流失量(38℃,1h)/%	0.31	4.80	SH/T 0109
滚筒(试验前后微锥入度差值)/0.1mm	10	41	SH/T 0122
四球试验 P_B/N P_D/N	921 3089	921 3089	SH/T 0202
极压性能OK值(梯姆肯法)/N	200	177	SH/T 0203
防腐性/级	1	1	GB/T 5018
铜片腐蚀(100℃,24h)	合格	合格	GB/T 7326乙法
蒸发量(180℃,1h)/%	1.18	3.09	GB 7325

5.5 铝基与复合铝基润滑脂

5.5.1 铝基润滑脂

1. 铝基润滑脂的组成与性能

铝基润滑脂一般由脂肪酸铝皂稠化矿物油制得,脂肪酸铝皂需由异丙醇铝与脂肪酸反应制备或用硫酸铝与脂肪酸进行复分解反应制取。铝基润滑脂具有良好的抗水性、胶体安定性、氧化安定性,但滴点不高(70~100℃),使用温度一般不超过50℃,它的外观光滑细腻、有透明感。铝基润滑脂目前的用量较小,主要用于容易与水接触且温度和负荷不高的润滑部位,也起防护作用。由于现在很多机械都可用锂基润滑脂,所以铝基润滑脂的用量已很小,据统计,2012年全球铝基润滑脂产量仅占润滑脂总产量的0.13%,中国铝基润滑脂产量仅占润滑脂总产量的0.02%。

2. 铝基润滑脂品种及特性

(1)铝基润滑脂

铝基润滑脂的行业标准SH/T 0371—1992见表5-31。

表5-31 铝基润滑脂的质量指标 SH/T 0371—1992

项目		质量指标	试验方法
外观		淡黄色或灰色凡士林状油膏	目测
滴点/℃	不低于	75	GB/T 4929
工作锥入度/0.1mm		230~280	GB/T 269
防护性能		合格	SH/T 0333

项目		质量指标	试验方法
水分/%		无	GB/T 512
杂质(酸分解法)		无	GB/T 513
皂含量/%	≤	14	SH/T 0319

（2）舰用润滑脂

舰用润滑脂由脂肪酸铝皂稠化高黏度矿物油制备而成，它的特点是既黏稠又柔软，有拉丝性，抗水性和黏附性都很好。舰用润滑脂适用于船舶推进器主轴和金属表面的防护，也可供挖泥船、海上起重机和其他与水接触的机械设备的润滑与防护。舰用润滑脂的质量指标 GJB 2095—1994（见表 5-32）参照了苏联标准 ГОСТ 2712—1975 润滑脂 AMC。

表 5-32　舰用润滑脂的质量指标　GJB 2095—1994

项目		质量指标		试验方法
		1 号	3 号	
外观		均匀无块状软膏		目测
滴点/℃	≤	100	100	GB/T 4929
工作锥入度/0.1mm		210~340	220~250	GB/T 269
钢网分油(60℃，24h)/%		报告		SH/T 0324
防护性(45 号钢片、H62 黄铜片，60℃，24h)		合格		SH/T 0333
黏附性 钢棒状况		脂脱落处钢棒不裸露		另有规定
脂的存留率/%	≤	15	85	
防腐性/级		1	1	GB/T 5018
相似黏度(10℃，10^{-1})/Pa·s	≥	1000	2000	SH/T 0048
水分/%	≥	痕迹		GB/T 512
机械杂质/(个/cm^3)				
25μm 以上	≥	3000		SH/T 0336
75μm 以上	≥	500		
125μm 以上	≥	0		

5.5.2　复合铝基润滑脂

1. 复合铝基润滑脂的组成与性能

复合铝基润滑脂是高温多效润滑脂之一，具有高滴点（>260℃）和良好的多效性能，如良好的胶体安定性、氧化安定性、机械安定性、抗水性，特别是具有良好的泵送性能，适合集中润滑系统。复合铝皂具有较小的纤维结构，稠化能力很强，制备同等稠度的润滑脂需要的稠化剂用量少。复合铝基润滑脂的研究是从20 世纪 50 年代开始的，但直到 20 世纪 70 年代才受到重视，复合铝基润滑脂主要用于钢铁厂的集中供脂系统，在复合皂基润滑脂中产量仅次于复合锂基润滑脂居第二位，被认为是有发展前途的润滑脂之一，据统计，2012 年全球复合铝基润滑脂占润滑脂总产量的 3.2%，中国复合铝基润滑脂占润滑脂总产量的 1.1%。

生产复合铝基润滑脂的主要原料有脂肪酸(硬脂酸、12-羟基硬脂酸、合成脂肪酸)、苯甲酸及异丙醇铝或其三聚物。

2. 影响复合铝基润滑脂性能的因素探讨

(1) 基础油的影响

复合铝皂对不同烃族组成的基础油都有较好的稠化能力，但基础油的烃族组成不同时，复合铝皂的生成速率、凝胶速度和复合铝基润滑脂的性能都有差异，通过对复合铝皂在环烷基油、石蜡基油和合成烃中制备的润滑脂性能比较，复合铝-环烷基油的性能优于复合铝-石蜡基油，也优于复合铝-合成烃油，主要是其具有更好的稠化能力及更好的胶体安定性、机械安定性。工业生产中有时采用混合基础油。

利用红外光谱和热分析技术对复合铝皂在环烷基油、石蜡基油和高芳烃基础油中的生成速率研究发现：复合铝皂在石蜡基油中的生成速率最慢，所以，延长反应时间可提高润滑脂的胶体安定性和机械安定性。

复合铝皂在环烷基础油、石蜡基础油和高芳烃基础油中的凝胶温度和凝胶速度也不相同，试验发现，复合铝皂在高芳烃基础油中的凝胶温度较低，凝胶生成速度较快，但高芳烃油的黏温性差，并不适合单独作复合铝基润滑脂的基础油，所以，工业生产复合铝基润滑脂适合采用混合基础油。

(2) 脂肪酸的影响

制备复合铝基润滑脂的高分子酸有硬脂酸、12-羟基硬脂酸、合成脂肪酸($C_{12} \sim C_{20}$)、不饱和脂肪酸(如油酸、亚油酸)，试验研究结果表明：采用硬脂酸与苯甲酸制备的复合铝基润滑脂的性能最好，其次是合成脂肪酸-苯甲酸复合铝基润滑脂，12-羟基硬脂酸-苯甲酸、不饱和酸脂肪-苯甲酸的复合铝基润滑脂的性能不好。所以，工业生产复合铝基润滑脂大多采用硬脂酸或合成脂肪酸。

脂肪酸的用量对复合铝基润滑脂的性能也有影响，采用理论计算量时，脂肪酸性能最好，脂肪酸用量不足，导致强度极限小，滴点低，分油量增大；脂肪酸过量，也产生不利影响。

(3) 低分子酸的影响

与制备复合锂基润滑脂可以采用多种不同的低分子酸(如无机酸、低分子有机酸、二元酸等)不同，制备复合铝基润滑脂主要采用苯甲酸进行复合，采用其他低分子酸或二元酸时都不能成脂或成脂性能很差，所以，工业生产复合铝基润滑脂的低分子酸基本都采用苯甲酸。

（4）硬脂酸、苯甲酸和铝三者比例的影响

试验研究表明，硬脂酸、苯甲酸和铝三者比例对制备的复合铝基润滑脂的性能有影响，且与选用的基础油类型有关，硬脂酸与苯甲酸的摩尔比为1：1且硬脂酸和苯甲酸与铝的比例为2：1时，制备的复合铝基润滑脂的性能最好。

（5）异丙醇铝及其三聚体的影响

复合铝基润滑脂的铝源可以采用异丙醇铝或异丙醇铝三聚体，采用两种不同铝源制备复合铝基润滑脂时的生产工艺不同，用异丙醇铝与硬脂酸和苯甲酸反应进行皂化时，需要加入适量的水，且生成复合铝皂的同时产生异丙醇，存在工艺不易控制，有一定的着火危险性，所以工业复合铝时采用异丙醇铝三聚体较好。

3. 复合铝基润滑脂品种及特性

复合铝基润滑脂的产品品种很多，但很多产品还无统一标准，各企业按自定标准进行生产。目前已制订的行业标准有三种。

（1）复合铝基润滑脂

复合铝基润滑脂一般由硬脂酸和苯甲酸的复合铝皂稠化基础油制备而成，使用温度-20~160℃，其质量指标 SH/T 0378—1992 见表5-33。

表5-33　复合铝基润滑脂的质量指标 SH/T 0378—1992

项目		质量指标			试验方法
		0号	1号	2号	
滴点/℃	≮	235	235	235	GB/T 3498
工作锥入度/0.1mm		355~385	310~340	265~295	GB/T 269
腐蚀（T_2铜片，100℃，24h）		无绿色或黑色变化			GB/T 7326 乙法
钢网分油（100℃，24h）/%	≯	—	10	7	SH/T 0324
蒸发量（99℃，22h）/%	≯	1.0	1.0	1.0	GB/T 7325
氧化安定性（99℃，100h，0.770MPa）压力降/MPa	≯	0.070			SH/T 0325
水淋流失量（38℃，1h）/%	≯	—	10	10	SH/T 0109
延长工作锥入度（10万次）/0.1mm	≯	420	390	360	GB/T 269
杂质/（个/cm³） 　25μm 以上 　75μm 以上 　125μm 以上	≯ ≯ ≯	3000 500 0			SH/T 0336
相似黏度（-10℃，10s⁻¹）/Pa·s	≯	250	300	550	SH/T 0048
防腐性/级	≯	2	2	2	GB/T 5018

（2）极压复合铝基润滑脂

极压复合铝基润滑脂由复合铝皂稠化高黏度基础油加抗磨极压剂制备而成，其质量指标SH/T 0534—1993 见表5-34，极压复合铝基润滑脂适合于-20~160℃的高负荷机械及集中润滑系统。

表5-34　极压复合铝基润滑脂的质量指标 SH/T 0534—1993

项目		质量指标			试验方法
		0 号	1 号	2 号	
工作锥入度/0.1mm		355~385	310~340	265~295	GB/T 269
滴点/℃	≮	235	240	240	GB/T 3498
腐蚀（T_2 铜片，100℃，24h）		无绿色或黑色变化			GB/T 7326 乙法
钢网分油（100℃，24h）/%	≯	—	10	7	SH/T 0324
蒸发量（99℃，22h）/%	≯	1.0	1.0	1.0	GB/T 7325
氧化（99℃，100h，0.770MPa）压力降/MPa	≯	0.070			SH/T 0325
水淋流失量（38℃，1h）/%	≯	—	10	10	SH/T 0109
杂质/（个/cm³） 　25μm 以上 　75μm 以上 　125μm 以上	 ≯ ≯ ≯	 3000 500 0			SH/T 0336
相似黏度（-10℃，$10s^{-1}$）/Pa·s	≯	250	300	550	SH/T 0048
延长工作锥入度（10 万次）变化率/%	≯	10	13	15	GB/T 269
防腐性/级	≯	2	2	2	GB/T 5018
极压性能 OK 值（梯姆肯法）/N	≮	156			SH/T 0203

（3）S-17 耐海水防护润滑脂

S-17 耐海水防护润滑脂由复合铝皂稠化合成汽缸油制备而成，具有良好的抗水性和防护性，主要用于水上飞机操纵系统轴承外部及其他部位。S-17 耐海水防护润滑脂的质量指标 Q/6S—1978 见表5-35。

表5-35　S-17 耐海水防护润滑脂的质量指标 Q/6S—1978

项目		质量指标	试验方法
外观		棕色均匀油膏	目测
滴点/℃	≮	150	GB/T 4929
微锥入度/0.1mm		45~54	GB/T 269
腐蚀（45 号钢，100℃，3h）		合格	SH/T 0331
盐雾试验（40℃）/级	≯	1	SH/T 0081
湿热试验（40℃）/级	≯	1	另有规定

5.5.3 复合铝-膨润土混合基润滑脂

复合铝基润滑脂在高温下长期使用过程中，存在分油严重、软化变稀的缺点，而膨润土润滑脂在高温下长期使用过程中，存在少油变干的问题，所以，有人想到了制备复合铝-膨润土混合基润滑脂来解决以上问题。一种典型复合铝-膨润土混合基润滑脂的性能数据见表5-36。

表5-36 典型复合铝-膨润土混合基润滑脂的性能数据

项目	性能数据	试验方法
工作锥入度/0.1mm 60次 1万次	 265~295 275	GB/T 269
滴点/℃	295	GB/T 3408
铜片腐蚀(100℃，24h)	合格	GB/T 7326 乙法
低温转矩(-40℃)/N·m 启动力矩 运转力矩	 0.6 0.13	SH/T 0338
极压性能OK值(梯姆肯法)/N	176	SH/T 0203
轴承漏失量(105℃，6h)/g	0.4	SH/T 0326
轴承寿命(204轴承，150℃)/h	430	SH/T 0428

5.6 脲基润滑脂

脲基润滑脂是由有机化合物脲稠化矿物油或合成油而得，稠化剂不含金属离子，避免了金属离子对基础油的氧化的催化作用。脲基润滑脂具有良好的氧化安定性、热安定性及其他各种优良性能，还具有特别长的使用寿命，是一种多效润滑脂，可以制备各种润滑脂满足不同的使用要求，适用于高温、低温、高负荷、宽速度范围和与不良介质接触的场合，广泛应用于电器、冶金、食品、汽车、造纸等行业。

20世纪50年代美国首先开发了脲基润滑脂产品，美国的Chevron公司在脲基润滑脂的研制和生产方面处于领先地位。1954年Swaken等人在考察硅油的热稳定性和氧化安定性稠化剂时，发现聚脲稠化剂有许多优良性能，进一步研究合成大量聚脲稠化剂及聚脲润滑脂产品，作为高温多效润滑脂。近年来，世界上许多国家都开展了聚脲润滑脂的研制和生产，脲基润滑脂应用最好的是日本，其次是在北美和欧洲地区。我国于20世纪70年代开始聚脲润滑脂的研究，现在有许多聚脲润滑脂产品应用于各种领域。据统计，2012年全球脲基润滑脂占润滑脂年总产量的 5.19%，日本的脲基润滑脂占润滑脂年总产量的 26.7%，北美和欧洲地区分别占润滑脂年总产量的 6.19% 和 4.71%，中国的脲基润滑脂占润滑脂年总产量的 3.66%，与日本、美国和欧洲比还有一定的差距，未来还应该更好地发展脲基润滑脂产品。

5.6.1 脲基稠化剂的类型及性能

脲基稠化剂是由异氰酸酯与有机胺反应的产物：

$$R^1—NCO+R^2—NH_2 \longrightarrow R^1—NH—CO—NH—R^2$$

选择不同类型的异氰酸酯与不同的有机胺反应得到不同类型的脲基稠化剂。现在常用的异氰酸酯有：甲苯二异氰酸酯(TDI)、二苯甲烷二异氰酸酯(MDI)、1,6-己二异氰酸酯(HDI)等，常用的有机胺包括：脂肪胺(如十八胺、十六胺、十四胺、十二胺、乙二胺、己二胺等)和芳香胺(如苯胺、对甲苯胺、对苯二胺、间苯二胺、对氯苯胺等)。

脲基稠化剂中含有一个或多个脲基(—NH—CO—NH—)，早期合成的聚脲一般由苯基异氰酸酯与联苯反应制备的芳基取代脲；近年来主要采用单胺与二异氰酸酯反应生成的双脲或单胺、二胺与二异氰酸酯反应生成的四脲作为脲基稠化剂。脲基稠化剂中由于不含金属离子，没有金属离子对氧化的催化作用，所以脲基润滑脂具有很好的氧化安定性、化学安定性和长寿命，脲基润滑脂还具有其他优良性能，如良好的胶体安定性、高温性、低温性、抗辐射性等，是未来很有发展前途的润滑脂品种。但聚脲基润滑脂的剪切安定性稍差，漏失量稍大，还需要进一步研究以改进这些性能。

脲基润滑脂由于具有优良的多效性能，且价格比一般皂基润滑脂贵，所以早期脲基稠化剂主要稠化合成油生产高档的合成油润滑脂作为航空润滑脂、仪表润滑脂等，现在也稠化矿物油生产钢厂用润滑脂和汽车润滑脂。需要注意的是生产脲基润滑脂的原料异氰酸酯和胺都有毒，所以生产过程中必须采取防护措施并注意通风！

5.6.2 脲基润滑脂的生产方法

脲基润滑脂的生产方法主要有直接法和预制法，工业生产中大多采用直接法，即在基础油中直接反应生成稠化剂并稠化成润滑脂产品。预制法是先在合适的溶剂中制成脲基稠化剂产品，然后稠化基础油生产润滑脂。采用预制法可减少脲基润滑脂原料毒性对环境和工人的影响，但增加了溶剂的回收，预制稠化剂对基础油的稠化也不好控制。详细的生产方法见第 3 章。

5.6.3 脲基润滑脂性能影响因素探讨

1. 聚脲稠化剂的组成和结构的影响

选用不同的异氰酸酯和胺类对制备的脲基润滑脂的性能有较大的影响。改变异氰酸酯或有机胺类的结构可改善润滑脂的性能，如在脲基稠化剂分子中引入苯并咪唑可进一步提高脲基润滑脂的氧化安定性；在脲基稠化剂分子中引入含氧或含硫基团可改善润滑脂的抗磨性。

根据所用异氰酸酯的结构类型（单异氰酸酯、二异氰酸酯）和有机胺的类型（一元胺、二元胺、多胺），可合成二聚脲、三聚脲、四聚脲及多聚脲，这些不同类型的脲基稠化剂所制备的润滑脂具有不同的性能，从现有的研究结果来看，生产脲基润滑脂较多采用二聚脲和四聚脲。

（1）异氰酸酯的影响

不同结构的异氰酸酯对不同的胺类有不同的稠化能力，所制得的润滑脂的性能也有差异。如用三种不同结构的二异氰酸酯，即甲苯二异氰酸酯（TDI）、二苯甲烷二异氰酸酯（MDI）、1，6-己二异氰酸酯（HDI）与脂肪胺反应制备脲基润滑脂，以MDI的效果最好，其次是TDI，HDI的效果最差。但不同的胺和不同的基础油其结果可能有差异。造成性能差异的原因是稠化剂的结构不同，MDI的—NCO基团位于分子两端，有利于形成线性分子，分子间作用力较强，TDI的—NCO基团位于苯环上，且有空间位阻，不利于TDI与胺的反应，对制备的脲基润滑脂产生不利影响。

（2）有机胺的影响

各种不同类型的有机胺与异氰酸酯反应制备的脲基润滑脂的性能差异也很大。如采用脂肪胺与MDI反应制备的二脲润滑脂的滴点较低，而采用芳香胺与MDI反应制备的二脲润滑脂的滴点较高。但采用脂肪胺制备的脲基润滑脂的稠度较大，剪切安定性较好，分油较低小，抗水性较好。几种胺与MDI反应制备的二脲润滑脂的性能见表5-37。

表5-37　有机胺对脲基润滑脂性能的影响

项目	十八胺	十二胺	癸胺	环己胺	对甲苯胺
工作锥入度/0.1mm	284	267	286	266	302
延长工作锥入度（10万次）度/0.1mm	321	314	352	318	349
滴点/℃	283	317	280	279	330+
钢网分油（100℃，24h）/%	0.03	0.26	–	0.90	1.01
水淋流失量（38℃，1h）/%	1.23	0.51	1.24	2.38	–
氧化安定性压力降（99℃，100h，0.770MPa）/MPa	0.033	0.041	0.008	0.004	0.004

造成不同胺与MDI反应制备的脲基润滑脂的性能有差异的原因是其稠化剂纤维结构不同，对甲苯胺-MDI制备的芳基脲稠化剂呈现短纤维结构，环己胺-MDI制备的脲基稠化剂是针状纤维，癸胺-MDI制备的脲基稠化剂是条状或棒状纤维，十二胺-MDI制备的脲基稠化剂呈纽带状结构，十八胺-MDI制备的脲基

稠化剂是团状纤维[17]。芳基脲的稠化能力弱，制备的润滑脂的稠度较小；脂肪胺-MDI 制备的脲基润滑脂的稠度较大。脲基润滑脂的氧化安定性总体良好，但胺不同时也有差异，芳基脲的氧化安定性优于脂肪胺-MDI 脲基润滑脂。工业生产脲基润滑脂可采用芳胺与脂肪胺的混合物。

2. 基础油对脲基润滑脂性能的影响

脲基稠化剂可以稠化矿物油或合成油制备脲基润滑脂，总体而言，对矿物油的稠化能力优于对合成油的稠化能力，表现在润滑脂的稠度较大，滴点较高，分油较小。但工业生产采用哪类基础油（矿物油或合成油）取决于润滑脂的用途。

3. 生产工艺的影响

（1）反应温度的影响

在一定范围内提高反应温度有利于反应的进行，可提高稠化能力和胶体安定性，但当反应温度超过 120℃时，反而脲基润滑脂变成流体状。因此，反应温度一般不超过 120℃。

（2）最高炼制温度的影响

胺与异氰酸酯反应生成脲化合物时，相当部分未聚合，只有在高温炼制和膨化过程中，稠化剂分子逐渐通过氢键等形成纤维结构，当最高炼制温度升至 160~180℃，脲基润滑脂的纤维形成实心管状结构，稠化剂的纤维结构完全形成，脲基润滑脂的滴点超过 300℃，润滑脂的胶体安定性也好。

（3）冷却方式的影响

制备脲基润滑脂的后处理过程中，冷却是必不可少的工艺过程，冷却方式对脲基润滑脂的性能也有一定的影响。当对急冷、静置冷却和搅拌循环冷却三种方式进行比较时，搅拌循环冷却方式得到的脲基润滑脂产品的综合性能较好。

（4）研磨或均化对脲基润滑脂性能的影响

研磨或均化过程有助于稠化剂的均匀分散，可改善润滑脂的外观，提高润滑脂的胶体安定性、机械安定性。均化的温度、压力和次数对脲基润滑脂的性能也有影响，一般均化温度为 110~130℃，均化压力为 17MPa 左右，均化次数为 1~3 次较好。

（5）脱气对脲基润滑脂性能的影响

脱气有助于改善润滑脂的外观，提高储存安定性，提高产品商业价值。

5.6.4 脲基润滑脂品种及特性

由脲基稠化剂稠化矿物油或合成油而得的脲基润滑脂具有良好的多效性能，可满足各种机械的润滑需要，广泛应用于冶金、造纸、食品、电力工业和军事装备上。脲基润滑脂添加各种添加剂而制备的具体润滑脂产品品种很多，作为一种新型润滑脂，很多产品还未制订统一的国家质量标准，大多按企业标准组织生产。如 7017-7 型高低温润滑脂由聚脲稠化硅油并加入添加剂制备而成，适用于 −60~250℃内各种机械设备的润滑，7017-1 型高低温润滑脂的质量指标 SH 0431— 1998 见表 5-38。还有适用于航空设备的航空机轮润滑脂、低温航空润滑脂及 933 航空仪表润滑脂也采用脲基稠化剂。

表 5-38　7017-1 型高低温润滑脂的质量指标 SH 0431—1998

项目		质量指标	试验方法
外观		灰色均匀油膏	目测
滴点/℃	≮	300	GB/T 3498
1/4 锥入度/0.1mm		65~80	GB/T 269
压力分油/%	不大于	15	GB/T 392
蒸发度（200℃）/%	不大于	4	SH/T 0337
相似黏度（−50℃，10s⁻¹）/Pa·s	不大于	1800	SH/T 0048
腐蚀（T_3 铜片，100℃，3h）		合格	SH/T 0331
化学安定性（0.78MPa 氧压下，120℃，100h）压力降/MPa		0.034	SH/T 0335

5.6.5　复合聚脲润滑脂

复合聚脲是脲基润滑脂的新发展，在脲基稠化剂中引入金属无机盐（如醋酸钙、碳酸钙等）或金属皂（如钠皂、钙皂、锂皂等）制备复合聚脲，能改善润滑脂的抗磨极压性，从而降低生产成本。

1. 聚脲-醋酸钙复合润滑脂

第一个复合聚脲润滑脂是聚脲-醋酸钙复合润滑脂，当聚脲准备好后加入氢氧化钙与乙酸反应，生成聚脲-醋酸钙复合润滑脂。加入的醋酸钙可提高脲基润滑脂的抗磨极压性能，并提高了稠化能力，降低了生产成本，但这种润滑脂在低剪切条件下容易软化。

2. 聚脲-醋酸钙/碳酸钙复合润滑脂

将醋酸钙和碳酸钙加入脲基润滑脂中制成聚脲-醋酸钙/碳酸钙复合润滑脂，这种润滑脂能改善低剪切下润滑脂软化的倾向，并具有良好的抗磨极压性能。聚脲-醋酸钙/碳酸钙复合润滑脂的性能见表 5-39。

表 5-39　复合聚脲润滑脂的性能

项目	聚脲	聚脲-醋酸钙	聚脲-碳酸钙	试验方法
工作锥入度/0.1mm	186	290	292	GB/T 269
延长工作锥入度/0.1mm	374	369	360	GB/T 269

项目	聚脲	聚脲-醋酸钙	聚脲-碳酸钙	试验方法
滴点/℃	>250	>250	>250	GB/T 3498
分油量(100℃，30h)/%	0.44	1.65	2.34	SH/T 0324
四球试验，P_D值/N	1960	2450	2450	SH/T 0202
四球试验，磨痕直径/mm	0.52	0.40	0.40	SH/T 0204
轴承寿命(177℃)/h	224	320	260	SH/T 0428
稠化剂含量/%	15	10	10	

3. 聚脲-金属皂复合聚脲润滑脂

在脲基稠化剂制备过程中，引入金属皂(如钠皂、钙皂、锂皂)，制备聚脲-金属皂复合聚脲润滑脂，这种润滑脂具有良好的抗磨极压性、较长的轴承寿命、较低的成本，具有良好的发展前景，国内外都有相关专利报道。

5.7 膨润土润滑脂

膨润土润滑脂属于非皂基润滑脂，由有机膨润土稠化矿物油或合成油制备而成。由于膨润土具有很高的相转变温度(>700℃)，所以理论上膨润土润滑脂比皂基润滑脂具有更高的使用温度，膨润土润滑脂的使用温度主要受表面处理剂的高温分解和基础油蒸发的限制。膨润土润滑脂除具有良好的耐热性外，还具有较好的胶体安定性、剪切安定性、抗水性，适用于冶金设备、矿山机械、大型载重汽车、水泥生产设备、高温隧道窑车、飞机轮轴承、铁道柴油机车、螺纹密封组合件等的润滑。

美国于20世纪40年代开始研制和生产膨润土润滑脂，是目前世界上膨润土润滑脂产量最大的国家，我国于20世纪60年代开始研究膨润土润滑脂，但目前产量很低。据统计，2022年全球膨润土润滑脂占润滑脂年总产量的1.87%，北美的膨润土润滑脂比例达到3.06%，中国的膨润土润滑脂仅占1.71%，所以，中国还应大力开展膨润土润滑脂的研究与应用。

5.7.1 膨润土矿及其特性

生产膨润土润滑脂的主要原料是有机膨润土稠化剂，有机膨润土是无机膨润土矿经粉碎、精选、钠化改性和有机改性制得的。膨润土是以蒙脱石为主，还含有石英、长石、方解石等成分复杂的无机矿物，其有用成分是蒙脱石。蒙脱石是一种层状硅酸盐，是由两层 Si—O 四面体夹着 Al—O(OH)八面体组成的层状化合物，分子结构可表示为：$Al_2(Si_4O_{10})(OH)_2$

天然矿石中部分 Al^{3+} 被 Mg^{2+} 或 Fe^{2+} 所取代。世界上出产膨润土矿的主要国家有美国、中国、意大利、希腊、匈牙利、日本、西班牙、俄罗斯等。我国膨润土矿资源丰富，如辽宁、吉林、内蒙古、浙江、新疆等地都有，各地产的膨润土组成和性质都有些差异，表5-40、表5-41列出部分产地膨润土的性质和化学组成。

表 5-40　我国部分膨润土产地及性质

编号	样品名称	产地	性质
1	黑山膨润土	辽宁黑山县十里岗	绿褐色或白色，有油脂光泽，有滑感，麻碎面光滑而致密，吸水性强。
2	法库膨润土	辽宁法库县弧树子	白色或粉红色，质纯而细腻，易碎，呈粉状，有滑感，黏性强。
3	石庄屯膨润土	河北张家口石庄屯	白色致密块状，有滑感，破碎面光滑，有黏性。
4	新平膨润土	河北张家口新平村	黄色或黄褐色，呈块状，有滑感，有黏性。
5	宣化膨润土	河北宣化	白色或粉红色，油腻光泽，有滑感，破开面光滑，致密块状，性脆而硬。
6	九台膨润土	吉林九台	白色或粉红色，油腻光泽，有滑感，破开面光滑，致密块状，性脆而硬。
7	柏树岭膨润土	河北柏树岭	灰白色，红色或绿色，块状零碎，有滑感，有黏性。

表 5-41　膨润土的化学成分　　　　　　　　　　　　　　%

编号	SiO_2	Al_2O_3	Fe_2O_3	CaO	MgO	MnO	TiO_2	K_2O	Na_2O	FeO
1	72.62	9.90	0.94	1.19	1.82	痕迹	痕迹	0.1	0.05	0.16
2	69.54	11.14	1.08	1.04	2.25	0.04	痕迹	0.3	0.07	0.18
3	60.85	13.94	0.86	1.05	0.21	0.04	0.12	0.2	0.27	0.07
4	54.97	15.22	3.62	2.00	2.46	0.02	0.40	0.8	0.34	0.08
5	50.78	15.41	1.26	2.11	2.27	0.12	0.40	0.2	0.25	0.06
6	64.35	12.54	1.69	2.11	2.27	0.04	0.04	0.2	0.25	0.06
7	66.86	11.00	1.65	1.34	2.26	—	0.16	0.3	0.20	0.08

　　由于膨润土具有层状结构，所以，具有良好的膨胀性、黏结性、分散性、离子交换性等物理化学性能，这些性能使膨润土在工农业生产上得到广泛应用，作为润滑脂稠化剂就是其中重要的应用。

5.7.2　膨润土的钠化改型及有机改性

1. 膨润土的钠化改型

　　天然膨润土有钙基、钠基、锂基和氢基膨润土等类型，其中钙基膨润土所占比例最多。这些类型的膨润土中只有钠基膨润土有利于进一步的有机改性，所以，各种类型的膨润土要先进行钠化改型，钠化改型的方法有碳酸钠法、离子交

282

换树脂法和直接取代法。

2. 膨润土的有机改性

经过钠化改型的钠基膨润土还不能用来制备润滑脂，因为无机膨润土不具有亲油性，在基础油中不分散和稠化。钠基膨润土必须进一步进行有机改性制备有机膨润土，才能作为润滑脂的稠化剂。

膨润土的有用成分——蒙脱石与有机化合物结合主要依靠共价键、离子键和极性键(如氢键和范德华力)。制备有机膨润土的覆盖剂对其性能、制造成本和润滑脂的性能有重要影响，常见有覆盖剂类型有：有机胺类或季铵盐类[如二甲基二(十八烷基)氯化铵、二甲基十八烷基苄基氯化铵、四基苄基双氢化牛脂氯化铵、二甲基十六烷基十八烷基氯化铵、甲基二(十二烷基)苄基氯化铵、二甲基二(十二烷基)苄基氯化铵、二甲基十二烷基十六烷基氯化铵、二甲基十二烷基苄基氯化铵]、多元胺类(如乙二胺、二亚乙基三胺、三亚乙基四胺、四亚乙基五胺)、含 N 杂环化合物(如溴化十六烷基吡啶、嘧啶、N-十六烷基哌啶、咪唑啉)、脂肪酸氨基酰胺、胺封端有机聚合物、合成树脂等。

膨润土矿经选矿、分散提纯、变形、覆盖后，再进行洗涤、干燥就得到有机膨润土稠化剂，用于稠化基础油就可制得膨润土润滑脂。

5.7.3 膨润土润滑脂的生产

膨润土润滑脂的生产工艺分为湿法工艺和干法工艺：湿法工艺是由无机膨润土经分散、变形、覆盖、加基础油稠化成脂；干法工艺是由有机膨润土在极性助分散剂存在下经搅拌、剪切成脂。实际生产中大多采用干法工艺。

干法工艺生产膨润土润滑脂的主要原料包括有机膨润土、基础油、添加剂和极性助分散剂。详细生产工艺见第 3 章润滑脂生产。

5.7.4 膨润土润滑脂的组成及性能

膨润土润滑脂是由有机膨润土稠化矿物油或合成油并加入添加剂制备而成。膨润土润滑脂对添加剂的感受性不如皂基润滑脂或复合皂基润滑脂，特别是对抗磨极压剂的感受性不好。

有机膨润土稠化剂是膨润土矿经分散、改型、覆盖、干燥而成，所以膨润土矿的质量、表面处理剂的组成和表面处理工艺等对膨润土润滑脂的性质有很大的影响。从膨润土的化学成分来看，主要成分是 SiO_2 和 Al_2O_3，主要都是钙型膨润土，在制备膨润土稠化剂时，首先进行改型，将钙型膨润土改型成钠型膨润土；然后进行表面亲油化处理，表面处理常用的覆盖剂有：有机胺、季铵盐、酰胺等。覆盖剂的成分和覆盖处理工艺对制备的有机膨润土的性质有很大影响，从而导致所制备的润滑脂的性质有很大差异。膨润土润滑脂的制备工艺与皂基润滑脂不同，它没有皂化过程，也不需加高温分散，而需要加入助分散剂(如水、醇、酮等)通过胶体磨等设备进行分散而制备润滑脂。

膨润土润滑脂除具有优良的耐温性外，还具有较好的剪切安定性、胶体安定性、抗水性和抗磨极压性，但膨润土润滑脂也存在一些缺点：如对添加剂的感受性不够好，在高温下长期使用有发干现象，防护性较差，所以膨润土润滑脂在我国的产量并不大。

5.7.5 膨润土润滑脂品种与特性

膨润土润滑脂主要作为高温润滑脂，如美国 Shell 公司、Mobil 公司生产的航空润滑脂。我国也生产了很多种膨润土润滑脂，下面介绍几种膨润土润滑脂的质量指标和应用。

1. 膨润土润滑脂

膨润土润滑脂由有机膨润土稠化高黏度矿物油加添加剂制备而成，其质量指标 SH/T 0536—1993 见表 5-42。膨润土润滑脂适用于 0~160℃、低速机械的润滑。

表 5-42　膨润土润滑脂的质量指标 SH/T 0536—1993

项目		质量指标			试验方法
		1 号	2 号	3 号	
工作锥入度/0.1mm		310~340	265~295	220~250	GB/T 269
滴点/℃	≥	270	270	270	GB/T 3498
钢网分油(100℃，30h)/%	≥	5	5	5	SH/T 0324
腐蚀(T₂ 铜片，100h，24h)		无绿色或黑色变化			GB/T 7326 乙法
蒸发量(99℃，22h)/%	≥	1.5			GB/T 7325
水淋流失量(38℃，1h)/%		10			SH/T 0109
延长工作锥入度(10 万次)变化率/%	≥	15	20	25	GB/T 269
氧化(99℃，100h，0.770MPa)压力降/MPa		0.070			SH/T 0325
相似黏度(0℃，10s⁻¹)/Pa·s		报告			Sh/T 0048

2. 极压膨润土润滑脂

有机膨润土稠化矿物油并加入极压、抗氧、防锈等添加剂制备而成的极压膨润土润滑脂的质量指标 SH/T 0537—1993 见表 5-43，适用于-20~180℃的高负荷机械设备的润滑。

284

表 5-43　极压膨润土润滑脂的质量指标 SH/T 0537—1993

项目		质量指标		试验方法
		1 号	2 号	
工作锥入度/0.1mm		310~340	265~295	GB/T 269
滴点/℃	≮	270	270	GB/T 3498
钢网分油(100℃，30h)/%	≯	5	5	SH/T 0324
腐蚀(T₂铜片，100h，24h)		无绿色或黑色变化		GB/T 7326 乙法
蒸发量(99℃，22h)/%	≯	1.5		GB/T 7325
水淋流失量(38℃，1h)/%	≯	10		SH/T 0109
延长工作锥入度(10 万次)变化率/%	≯	20	25	GB/T 269
氧化(99℃，100h，0.770MPa)压力降/MPa		0.070		SH/T 0325
相似黏度(-15℃，10s⁻¹)/Pa·s	≯	1200	1500	SH/T 0048
防腐性(52℃，48h)/级	≯	1		GB/T 5018
极压性(四球机法)ZMZ/N	≮	490	490	SH/T 0202

3. 7405 号高温螺纹密封脂

7405 号高温螺纹密封脂由有机膨润土稠化矿物油并加入填料、高分子聚合物和防腐剂制备而成，基质量指标 SH/T 0595—1994 见表 5-44，分为合格品和一等品，合格品适用于井深 5m 以内的井下管套；一等品适用于深井的井下管套，使用温度达 200℃，可承受 59MPa 蒸汽压力，能耐中等浓度的酸、碱、盐溶液等介质。

表 5-44　7405 号高温螺纹密封脂的质量指标 SH/T 0595—1994

项目		质量指标		试验方法
		一等品	合格品	
外观		黑色均匀油膏		目测
工作锥入度/0.1mm		300~340		GB/T 269
滴点/℃	≮	250	200	GB/T 3498
钢网分油(100℃，30h)/%	≯	5.0	8.0	SH/T 0324
蒸发度(150℃，1h)/%	≯	2.0	3.0	SH/T 0337
相似黏度(-10℃，10s⁻¹)/Pa·s		测定		SH/T 0048
水淋流失量(65℃，2h)/%	≯	5		SH/T 0109
腐蚀(45 号钢，100℃，3h)		合格		SH/T 0331
逸气量(65℃，120h)/mL	≯	20	测定	另有规定
摩擦系数(SRV 试验机)		测定		另有规定

4. 7451 号高温丝扣润滑脂

7451 号高温丝扣润滑脂由无机稠化剂稠化合成油并加有各种添加剂制备而成,适用于高温下易发生咬合、焊死等金属连接部位的润滑,使用温度范围 -40~950℃。7451 号高温丝扣润滑脂的质量指标见表 5-45。

表 5-45 7451 号高温丝扣润滑脂的质量指标 Q/SH 3360109—2003

项目	质量指标	试验方法
外观	黏稠状黑色半流体	目测
1/4 工作锥入度/0.1mm	80~100	GB/T 269
腐蚀		
T₃ 铜片	合格	SH/T 0331
45 号钢片	合格	

5. S-23 耐海水润滑脂 Q/6S 69—1978

S-23 耐海水润滑脂是由膨润土稠化合成 8 号低温润滑油制成,适用于水上飞机操纵系统轴承及其他部位的润滑,使用温度-50~100℃。S-23 耐海水润滑脂的质量指标见表 5-46。

表 5-46 S-23 耐海水润滑脂的质量指标 Q/6S 69—1978

项目		质量指标	试验方法
外观		浅黄色均匀光滑软膏	目测
1/4 工作锥入度/0.1mm		65~75	GB/T 269
压力分油/%	≯	7	GB/T 392
蒸发损失(100℃,1h)/%	≯	5	SH/T 0337
腐蚀(100℃,3h,45 号钢)		合格	SH/T 0331
湿热试验(40℃,40 号钢)/级	≯	1	另有规定

6. 膨润土航空润滑脂

我国以膨润土为稠化剂制备了 7450 号航空机轮润滑脂(相当于美军标准 MIL-G-3545)和 7256 号航空通用润滑脂(相当于美军标准 MIL-G-81322C),这两种航空润滑脂的性能见表 5-47。国外 SHELL 公司生产了膨润土航空润滑脂系列产品(AIRShell Grease 5、AIRShell Grease 6、AIRShell Grease 7、AIRShell Grease 16、AIRShell Grease 17、AIRShell Grease 22),Mobil 公司也生产了膨润土航空润滑脂产品 Mobil Grease 28。

表 5-47　膨润土航空润滑脂的性能

项目	7450 号航空机轮润滑脂	7256 号宽温度航空润滑脂
锥入度/0.1mm		
60 次	250~300	265~320
10 万次	<360	—
滴点/℃	260	260
铜片腐蚀(100℃，24h)	通过	通过
机械杂质/(个/cm³)		
25~75μm	<5000	<1000
75~125μm	<1000	0
≥125μm	0	0
氧化安定性(99℃，100h)压力降/kPa	<69	<80
水淋流失量(41℃)/%	<20	<20
轴承寿命/h	>600	>400
钢网分油/%	<5(120℃，30h)	<10(177℃，30h)
蒸发损失/%	<2(120℃，22h)	<12(177℃，22h)
防腐性(52℃，48h)	通过	通过
橡胶相容光性(NBR-L 胶片，70℃，168h)/%	<10	<10
低温转矩(−18℃)/N		
启动转矩	0.5	0.98
运转力矩	0.5	0.098
极压性，ZMZ/N	—	>294
抗磨性(392N，60)d/mm	—	<1.3
齿轮磨损/(mg/1000 周)		
22.1N	—	<2.5
44.2N	—	<3.5

5.8　烃基润滑脂

5.8.1　烃基润滑脂的组成与性能

烃基润滑脂是由固体烃(石蜡、地蜡、石油脂)稠化矿物油而制得的，有些产品中还加入填料或添加剂。烃基润滑脂具有良好的胶体安定性、氧化安定性、抗水性和黏附性，适合作防护脂和密封脂，也可用于轻负荷机械的润滑，由于烃基润滑脂的滴点不高(<70℃)，所以使用温度不高。目前，烃基润滑脂在国内只有少数厂家生产，据统计，2014 年中国烃基润滑脂的产量占润滑脂总产量

的 0.56%。

5.8.2 烃基润滑脂生产

生产烃基润滑脂的原料主要原因是石蜡、地蜡、石油脂及矿物基础油、添加剂和填料。烃基润滑脂的生产工艺较简单，因为蜡与矿物油有较好的相溶性，所以，只需要配方量的蜡与基础油在一定温度下混合均匀即可。详细工艺过程见第3章润滑脂生产。

5.8.3 烃基润滑脂品种及特性

烃基润滑脂品种很多，如3号仪表脂、特11号、特12号仪表脂及钢丝绳脂、凡士林、防锈脂、炮用脂等。

1. 钢丝绳润滑脂

钢丝绳脂是由固体烃稠化高黏度矿物油并加入防锈剂、填料、黏附剂等制成，分为钢丝绳麻芯脂和钢丝绳表面脂。钢丝绳麻芯脂在钢丝绳的生产厂用于钢丝绳的浸渍和润滑，对麻芯起柔软作用并在绳的表面形成油膜；钢丝绳表面脂用于钢丝绳的封存防锈，兼有一定的润滑作用。钢丝绳麻芯脂和钢丝绳表面脂的质量指标见表5-48。

表 5-48 钢丝绳脂质量指标

项目		钢丝绳麻芯脂 SH/T 0388—1992	钢丝绳表面脂 SH/T 0387—1992	试验方法
外观		褐色至深褐色均匀油膏	褐色至深褐色均匀油膏	目测
滴点/℃		45~55	≮58	SH/T 0115
运动黏度(100℃)/(mm²/s)	≮	25	20	GB/T 265
水溶性酸或碱		无	无	GB/T 259
腐蚀(100℃，3h)		合格	合格	SH/T 0331
水分/%	≯	痕迹	痕迹	GB/T 512
低温性能(-30℃，30min)		合格	合格	SH 0387
湿热试验(钢片，30d)		合格	合格	GB/T 2631
盐雾试验(钢片)		实测	实测	SH/T 0081
滑落试验(55℃，1h)		—	合格	另有规定

2. 凡士林

工业凡士林是微晶蜡、蜡膏与矿物油的混合物，其行业标准 SH/T 0039—1998 见表5-49，与日本 JIS K 2235 石油蜡对应。工业凡士林适用于金属零件的防护和轻负荷机械的润滑。

表 5-49　工业凡士林的质量指标 SH/T 0039—1998

项目	质量指标		试验方法
	1 号	2 号	
外观	淡褐色至深褐色均质软膏		目测
滴熔点/℃	45~80		GB/T 8026
酸值/(mgKOH/g) ≯	0.1		GB/T 264
腐蚀(铜片、钢片，100℃，3h)	合格		SH/T 0331
水溶性酸或碱	无		GB/T 259
闪点/℃ ≮	190		GB/T 3536
运动黏度(100℃)/(mm²/s)	10~20	15~30	GB/T 265
锥入度/0.1mm	140~210	80~140	GB/T 269
机械杂质/% ≯	0.03	0.03	GB/T 511
水分/%	无		GB/T 512

除了工业凡士林外，还有医药凡士林和化妆用凡士林。医药凡士林由蜡膏掺合矿物油，经酸精制、白土精制，外观呈白色或黄色。医药凡士林的质量指标见表 5-50。

表 5-50　医药凡士林的质量指标 GB/T 1790—1994

项目	质量指标		试验方法
	白凡士林	黄凡士林	
外观	白色均匀油膏	浅黄色均匀油膏	目测
滴点/℃	45~56	45~56	SH/T 0115
滴熔点/℃	报告		GB/T 8026
紫外吸光度(290nm) ≯	0.50	0.75	SH/T 0406
有机酸/(mgNaOH/g) ≯	0.08	0.08	中国药典二部第 133 页
酸碱度	无		中国药典二部第 133 页
异性有机物	无		中国药典二部第 133 页
炽灼残渣/% ≯	0.05		中国药典二部第 133 页
硫化物	合格		中国药典二部附录
锥入度/0.1mm	130~250		GB/T 269

3.3 号仪表脂

3 号仪表脂(又称 54 号低温脂)由蜡与低黏度矿物油调和而成，其质量指标 SH/T 0385—1992 见表 5-51，相应的苏联标准 ГОСТ 3276—1974 ГОИ54 润滑脂。3 号仪表脂主要用于涂擦飞机操纵系统，润滑飞机的光学仪表及无线电零件，可用 2 号低温脂代替。

表 5-51　3 号仪表脂的质量指标 SH/T 0385—1992

项目		质量指标	试验方法
外观		均匀油膏	目测
滴点/℃	≮	60	SH/T 0115
工作锥入度/0.1mm		230~265	GB/T 269
腐蚀(铜、铝、钢片，100℃，3h)		合格	SH/T 0331
热安定性		合格	另有规定
游离有机酸/(mgKOH/g)	≯	0.1	SH/T 0329
水分/%		无	GB/T 512
机械杂质		无	GB/T 511

4. 特 11 号和特 12 号润滑脂

特 11 号、特 12 号仪表脂与 3 号仪表脂的原料及生产工艺基本相同，只是所用蜡的含量不同，特 12 号比特 11 号所用的基础油的倾点要高些，主要用于润滑飞机仪表，特 12 号适宜在 −40~+50℃ 腐蚀介质中工作的发动机附件和导管螺纹处，特 12 号润滑脂的质量指标见表 5-52，对应苏联标准 ГОСТ 8551—1974 ЦИАТИМ 205 润滑脂。

表 5-52　特 12 号润滑脂的质量指标

项目		质量指标	试验方法
外观		黄色均匀油膏	目测
滴点/℃	≮	65	SH/T 0115
锥入度/0.1mm	≯	165	GB/T 269
腐蚀(铝片、钢片，60℃，24h)		合格	SH/T 0331
防护性能(钢片，60℃，24h)		合格	SH/T 0333
水溶性酸或碱		无	GB/T 259
酸值/(mgKOH/g)	≯	0.05	GB/T 264
水分/%		无	GB/T 512
机械杂质/%	≯	0.015	GB/T 511
灰分/%	≯	0.02	GB/T 508

5. 石墨烃基润滑脂

石墨烃基润滑脂由微晶蜡稠化低凝点矿物油加胶体石墨调制而成，主要用于工作台的结合面及操纵系统钢丝绳的润滑与防护，也可用于高温钢管结合面和表面的润滑。

6. 炮用脂和弹药保护脂

炮用脂是由石油脂、微晶蜡稠化矿物油而成，行业标准 SH/T 0383—1992 见

表 5-53, 对应苏联标准 ГOCT 3005 炮用 ΠBK 脂。炮用脂适用于夏季涂抹重武器的各机件装置及保护其他无防蚀覆盖的军械物品, 常温下还有一定的润滑能力, 如火炮身、高低机、方向机的防护和润滑, 但不适用于低温。

表 5-53 炮用脂的质量指标 SH/T 0383—1992

项目		质量指标	试验方法
滴点/℃	≮	50	SH/T 0115
腐蚀(铜片、钢片, 100℃, 3h)		合格	SH/T 0331
防护性能(钢片, 50℃, 30h)		合格	SH/T 0333B
保持能力(60℃, 24h)/(mg/cm²)	≮	0.6	SH/T 0334
运动黏度(100℃)/(mm²/s)		12~15	GB/T 265
酸值/(mgKOH/g)	≯	0.3	GB/T 264
水分/%		无	SH/T 0320
机械杂质/%	≯	0.07	GB/T 511
灰分/%	≯	0.07	SH/T 0327

弹药保护脂是由石油脂与石蜡混合而成, 行业标准 SH/T 0384—1992 见表 5-54, 对应苏联标准 ГOCT 4113—1980 ΠΠ95/5 防护剂, 适用于密封弹药筒和封存炮弹, 起防潮保护作用。

表 5-54 弹药保护脂的质量指标 SH/T 0384—1992

项目		质量指标	试验方法
滴点/℃	≮	55	SH/T 0115
腐蚀(铜片、钢片, 100℃, 3h)		合格	SH/T 0331
酸值/(mgKOH/g)	≯	0.28	GB/T 264
水分/%		无	GB/T 512
机械杂质/%	≯	0.07	GB/T 511

7. 防锈油脂

防锈油脂虽然在润滑脂中占的比例不大, 却具有十分重要的作用, 并具有广泛用途。防锈油脂是指在基础油或烃基润滑脂中加入防锈剂、金属缓蚀剂后而得到的产品, 防锈脂的质量指标 SH/T 0366—1992 见表 5-55, 分为 1 号、2 号、3 号, 1 号是冷涂脂, 适用于黑色金属, 可用于机械零件的长期防锈; 2 号、3 号是热涂脂, 要采用加热涂覆的方法, 2 号适用于黑色金属零件在室外的短期防锈及室内的长期防锈, 3 号适用于黑色金属及铜制机械在室外的短期防锈及室内的长期防锈。

表 5-55　石油脂型防锈脂的质量指标 SH/T 0366—1992

项目		质量指标			试验方法
		1 号	2 号	3 号	
滴点/℃		55	55	55	SH/T 0115
水溶液性酸或碱		无	无	无	GB/T 259
磨削物		实测			另有规定
耐寒性		合格			另有规定
锥入度/0.1mm		200	—	—	GB/T 269
水分/%		无			SH/T 0257
油基稳定性		合格			另有规定
叠片试验(钢片，49℃，7d)		合格			另有规定
腐蚀试验(铸铁片，铜片，14d)		合格			SH/T 0080
湿热试验/d 　钢片 　铸铁片 　铜片	≤ ≤ ≤	30 14 —	30 14 —	30 14 7	GB/T 2361
盐雾试验/d 　钢片 　铸铁片 　铜片	≤ ≤ ≤	14 7 —	14 7 —	14 7 5	SH/T 0081

　　L-RK 脂型防锈油的质量指标 SH/T 0692—2000 见表 5-56，对应日本 JIS K 2246—1989 防锈油。脂型防锈油主要应用于机械零件、轴承等的防锈。

表 5-56　L-RK 脂型防锈油的质量指标 SH/T 0692—2000

项目		质量指标	试验方法
锥入度/0.1mm		200~325	GB/T 269
滴熔点/℃	≤	55	GB/T 8026
闪点/℃	≤	175	GB/T 3536
分离安定性		无相变，不分离	SH/T 0214
蒸发量/%	≥	1.0	SH/T 0035
吸氧量(99℃，100h)/kPa	≥	150	SH/T 0060
沉淀值/mL	≥	0.05	SH/T 0215
磨损性		无伤痕	SH/T 0215
流下点	≤	40	SH/T 0082
除膜性		除膜(15 次)	SH/T 0212

项目	质量指标	试验方法
低温附着性	合格	SH/T 0211
腐蚀性(质量变化)/(mg/cm²)	钢±0.2，黄铜±0.2，锌±0.2 铅±1.0，铝±0.2，镁±0.5 镉±0.2 除铅外无明显锈蚀、污物及变色。	SH/T 0080

防锈性
  湿热(A级)/h   ≮
  盐雾(A级)/h   ≮
  包装储存(A级)/d   ≮
	720
	120
	360
		GB/T 2361
		SH/T 0081
		SH/T 0584

8. 烃基导电脂

烃基导电脂是以烃基润滑脂为基础，加入导电添加剂和防锈剂而成，适用于飞机、军械等无相对运动的部位。其质量指标见表5-57。

表5-57 烃基导电脂质量指标 YLB 1008—1995

项目	质量指标	试验方法
外观	银灰色膏体	目测
滴点/℃	46~54	GB/T 4929
腐蚀(铜片，钢片，100℃，3h)	合格	SH/T 0331
酸值/(mgKOH/g) ≯	0.10	GB/T 264
水溶性酸或碱	无	GB/T 259
水分/%	无	GB/T 512

电性能
  击穿电压   ($L=0.5cm$)/V   ≯
  电阻率/Ω·cm   ≯
	350
	50
		另有规定

5.9 合成油润滑脂及仪表电器润滑脂

5.9.1 合成油润滑脂概述

合成油润滑脂是指以合成油为基础油或非皂基稠化剂(如聚脲、酰胺、聚四氟乙烯等)制备的润滑脂，主要用于极端条件(如高温、低温、宽温度范围、高转速、核辐射、强氧化、长寿命等)下机械设备的润滑和仪表电器的润滑。

合成油润滑脂是"二战"以后开始出现的，主要是随着喷气式飞机的发展，一些矿物油润滑脂已经不能满足航空润滑的需要，必须开发合成油润滑脂才能满足特殊的使用要求。常用的合成油有：酯类油、合成烃、硅油、聚醚、磷酸酯、氟油等；合成油润滑脂中常用的稠化剂有：锂皂、复合皂、聚脲、酰胺、聚四氟乙、硅胶等。由于合成油润滑脂都采用性能优良的高档稠化剂和合成油，价格相对较贵，所以合成油润滑脂主要用于矿物油润滑脂不能满足要求的特殊场合及精密仪器仪表的润滑，普通场合一般用矿物油润滑脂。

合成油润滑脂的命名和代号，少数采用特殊命名法，如特 7 号、特 8 号、特 11 号、特 12 号、特 75 号、特 221 号润滑脂等；多数采用"合成油脂命名代号规定"，即按用途分类命名，以"7"开头合成的润滑脂，第二个数字表示用途，后面的两个数字为顺序号(表 5-58)。

表 5-58　合成油润滑脂命名代号规定

代号	用途
70××	高低温脂
71××	仪表、阻尼脂
72××	防护、防锈多用途脂
73××	光学、电器脂
74××	极压、耐磨脂
75××	真空脂
76××	密封脂
77××	抗辐射脂
78××	抗化学脂
79××	其他

5.9.2　合成油润滑脂品种及特性

我国从 20 世纪 60 年代开始生产合成油润滑脂，逐渐形成了系列品种，早期主要是军用，随着时代的发展，现在许多已军民通用，合成油润滑脂可解决一般普通矿物油润滑脂不能满足需要的润滑。下面列举部分合成油润滑脂产品。

1. 7007 号、7008 号通用航空润滑脂

7007 号、7008 号通用航空润滑脂是以硬脂酸锂皂稠化双酯并加有结构改善剂、抗氧剂制成，7008 中还加有防锈剂，具有良好的氧化安定性、抗水性、胶体安定性及中等载荷能力，适用温度范围-60~120℃，行业标准 SH/T 0437—1992(1998)见表 5-59，其主要性能相当于美军 MIL-G-3278A 及英国 DTD825B。7007 号、7008 号通用航空润滑脂适用于航空电机和微型电机的轴承、齿轮及操纵机构的支点及仪器仪表的润滑，可用于中等和小功率航空电机的滚动轴承、电动机构的齿轮、仪表及其他附件中组合件的摩擦结点以及飞机上类似工作条件的各种高速和低速运动附件。

表 5-59　7007 号、7008 号通用航空润滑脂的质量指标 SH/T 0437—1992(1998)

项目		质量指标		试验方法
		7007	7008	
外观		浅灰色至浅褐色均匀油膏	浅黄至褐色均匀油膏	目测
滴点/℃	≮	160	160	SH/T 0115
1/4 锥入度/0.1mm		55~76	55~76	GB/T 269
腐蚀(T_3 铜片，100℃，3h)		合格		SH/T 0331
压力分油/%	≯	25.0	26.0	GB/T 392
相似黏度(-50℃，$10s^{-1}$)/Pa·s	≯	1100	1000	SH/T 0048
蒸发度(120℃)/%	≯	2.0	2.0	SH/T 0337
氧化安定性(100℃，100h，0.78MPa)压力降/MPa		0.034	0.034	SH/T 0325
滚筒，1/4 锥入度变化值/0.1mm		测定		SH/T 0122
四球试验，P_B/N		测定		GB/T 3142
杂质/(个/cm³)				SH/T 0336
25μm 以上	≯	5000		
75μm 以上	≯	1000		
125μm 以上	≯	0		
防护性(45 号钢片、H62 黄铜片，60℃，48h)		—	合格	SH/T 0333

2.7253 号航空润滑脂

7253 号航空润滑脂即飞机、仪表、齿轮和传动螺杆润滑脂，是由 12-羟基硬脂酸锂皂和硬脂酸锂皂稠化三羟甲酸丙烷酯和硅油并加入结构改善剂、抗氧剂、防锈剂、极压剂制成，具有良好的高低温性、抗磨极压性、抗水性、防腐性等，其质量指标 GJB 942—1990 见表 5-60，对应美军标准 MIL-G-23827B。适用于球形、圆柱滚珠和滚针轴承、齿轮及仪表、电子设备和飞机控制系统等设备，亦适用于低启动功率设备的滚动和滑动表面，适用温度范围-73~120℃飞机的齿轮、传动螺杆、高负荷设备，已用于大型客机、直升机、军用飞机等。

表 5-60　飞机、仪表、齿轮和传动螺杆润滑脂的质量指标 GJB 942—1990

项目		质量指标	试验方法
滴点/℃	≮	165	GB/T 4929
锥入度/0.1mm			GB/T 269
不工作	≮	200	
工作		270~310	
延长工作(10 万次)		270~375	

项目		质量指标	试验方法
腐蚀（T₂ 铜片，100℃，24h）	≯	1b	GB/T 7326 甲法
钢网分油（100℃，30 h）/%	≯	5	SH/T 0324
蒸发量（100℃，22 h）/%	≯	2	GB/T 7325
杂质/（个/cm³）			SH/T 0336
25~74μm		1000	
75μm 以上		无	
氧化安定性（99℃）压力降/kPa			SH/T 0325
100h	≯	70	
500h	≯	105	
水淋流失量（38℃，1h）/%	≯	20	SH/T 0109
防腐性/级	≯	2	GB/T 5018
极压性能（ZMZ）/N	≮	294	SH/T 0202
齿轮磨损（mg/1000 周）	≯		SH/T 0427
22.6N		2.5	
44.1N		3.5	
高温性能（121℃）/h	≮	1000	SH/T 0428
低温转矩/（N·m）			SH/T 0338
-60℃启动转矩		测定	
运转转矩		测定	
-73℃启动转矩	≯	1.00	
运转转矩	≯	0.10	
储存安定性（40℃，180 天）/0.1mm			SH/T 0452
不工作锥入度	≮	200	
储存前后锥入度变化值	≯	30	

3. 7254 号航空润滑脂

7254 号航空润滑脂即高低温二硫化钼润滑脂，是在 7253 号润滑脂中加入二硫化钼制成，其质量指标 GJB 940—1990 见表 5-61，对应美军标准 MIL-G-21164D。高低温二硫化钼润滑脂适用于重负荷滑动钢表面，如齿轮、齿条、花键、螺纹起落架活动关节、重负荷宽温度范围的抗磨轴承的润滑，使用温度范围-50~150℃。

表 5-61　高低温二硫化钼润滑脂的质量指标 GJB 940—1990

项目		质量指标	试验方法
滴点/℃	≮	165	GB/T 4929
锥入度/0.1mm			GB/T 269
不工作	≮	200	
工作		260~310	
延长工作（10 万次）	≯	375	

项目		质量指标	试验方法
腐蚀(T_2 铜片，100℃，24h)	≯	1b	GB/T 7326 甲法
钢网分油(100℃，30 h)/%	≯	5	SH/T 0324
蒸发量(100℃，22 h)/%	≯	2	GB/T 7325
氧化安定性(99℃)压力降/kPa			SH/T 0325
100h	≯	70	
500h	≯	105	
水淋(38℃，1h)/%	≯	20	SH/T 0109
防腐性/级	≯	2	GB/T 5018
极压性能(ZMZ)/N	≮	490	SH/T 0202
齿轮磨损(mg/1000 周)	≯		SH/T 0427
22.6N		2.5	
44.1N		3.5	
高温性能(121℃)/h	≮	1000	SH/T 0428
低温转矩/N·m			SH/T 0338
-60℃ 启动转矩		测定	
运转转矩		测定	
-73℃ 启动转矩	≯	1.00	
运转转矩	≯	0.10	
储存安定性(40℃，180 天)/0.1mm			SH/T 0452
不工作锥入度	≮	200	
储存前后锥入度变化值	≯	30	

4. 7011 号低温极压润滑脂

7011 号低温极压润滑脂是由硬脂酸锂皂稠化酯类油并加入抗氧剂、胶体二硫化钼制成，具有良好的低温性能和抗磨极压性，其行业标准 NB/SH/T 0437—2014 见表 5-62。7011 号低温极压润滑脂用于飞机上重负荷齿轮、襟翼操纵机构、尾轮和起落架支点轴承以及其他螺旋传动、链条传动等机构的润滑，使用温度范围-60~120℃。

表 5-62　7011 号低温极压润滑脂质量指标 NB/SH/T 0437—2014

项目		质量指标	试验方法
外观		黑色均匀油膏	目测
滴点/℃	≮	170	GB/T 3498
1/4 锥入度/0.1mm		60~76	GB/T 269
腐蚀(T_3 铜片，100℃，3h)		合格	SH/T 0331[①]

项目		质量指标	试验方法
压力分油/%	⩾	25	GB/T 392
相似黏度(-50℃, 10s⁻¹)/Pa·s	⩾	1100	SH/T 0048
蒸发量(120℃)/%	⩾	1.5	SH/T 0337
化学安定性(100℃, 100h, 0.78MPa)压力降/MPa	⩾	0.034	SH/T 0335
承载能力(常温), 综合磨损值 ZMZ/N	⩽	491	GB/T 3142
滚筒安定性, 1/4 锥入度变化值/0.1mm		30	SH/T 0122

①金属片尺寸为 25mm×25mm×3~5mm, 烧杯溶剂为 50mL。

5. 特 7 号精密仪表润滑脂

特 7 号精密仪表润滑脂是由硬脂酸锂皂、地蜡混合稠化乙基硅油, 质量指标 SH/T 0456—1992(1998)见表 5-63, 相当于苏联标准 ГОСТ 18179—1992ОКБ-122-7 润滑脂。适用于精密仪器仪表的轴承防护用, 使用温度-70~120℃。

表 5-63　特 7 号精密仪表润滑脂的质量指标 SH/T 0456—1992(1998)

项目		质量指标	试验方法
滴点/℃	⩽	160	SH/T 0115
相似黏度(-50℃, 10s-1)/Pa·s	⩾	2600	SH/T 0048
分油量(50℃, 48h)/%	⩾	2.5	SH/T 0321
水分/%		无	GB/T 512
机械杂质/%		无	GB/T 513
游离碱(NaOH)/%	⩾	0.05	SH/T 0329
蒸发量(120℃)/%	⩾	2.5	SH/T 0337
腐蚀(40 号钢片、H62 黄铜片、LY11 硬铝合金片, 50℃, 48h)		合格	SH/T 0328

6. 特 221 号润滑脂

特 221 号润滑脂是由复合钙皂稠化乙基硅油而成, 具有良好的高低温性、润滑性和密封性, 其质量指标 SH/T 0459—1992(1998)见表 5-64, 对应苏联标准 ГОСТ 9433ЦИАТИМ 润滑脂。特 221 号润滑脂适用于与腐蚀性介质接触的摩擦组合件起润滑和密封作用, 也适用于滚动轴承的润滑, 使用温度范围-60~150℃。

表 5-64　特 221 号润滑脂的质量指标 SH/T 0459—1992(1998)

项目		质量指标	试验方法
外观		浅黄至浅褐色均匀油膏	目测
滴点/℃	⩽	200	SH/T 0115
1/4 锥入度/0.1mm		64~94	GB/T 269

项目		质量指标	试验方法
分油量/%	≥	7	GB/T 392
水分/%		无	GB/T 512
机械杂质/%		无	GB/T 513
游离碱(NaOH)/%	≥	0.08	SH/T 0329
强度极限(50℃)/Pa	≤	118	SH/T 0323
相似黏度(-50℃，10s^{-1})/Pa·s	≥	800	SH/T 0048
腐蚀(T$_3$铜片，100℃，3h)		合格	SH/T 0331

7.7256 号宽温度范围航空通用润滑脂

7256 号宽温度范围航空通用润滑脂(即飞机宽温度通用润滑脂)由有机膨润土稠化合成烃并加有抗氧、防锈、抗磨等添加剂制成，其质量指标 GJB 2661—1996 见表 5-65，对应美军标准 MIL-G-81322C 飞机宽温度通用润滑脂。飞机宽温度通用润滑脂具有良好的高低温性、氧化安定性、防腐性、抗磨性、抗水性和橡胶相容性，适用于-54～177℃的飞机附件以及直升机传动轴承的润滑，可用于飞机机轮及其他附件的润滑。

表 5-65 飞机宽温度通用润滑脂的质量指标 GJB 2661—1996

项目		质量指标	试验方法
气味		无腐臭、芳香或游离醇味	感官试验
外观		光滑均匀油膏	目测
滴点/℃	≤	232	GB/T 3498
工作锥入度/0.1mm		265～320	Gb/T 269
延长工作锥入度(10 万次)	≥	350	GB/T 269
腐蚀(T$_2$铜片，100℃，24h)/级	≥	1b	GB/T 7326 甲法
蒸发量(177℃，22h)/%	≥	12.0	GB/T 7325
钢网分油(177℃，30h)/%	≥	10.0	SH/T 0324
杂质/(个/cm³)			SH/T 0336
25μm 以上	≥	1000	
75μm 以上	≥	0	
氧化安定性(99h，0.760MPa)压力降/MPa			SH/T 0325
100h	≥	0.083	
500h	≥	0.172	
水淋流失量(41℃，1h)/%	≥	20	SH/T 0109
高温性能(177℃)/h	≤	400	ASTM D3336
极压性能(ZMZ)/N	≤	294	SH/T 0202

続表

项目		质量指标	试验方法
抗磨性能(75℃，1200r/min，392N，60min)/(d/mm)	≥	1.30	SH/T 0204
橡胶膨胀(NBR-L 橡胶)/%	≥	10	FED791C.3603.5
低温转矩(-54℃)/N·m			SH/T 0338
启动转矩	≥	0.98	
运转转矩	≥	0.098	
防腐性(52℃，48h)/级	≥	2	GB/T 5018
齿轮磨损/(mg/1000r)			SH/T 0427
22.24N	≥	2.5	
44.48N	≥	3.5	
储存安定性(38℃，6 个月)/0.1mm			SH/T 0352
不工作锥入度	≤	200	
工作锥入度(储存前后变化值)	≥	30	

8. 7023 号低温航空润滑脂

7023 号低温航空润滑脂即多用途低温润滑脂(B 型)，是由酰胺钠盐稠化酯类油与矿物油的混合油并加入抗氧、防锈等添加剂而成，其质量指标 GJB 2660—1996 见表 5-66。7023 号低温航空润滑脂具有良好的胶体安定性、防护性和高低温性能，适用于飞机航炮、收放系统及操纵系统的轴承和齿轮等防护和润滑，使用温度范围-60~120℃。

表 5-66　多用途低温润滑脂(B 型)的质量指标 GJB 2660—1996

项目		质量指标	试验方法
外观		黄色或红色均匀油膏	目测
相似黏度(-50℃，10s⁻¹)/Pa·s	≥	1100	SH/T 0048
滴点/℃	≤	180	SH/T 0115
压力分油/%	≥	20	GB/T 392
腐蚀(T₂ 铜片，100℃，3h)		合格	SH/T 0331
氧化安定性(120℃，10h)酸值/(mgKOH/g)	≥	3.0	另有规定
水分/%		无	GB/T 512
杂质/(个/cm³)			SH/T 0336
25μm 以上	≥	5000	
75μm 以上	≥	1000	
125μm 以上	≥	无	
蒸发量(120℃，1h)/%	≥	12.0	SH/T 0337
工作锥入度/0.1mm		270~320	GB/T 269
防护性能(45 号钢片、H62 铜片，60℃，48h)		合格	SH/T 0333

300

9. 7014 号宽温度航空润滑脂和 7014-1 号高温润滑脂

7014 号宽温度航空润滑脂是由酰胺钠盐稠化硅油与酯类油的混合油并加有添加剂制成，其质量指标 GJB 694—1989 见表 5-67。7014 号宽温度航空润滑脂可以代替特 221 号和 7001 号高低温轴承脂，适用于飞机平尾大轴轴承、操纵摇臂和拉杆节点、起落架系统、机轮系统、航空电机、变流机、发电机以及高速下工作的各种滚动轴承等的润滑，也可用于电动机构和一般齿轮的润滑，使用温度范围-60~180℃。

7014-1 号高温润滑脂是在 7014 号基础上改进而成，具有良好的高低温性能、抗水性和机械安定性，其质量指标 GB/T 11124—1989 见表 5-68，相当于美军标准 MIL-G-38220。7014-1 号高温润滑脂适用于各种滚动轴承的润滑和一般滑动轴承和轻负荷齿轮的润滑，使用温度范围-40~200℃，短期使用可到 250℃，在化肥、纺织印染、化工等高温设备上广泛使用。

表 5-67　7014 号宽温航空润滑脂质量指标 GJB 694—1989

项目		质量指标	试验方法
外观		乳白色至浅褐色均匀油膏	目测
滴点/℃	≮	250	GB/T 3498
1/4 工作锥入度/0.1mm		57~72	GB/T 269
分油量/%			
压力法		11.0	GB/T 392
钢网法		10.0	SH/T 0428
蒸发损失/%			
200℃，1h		5.0	SH/T 0337
177℃，22h		12.0	GB/T 7325
腐蚀(T_2 铜片，100℃，24h)		1b	GB/T 7326
氧化安定性(压力降)/MPa			
100h	≥	0.083	SH/T 0335
500h	≥	0.172	
水淋(41℃)/%	≥	10.0	SH/T 0109
低温转矩(-54℃)/N·m			
启动力矩	≥	0.98	SH/T 0338
运转力矩	≥	0.098	
相似黏度(-50℃，10s^{-1})/Pa·s	≥	1100	SH/T 0048
防腐性/级	≥	2	GB 5018
机械杂质/(个/cm³)			
25μm 以上	≥	1000	SH/T 0336
75μm 以上	≥	100	
125μm 以上	≥	无	
综合磨损值(ZMZ)		报告	SH/T 3412

项目		质量指标	试验方法
延长工作锥入度(10万次)/0.1mm	≥	350	GB/T 269
高温轴承寿命(177℃)/h	≤	400	SH/T 0428
钢-钢磨损(392N)d/mm		报告	SH/T 0204
齿轮磨损/(mg/1000r)			SH/T 0427
负荷 22.2N	≥	2.5	
负荷 44.5N	≥	3.5	
储存安定性(38℃, 6个月)/0.1mm			
不工作锥入度	≤	200	SH/T 0452
储存前后工作锥入度变化	≥	30	

表 5-68　7014-1 高温润滑脂质量指标 GB/T 11124—1989

项目		质量指标	试验方法
外观		黄色至浅褐色均匀油膏	目测
滴点/℃	≤	280	GB/T 3498
1/4 工作锥入度/0.1mm		62~75	GB/T 269
分油量/%			
压力法		15	GB/T 392
钢网法		15	SH/T 0324
蒸发损失/%			
200℃, 1h		5	SH/T 0337
204℃, 22h		20	GB/T 7325
腐蚀(45 号钢, 100℃, 3h)		合格	SH/T 0331
氧化安定性(121℃, 100h)压力降/MPa		0.034	SH/T 0335
水淋流失量(38℃)/%	≥	10.0	SH/T 0109
延长工作锥入度(10万次)/0.1mm	≥	375	GB/T 269
相似黏度(-40℃, $10s^{-1}$)/Pa·s	≥	1500	SH/T 0048
机械杂质/(个/cm^3)			
25μm 以上	≥	5000	SH/T 0336
75μm 以上	≥	1000	
125μm 以上	≥	无	
高温轴承寿命(177℃)/h	≤	报告	SH/T 0428
储存安定性(38℃, 6个月)/0.1mm			SH/T 0452
储存前后工作锥入度变化	≥	30	

10. 7017-1 号高低温润滑脂

7017-1 号高低温润滑脂由聚脲稠化硅油加添加剂而成,使用温度-60～250℃,质量指标 SH 0431—1992(1998)见表5-69。7017-1 适用于宽温度条件下工作的滚珠和滚柱轴承,如钢铁厂罩式退火炉风扇电机轴承和连铸拉矫机传动轴承,纺织工业织物热定型机、长环烘燥机、蒸呢机、防漏机和高温高压染缸机等的轴承。

表 5-69　7017-1 号高低温润滑脂的质量指标 SH 0431—1992(1998)

项目		质量指标	试验方法
外观		黄色至浅褐色均匀油膏	目测
滴点/℃	≮	300	GB/T 3498
1/4 工作锥入度/0.1mm		65～80	GB/T 269
压力分油/%	≯	15	GB/T 392
蒸发损失/% 200℃ 250℃		4 测定	SH/T 0337
相似黏度(-50℃,10s⁻¹)/Pa·s	≯	1800	SH/T 0048
腐蚀(T₃铜片,100℃,3h)		合格	SH/T 0331
氧化安定性(120℃,100h)压力降/MPa		0.034	SH/T 0335

11. 7058 号高低温润滑脂

7058 号高低温润滑脂由混合稠化剂稠化全氟聚醚和硅油加添加剂制成,质量指标 GJB 234—1987 见表5-70,具有良好的黏附性、抗水性、化学安定性和高低温性,适用于-40～300℃的小型电机轴承,如导弹伺服机构的润滑。

表 5-70　7058 号高低温润滑脂的质量指标 GJB 234—1987

项目		质量指标	试验方法
1/4 工作锥入度/0.1mm		55～75	GB/T 269
滴点/℃	≮	320	GB/T 3498
腐蚀(T₃铜片,100℃,3h)		合格	SH/T 0331
压力分油/%	≯	13	GB/T 392
蒸发损失(250℃,1h)/%		5	SH/T 0337
氧化安定性(120℃,100h)压力降/MPa		0.4	SH/T 0335
相似黏度(-30℃,10s⁻¹)/Pa·s	≯	700	SH/T 0048
水淋流失量(38℃,1h)/%	≯	10.0	SH/T 0109

12. 光学仪器润滑脂

光学仪器是用于观察、测量、照相等的设备,光学仪器脂润滑的机构较多,如轴承、齿轮、螺杆等。对光学仪器脂的要求如下：①较小的蒸发度；②良好的胶体安定性；③不长霉；④良好的黏温性和拉丝性；⑤良好的抗流散性；⑥良好的高低温性。目前用于光学仪器的主要有以下四种润滑脂。

（1）7105 光学仪器极压脂

7105 光学仪器极压脂是由脂肪酸锂皂稠化酯类油和优质矿物油，并加入二硫化钼和抗氧、防锈、结构改善等添加剂制备而成，为黑色均匀油膏，具有良好的高低温性能、极压性能、防雾性能及较低的蒸发度，其质量指标 SH/T 0442—1992 见表 5-71。7105 光学仪器极压脂适用于光学仪器的齿轮、涡轮、钢铜轴、滑道和燕尾槽等的润滑，使用温度范围 -50~70℃。

表 5-71　7105 光学仪器极压脂的质量指标 SH/T 0442—1992

项目		质量指标	试验方法
滴点/℃	≮	160	SH/T 0115
1/4 工作锥入度/0.1mm		50~65	GB/T 269
压力分油/%	≯	15	GB/T 392
蒸发量（120℃）/%		1	SH/T 0337
相似黏度（-40℃，$10s^{-1}$）/Pa·s	≯	2000	SH/T 0048
腐蚀（T_3 铜片，100℃，3h）		合格	SH/T 0331

（2）7106 和 7107 光学仪器脂

7106、7107 光学仪器脂由脂肪酸铝皂、铅皂稠化硅油和优质矿物油，并加入防锈、抗氧和结构改善等添加剂制成，为黄色均匀油膏，具有较好的高低温性、润滑性、密封性、防雾性及较低的蒸发度，质量指标 SH/T 0443—1992 见表 5-72。7106、7107 光学仪器脂分别适用于不同间隙的滚动、滑动部位的润滑和密封，使用温度范围 -50~70℃。

表 5-72　7106、7107 光学仪器脂质量指标 SH/T 0443—1992

项目		质量指标		试验方法
		7106	7107	
外观		黄色至浅褐色均匀油膏		目测
滴点/℃	≮	95	95	SH/T 0115
1/4 工作锥入度/0.1mm		60~75	45~60	GB/T 269
压力分油/%	≯	10	8	GB/T 392
蒸发量（120℃）/%	≯	2	2	SH/T 0337
相似黏度（-40℃，$10s^{-1}$）/Pa·s	≯	2500	—	SH/T 0048
腐蚀（T_3 铜片，100℃，3h）		合格		SH/T 0331
杂质含量		合格		SH/T 0331

（3）7108 光学仪器防尘脂

7108 光学仪器防尘脂由硅胶稠化硅油并加结构改善剂等制成，具有较好的高低温性和黏附性，蒸发量小，本身不长霉，其质量指标 SH/T 0444—1992 见表5-73。7108 光学仪器防尘脂适用于光学仪器的内壁防尘，也可作多头螺纹的密封脂，适用温度范围-50~70℃。

表 5-73　7108 光学仪器防尘脂质量指标 SH/T 0444—1992

项目		质量指标	试验方法
外观		白色至灰白色均匀油膏	目测
1/4 工作锥入度/0.1mm		55~70	GB/T 269
压力分油/%	≥	10	GB/T 392
蒸发量（120℃）/%	≥	1	SH/T 0337
相似黏度（-40℃，10s^{-1}）/Pa·s	≥	600	SH/T 0048
腐蚀（T$_3$ 铜片，100℃，3h）		合格	SH/T 0331

13. 电器润滑脂

电器设备（如电视机、录音机、计算机等）上有电接触器件，这些电接触器件的性能影响整机的性能和寿命，研制电接触点润滑脂可提高接点可靠性，延长整机使用寿命。电接触点润滑脂的性能要求除一般润滑脂的润滑性、抗氧抗腐性等外，还要求接触电阻稳定、涂脂前后电阻变化小、容积电阻率高等要求，所以电接触点润滑脂要选用合适的基础油、稠化剂、添加剂，降低接点温度、防止产生电弧和提高接点的耐电压特性。

（1）电接触点润滑脂

电接触点润滑脂由硅胶稠化深度精制矿物油并加添加剂制成，具有较好的润滑性能、高低温性能和抗潮湿性能，接触电阻稳定，适用于电器设备接触点的润滑，其质量指标 SH/T 0641—1997 见表5-74。

表 5-74　电接触点润滑脂质量指标 SH/T 0641—1997

项目		质量指标	试验方法
外观		均匀油膏	目测
1/4 工作锥入度/0.1mm		70~100	GB/T 269
压力分油/%	≥	15	GB/T 392
滴点/℃	≮	200	SH/T 0115
水分/%	≥	痕迹	GB/T 512
体积电阻率（30℃）/Ω·cm	≥	$1×11^{10}~6×10^{12}$	SH/T 0019
蒸发量（100℃，1h）/%	≥	2.0	SH/T 0337

项目	质量指标	试验方法
腐蚀（T_2 铜片，100℃，3h）	合格	SH/T 0331
相似黏度（−20℃，$10s^{-1}$）/Pa·s	150~300	SH/T 0048
接触电阻/mΩ ≥	0.1	SH/T 0596
杂质（75μm）/（个/cm^3）	无	SH/T 0336
寿命试验，磨损直径/mm ≥	1.0	另有规定

（2）电位器阻尼润滑脂

电位器阻尼脂是由皂基或无机稠化剂稠化精制矿物油或合成油制成，适用于旋转式电位器轴系或直滑式电位器滑片与滑轨的阻尼和润滑，分为Ⅰ、Ⅱ、Ⅲ、Ⅳ四个型号，Ⅰ、Ⅱ型脂适用于旋转式电位器，Ⅰ型脂的适用温度范围−10~70℃，Ⅱ型脂的适用温度范围−20~120℃；Ⅲ型脂适用于直滑式电位器，适用温度范围−40~150℃；Ⅳ型脂适用于直滑式电位器或旋转式电位器，适用温度范围−40~150℃。其质量指标 SH/T 0640—1997 见表5-75。

表5-75　电位器阻尼脂质量指标 SH/T 0640—1997

项目	质量指标				试验方法
	Ⅰ型	Ⅱ型	Ⅲ型	Ⅳ型	
外观	乳白色至浅褐色黏稠油膏				目测
1/4 工作锥入度/0.1mm	40~56	60~76	80~96	100~116	GB/T 269
滴点/℃ ≮	200	250	250	200	GB/T 3498
蒸发/% ≥					
100℃，1h	2.0	—	—	—	SH/T 0337
120℃，1h	—	5.0	5.0	—	
200℃，1h	—	—	—	2.0	
腐蚀（T_3 铜片，100℃，3h）	合格	合格	合格	合格	SH/T 0331
相似黏度（$10s^{-1}$）/Pa·s					
−40℃ ≥			300	150	SH/T 0048
0℃ ≥	2000	实测			
25℃	不小于250	100~500			
旋转力矩（20℃，20r/min，转20圈）/mN·m	实测	30~100	—	—	另有规定

14. 密封润滑脂

密封脂主要用于对各种气体、液体介质的密封，也对螺纹进行润滑。密封脂的主要性能要求是：① 对所接触的介质有忍耐性；② 与所接触的橡胶有相容性；

③ 良好的耐压密封性；④ 良好的润滑性和对金属的防护性。下面介绍几种主要的密封润滑脂：

（1）7903 号耐油密封润滑脂

7903 号耐油密封润滑脂由膨润土稠化酯类油并加入抗氧、抗腐等添加剂制成，具有良好的抗氧、耐压和耐油密封性能，其质量指标见表 5-76，对应美军标准 MIL-G-6032 耐燃料和润滑油的塞阀润滑脂。7903 号耐油密封润滑脂适用于机械设备、机床、变速箱、管路阀门及飞机燃油过滤器等与燃料、润滑油、天然气、水、醇、H_2S 等介质接触的装配密封面、轴承封面、螺纹接头、阀芯等部位的静密封面和低速下滑动、转动的动密封面的密封（或辅助密封）和润滑，适用温度范围-10～150℃。

表 5-76　7903 号耐油密封润滑脂质量指标 SH/T 0011—1990

项目	质量指标	试验方法
外观	黏稠均匀油膏	目测
1/4 工作锥入度/0.1mm	55～70	GB/T 269
滴点/℃　　　　　　　　　≮	250	SH/T 3498
腐蚀（T_2 铜片，100℃，24h）不超过	1b	GB/T 7326 甲法
抗水和水-乙醇（1:1）溶液性能 　蒸馏水 　水-乙醇（1:1）溶液	通过 通过	SH/T 0453
抗燃料性 　溶解度/%　　　　　　　≯ 　脂外观	20 通过	另有规定
膜稳定性和钢腐蚀（45 号钢，100℃，7d）	通过	另有规定
贮存安定性（54℃，120d）	通过	SH/T 0452

（2）7502 号和 7503 号硅脂

7502、7503 号硅脂由硅胶稠化硅油并加入添加剂制成，具有良好的高低温性能、润滑性、密封性和化学安定性，其质量指标 SH/T 0432—1992（1998）见表 5-77，分别对应美军标准 MIL-S-8660B 和 MIL-C-21567A。

7502 号硅脂适用于橡胶与金属间的密封和润滑；与某些化学品接触的玻璃、陶瓷或金属阀门旋塞接头等低速滑动部位的润滑与密封，电位器的阻尼、电器的绝缘与密封；液体联轴节的填充介质等，还可用于真空度达 1.33×10^{-4} Pa 的真空系统的润滑与密封，适用温度范围-54～205℃。

7503 号硅脂适用于黑色金属零部件的配合面的腐蚀抑制剂和润滑剂，也可用于电器防护和绝缘，适用温度范围-60～200℃。

表 5-77　7502、7503 号硅脂质量指标 SH/T 0432—1992(1998)

项目		质量指标		试验方法
		7502	7503	
外观		白色半透明光滑均匀油膏		目测
1/4 工作锥入度/0.1mm		55~70	62~75	GB/T 269
蒸发度(200℃)/%	≯	2.0	3.0	SH/T 0337
腐蚀(LC9 超硬铝合金、45 号钢片,100℃,3h)		合格	合格	SH/T 0331
相似黏度/Pa·s				SH/T 0048
−40℃,10s⁻¹	≯	1100	—	
−54℃,10s⁻¹	≯	—	250	
分油量				
压力法/%	≯	5.0	8.0	GB/T 392
钢网法/%				SH/T 0324
204℃,30h	≯	8.0	—	
150℃,24h	≯		4.0	
蒸发损失/%				
204℃,30h	≯	2.0	—	GB/T 7345
150℃,24h	≯		2.0	
烘烤试验(204℃,24h)				另有规定
1/4 锥入度/0.1mm	≯	70	—	
抗水密封性		合格	合格	另有规定
化学安定性(100℃,100h,0.78MPa)压力降/MPa	≯	—	0.034	SH/T 0335
储存安定性(38℃,6 个月)1/4 锥入度/0.1mm		55~70	62~75	SH/T 0452

(3) 7805 号抗化学密封脂

7805 号抗化学密封脂由聚全氟异丙醚油及氟塑料粉调配而成,适用于接触特殊腐蚀性介质的活门的密封与润滑,其质量指标 NB/SH/T 0449—2013 见表 5-78。

表 5-78　7805 抗化学密封脂质量指标 NB/SH/T 0449—2013

项目		质量指标	试验方法
外观		白色均匀油膏	目测
滴点/℃	≮	120	GB/T 4929
1/4 工作锥入度/0.1mm		50~70	GB/T 269
蒸发度(100℃,1h)/%	≯	1	SH/T 0337[①]
分油量(200g±2g)/%		7	GB/T 392
腐蚀(50℃,48h)		合格	SH/T 0331[②]

项目		质量指标	试验方法
杂质含量/(颗/cm³)			SH/T 0336
直径≥25μm	≯	4000	
直径≥75μm	≯	120	SH/T 0336
直径≥125μm		0	

①恒温器使用自动恒温烤箱，蒸发皿放在烘箱内中间的一块玻璃板上。

②本标准所用金属片（防锈铝合金）由703所提供。

（4）7405号高温高压螺纹密封脂

7405号高温高压螺纹密封脂由无机稠化剂稠化矿物油并加入一定量的填料、高分子聚合物和防腐剂制成，适用于油气田井下套管螺纹的润滑与密封，也适用于某些高温高压设备螺纹连接处的润滑与密封。其质量指标SH/T 0595—1994见表5-79。

表5-79　7405号高温高压螺纹密封脂质量指标SH/T 0595—1994

项目		质量指标		试验方法
		一等品	合格品	
外观		黑色均匀油膏		目测
1/4工作锥入度/0.1mm		300~340		GB/T 269
滴点/℃	≮	250	200	GB/T 3498
钢网分油(65℃，24h)/%	≯	5.0	8.0	SH/T 0324
蒸发度(150℃，1h)/%	≯	2.0	3.0	SH/T 0337
相似黏度(-10℃，10s⁻¹)/Pa·s		测定		SH/T 0048
抗水淋性(65℃，2h)/%	≯	5.0		SH/T 0109
腐蚀(45号钢，100℃，3h)		合格		SH/T 0331
逸气量(65℃，120h)/mL	≯	20	测定	另有规定
摩擦系数(常温，SRV试验机)		测定		另有规定

（5）1号阀门脂

1号阀门脂是由复合铝皂稠化矿物油制成的，具有良好的抗水性、润滑性、耐压密封性，适用于温度不高于180℃、压力不大于98Pa的水蒸气和稀碱液等介质的密封。其质量指标见表5-80。

表5-80　1号阀门脂质量指标 Q/SH 003.01.022—1995

项目		质量指标	试验方法
滴点/℃	≮	200	GB/T 4929
锥入度/0.1mm		70~110	GB/T 269
腐蚀(铜片，钢片，100℃，3h)		合格	GB/T 7326

（6）5 号耐汽油密封脂

5 号耐汽油密封脂是由特殊皂基稠化剂制成，具有良好的拉丝性、黏附性，不溶于燃料和润滑油，适用于发动机燃料系统、润滑系统的开关和螺纹结合处的密封，也适用于飞机在组装过程中螺纹拧紧和结合之后的密封。其质量指标见表 5-81。

表 5-81　5 号耐汽油密封脂质量指标 Q/20191915-2.069—2003

项目	质量指标	试验方法
外观	棕色均匀油膏	目测
滴点/℃　　　　　　　　　　　　　　　　≮	55	GB/T 4929
腐蚀（铜片，100℃，3h）	合格	SH/T 0331
水分/%	0.3~2.0	GB/T 512
水溶性酸或碱	无	GB/T 259

第6章 润滑脂的应用

润滑脂是一种重要的润滑材料，应用范围十分广泛，涵盖了工业、农业、交通运输、航空航天、电子信息、能源及军事装备等各个领域，是国家经济建设和国防不可缺少的一类重要石油化工产品。

润滑脂品种牌号繁多，应用范围广泛。正确选用润滑脂是保证机械设备处于良好工作状态、延长设备使用寿命及降低生产成本的重要措施。要正确选用润滑脂必须了解各种润滑脂的特性，并了解具体用脂部位的工作条件和环境条件，只有润滑脂的特性与应用场合相适应，才能充分发挥润滑脂的性能，收到良好的应用效果。本章介绍润滑脂的应用。

6.1 润滑脂的选用

我国的润滑脂品种牌号十分繁杂、牌号很多，很难有十分准确的统计，已制订的润滑脂产品国家标准 7 个、国家军用标准 13 个、行业标准 55 个，润滑脂品种超 300 个。润滑脂的正确选用对保证机械设备的良好润滑、防止设备损坏、延长设备使用寿命、降低润滑脂耗量有重要意义。但是由于润滑脂的品种牌号多，又无统一的选用标准，给润滑脂的正确选用带来了一定的难度。

正确选用润滑脂，首先要了解各种润滑脂的特性，还要了解设备的工作条件（温度、负荷、转速）、环境条件、加脂方式、换脂周期等，只有润滑脂的特性与应用条件相适应，才能发挥润滑脂的性能，收到良好的应用效果。润滑脂的选用在很大程度上依赖人们的经验和现场实际使用效果。选用润滑脂的一般原则是：根据设备工作条件如设备类型、使用温度范围、承载负荷、转速及所接触的环境介质和其他特殊要求；参照各类润滑脂的主要性能，结合经验选择润滑脂。

6.1.1 润滑脂的使用目的

使用润滑脂的主要目的是减摩、防护和密封。80%以上的润滑脂作减摩用，其余作防护或密封用。使用目的不同须选择不同类型的润滑脂。

1. 减摩用润滑脂

减摩润滑脂应根据设备类型、负荷、转速、使用温度及供脂方式等来进行选择。供脂方式不同须选择不同稠度和性质的润滑脂，如人工加脂或用脂枪加脂可选择稠度较大的润滑脂(1号、2号、3号)，而集中供脂应选用稠度较小的润滑脂(00号、0号、1号)。

2. 防护用润滑脂

防护润滑脂的选用要考虑被保护金属的种类、性质及环境条件(如温度、湿度、腐蚀性介质等)和保护期的长短。防护润滑脂本身要无腐蚀性，不含机械杂质、水分、游离酸或碱；长期防护润滑脂应具有良好的氧化安定性、胶体安定性、黏附性，不易从金属表面滑落；还应具有适当的滴点。烃基润滑脂适合作为防护润滑脂，因为它具有良好的胶体安定性、氧化安定性、抗水性和黏附性，同时加入防锈、防腐剂则效果更好。

3. 密封用润滑脂

密封润滑脂的选用首先要考虑所接触的介质，润滑脂要有对相应介质的忍耐性；其次要考虑温度、压力等条件，在使用温度下不流失，在所受压力下仍能保持密封性。

6.1.2 轴承润滑剂的选择

轴承润滑剂的选用主要考虑使用温度、负荷、转速及工作环境，并区分滚动轴承或滑动轴承来选择脂或油进行润滑。大部分滚动轴承用脂润滑，大部分滑动轴承用油润滑。一般来说，低速轴承适合用脂润滑，而高速轴承适合用油润滑。

1. 设备转速的界定

表6-1列出了界定设备运转时高、中、低转速的依据，以及脂润滑设备的运转速度极限值。脂润滑滚动轴承的速度极限为350000，润滑滑动轴承的速度极限为5m/s，润滑齿轮的速度极限为10m/s，润滑涡轮的速度极限为5m/s。当设备运转速度超过极限时，不宜采用脂润滑。

表6-1　设备转速的界定

转速	滚动轴承速度因素 $K_a \times n \times d_m$	滑动轴承轴颈圆周速度 $V/(\text{m/s})$
低速	<100000	<1
中速	100000~250000	1~3
高速	250000~350000	3~5
脂润滑的速度因素极限	≤350000	≤5

注：K_a——轴承系数，深槽滚珠轴承、角触点滚珠轴承 $K_a = 1$，锥形轴承、滚针轴承、球形轴承 $K_a = 2$，轴向负荷圆柱滚子轴承 $K_a = 3$。

d_m——轴承名称直径，$d_m = D + d/2$，D 为轴承外径，d 为轴承内径，mm。

n——转速，r/min。

2. 设备负荷的界定

表6-2列出了设备负荷的界定，对中、高负荷的运转设备应选择极压脂润滑。

表 6-2　设备负荷的界定

负荷	滚动轴承		滑动轴承
	p_r/C	p_a/C	$P/(Bd)\times10^3/kPa$
低负荷	<0.05	<0.03	<2.9×10³~4.9×10³
中负荷	0.05~0.15	0.03~0.10	
高负荷	>0.15	>0.10	>4.9×10³

6.1.3　根据设备工作条件并参照润滑脂的特性选用润滑脂

1. 根据设备的工作条件选用润滑脂

首先根据设备运转的工作条件(如温度、速度、负荷、接触介质、供脂方式等)选定润滑脂的种类,再参照润滑脂的特性选用润滑脂。选用润滑脂时要结合应用经验。各类润滑脂的特性见表 6-3,根据设备运转条件选用润滑脂见表 6-4。

表 6-3　各类润滑脂的特性

基础油	稠化剂	滴点/℃	热安定性	机械安定性	耐水性	防锈性	泵送性	低温性	橡胶相容性	最高使用温度/℃
矿物油脂	钙皂	85~100	差	良	优	—	优	良	良	60
	钠皂	150~190	良	良	差	—	差	良	良	120
	钙-钠	140~150	可	良	可	可	可	良	良	100
	铝皂	70~90	差	差	优	良	优	可	良	60
	锂皂	180~200	良	良	良	良	优	良	良	150
	钡皂	130~150	可	可	良	良	良	良	良	120
	铅皂	70~130	可	良	可	可	可	良	良	100
	复合钙	>250	可	可	良	良	—	良	良	150
	复合铝	>250	良	良	良	良	优	良	良	150
	复合锂	>250	良	良	良	良	优	良	良	150~200
	膨润土	>250	良	良	可	差	可	良	良	150
	聚脲	>250	优	良	优	优	良	优	良	150~200
酯类油	锂皂	180~200	良	良	良	良	优	优	差	160
	膨润土	>250	良	良	良	良	良	优	差	150~200
	聚脲	>250	良	良	良	良	良	优	差	150~200
硅油	锂皂	180~200	良	良	良	良	优	优	良	180
	聚脲	>250	良	良	良	良	良	优	良	150~200

313

表 6-4　根据设备运转条件选择润滑脂

润滑部件		皂基润滑脂				非皂基润滑脂	基础油黏度			润滑脂稠度		
		钙皂	钠皂	铝皂	锂皂		高	中	低	硬	中	软
轴承	滑动	○	○	○	○							
轴承	滚动	○	○	×	○	○						
环境	水	○	×	○	○	○						
环境	化学介质	×	×	×	×	○						
转速	高	×	○	×	○	○	○	×	×	×		
转速	中	○	○	○	○	○	×	○	×	○		
转速	低	○	×	×	○	○	×	×	○		○	
运转条件	DN 大	×	○	×	○	○		×	×			
运转条件	DN 小	○	○	○	○	○			○			×
运转条件	重负荷	×	○	○	○	×	○	×	×			
运转条件	轻负荷	○	○	○	○	○	×	○	○			
冲击负荷		×	○	○	○	×	○			×	○	×
供脂方式	人工	○	○	○	○	○						
供脂方式	脂杯	○	○	○	○	○	×	○	○			
供脂方式	压力	○	○	○	○	○	×	○	○			
供脂方式	集中	○	×	○	○	○	×	○	○			

2. 根据工作温度选用润滑脂

根据设备工作温度范围，选择润滑脂的种类（见表 6-5）。

表 6-5　常用润滑脂适用温度范围

稠化剂类型	基础油类型	适用温度范围/℃
钙皂	矿物油	-20~70
钠皂	矿物油	0~100
铝皂	矿物油	-20~55
锂皂	矿物油	-30~120
锂皂	聚 α-烯烃	-50~130
锂皂	酯类油	-55~130
锂皂	硅油	-60~150

314

稠化剂类型	基础油类型	适用温度范围/℃
复合锂	矿物油	−30~150
	聚α-烯烃	−50~180
	硅油	−60~200
复合铝	矿物油	−30~150
复合钙	矿物油	−30~150
复合磺酸钙	矿物油	−30~180
聚脲	矿物油	−30~160
	聚α-烯烃	−40~180
	聚苯醚	−50~200
膨润土	矿物油	−20~160
硅胶	硅油	−50~200

3. 根据速度指数选用润滑脂

根据速度指数(DN值)、温度、环境选择润滑脂的稠度(见表6-6)。对于轴承内径小于50mm的体系,DN值小于300000时,采用脂润滑,否则适合用油润滑。对于同类轴承,当转速较快时应选用黏度较小的基础油制备的稠度较小的润滑脂;相反,当转速较低时应选用黏度较大的基础油制成的稠度稍大的润滑脂。

表6-6 根据速度指数等选择润滑脂

运转温度/℃	速度指数	环境状况	选用润滑脂稠度中级号	
			手涂、脂杯、脂枪	集中润滑
−10~40	<8000	干燥空气	1, 2 号	0, 1 号
		水分或湿度	1, 2 号	0, 1 号
	>8000	干燥空气	2 号	0, 1, 2 号
		水分或湿度	2 号	0, 1, 2 号
40~80	<8000	干燥空气	2, 3 号	0, 1, 2 号
		水分或湿度	2, 3 号	0, 1, 2 号
	>8000	干燥空气	2, 3 号	1, 2 号
		水分或湿度	2, 3 号	1, 2 号
大于80	—	—	2, 3 号	1, 2 号

4. 根据供脂方式选用润滑脂

根据供脂方式、运转条件选择润滑脂的稠度,润滑脂稠度与使用的关系见表6-7。

表 6-7　润滑脂稠度与使用的关系

NLGI 稠度等级号	适用场合
000、00	开式齿轮、齿轮箱和减速箱的润滑，集中润滑系统
0	开式齿轮、齿轮箱，集中润滑系统
1	转速较高的针式轴承、滚子轴承及集中润滑系统
2	中负荷、中等转速的抗磨轴承，汽车轮轴承。人工加脂
3	中负荷、中等转速的抗磨轴承，汽车轮轴承。人工加脂
4	水泵和其他低转速、高负荷的轴承和轴颈轴承。脂杯加脂，手动涂抹
5、6	特殊条件下的润滑，如球磨机轴颈轴承。手动涂抹

6.1.4　滑动轴承润滑脂的选用

滑动轴承大多采用油润滑，有一部分滑动轴承用脂润滑，如运转速度小于 2m/s、间隙运动及要对污物和水分密封时采用脂润滑。滑动轴承的接触面间为滑动摩擦，摩擦系数较大，转速低而负荷高，要求润滑脂有足够的油膜强度和良好的润滑性，在潮湿环境或水淋条件下工作要求润滑脂要有良好的抗水性。滑动轴承润滑脂的选用主要考虑速度、负荷、温度等。用脂润滑的滑动轴承的润滑周期见表 6-8。

表 6-8　用脂润滑的滑动轴承的润滑周期

工作条件	转速/(r/min)	润滑周期
偶然工作，不重要的部件	<200	5 天 1 次
	>200	3 天 1 次
间断工作	<200	2 天 1 次
	>200	1 天 1 次
连续工作，工作温度<40℃	<200	1 天 1 次
	>200	每班 1 次
连续工作，工作温度>40℃	<200	每班 1 次
	>200	每班 2 次

6.1.5　滚动轴承润滑脂的选用

滚动轴承大多采用脂润滑，只有少数高速滚动轴承(DN 值大于 350000)用油润滑。滚动轴承润滑脂的选用主要考虑轴承的类型、结构及转速、温度、负荷等因素。一般来说，负荷轻、转速高、工作温度低的轴承要选用基础油黏度小的低稠度润滑脂，环境温度很低时要选用合成油润滑脂；而负荷重、转速慢、工作温度高的轴承要选用基础油黏度大的稠度较大的耐高温的润滑脂；密封轴承要选用长寿命润滑脂，润滑脂要与轴承同寿命。

6.1.6 轴承润滑脂填充量

1. 轴承润滑脂填充量的估算

（1）滑动轴承润滑脂填充量

$$Q = 4d \tag{6-1}$$

式中 d——轴承直径，cm。

（2）滚动轴承润滑脂填充量

$$Q = \frac{D \times B}{200} \tag{6-2}$$

式中 D——轴承外径，mm；

B——轴承宽度，mm。

2. 润滑脂填充量过多的危害

（1）摩擦力矩增大；

（2）温升增高；

（3）润滑脂稠度下降较多；

（4）漏失量增大。

3. 滚珠和滚子轴承润滑脂的填充方法

（1）轴承里要填满，但不应填满外盖以内空隙的 1/2 ~ 3/4；

（2）装在水平轴上的一个或多个轴承要填满轴承里面和轴承之空隙，但外盖里的空隙只填全部空隙的 1/3 ~ 3/4；

（3）装在垂直轴上的轴承要填满轴承里面，但上盖只填空间的一半，下盖只填空间的 1/3 ~ 3/4；

（4）在易污染的环境中，对低速和中速轴承要把轴承盖里全部填满润滑脂。

4. 密封轴承润滑脂的填充方法

密封轴承润滑脂要求终身润滑，中间不更换润滑脂。对于需要特别精心保养的高速轴承，在填充润滑脂之前，可选用适当的润滑油将滚动体和滚道润湿，让多余的润滑油流掉后再填充润滑脂，以保证润滑脂均匀分布在摩擦表面上有一层脂膜，以防止启动时摩擦表面产生干摩擦而烧坏轴承。

由于润滑脂是半固体，缺乏流动性，只有将脂均匀地加到轴承空间中，启动时才能在表面上均匀分布，如果润滑脂分布不均匀，启动时脂不能自动流到所有摩擦部位，有的金属接触面处于干摩擦状态，最好用加脂器加脂。轴承装好后用手转动几圈，检查装配是否合适，并使脂分布均匀。

6.2 润滑脂的使用寿命及报废指标

6.2.1 润滑脂寿命的影响因素

影响润滑脂寿命的主要因素有：组成、性质及使用条件等。

1. 组成对润滑脂寿命的影响

稠化剂和基础油都对润滑脂的使用寿命有影响：

（1）不同稠化剂制备的润滑脂有不同的轴承寿命，高温轴承寿命较长的润滑脂有：聚脲、酰胺、复合磺酸钙、复合锂等，在低于120℃时锂基润滑脂也具有较长的轴承寿命，但温度超过150℃后锂基润滑脂的寿命大幅缩短。

（2）不同基础油制备的润滑脂其轴承寿命也不同，一般基础油的氧化安定性和热安定性好，制成的润滑脂的寿命较长，所以，合成油润滑脂的寿命比矿物油润滑脂的寿命长；另外基础油的黏度过大或过小都会使润滑脂的寿命缩短。

2. 性质对润滑脂寿命的影响

首先，润滑脂的胶体安定性、氧化安定性、蒸发性都对润滑脂的寿命有重要影响，其次，润滑脂的机械安定性、漏失量等也对寿命有影响。有人对矿物油-皂基脂的寿命与性质的关系进行了研究，其经验关系如下：

$$L = 1.56 \sqrt{B^{-1.78} E^{-1.43} S^{-0.44}}$$

式中　B——分油量，%；

　　　E——蒸发量，%；

　　　S——氧化安定性，压力降，kPa。

3. 使用条件对润滑脂寿命的影响

使用条件对润滑脂寿命的影响主要包括温度、速度、负荷等的影响。

（1）温度对润滑脂寿命的影响

使用温度升高，将使润滑脂的分油增大、氧化加快、蒸发量增加，从而使润滑脂的寿命缩短。一般工作温度升高 $10 \sim 15$℃，润滑脂的寿命将减少1/2。

（2）转速对润滑脂寿命的影响

矿物油-锂基润滑脂的使用寿命与运转速度之间有下列经验关系：

$$\lg L = 3.73 - 0.00016n$$

式中　L——轴承外环温度120℃时润滑脂的寿命，h；

　　　n——轴承内环转速，r/min。

（3）负荷对润滑脂寿命的影响

负荷增加润滑脂的使用寿命缩短，其中轴向负荷的影响大于径向负荷。

6.2.2　润滑脂的报废参考指标

目前，国内外尚无润滑脂报废指标的正式标准，而实际工作中大家对报废指标很关心，因为润滑脂的报废指标关系到设备的正常使用，关系到润滑脂的换脂期的确定及润滑成本的节约，因此结合润滑脂使用前后的性能分析及实际使用经验提出润滑脂的参考报废指标具有很大的实际意义。表6-9列出润滑脂报废参考指标。

表6-9　润滑脂报废参考指标

项目	润滑脂报废参考指标
稠度	润滑脂在使用过程中无论硬化或软化，其锥入度变化达±20%以上时应更换新脂
滴点	当润滑脂的滴点降低至下述范围时应更换新脂：钙基润滑脂的滴点降至50℃以下；锂基润滑脂的滴点降至140℃以下，钠基润滑脂滴点降至120℃以下；复合钙基润滑脂滴点降至180℃以下；复合锂基润滑脂滴点降至200℃以下
分油	当使用后的分油量与使用前的分油量之比小于70%时应更换新脂
腐蚀	铜片腐蚀不合格应更换新脂
氧化	润滑脂使用后产生较大的酸败气味，或锂基润滑脂酸值大于0.3mgKOH/g时应更换新脂
乳化	润滑脂混入水分后产生乳化或变软流失，应更换新脂
灰分	当灰分变化率大于50%时应更换新脂
机械杂质	润滑脂使用过程中混入大于125μm的杂质时应更换新脂

6.3　润滑脂在各种机械设备上的应用

6.3.1　车用润滑脂

汽车是重要的交通工具，也是使用润滑脂较多的行业。到2012年我国的汽车保有量12000多万辆。现代汽车的发展主要是追求乘坐的舒适性和节省燃料，要达到这些目的，除了合理的设计和制造外，良好的润滑很重要。从某种意义上说润滑技术间接制约汽车整体质量的提高。汽车根据承载能力和用途可分为重型车、中型车、轻型车、微型车、轿车等类型，不同车型及同一车型的不同部位对润滑脂的要求也不相同。汽车结构大致可分为发动机、底盘、车身和电气设备等部分，各部分应用润滑脂的情况介绍如下。

1. 汽车上的用脂部位

（1）发动机系统

汽车发动机系统的主要用脂部位包括：启动机轴承、曲轴飞轮端密封、输油泵及电机轴承、喷油泵轴承、水泵轴承、风扇轴承、正时齿轮胀紧器轴承等。

（2）底盘

汽车底盘系统的主要用脂部位包括：差速器、等速万向节（CVJ）、传动轴承滚针轴承、变速箱轴承、变速器拉杆、离合器踏板和齿条，转向拉杆球销、转向齿条、齿轮箱、转向器电机轴承、转向齿轮和转向臂，轮毂轴承，球节、悬架，钢板弹簧，弹簧销和避震器，制动蹄片支点，刹车拉线，驻车制动器轴，停车闸、制动线缆、制动助力器、制动缸、制动鼓，空压机等。

（3）车身

车身的用脂部位：门锁与铰链、玻璃升降机、天窗、缆索、齿条、齿轮、车座滑片、雨刮器、后视镜等。

（4）电气设备

汽车的电气设备包括电源和用电设备，主要用脂部位：蓄电池极柱、发电机轴承、灯开关接点、传感器接头、安全气囊的开关和接头等。

2. 车用润滑脂的性能要求

车用润滑脂可分为原厂装车润滑脂（OEM Grease）和维护保养润滑脂（Service Grease）。这两种润滑脂性能要求是有区别的，一般而言，OEM 润滑脂比维护保养润滑脂的质量要求高，有些 OEM 润滑脂是终身润滑。即使是维护保养润滑脂，各不同用脂部位对润滑脂的性能要求也有区别。总体而言，汽车润滑脂应具有下列性能要求：

（1）适宜的稠度和稠度保持能力，良好的抗漏失特性；

（2）良好的高低温性能，在高温工作条件下不流失，在寒区低温下不因稠度过大而运转困难；

（3）良好的胶体安定性、氧化安定性，长的使用寿命，满足某些部位终身润滑的要求；

（4）良好的抗磨极压性能；

（5）良好的防锈、防腐蚀性能、

（6）良好的抗水性；

（7）与密封材料的适应性。

3. 汽车的用脂量

汽车类型不同、大小不同，其用脂量差异是很大的，表 6-10 列出各类汽车的初装用脂量和维护保养用脂量。

表 6-10　汽车的参考用脂量

汽车类型	OEM 用脂量/（kg/辆）	维护保养用脂量/（kg/辆）
卡车	2.0	6.0
客车	1.5	5.0
轿车	0.5	0.5

4. 轮毂轴承用润滑脂

轮毂轴承是汽车的主要用脂部位，对润滑脂的性能要求也较高，应具有良好的耐高温性，寒区用脂还要求良好的低温性，还应具有良好的抗磨极压性、抗水性、防腐性、成膜性以及长的使用寿命。轮毂轴承一般采用空毂润滑方式，即在轴承中填满润滑脂，轮毂空腔内只涂一薄层润滑脂。卡车一个轴承的用脂量约250克，轿车一个轴承的用脂量约10克。我国现在轮毂轴承一般推荐用汽车通用锂基润滑脂，也可使用MP多效锂基润滑脂、HP高温多效润滑脂、X03/H多效锂基润滑脂、3号防锈锂基润滑脂、3号通用锂基润滑脂及复合锂基润滑脂、脲基润滑脂、磺酸复合钙基润滑脂，早期也使用3号钙基润滑脂和无水钙基润滑脂等。

5. 汽车底盘用润滑脂

汽车底盘包括传动系统、行驶系统、转向系统和制动系统，涉及的润滑点很多，主要包括：差速器、等速万向节(CVJ)、传动轴承滚针轴承、变速箱轴承、变速器拉杆、离合器踏板和齿条，转向拉杆球销、转向齿条、齿轮箱、转向器电机轴承、转向齿轮和转向臂，轮毂轴承，球节、悬架，钢板弹簧，弹簧销和避震器，制动蹄片支点，刹车拉线，驻车制动器轴，停车闸、制动线缆、制动助力器、制动缸、制动鼓，空压机等。各部位对润滑脂的性能要求不同。一般推荐使用汽车通用锂基润滑脂、通用锂基润滑脂、钙基润滑脂、无水钙基润滑脂，也可使用极压锂基润滑脂、MP多效锂基润滑脂和HP高温多效润滑脂。而钢板弹簧要用石墨钙基润滑脂润滑和防护。

6. 汽车等速万向节(CVJ)用润滑脂

万向节用于汽车底盘传动系统，其作用是在两轴间夹角及位置经常变化的转轴之间传递动力和转矩。在前轮驱动(FF)和四轮驱动(4WD)车中，普通万向节已不能满足工况使用要求，广泛使用等速万向节(CVJ)。目前，汽车正向节能、低排放、舒适和免维护方向发展，对等速万向节润滑脂提出越来越高的要求。其工作特点是：①内摩擦冲程小，有时是间隙的往复摩擦，主要是边界润滑；②制动传导热比普通轿车的散热性差，发动机内温度高，要求润滑脂有良好的耐热性能；③采用小型轴承，润滑脂为封入式，要求与橡胶的相容性；④前轮驱动车的行走状态有摇动、冲动、滚动、振动、滑动，要求润滑脂有良好的抗磨极压性。等速万向节润滑脂一般采用矿物基础油，以锂皂、复合锂皂和聚脲为稠化剂，添加抗氧、防锈、防腐蚀、抗磨和增黏剂而成。

6.3.2 航空润滑脂

1. 航空润滑脂的性能要求

飞机工作的特点是：动力是航空发动机，功率大、负荷高、速度快、温度高、温差大，起飞和降落时有冲击负荷。航空发动机有活塞式和喷气式两种，活塞式航空发动机的曲轴轴承负荷约 6.88MPa，销子负荷约 14.7MPa，温度约100℃，时常有冲击负荷。一般喷气式航空发动机温度最高的部位是涡轮主轴，工作温度 150~200℃，超音速飞机主轴温度达 250~300℃，超三倍音速飞机的主轴温度高达 350℃，而北方冬季或飞机进入同温层时温度在−50℃以下，因此航空润滑脂要求具有良好的高低温性能，一般需要使用合成油润滑脂。飞机上需要脂润滑的部位很多，各部位对脂的要求不同，航空润滑脂有很强的专用性，有几十种，大致可分为：航空机械脂、航空仪表脂、防护脂和密封脂。

2. 航空机械润滑脂

航空机械润滑部位主要包括：①操纵系统的各个活动关节、收放襟翼、起落架、副翼和炸弹舱门等的摇臂、螺栓、支承机构和其他机械零件；②机轮轴承；③螺旋桨套筒轴承，直升机桨毂轴承，自动倾斜装置构件与旋翼支承机构。航空机械润滑脂的主要性能要求有：使用温度范围宽（−54~300℃），长寿命，良好的氧化安定性和储存安定性，良好的抗磨极压性、防腐性和与橡胶的适应性'耐燃料、耐油、耐氧化剂、耐辐射，抗冲击等。

航空机械润滑脂的主要品种有：①7007、7008 号和 7008−1 号通用航空润滑脂，用于电机轴承、齿轮、操纵机械的支点等。②7011 号低温极压润滑脂，用于重负荷机械的润滑，如重负荷齿轮、襟翼操纵机构、尾轮和起落支点轴承、链条传动机构等。③7450 号航空机轮润滑脂，用于大型喷气机的机轮轴承。此外，还有特 221 号润滑脂、7001 号高低温润滑脂、6691 号航空机轮润滑脂、931 号高温航空润滑脂等。

3. 航空电气仪表润滑脂

航空电气仪表是飞机观察测量的精密仪器仪表、光学仪器、电气及无线电等设备，具有负荷轻、灵敏度高、转速快、工作温度范围宽等特点。航空仪表脂润滑的主要部位有：①飞机的发电机、起动机、起动箱、起动油泵、电动机构、转弯仪、地平仪、自动驾驶仪；②无线电和雷达设备；③军械，如机关枪、机关炮、照相机等。

航空机件、仪表润滑脂的品种比较多，主要有：特 7 号、特 8 号、特 12 号、75 号精密仪表脂，3 号仪表脂，7012 号极低温润滑脂、7014 号高低温润滑脂、7015 号高低温润滑脂、7017−1 号高低温润滑脂等。

4. 航空防护润滑脂

航空防护脂的主要应用部位有：①飞机操纵系统的钢索、活塞杆、机身结合处、各安装点及金属表面防锈；②直升机旋翼；③擦拭军机的机关枪、机关炮；④封存航空发动机、各种金属零件。

航空防护脂的主要品种有：1 号、2 号、3 号、4 号防锈脂。

5. 航空密封润滑脂

航空密封脂应用的部位有：①耐油密封脂用于密封各型飞机燃料系统、润滑系统和液压系统的连接部位；②耐醇、耐水密封脂用于密封飞机的空气系统、防水系统的连接部位。

航空密封脂的主要品种有：5 号耐汽油密封脂、2 号多效密封脂、7901 号耐煤油密封脂、7903 号系列耐油密封脂。

6.3.3　舰船用润滑脂

舰船上使用脂润滑的部位较多，主要分为：机械、仪表、军械等，使用润滑脂最多的是辅机，如电动机、发电机、变流机和组合轴承等，其次是军械和航海观通设备。

舰船机械部分如舵机、锚机、艇尾机、缆车、卷车、吊车等轴承、齿轮和传动部位以及支承轴承等，可使用 3 号钙基润滑脂，现在大多使用 3 号锂基润滑脂、3 号防锈锂基润滑脂、铁路 I 型锂基润滑脂、X03/H 多效锂基润滑脂。电动机、发电机的轴承也用上述几种锂基润滑脂。

军械部分如炮座的滚动、滑动轴承，传动轴和齿轮，以及转换机、方向机、瞄准机等，可用 3 号钙基润滑脂，但现在大多用多效锂基润滑脂。水雷发射器的轴承、转台槽、涡轮蜗杆等也用钙基润滑脂或锂基润滑脂。

易受海水冲刷的机械如锚机链条、舵轴、螺旋桨毂螺帽、舷外活动关节、阀门等船用脂。

仪表部分如航程计算器、无线电波段开关、指挥仪等使用各种仪表润滑脂，如 2 号低温脂、3 号仪表脂、7008 号通用航空润滑脂、特 12 号精密仪表脂、凡士林等。

6.3.4　冶金设备用润滑脂

1. 冶金设备用润滑脂的性能要求

炼钢厂的主要工序包括烧结、炼铁、炼钢、连铸、轧制等，应用脂润滑的主要设备有球磨机、混料机、烧结机、钢炉运转和支撑部位、扇形段及剪切部位、轧机轴承、减速机、输送轴承、卷曲机、联轴器等。冶金设备工作的条件十分苛刻：高温、水淋、尘埃、重负荷和冲击负荷，对润滑脂的性能要求如下：①适宜的稠度和良好的泵送性；②良好的耐温性；③良好的抗水性；④优良的抗磨极压性；⑤良好的剪切安定性。

2. 混料机用润滑脂

混料机的作用是将铁矿粉、焦炭及熔剂混合，以进入烧结机进行造块。混料机的用脂部位包括：筒身外壁大齿圈与小齿轮的啮合部分，筒身两端的支撑托辊。

混料机属于重负荷、低转速设备，且工作现场粉尘很大，要求润滑脂具有良好的流动性、优异的抗磨极压性，良好的防锈性、抗水性、黏附性和低成本。混料机润滑脂一般是以高黏度矿物油为基础油的极压锂基、复合钙基或复合锂-钙基润滑脂，产品主要有：溶剂沥青型产品和半流体润滑脂。某厂生产的混料机专用润滑脂的典型性能指标见表6-11。

表6-11 混料机专用润滑脂的性能指标

项目	典型数据		试验方法
	00号	000号	
工作锥入度/0.1mm	400~430	445~475	GB/T 269
腐蚀(钢片，100℃，3h)	合格	合格	SH/T 0331
抗磨性能(四球机法)(392N，60min)D/mm	0.54	0.50	SH/T 0204
极压性能(四球机法)P_D/N	≥6076	≥6076	GB/T 12583

3. 烧结机用润滑脂

烧结的作用是把颗粒状或粉状的铁矿石进行烧结处理，变成气孔率高的块料。烧结机由布料设备、烧结机本体、点火器和抽风除尘装置构成。烧结机的作业通过负压来实现，负压达-267kPa，烧结机的空气密封片具有自重和弹力，压在滑道上，由于滑动产生磨损、热变形等，在滑道和密封片间产生漏气。高温下润滑脂软化、流出，引起供脂不良及灰尘混入引起密封不良导致加速磨损。热变形也会使间隙加大从而使漏气增加。

烧结机一般采用自动供脂，一般选用0号、1号极压锂基润滑脂和复合铝基润滑脂，也可采用聚脲基润滑脂。如国内某厂生产的烧结机润滑脂的典型数据见表6-12。

表6-12 烧结机润滑脂的性能指标

项目	典型数据		试验方法
	0号	1号	
外观	淡黄色均匀油膏		目测
工作锥入度/0.1mm	350	300	GB/T 269
滴点/℃	220	250	GB/T 3498
腐蚀(T_2铜片，100℃，24h)	无绿色或黑色变化		GB/T 7326
蒸发量(99℃，22h)/%	2.0	2.0	GB/T 7325
流动压力/kPa			
−15℃	32	60	DIN51805
0℃	15	30	
20℃	8	15	

4. 炼铁/钢炉用润滑脂

炼铁高炉的炉顶装置用 0 号、1 号极压锂基润滑脂，托辊轴承、牵引轴承用 2 号、3 号极压锂基润滑脂或极压复合锂基润滑脂。

炼钢炉用极压复合锂基润滑脂或极压聚脲基润滑脂。

5. 连铸机用润滑脂

钢铁冶炼过程中，将钢水经浇铸设备凝结成钢锭或钢坯的过程称为浇铸。现代浇铸是采用连铸工艺，我国钢铁生产中连铸技术发展很快，连铸比超过 80%，但与发达国家(连铸比 90% 以上)比还有差距。连铸机的工作环境十分苛刻：高温、低速、重载、多尘、水淋。目前，钢厂用的连铸机润滑脂的主要品种有：极压复合锂基润滑脂、聚脲基润滑脂、复合铝基润滑和复合磺酸钙基润滑脂。表 6-13 是国产聚脲型连铸机润滑脂与国外某公司的 EP-2 的性能比较。

表 6-13　国产聚脲型连铸机润滑脂与国外某公司的 EP-2 的性能比较

项目	国产聚脲型连铸脂	EP-2
工作锥入度/0.1mm	315	272
滴点/℃	>260	191
钢网分油(100℃，24h)/%	4.2	3.4
相似黏度(-10℃，$10s^{-1}$)/Pa·s	383	378
腐蚀(T_2 铜片，100℃，3h)	1b	4a
蒸发量(99℃，22h)/%	0.14	0.58
水淋流失量(38℃，1 h)%	1.25	1.75
防腐性(52℃，48 h)/级	1	1
延长工作锥入度(10 万次)/0.1mm	332	323
极压性(四球机法)P_D/N	315	290
极压性能 OK 值(梯姆肯法)/N	222	222

6. 板型钢带轧机用润滑脂

板带技术是轧钢生产中技术含量最高的，对润滑脂的性能要求也高。板型轧钢机工作辊的环境是高温、重负荷、高速、水淋。轧辊用的润滑脂主要品种有极压锂钙基润滑脂、聚脲基润滑脂、复合磺酸钙基润滑脂。国内某厂生产的轧辊机润滑脂的典型数据见表 6-14。

表 6-14　轧辊机润滑脂的典型数据

项目	典型数据	试验方法
外观	褐色均匀油膏	目测
工作锥入度/0.1mm	292	GB/T 269

项目	典型数据	试验方法
滴点/℃	>330	GB/T 3498
腐蚀(T_2 铜片，100℃，24h)	无绿色或黑色变化	GB/T 7326
钢网分油(100℃，24h)/%	0.6	SH/T 0324
相似黏度($-20℃$，$10s^{-1}$)/Pa·s	1513	SH/T 0048
蒸发量(99℃，22h)/%	0.38	GB/T 7325
水淋流失量(38℃，1 h)%	0.25	SH/T 0109
滚筒(80℃，100h)微锥入度差值/0.1mm 　不加水 　加水20%	 2 3	SH/T 0122
防腐性(52℃，48 h)/级	1	GB/T 5018
抗磨性(四球机法)(392N，60min)D/mm	0.43	SH/T 0204
极压性(四球机法)P_D/N	4900	SH/T 0202
极压性能 OK 值(梯姆肯法)/N	222	SH/T 0203

7. 轧钢机联轴器用润滑脂

轧钢机主联轴器是十字块式万向联轴器，工作条件十分苛刻，高温、灰尘、水分及冲击负荷，联轴器很容易被磨损。轧钢机主联轴器一般用 1 号或 2 号极压锂基润滑脂、二硫化钼极压锂基润滑脂、极压复合锂基润滑脂，也有用石墨钙基润滑脂或压延机润滑脂。某厂采用复合皂稠化高黏度矿物油并加特种添加剂制备的联轴器润滑脂的性能指标见表 6-15。

表 6-15　联轴器润滑脂的主要性能指标

项目	典型数据	试验方法
基础油黏度/(mm²/s) 　40℃ 　100℃	 1000 45	GB/T 265
工作锥入度/0.1mm	325	GB/T 269
剪切安定性(10 万次)/0.1mm	343	GB/T269
滴点/℃	262	GB/T 3498
钢网分油(100℃，24h)/%	2.0	SH/T 0324
漏失量(104℃，6h)/g	3.7	SH/T 0326
蒸发量(99℃，22h)/%	0.35	GB/T 7325
轴承寿命(130℃)/h	390	ASTM D3336

项目	典型数据	试验方法
极压性(四球机法)		
P_B/N	1569	SH/T 0202
P_D/N	6080	
极压性能 OK 值(梯姆肯法)/N	245	SH/T 0203

8. 曳引链条用润滑脂

曳引链条用润滑脂的性能要求：①良好的泵送性；②优异的铺展性和渗透性；③突出的抗磨极压性；④优良的高温性；⑤良好的抗水性。某厂生产的链条润滑脂的典型数据见表 6-16。

表 6-16　链条润滑脂的典型数据

项目	典型数据	试验方法
滴点/℃	250	GB/T 3498
工作锥入度/0.1mm	355	GB/T 269
相似黏度($-10℃$，$10s^{-1}$)/Pa·s	315	SH/T 0048
腐蚀(45 号钢，100℃，3h)	合格	
极压性能 OK 值(梯姆肯法)/N	156	SH/T 0203
流动压力($-10℃$)/mbar	290	DIN51805

9. 减速机用润滑脂

钢铁生产中有很多齿轮传动装置，过去大多用油润滑，近年来以半流体极压润滑脂代替齿轮油用于减速机，有很多优点：①解决了用油润滑时由于温度升高导致黏度下降、泄漏、污染环境及造成磨损的问题；②油遇水乳化、变质，造成寿命缩短的问题。某国产齿轮润滑脂的质量指标见表 6-17。

表 6-17　齿轮润滑脂的质量指标

项目	典型数据			试验方法
	000 号	00 号	0 号	
工作锥入度/0.1mm	445~475	400~430	355~385	GB/T 269
滴点/℃	180	200	220	GB/T 4929
腐蚀(T_2 铜片，100℃，24h)	无绿色或黑色变化			GB/T 7326
抗磨性(四球机法)(392N，60min)D/mm	≯0.60			SH/T 0204
极压性能 OK 值(梯姆肯法)/N	≮156			SH/T 0203
蒸发量(99℃，22h)/%	≯2.0			GB/T 7325
氧化安定性(99℃，100h，758kPa)压力降/kPa	≯50			SH/T 0325
防腐性(52℃，48 h)/级	≯1			GB/T 5018

6.3.5　铁路机车用润滑脂

铁路机车用脂润滑的设备主要有轴承、制动装置、牵引装置、轮缘与钢轨、电力机车导线等。铁路机车的工作条件是：①车速快，行驶的地域广，季节变换、气温变化大；②负荷重，有振动、冲击的影响；③运行时间长，要求润滑脂长寿命；④要求与橡胶的适应性。铁路机车用的润滑脂主要品种有：

1. 铁路滚动轴承锂基润滑脂

铁路滚动轴承锂基润滑脂有Ⅰ、Ⅱ、Ⅲ、Ⅳ型。Ⅰ型是12-羟基硬脂酸锂皂稠化矿物油加添加剂制成；Ⅱ型是锂-钙皂稠化矿物油加添加剂制成，符合美国AAR-M-942标准；Ⅲ型是在Ⅱ型的基础上加了抗磨极压剂制成的；Ⅳ型是混合锂皂稠化矿物油加添加剂制成，具有良好的多效性能，适用温度-40~120℃。铁路滚动轴承锂基润滑脂的典型数据见表6-18。

表6-18　铁路滚动轴承锂基润滑脂的典型数据

项目	典型数据	试验方法
工作锥入度/0.1mm	289	GB/T 269
滴点/℃	190	GB/T 4929
腐蚀(T_2铜片，100℃，24h)	无绿色或黑色变化	GB/T 7326
钢网分油(100℃，24h)/%	2.6	SH/T 0324
相似黏度(-20℃，$10s^{-1}$)/Pa·s	1596	SH/T 0048
水淋流失量(38℃，1h)/%	1.0	SH/T 0109
抗磨性(四球机法)(392N，60min)D/mm	0.50	SH/T 0204
防腐性(52℃，48h)/级	1	GB/T 5018

2. 铁路制动缸润滑脂

铁路制动缸润滑脂有46号、89D两种。46号铁路制动缸润滑脂采用天然脂肪钙-钠皂稠化低黏度、低凝点矿物油加添加剂制成，具有良好的润滑、密封和黏温性能，能保持制动橡胶密封件的耐寒能力，适用于铁路机车制动缸，适用温度-50~80℃。

89D制动缸润滑脂是为重载列车研制的一种制动缸润滑脂，由脂肪酸锂皂稠化矿物油加添加剂制成，具有良好的抗水性、氧化安定性、机械安定性及长寿命，能保持橡胶密封件的耐寒能力，适用于重载列车制动缸的润滑，其性能指标见表6-19。

表 6-19 89D 制动缸润滑脂典型数据

项目	典型数据	试验方法
工作锥入度/0.1mm	315	GB/T 269
游离碱(NaOH)/%	0.01	SH/T 0329
滴点/℃	187	GB/T 4929
腐蚀(45 号钢，100℃，3h)	合格	SH/T 0331
钢网分油(100℃，24h)/%	2.7	SH/T 0324
水淋流失量(38℃，1h)/%	4.0	SH/T 0109
相似黏度($-50℃$，$10s^{-1}$)/Pa·s	1349	SH/T 0048
橡胶浸脂后吸油增重率(70℃，24h)/%	6.85	GB/T 1609
橡胶浸脂后压缩耐寒系数保持率(70℃，24h)/%	83	GB/T 6034

3. 铁路机车齿轮箱润滑脂

835 齿轮箱润滑脂采用脂肪酸锂皂稠化合成油加添加剂制成，具有良好的黏温性、抗磨极压性、防渗透性，有 835J、835N、835B 三个牌号，835J 用于严寒区，835B 用于北方，835N 用于南方。835 齿轮箱润滑脂用于机车牵引齿轮及工业传动齿轮的润滑。

4. 铁路轮轨润滑脂

铁路轮轨润滑脂有轨道润滑脂和轮轨润滑脂两种，轨道润滑脂用脂肪酸钙-钠皂稠化矿物油加鳞片石墨制成，有冬用、夏用两种。JH-1 轮轨润滑脂用脂肪酸锂皂稠化矿物油并加抗氧、防锈、防腐等添加剂和石墨制成，分严寒区、北方和南方三种产品，JH-1 轮轨润滑脂的质量指标见表 6-20。

表 6-20 JH-1 轮轨润滑脂的典型数据

项目	典型数据			试验方法
	00 号	0 号	1 号	
外观	黑色均匀油膏			目测
工作锥入度/0.1mm	428	367	328	GB/T 269
钢网分油(50℃，24h)/%	—	—	3.5	SH/T 0324
滴点/℃	173	178	186	GB/T 4929
腐蚀(T_3铜，100℃，3h)	合格			SH/T 0331
抗磨性(四球机法)(392N，60min)D/mm	0.67	0.55	0.58	SH/T 0204

5. 铁道硬干油

铁道硬干油又称砖脂，由脂肪酸钠皂稠化高黏度汽缸油制成，是长纤维钠基润滑脂，过去曾用于铁路蒸汽机车动轴轴承，后被车轴油代替，可能于应急处理时用，其技术指标 SH 0379—1992。

6.3.6 风电设备用润滑脂

随着我国经济的高速发展，对电力的需求越来越大，传统的火力发电对环境的污染很严重，我国应该更多地发展水力和风力发电，特别是风力发电的前景广阔。风力发电机的润滑部位包括：叶片轴承、主轴承、齿轮箱、发电机轴承、偏航系统轴承等。风力发电设备的工作环境恶劣，不便维护保养，对润滑脂的性能要求很高，国内应重视风电设备润滑脂的研究与应用。

1. 风电设备叶片轴承润滑脂

风电设备通过转子叶捕获风能，叶片轴承安装于轮毂上，并在液压系统作用下转动以调节桨矩，改变转子受风面从而达到调节转速及关机的作用。叶片轴承重达数吨，且受径向和轴向负荷。叶片轴承润滑脂应具有良好的高低温性能，以满足宽的使用温度范围的要求；还应具有良好的抗水性、防锈防腐蚀性，优良的抗磨极压性，良好的密封性，以防沙尘的影响。表 6-21 列出某国产品牌和某国外品牌叶片轴承润滑脂的典型性能。

表 6-21　叶片轴承润滑脂的性能

项目	某国产品牌	某国外品牌	试验方法
锥入度/0.1mm	265	269	GB/T 269
延长工作锥入度（10 万次），差值/0.1mm	+35	+41	GB/T 269
滴点/℃	159	149	GB/T 3498
钢网分油（100℃，24h）/%	0.7	1.4	SH/T 0324
氧化安定性（99℃，100h，0.77MPa），压力降/MPa	0.0105	0.0298	SH/T 0325
蒸发量（100℃，24h）/%	1.9	6.2	GB/T 7325
水淋流失量（38℃，1h）/%	3.4	7.5	SH/T 0109
腐蚀（T_2 铜片，100℃，24h）	通过	通过	GB/T 7326
极压性（四球机法）			
P_B/N	1981	490	SH/T 0202
P_D/N	2540	1569	SH/T 0202
磨痕直径/mm	0.45	0.47	SH/T 0204

2. 风电设备主轴承润滑脂

风电设备主轴承润滑脂通常为自调节球面滚子推力轴承。轴承用螺栓连接，主轴承连接着重达几十吨的叶片转子，负荷大，转速慢，润滑脂应具有良好的高低温性能和突出的抗磨极压性能，一般选用低温性能良好的极压润滑脂。表6-22列出某国产品牌和某国外品牌主轴承润滑脂的典型性能。

表6-22　风电设备主轴承润滑脂的性能

项目	某国产品牌	某国外品牌	试验方法
锥入度/0.1mm	310	325	GB/T 269
延长工作锥入度（10万次），差值/0.1mm	+25	+30	GB/T 269
滴点/℃	300	182	GB/T 3498
钢网分油（100℃，24h）/%	1.7	4.7	SH/T 0324
氧化安定性（99℃，100h，0.77MPa），压力降/MPa	0.0154	0.0654	SH/T 0325
蒸发量（100℃，24h）/%	0.9	6.2	GB/T 7325
水淋流失量（38℃，1h）/%	5.4	10.2	SH/T 0109
腐蚀（T_2 铜片，100℃，24h）	通过	通过	GB/T 7326
极压性（四球机法） P_B/N P_D/N	988 5390	696 5390	SH/T 0202 SH/T 0202
磨痕直径/mm	0.55	0.63	SH/T 0204

3. 风电设备发电机轴承润滑脂

发电机轴承润滑脂应具有良好的抗磨极压性、抗氧化性、防锈性和长寿命。表6-23列出某国产品牌和某国外品牌发电机轴承润滑脂的典型性能。

表6-23　风电设备发电机轴承润滑脂的性能

项目	某国产品牌	某国外品牌	试验方法
锥入度/0.1mm	276	285	GB/T 269
延长工作锥入度（10万次），差值/0.1mm	+35	+70	GB/T 269
滴点/℃	315	308	GB/T 3498
钢网分油（100℃，24h）/%	0.98	1.02	SH/T 0324
氧化安定性（99℃，100h，0.77MPa），压力降/MPa	0.0203	0.0438	SH/T 0325
蒸发量（100℃，24h）/%	0.8	4.3	GB/T 7325

项目	某国产品牌	某国外品牌	试验方法
腐蚀(T_2 铜片，100℃，24h)	通过	通过	GB/T 7326
极压性(四球机法)			
P_B/N	1363	932	SH/T 0202
P_D/N	3430	3430	SH/T 0202
磨痕直径/mm	0.39	0.39	SH/T 0204

4. 风电设备偏航系统轴承与齿轮润滑脂

风电设备的偏航系统是使风轮扫掠面积总是垂直于主风向。其轴承与齿轮润滑脂的要求是：良好的高低温性能，良好的抗水性、抗磨极压性、防锈防腐蚀性。表6-24和表6-25列出某国产品牌和某国外品牌偏航系统轴承与齿轮润滑脂的典型性能。

表6-24 风电设备偏航轴承专用润滑脂的性能

项目	某国产品牌	某国外品牌	试验方法
锥入度/0.1mm	266	270	GB/T 269
延长工作锥入度（10万次），差值/0.1mm	+27	+28	GB/T 269
滴点/℃	305	287	GB/T 3498
钢网分油(100℃，24h)/%	0.21	0.32	SH/T 0324
氧化安定性(99℃，100h，0.77MPa)，压力降/MPa	0.0544	0.0863	SH/T 0325
蒸发量(100℃，24h)/%	0.8	4.3	GB/T 7325
腐蚀(T_2 铜片，100℃，24h)	通过	通过	GB/T 7326
极压性(四球机法)			
P_B/N	1294	834	SH/T 0202
P_D/N	2940	2940	SH/T 0202
磨痕直径/mm	0.45	0.49	SH/T 0204

表6-25 风电设备偏航齿轮专用润滑脂的性能

项目	某国产品牌	某国外品牌	试验方法
锥入度/0.1mm	320	342	GB/T 269
延长工作锥入度（10万次），差值/0.1mm	+36	+38	GB/T 269
滴点/℃	305	252	GB/T 3498

项目	某国产品牌	某国外品牌	试验方法
钢网分油(100℃，24h)/%	1.59	2.34	SH/T 0324
氧化安定性(99℃，100h，0.77MPa)，压力降/MPa	0.0109	0.0352	SH/T 0325
蒸发量(100℃，24h)/%	0.5	2.3	GB/T 7325
腐蚀(T_2 铜片，100℃，24h)	通过	通过	GB/T 7326
极压性(四球机法)			
P_B/N	834	834	SH/T 0202
P_D/N	6370	6370	SH/T 0202
磨痕直径/mm	0.50	0.76	SH/T 0204

6.3.7　工程及工业机械用润滑脂

1. 工程机械用润滑脂

工程机械大多是移动式或自行式，除通用设备外还有些专用设备。工程机械的主要特点是：①运转条件多变，如负荷变化，转速变化，有振动或冲击，停开频繁；②室外露天作业，易受风吹、日晒、雨淋、尘土的侵袭；③离基地远，不便于维护、保养；④场地狭小、操作不便。工程机械对润滑脂的性能要求：①良好的高低温性；②良好的抗磨极压性；③抗水淋；④密封性好；⑤防锈抗腐性；⑥良好的氧化安定性。

工程机械用润滑脂品种主要有：①通用锂基润滑脂、极压锂基润滑脂、二硫化钼锂基润滑脂；②钙基润滑脂、石墨钙基润滑脂；③石墨烃基润滑脂；④复合钙基润滑脂、二硫化钼复合钙基润滑脂；⑤二硫化钼膨润土润滑脂。

2. 建筑机械用润滑脂

（1）混凝土搅拌机用润滑脂

① 大齿圈、钢丝绳：用石墨烃基润滑脂；

② 进料斗轴承、绳轮轴承、托轮轴承、手轮轴承等：用2号或3号钙基润滑脂；

③ 水泵轴承、电机轴承：用通用锂基润滑脂；

④ 行走轮轴承、传动链：用2号或3号钙基润滑脂。

（2）混凝土振动器用润滑脂

用2号通用锂基润滑脂或钙基润滑脂。

（3）砂浆拌和机用润滑脂

可用2号通用锂基润滑脂、3号钙基润滑脂、石墨钙基润滑脂。

（4）卷扬机用润滑脂

可用1号或2号钙基润滑脂。

（5）钢丝绳用润滑脂

可用钢丝绳表面脂或钢丝绳麻芯脂。

3. 风动机械用润滑脂

（1）风动工具用润滑脂

可用1号或2号极压锂基润滑脂、2号复合钙基润滑脂。

（2）凿岩机械用润滑脂

可用2号或3号钙基润滑脂、2号汽车通用锂基润滑脂、石墨钙基润滑脂、2号二硫化钼锂基润滑脂。

（3）空气锤用润滑脂

可用2号钙基润滑脂或通用锂基润滑脂。

（4）打桩机用润滑脂

可用复合钙基润滑脂或钠基润滑脂。

（5）空压机用润滑脂

可用2号通用锂基润滑脂。

4. 精密机床用润滑脂

精密机床用的润滑脂主要有：精密机床主轴润滑脂、白色特种润滑脂及钙基润滑脂、通用锂基润滑脂。

5. 隧道窑车用润滑脂

隧道窑车用的润滑脂主要品种有：7020号窑车轴承脂、7019号高温脂、HG高温窑车脂及通用锂基润滑脂、极压锂基润滑脂。

6. 钻井机械用润滑脂

钻井机械专用润滑脂的主要品种有：螺纹润滑脂、密封钻头脂、7022号润滑脂。

7. 食品机械润滑脂

食品机械(如啤酒机、饮料机、冰激凌机、蛋糕机、乳制品机、制糖机、罐头机等)对其使用的润滑脂有特殊的性能要求和卫生要求，普通的工业润滑剂由于精制程度不够，不能用于食品机械。美国农业部/食品安全检查服务部(USDA/FSIS)将润滑剂分成H-1、H-2、H-3和P-1四类：H-1是真正的食品级润滑剂；H-2通常含无毒成分/配料，可用于不会有接触食品可能的设备；H-3是水溶性产品，使用之前须清洗和清除乳状液；P-1不能用于食品设备。

国内目前还没有真正意义上的食品级润滑脂，表6-26列出几种国外食品级润滑脂的组成和性能。

表6-26　国外几种食品级机械润滑脂的组成与性能

厂商	Mobil	Esso	Galtex	Fuchs
产品代号	Mobil grease FM102	Carum 330	FM grease EP	RenolitAX-2FG1
基础油	食品级白油	食品级白油	食品级白油	食品级白油

厂商	Mobil	Esso	Galtex	Fuchs
稠化剂	复合铝	复合钙	聚脲	复合铝
添加剂毒性	无毒	无毒	无毒	无毒
外观	光滑黏稠	琥珀色	白色黏稠	光滑黏稠
锥入度/0.1mm	285	325	325	280
滴点/℃	215	260	266	240
适用温度/℃	180	200		$-20\sim120$
USDA 分类	H1	H1	H1	H1

6.3.8 农业机械用润滑脂

农业机械工作的主要特点：①大多在室外作业，有风吹、日晒、雨淋的影响；②负荷变化大，有振动和颠簸；③季节性使用，闲置时易生锈。

农业机械用润滑脂的主要品种有：①2 号或 3 号钙基润滑脂；②2 号或 3 号通用锂基润滑脂；③0 号、1 号、2 号极压锂基润滑脂；④石墨钙基润滑脂、钢丝绳脂、凡士林；⑤二硫化钼润滑脂。

6.4 低噪声轴承润滑脂

轴承的振动和噪声是轴承综合性能的重要指标，降低轴承的振动和噪声有利于提高轴承工作的可靠性、延长轴承寿命。润滑脂是滚动轴承的五大构件(即外圈、内圈、滚动体、保持架、润滑剂)之一，对降低轴承噪声、延长轴承使用寿命有重要影响。低噪声轴承润滑脂是为了满足精密轴承而发展起来的，在家用电器、办公设备和军事装备中有重要应用前景，受到世界各国的高度重视。我国应加强低噪声轴承润滑脂的研究与应用。

6.4.1 低噪声轴承技术的发展

第二次世界大战后，日本的轴承制造业服务方向由军工转向民用，并于 1960 年制订了轴承噪声的标准 JIS B1584 滚动轴承声压级测量方法。与此同时，美国从国防出发，在海军支持下，开始对轴承的振动与噪声进行系统研究，在 1954 年制订了美国军用标准 MIL-B-17931 船舰技术标准，这一标准对低噪声低振动轴承的技术发展具有广泛的影响力。随着轴承生产的机械化与自动化程度的提高，低噪声轴承的生产渐成普及态势。

从研究低噪声轴承的技术路线来看，日本侧重于轴承噪声的研究，欧美侧重于限轴承振动(噪声的来源)的研究。从低噪声轴承的技术水平来看，日本的

NSK、NTN、KOYO 等公司处于领先水平，瑞典的 SKF 和德国的 FAG 等公司的产品也处于国际先进水平。

6.4.2　轴承振动与噪声的检测与分级

轴承的振动与噪声对轴承的寿命和工作可靠性有重要影响，现代轴承要求越来越低的噪声。引起轴承振动的原因有：轴承的规则度引起的振动；加工缺陷引起的振动；滚道和滚动体的圆形偏差及波纹度引起的振动；保持架引起的振动。异音的检测可采用人工听觉和仪器检测。国内的检测方法有速度型 BVT-1 型轴承振动分析仪和加速度型 S0901-1 型轴承振动分析仪。

根据轴承振动(噪声)的大小，将轴承分为不同的等级，表 6-27 和表 6-28 是 NSK 公司和 SKF 公司对轴承振动的分级。NSK 公司将轴承振动(噪声)分为 4 级：即标准、E、ER 和 EF 级，其中，ER 级为"静音"轴承，EF 级为"超静音"轴承。SKF 公司将轴承分为 7 级：普通、Q5、Q6、Q05、Q06、Q55、Q66 级。

表 6-27　NSK 轴承振动分级及典型用途

轴承振动分级	典型用途
标准	汽车发电机、洗衣机、摩托车
E	洗衣机、摩托车、吸尘器、抽油烟机、电动工具
ER(MCR)	空调器、洗衣机、吸尘器
EF(MCF)	空调器

表 6-28　SKF 轴承振动分级

轴承振动分级	意义
普通级	—
Q5	振动平均值低于普通级
Q6	振动平均值低
Q05	振动峰值低于普通级
Q06	振动峰值低
Q55	Q5+Q05
Q66	Q6+Q06

6.4.3　润滑脂影响轴承振动与噪声的因素探讨

影响轴承振动与噪声的因素是多方面的，与轴承所采用的材料、轴承设计、轴承结构、轴承的加工精度、所使用的润滑脂等都有关，在现代轴承制造越来越精密的情况下，润滑脂对轴承噪声的影响越来越受到重视。

润滑脂影响轴承噪声的因素也很多，首先是润滑脂的洁净度的影响，低噪声轴承润滑脂必须要有高的洁净度，所用原材料必须通过精密过滤，并用特殊的设备在特殊的环境中生产。影响轴承润滑脂噪声的因素还有基础油、稠化剂、添加剂、生产工艺和润滑脂的结构、润滑脂的流变性等。

1. 稠化剂类型和结构对轴承振动(噪声)的影响

目前所生产的低噪声润滑脂大多采用锂皂为稠化剂，其次还有聚脲和复合锂皂。其他稠化剂还鲜见用于低噪声润滑脂的生产。润滑脂的结构对轴承噪声也有影响，这种影响与轴承的形式和加工精度有关，对于加工不太精密的轴承，相对致密的稠化剂纤维结构有利于降低轴承噪声。

2. 基础油类型和黏度对轴承振动(噪声)的影响

矿物油中采用石蜡基与环烷基混合基础油有利于降低轴承噪声；合成油中酯类油有利于降低轴承噪声。基础油黏度过大不利于降低轴承噪声，润滑脂具有适度的分油和良好的流动性是降低轴承噪声的重要条件。

3. 添加剂对轴承振动(噪声)的影响

油性剂有利于降低轴承噪声。油溶性添加剂对轴承噪声影响较小，添加剂的油溶性差对降低轴承噪声不利。

4. 润滑脂的分油性和流变性对轴承振动(噪声)的影响

润滑脂具有适度的动态分油性，这有利于降低轴承噪声。润滑脂的表观黏度较小，有利于降低轴承噪声。

6.4.4 低噪声轴承润滑脂的类型

近年来，国内外对低噪声轴承润滑脂的研究越来越重视，研制出多种类型的低噪声轴承润滑脂，大致分为三种类型：通用型、低温高速型和高温长寿命型。

1. 通用低噪声电机轴承润滑脂

这类润滑脂采用锂皂稠化矿物基础油，采用特殊的洁净工艺进行生产，能满足中低档轴承对降噪的要求，价格较低是其优势，适用温度范围-20～120℃。但不能满足精密轴承对低噪声的要求，对低温(-20℃以下)和高温(150℃以上)都不太适用。这类低噪声轴承润滑脂产品有 Alvania RLQ2、MP-DX-NO. 2、LGMT2和一些国产的低噪声轴承润滑脂产品(如长城、昆仑等)。

2. 低温高速轴承润滑脂

轴承 DN 值超过 10^6 的称为高速轴承。对于精密微小轴承，通用低噪声电机轴承润滑脂已不能满足其某些性能要求，这类轴承所使用的润滑脂应具有以下性能：①长的使用寿命以延长维护周期；②高速运行下轴承的温升低、不甩油；③高洁净度和低噪声，减少噪声对环境的污染；④低温下保证轴承的启动和运转灵活。要解决以上的问题，需要采用合成基础油，添加特殊的添加剂，在高洁净设备和环境中生产。这类润滑脂也存在缺点：高温下（>150℃）寿命急剧缩短；抗负荷和冲击能力较弱，不适合中大型轴承。这类低温高速轴承润滑脂产品有协同 SRL、协同 PS-2、BEACON 325 和一些国产的低噪声轴承润滑脂产品（如长城、昆仑等）。

3. 高温长寿命低噪声润滑脂

当轴承在高温（>150℃）高速下运转时，其中的润滑脂要受到严峻考验：一是高温下不流失，在 180℃下也能保持一定的稠度；二是较少的漏失，在高频剪切和离心力作用下能及时回流到滚道；三是长的高温使用寿命；四是良好的静音效果。这类润滑脂的稠化剂一般采用聚脲或复合锂皂。这类高温长寿命低噪声润滑脂产品有埃索 PolyrexEM、协同 ET-100、雪弗龙 SRI、美孚 XHP-222 和一些国产的低噪声轴承润滑脂产品（如长城、昆仑等）。

第7章 润滑脂质量管理与分析

润滑脂的品种和牌号繁多、应用范围很广，质量的好坏直接关系到设备能否正常运转、维护保养周期和使用寿命长短。选择性能好、符合使用要求的润滑脂，能降低机械的摩擦磨损、防止腐蚀，从而节约能源、减少维护保养、延长使用寿命，提高经济效益；相反，润滑脂的性能差，将影响操作安全、造成经济损失。

润滑脂质量管理是质量的保证，质量管理具有重大意义，试验方法是检验质量的手段，组成分析用于分析润滑脂的组成与结构以便研发新产品。

7.1　润滑脂生产中的质量管理

润滑脂生产中的质量管理包括：

1. 严格控制原料质量

① 从信誉高的厂商采购符合质量要求的原料；

② 对原料进行质量检验；

③ 有些原料要进行预处理，如脱水、去除机械杂质。

2. 严格生产工艺过程

① 确定原料配方；

② 拟定生产工艺步骤和条件；

③ 确认生产设备完好、清洁；

④ 严格按配方称取原料，按工艺进行生产，并做好原始记录。

3. 严格质量检验

① 生产过程中半成品的检验；

② 成品的检验和批次留样。

润滑脂生产中的质量管理不仅要使产品质量稳定，而且要不断提高，为用户提供更优质的产品。

7.2　润滑脂储存中的质量管理

润滑脂的品种牌号很多，性能各异，润滑脂比润滑油更容易变质，且润滑脂中混入杂质后不易处理，所以加强润滑脂储存中的质量管理意义十分重大。

7.2.1 润滑脂储存中的质量变化

润滑脂在生产厂家及用户中都有一定时间的储存，润滑脂储存时间短对其质量影响不大；但润滑脂长期储存后可能产生以下方面的质量变化：

① 混入灰砂、尘土等机械杂质；

② 混入水分或吸收水分；

③ 出现颜色变化；

④ 长期储存后析出润滑油，结成硬块，出现油皂分离，生成酸性物质，腐蚀不合格等。

7.2.2 储存中引起润滑脂变质的原因

储存中引起润滑脂变质的原因包括：（1）外部混入杂质、水分；（2）由润滑脂本身的物理或化学变化引起。

7.2.3 延缓润滑脂储存中变质的措施

① 润滑脂优先入库，减少温度、水分、尘土等的影响。

② 降低储存温度。

③ 针对不同种类润滑脂的特点，加强有针对性的管理。

④ 注意密封储存。

⑤ 注意取脂工具、容器的清洁。

⑥ 对于不同用户，采用大、中、小不同的包装形式。

⑦ 注意对库存润滑脂的定期化验。

7.2.4 润滑脂的储存期

润滑脂在库房中储存期限参考表 7-1。

表 7-1　润滑脂在库房中的储存期限

润滑脂	参考储存期限/年
钙基、钠基、钙-钠基、锂基润滑脂	3
铝基润滑脂	5
防锈润滑脂	5
7007 号、7008 号通用航空润滑脂	5
特 7 号精密仪表润滑脂	5
烃基润滑脂	10

7.3 润滑脂使用中的质量管理

7.3.1 润滑脂使用时的注意事项

① 根据机械设备各用脂部位的具体要求，正确选用合适的润滑脂。一般按照机械使用说明书上的推荐选用润滑脂的品种和牌号。

② 注意避免不同种类、不同牌号及新、旧润滑脂的混合，避免装脂容器、工具等在润滑部位上的随意混用。

a. 不同种类的润滑脂，由于组成、结构和性质不同，如果机械地混合在一起，许多性质便会发生变化，如滴点下降、锥入度增大、分油增大等。

b. 同一种类不同牌号的润滑脂，如果是不同工厂的产品，混合后也可能因原料、工艺不同而产生性质变化。

c. 新、旧润滑脂，无论是否同一种类，都不允许混合。

③ 领取和加注润滑脂的容器、工具要清洁。

④ 轴承中加脂时注意避免加脂量过多。

⑤ 注意按换期要求加脂或换脂。

⑥ 注意节约，防止浪费。

7.3.2 不同种类润滑脂混合后的质量变化

不同种类润滑脂混合后的质量变化程度，随润滑脂种类和混合比例而异。有的影响较小，相容性较好，但大多数润滑脂混合后，性质都会发生较大的变化。不同种类润滑脂混合后质量变化情况的经验数据如下：

1. 普通皂基润滑脂混合后的质量变化

不同种类润滑脂混合后滴点变化如图7-1。

不同种类润滑脂混合后锥入度、滴点变化见表7-2。

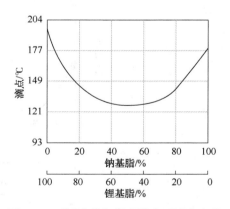

图7-1 不同种类润滑脂混合后滴点变化

表7-2 普通皂基润滑脂混合后质量变化

混合比例		锥入度/0.1mm			滴点/℃
锂基	其他皂基	未工作	60次	1000次	
100	0	275	265	275	185

混合比例		锥入度/0.1mm			滴点/℃
锂基	其他皂基	未工作	60 次	1000 次	
90	铝 10	285	280	310	167
80	钙 20	260	275	305	164
80	钠 20	263	285	320	156
钙基	钠基				
100	0	188	231	—	102
80	20	208	250	—	97
60	40	225	273	—	91
40	60	236	283	—	101
20	80	250	290	—	165
0	100	251	290	—	187

钙基、钠基润滑脂混合后强度极限的变化见图 7-2。

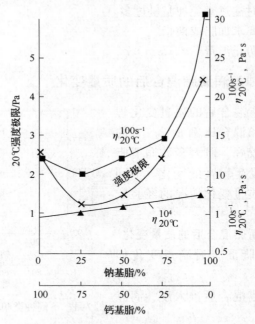

图 7-2　钙基与钠基润滑脂混合后强度极限变化

2. 不同种类润滑脂混合后的性质变化

有人用七种润滑脂进行混合试验：先在室温下搅拌，然后加温 100℃ 24h，加温后进一步搅拌冷却至室温，七种润滑脂加热混合前后性质变化情况见

表 7-3。通过试验，有些润滑脂相容性好，混合后性能变化不大；有些润滑脂不能相混。

表 7-3　润滑脂加热前后的性质变化

项目	A 硬脂酸锂		B 12-羟基硬脂酸锂		C 极压锂		D 复合钙		E 复合铝		F 酰胺钠		G 聚脲	
	前	后	前	后	前	后	前	后	前	后	前	后	前	后
工作锥入度/1.0mm	280	275	278	261	275	251	338	283	256	233	275	260	255	227
滴点/℃	186	183	184	182	179	176	290	286	251	259	283	285	237	239
分油/%	2.5	2.0	3.7	4.8	4.0	1.9	6.9	3.6	3.1	0.06	4.2	4.8	1.1	0.4
滚筒试验后锥入度/0.1mm	346	313	289	273	296	257	364	345	278	243	316	319	289	235
漏失量/g	1.5	2.0	2.5	2.0	3.5	0.5	4.0	3.5	0.5	0	1.5	1.5	1.5	1.0

7.3.3　润滑脂在使用中的劣化变质

润滑脂在使用中的变质分两方面：一是混入杂质；二是由于润滑脂本身发生物理化学变化而引起的。

润滑脂在使用中由于热和空气的影响，引起润滑脂发生氧化变质，从而导致锥入度变化、滴点降低、出现腐蚀；由于离心力的作用使分油增大，从而导致锥入度减小；由于受机械剪切作用，使锥入度发生变化。

润滑脂在使用中混入杂质可能由于金属的磨损引起及从外界混入杂质和水分。金属磨粒、机械杂质会增大磨损，混入的水分会引起腐蚀、使润滑性降低等。

润滑脂在使用中的变质情况的检测：①测定稠度、滴点、酸值等理化指标；②用红外光谱分析有机酸的含量；③用原子发射、原子吸收光谱测定金属元素含量；④用铁谱分析润滑脂中磨损颗料的形状和磨损金属含量，进一步判断机械磨损类型和磨损情况。

7.4　润滑脂的分析

分析和评定润滑脂的主要目的有两点：一是控制生产，以确保所生产的润滑脂具有稳定的性能；二是预测润滑脂在应用时所能收到的功效。目前许多润滑脂产品都有统一规定的质量标准。润滑脂的许多分析和评定的方法及所用的仪器也基本通用化、标准化，并全面向国际标准靠拢。

目前润滑脂的分析评定还在向单因素性能试验和模拟台架试验方向发展，使润滑脂的使用性能可以在实验室评定结果中得到充分的反映。如果都要通过大量的、长期的实际使用试验加以评定和确认就会既费时又不经济，还有一定的偶然性。

7.4.1　润滑脂性能分析

目前，我国润滑脂的性能分析包括理化性能指标和使用性能指标的测定，现有试验方法标准 59 个，其中国家标准（GB）9 个，石化行业标准（SH）50 个，我国润滑脂试验方法与国外标准对应关系见第四章表 4-1。

1. 润滑脂的取样方法

在进行润滑脂的分析和评定时，第一步是采样，即首先必须取得有代表性的样品。如果样品没有代表性，则整个分析和评定结果就没有实际价值。润滑脂的取样法在 SH/T 0229—1992 固体和半固体石油产品取样法中有明确规定。

用来鉴定润滑脂产品全部质量指标是否符合现行国家标准、行业标准或技术规格的要求所需的试样，必须按照该产品标准中规定的采样方法和数量采样。用来复查是否符合现行国家标准、行业标准和企业标准中规定的某一项或几项质量指标的要求，所需的产品试样应根据足够分析这些指标的使用数量采取。

（1）容器中采取润滑脂试样的方法

对于装在容器中的润滑脂，要按钢桶、手提桶、白铁桶或铁盒的总数的 2% 采取试样，采出的试样掺合成一份平均试样；对于供用户的润滑脂，要按车辆所运总件数的 5% 采取平均试样。

采取试样用螺旋形钻孔器或活塞穿孔器。用螺旋形钻孔器取样时，将钻孔器旋入润滑脂内直达容器底部，取出钻孔器，然后将钻孔器上的脂取下；用活塞穿孔器取样时，将穿孔器插入润滑脂中直达容器底部，将穿孔器旋转 180°，取出穿孔器，用活塞挤出试样。

生产中间控制分析取样，如从调和釜取样，应冷却至室温后进行测定；如从均化器出口取样，应运转一会儿再取样并冷却至室温后测定。注意取样的工具和容器应清洁。

（2）试样的保管和使用

所取润滑脂试样要分装 2 份，一份作分析用，另一份保留供仲裁试验用。装润滑脂样品的容器上应注明：①润滑脂名称及牌号；②生产日期和批号；③采样日期；④生产厂。

2. 润滑脂的理化性能分析

（1）外观

外观检验的主要内容包括：颜色、光亮、透明度、黏附性、均匀性、纤维状况等。

（2）滴点

GB/T 4929 润滑脂滴点测定法

GB/T 3498 润滑脂宽温度范围滴点测定法

（3）锥入度

GB/T 269 润滑脂和石油脂锥入度测定法

（4）腐蚀

SH/T 0331 润滑脂腐蚀试验法：100℃，3h。

GB/T 7326 润滑脂铜片腐蚀试验法：100℃，24h。分为甲法和乙法。

（5）润滑脂与合成橡胶相容性测定法

SH/T 0429 润滑脂与合成橡胶相容性测定法

SH/T 0691 润滑剂的合成橡胶溶胀性测定法

（6）H/T 0596 润滑脂接触电阻测定法

3. 润滑脂的组成分析

（1）水分

GB/T 512 润滑脂水分测定法

SH/T 0320 水分定性试验法

（2）灰分

SH/T 0327 润滑脂灰分测定法

（3）游离碱和游离有机酸

SH/T 0329 润滑脂游离碱和游离有机酸测定法

（4）皂分

SH/T 0319 润滑脂皂分测定法

（5）机械杂质

① 酸分解法 GB/T 513

② 溶剂抽出法 SH/T 0330

③ 有害离子鉴定法 SH/T 0322

④ 显微镜法 SH/T 0336

4. 润滑脂的性能分析

（1）润滑脂氧化安定性

SH/T 0335 润滑脂化学安定性测定法

SH/T 0325 润滑脂氧化安定性测定法

（2）蒸发损失

SH/T 0337 润滑脂蒸发度测定法

GB/T 7325 润滑脂蒸发损失测定法

SH/T 0661 润滑脂宽温度范围蒸发损失测定法

（3）润滑脂胶体安定性

GB/T 392 润滑脂压力分油测定法

SH/T 0324 润滑脂分油测定 锥网法

SH/T 0682 润滑脂在储存时分油测定法

（4）润滑脂机械安定性

GB/T 269 润滑脂延长工作锥入度测定法

SH/T 0122 润滑脂滚筒安定性测定法

SH/T 0326 润滑脂漏失量测定法

（5）润滑脂流动性

SH/T 0048 润滑脂相似黏度测定法

SH/T 0681 润滑脂表观黏度测定法

SH/T 0338 滚珠轴承润滑脂低温转矩测定法

（6）润滑脂防锈性

GB/T 2361 防锈油脂湿热试验方法

SH/T 0081 防锈油脂盐雾试验方法

5. 润滑脂的模拟试验

（1）抗磨极压性能试验

四球机法 SH/T 0202（相当于 ASTM D2596—1987）

环块试验法 SH/T 0203（相当于 ASTM D2509—1991）

（2）微动磨损和高频线性振动试验

润滑脂抗微动磨损性能试验法 SH/T 0716（相当于 ASTM D4170—1997）

润滑脂摩擦磨损性能测定法 SH/T 0721（相当于 ASTM D5707—1998）

（3）轴承防锈试验 GB/T 5018—1985（相当于 ASTM D1743—1973）

（4）抗水淋和水喷雾试验

润滑脂抗水淋性能测定方法 SH/T 0109—1992（相当于 ASTM D1264—1987）

润滑脂抗水喷雾试验方法 SH/T 0643—1997（相当于 ASTM D4049—1993）

（5）滚筒试验

润滑脂滚筒安定性测定法 SH/T 0122（相当于 ASTM D1831—1988）

（6）漏失量试验 SH/T 0326（相当于 ASTM D1263—1986）

（7）低温转矩试验 SH/T 0338（相当于 ASTM D1478—1991）

（8）齿轮磨损试验 SH/T 0427（相当于美联邦标准 FS 791 B335.2）

（9）轴承寿命试验 SH/T 0428（相当于美联邦标准 FS 791 B331.2）

7.4.2 现代仪器在润滑脂分析中的应用

1. 润滑脂成分的解析

由于润滑脂组成复杂，所以对未知成分的润滑脂进行解析很困难，也没有统一的分离、分析方法。国内外一些学者尝试对润滑脂组成进行分析中，润滑脂一般的分离、分析步骤如图 7-3 所示。

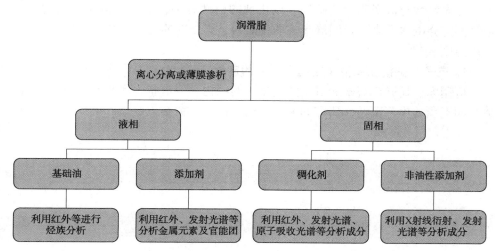

图 7-3　润滑脂的分离与解析

（1）润滑脂组分的分离方法

进行润滑脂组分的分离方法有：高速离心分离、薄膜渗析、色谱分离。

（2）润滑脂成分的鉴定

用于润滑脂成分及结构分析的仪器有：红外光谱、紫外光谱、X 射线衍射、原子吸收光谱、原子发射光谱。

2. 红外光谱在润滑脂分析中的应用

（1）鉴定基础油的化学结构

（2）鉴定稠化剂的化学结构

（3）鉴定添加剂的化学组成

（4）鉴定润滑脂的氧化产物

3. 热分析技术在润滑脂分析中的应用

（1）差热分析法（DTA）

差热分析法可用于测定润滑脂的相转变温度，研究润滑脂结构与性能的关系。

（2）差示扫描量热法（DSC）

差示扫描量热法用于测定润滑脂的氧化安定性、相转变温度。

（3）热重分析法（TG）

热重分析法用于预测润滑脂的蒸发性。

4. 电性能测定在润滑脂中的应用

（1）导电率的测定

通过测定导电率来预测润滑脂的相转变温度，选择润滑脂生产中的结晶温度。

（2）介电常数的测定

介电常数与润滑脂中基础油、稠化剂的极性有关，也与润滑脂的结构有关，通过测定介电常数来评定润滑脂的稠化能力、添加剂的选择及预测润滑脂的最高使用温度。

5. 电子显微镜在润滑脂结构分析中的应用

应用电子显微镜观察润滑脂的稠化剂的结构——形状、大小及其分布，选择适合润滑脂的生产工艺，研究润滑脂结构与性能的关系。

参 考 文 献

[1] 姚立丹，杨海宁．2012 年中国及全球润滑脂生产状况分析［C］//全国第 17 届润滑脂技术交流会论文集．石油商技，2013，1–12．

[2] 孙全淑编．润滑脂性能及应用［M］．北京：烃加工出版社，1988．

[3] J. Quall, et al. NLGI SPOKESMAN, 1977, 41（8）：260.

[4] W. Morrison. NLGI SPOKESMAN. 1963, 27（5）：145.

[5] F Paul, et al. NLGI SPOKESMAN. 1985, 49（3）：98.

[6] US. Pat. 3291732.

[7] US. Pat. 3291733.

[8] US. Pat. 3196109.

[9] C. J. Boner. 现代润滑脂［M］．北京：石油工业出版社，1982．

[10] J. Panzer. NLGI SPOKESMAN, 1961, 25（7）：240.

[11] B. W. Hotten. Advances in Petroleum Chemistry and Refining. New York：Interscience Pub, 1964.

[12] 李辉．复合锂基脂的研究［J］．润滑与密封，1982，6：26．

[13] T. W. Martinnek. NLGI Spokesman. 1965, 29（7）：223.

[14] A. S. Corsi. NLGI Spokesman, 1963, 26（12）：371.

[15] 张澄清编著．润滑脂生产［M］．北京：中国石化出版社，2003．

[16] 张澄清，李庆德编著．润滑脂应用指南［M］．北京：中国石化出版社，1993．

[17] 朱廷彬主编．润滑脂技术大全［M］．第二版．北京：中国石化出版社，2009．

[18] 王先会编．润滑油脂生产原料和设备实用手册［M］．北京：中国石化出版社，2007．

[19] 王先会编著．润滑油脂生产技术［M］．北京：中国石化出版社，2005 年．

[20] 《润滑脂及其应用》编委会．润滑脂及其应用［M］．北京：石油工业出版社，2011．

[21] 中国石油化工股份有限公司科技开发部编．石油和石油产品试验方法行业标准（上、下册）．北京：中国石化出版社，2005．

[22] 中国石油化工股份有限公司科技开发部编．石油和石油产品试验方法国家标准．北京：中国石化出版社，2005．

[23] 中国石油化工股份有限公司科技开发部编．石油化工军用油料标准绘编．北京：中国石化出版社，2000．

[24] 蒋明俊，孙全淑．多效磺酸盐润滑脂［J］．石油商技，1988（3）：7–9．

[25] 蒋明俊，孙全淑．多效磺酸盐复合钙基润滑脂的研究［C］//全国第 5 届润滑脂技术交流会论文集．石油炼制，1989，34–38．

[26] 蒋明俊，孙全淑．多效磺酸复合钙基润滑脂的研究初探［J］．后勤工程学院学报，1989（2）：28–31．

[27] 蒋明俊，孙全淑．磺酸盐复合钙基润滑脂性能与结构探讨［J］．石油商技，1989（6）：11–15．

[28] 蒋明俊，孙全淑．磺酸盐复合钙基润滑脂抗磨机理探讨［J］．润滑与密封，1992（3）：5–7

[29] 蒋明俊，郭小川，张东浩．高碱性磺酸盐复合钙基润滑脂的研究//全国第 17 届润滑脂技术交流会论文集．石油商技，2013，153–158．